U0628071

普 通 高 等 教 育 教 材

水文与
水文地质学

第二版

王亚军　张骏彧　主编

邵知宇　卢静芳　梁志杰　副主编

化学工业出版社

·北京·

内容简介

本书共包括两篇，第 1 篇为水文学，第 2 篇为水文地质学。第 1 篇分为 6 章，主要内容包括水文现象、水文学基本知识、水文统计基本方法、河川径流情势特征值分析、小流域暴雨洪峰流量计算、城市水文和水资源管理；第 2 篇分为 3 章，主要内容包括地质基本知识、地下水的储存与循环、地下水的渗流运动。

本书可作为高等学校给排水科学与工程、环境工程、水利工程、水文地质、工程地质、地下工程等专业教材，也可供相关专业人员参考。

图书在版编目（CIP）数据

水文与水文地质学 / 王亚军，张骏彧主编；邵知宇，卢静芳，梁志杰副主编. -- 2 版. -- 北京：化学工业出版社，2025. 6. --（普通高等教育教材）. -- ISBN 978-7-122-47950-1

Ⅰ. P33；P641

中国国家版本馆 CIP 数据核字第 2025VN2080 号

责任编辑：徐　娟　　　　　　　文字编辑：丁海蓉
责任校对：宋　玮　　　　　　　装帧设计：王晓宇

出版发行：化学工业出版社
　　　　　（北京市东城区青年湖南街 13 号　邮政编码 100011）
印　　装：三河市君旺印务有限公司
787mm×1092mm　1/16　印张 19½　字数 479 千字
2025 年 6 月北京第 2 版第 1 次印刷

购书咨询：010-64518888　　　　售后服务：010-64518899
网　　址：http://www.cip.com.cn

序
FOREWORD

开启全面建设社会主义现代化国家新征程，生态文明制度体系实现系统性重塑。这一理念不仅深度嵌入国家治理的顶层设计框架，还是统筹推进"五位一体"总体布局和协调推进"四个全面"战略布局的重要内容，更是推动国家现代化进程向高质量、生态友好型迈进的关键力量。在此规划背景下，给排水科学与工程专业作为保障水资源合理配置、守护水生态环境的前沿专业，肩负着保障生命之源、捍卫生态底线的神圣职责，在生态文明建设的宏伟蓝图中占据着重要位置。

新工科建设是我国高等工程教育主动应对新一轮科技革命与产业革命的战略行动，其难点和突破点在于学科交叉和知识融合。在当前新工科建设的背景下，给排水科学与工程作为一门多学科交叉的工程技术学科，聚焦于城市与区域的水系统规划、设计、运行与管理，势必要紧跟新工科建设内涵，精准对标时代需求。本书在内容架构上，精心梳理水文与水文地质学的经典理论，使其条理清晰、脉络分明；同时，捕捉科研突破与前沿实践案例并融入其中，全力拓展学生知识边界，提高其未来面对复杂工程问题时的适应能力。此外，本书尤为注重引导学生将学科知识和给排水科学与工程实际应用深度绑定，置身于生态文明建设的广阔视野下，深度思考如何凭借科学合理的工程手段，实现水资源的高效利用与可持续发展。

立足"十四五"，展望"十五五"。希望本书能对给排水科学与工程等专业学生的学习有所帮助，助力他们夯实专业根基。在未来投身给排水事业的漫漫征途上，凭借所学知识，为推动行业发展进步注入蓬勃动力。

郑春苗

2025 年 3 月

第二版前言

本书第一版自出版发行以来，已历经十余年的时间，受到读者的广泛好评。在这十余年间，无论是给排水科学与工程的专业发展，亦或是水文与水文地质学的学科发展，都发生了深刻的变化。因此，作为一门与水资源合理利用、水环境保护以及城市基础设施建设紧密相关的学科，它对专业知识体系的科学性、系统性与前瞻性要求更高，教材再版也显得尤为必要。

在过去十余年里，给排水科学与工程专业的发展面临着前所未有的机遇和挑战。一方面，随着人们对美好生活的需求不断提升，对饮用水水质安全、健康属性和稳定供应的需求愈发迫切；此外，无论是新版的《生活饮用水卫生标准》的实施，还是污水处理厂"提标改造"的推进，都对给排水处理工艺及设施提出了更高的技术要求；与此同时，在"双碳"战略全面推进的背景下，水处理工程设施建设势必要向着推动经济社会发展绿色化、低碳化、可持续化发展。另一方面，物联网、大数据、人工智能等作为培育和发展新质生产力的新一代信息技术的深度渗透，不仅为给排水领域带来了新的发展方向和创新动力，也为其提供了更加专业的使用场景。探索以科技创新为驱动力，持续增强供水安全保障能力，推动污水处理更绿色低碳，促进城市给排水高质量发展，是新一代给排水人的时代使命。这就要求给排水科学与工程专业的学生不仅要掌握扎实的专业知识，还需紧跟时代步伐，了解和运用新兴技术，以应对不断变化的新的实际工程问题。

与此同时，水文与水文地质学作为给排水科学与工程专业的重要基础学科，近年来也取得了长足的进步。在水文研究方面，新的观测技术和数据分析方法不断涌现，使得人们对水文循环过程、水资源变化规律的认识更加深入和精确。例如，高精度的卫星遥感技术能够实现对大范围降水、蒸发等水文要素的实时监测；先进的水文循环模型结合大模型和云计算，使得秒级全球天气预报成为可能，在此基础上能够更准确地模拟和预测洪水、干旱等水文灾害。在水文地质领域，工作人员对地下水的形成、运移、储存机制的研究不断深入，同时对地下水污染防治、地下水资源合理开发利用等方面的重视程度日益提高。新的理论和方法不断涌现，如数值模拟技术在地下水流动和溶质运移模拟中的广泛应用，为解决实际水文地质问题提供了更有效的手段。

基于上述背景，本次再版旨在使本书内容更加符合当下给排水科学与工程专业本科生的学习需求。我们对教材内容进行了全面梳理和更新，在保留经典理论和方法的基础上，融入了近年来水文与水文地质学领域的研究成果和实践经验。例如，在水文部分，增加了关于气候变化对水文循环影响的内容，以及利用新兴技术进行水文监测和预报的案例；在水文地质部分，强化了地下水污染修复技术、地下水资源可持续管理等方面的阐述。同时，我们还对本书的结构进行了优化，使章节之间的逻辑关系更加清晰，便于学生学习和理解。

本书作为高等院校给排水科学与工程专业本科生的专业基础教材，按32学时编写。全书共分两篇，第1篇为水文学，第2篇为水文地质学。为了使内容更简单易懂，实用性更强，在每章内容前设置"本章任务"和"学习情景"，同时每章结束时附有"任务解决"和"知识拓展"等部分。

全书由王亚军、张骏彧担任主编，邵知宇、卢静芳、梁志杰担任副主编。各章的执笔人为：兰州理工大学王亚军编写绪论、第1章和第2章；司法鉴定科学研究院环境损害司法鉴定研究室张骏彧编写第2章、第6章；天津农学院董艳慧编写绪论、第1章、第3章、附录1～附录4；重庆大学邵知宇编写第4章、第5章；天津城建大学卢静芳编写第7章；重庆大学梁志杰编写第8章、第9章。全书由王亚军统稿，英文翻译由王亚军完成。本书由南方科技大学郑春苗主审。另外，江心宁、司俊杰、赵艺华、董雪等参与了相关文本工作。

在编写过程中，我们参考并引用了有关院校编写的其他图书及生产科研单位的技术资料等，特在此向有关作者致谢；同时，感谢化学工业出版社的大力支持，正是他们不辞辛劳的付出，才让本书得以以全新的面貌呈现在此。此外，我们也十分感激过往十余年中广大师生和读者给予的反馈与建议，这些宝贵意见成为我们此次再版的重要依据。

衷心希望本书能够成为给排水科学与工程专业本科生学习水文与水文地质学的得力助手，为培养适应时代发展需求的高素质给排水专业人才贡献一份力量。

由于水文学及水文地质学涉及的内容和知识领域广泛，加之编者的水平所限，谬误和不妥之处在所难免，恳请广大读者批评指正，以便我们在后续的再版工作中不断完善。

编者

2025 年 3 月

目录

0
绪论

0.1 水文学

0.1.1 水文学概述

　　水文学是地球物理学和自然地理学的分支学科。水文学是人类在长期水事活动过程中逐渐形成的一门服务于社会的学科。早期的水文学主要是对自然界中的水现象进行描述。水文学的发展最早可以追溯到 17 世纪 70 年代，1674 年，Perrault 和 Mariotte 定量研究了降水形成的河流和地下水量大小，标志着水文学的产生。随着科学的发展，水文学已经成为一个学科体系。

　　不同的国家、不同的部门对水文学的定义也不尽相同。国际水文科学协会（International Association of Hydrological Sciences，IAHS）对水文学的目标和任务的定义是："研究地球上水文循环和大陆上各种水，如地表水和地下水，雪和冰川及其物理的、化学的和生物学的变化过程；研究各类形态的水与气候及其他物理的和地理的因素间的关系，以及它们之间的相互作用；研究侵蚀和泥沙同水文循环的关系；检验在水资源管理和利用中的水文问题，以及在人类活动影响下水的变化。"1962 年，美国联邦政府科技委员会把水文学定义为 "一门关于地球上水的存在、循环、分布，水的物理、化学性质以及环境（包括与生活有关事物）反应的学科"。1987 年，《中国大百科全书》中定义为："水文科学是地球上水的起源、存在、分布、循环、运动等变化规律和运用这些规律为人类服务的知识体系，水圈同大气圈、岩石圈和生物圈等自然圈层的关系也是水文科学的研究领域。"尽管在表述上有所不同，但基本可以把水文学总结为"研究自然界中水体形成、分布、循环和与环境相互作用规律的一门科学。即：研究存在于地球上的大气层中和地球表面以及地壳内水的各种现象的发生和发展规律及其内在联系的学科。包括水体的形成、循环和分布；水体的化学成分，生物、物理性质以及它们对环境的效应等。"

0.1.2 水文学的研究内容

　　水文学研究自然界中水体形成、时空分布、循环和与环境相互作用的关系，为人类防治洪涝灾害、合理开发利用水资源提供科学依据。随着水资源开发利用的规模日益扩大，人类活动对水环境的影响明显增强，大规模的人类活动干扰了自然界的水循环过程，改变着各个水体的性质。水情预测与水灾防治，水资源的合理开发利用与保护，都是实施经济社会可持续发展的重要支撑条件。因此，水资源的开发利用和人类活动对水环境的影响研究，已成为现代水文学研究的重要内容。

水文学开始主要研究陆地表面的河流、湖泊、沼泽、冰川等，之后扩展到地下水、大气中的水和海洋中的水。传统的水文学是按研究的水体对象进行分支学科划分的。随着研究范围的扩大，新理论、新方法的引进和渗透，水文学相继出现许多新的研究方向和分支学科。由于分类的依据不同，水文学的分支学科的数量和名称不完全相同。

（1）水文学按研究的水体可划分为：河流水文学、湖泊水文学、沼泽水文学、冰川水文学、海洋水文学、地下水水文学、土壤水文学和大气水文学等。

（2）根据水文学采用的实验方法，派生出三个分支学科：水文测验学、水文调查、水文实验。

（3）按照研究内容分为：水文学原理、水文预报、水文分析与计算、水文地理学和水文动力学等。

（4）根据应用范围，水文学分为：工程水文学、农业水文学、土壤水文学、环境水文学、森林水文学和城市水文学等。

（5）随着科学技术的发展，水文学出现新的分支：系统水文学、随机水文学、模糊水文学、灰色系统水文学、遥感水文学、同位素水文学等。

总之，水文学的研究领域非常广泛，研究内容、分支学科非常丰富。结合给排水科学与工程专业的需要，本书所阐述的内容只是水文学领域中的一部分。主要包括叙述水分循环运动中，从降水到径流入海的这一段过程中，关于地面径流的运动规律、量测方法及在工程上的应用等问题，基本上属工程水文学的范畴。具体包括河川径流的基本概念，河川水文要素量测方法，水文分析中常用的数理统计的基本原理，河川径流的年际变化与年内分配，枯水径流与洪水径流的调查分析，降雨资料的整理与暴雨公式的推求，小流域暴雨洪水流量的计算，城市降雨径流的特点等。

通过本课程的学习，要求学生能了解河川水文现象的基本规律，掌握水文统计的基本原理与方法，能够独立地进行一般水文资料的收集、整理工作，具有一定的水文分析计算技能。由于水文现象本身所具有的特点，一般在处理上多运用数理统计方法进行分析，注重实际资料的收集，强调深入现场进行调查研究。因此在学习中，不仅要学会某种具体方法，而且要体会运用这种方法的条件。总之，随时注重资料收集，深入掌握分析方法，全面熟悉应用条件，才能在学习中有所获益。

0.1.3 水文学的发展阶段

水文学经历了一个由萌芽到成熟、由定性到定量、由经验到理论的历史发展过程，其发展大致可以分为如下几个阶段。

0.1.3.1 水文知识的萌芽阶段（1400年以前）

世界上最早的水位观测出现在中国和古埃及。公元前3500多年前古埃及人民即开始观测尼罗河水位，至今还保留着2200多年前的水尺。公元前2000多年中国劳动人民为了与黄河水患做斗争，开始注意对水位涨落变化和天气状况的观察。大禹治水已"随山刊木"（即立木于河中）以观测水位。公元前256年左右由秦国蜀郡太守李冰及其子率众修建的都江堰，至今仍在发挥着巨大的作用；李冰在都江堰设立石人测量水位，为后人所效仿。《吕氏春秋》《水经注》等著作中系统记载了中国各大河流的源流、水情，并记载着水文循环的初步概念及其他水文知识。隋代的石刻水则、宋代的水碑、明代的"乘沙量水器"等的相继出现，表明中国古代水文观测不断进步。自远古至约 14 世纪末，这个阶段为水文现象定性描述阶段，其特点是：水文知识的萌芽产生，开始了原始观测，对水文现象进行定性描述，初步形成经验积累。

0.1.3.2 水文科学基础形成阶段（1400～1900 年）

自 15 世纪初至约 19 世纪末，为水文学体系形成阶段。欧洲文艺复兴及产业革命后，自然科学及技术科学迅速发展，一系列水文观测仪器的发明为水文现象的实地观测、定量研究和科学试验提供了条件，大量的水利工程建设要求解决各种设计中的计算问题，水文学基本理论和方法逐步发展和完善。1424 年，中国和朝鲜先后开始统一制作和使用标准测雨器。以后自记雨量计（C. 雷恩等，1663 年）、蒸发器（E. 哈雷，1687 年）、流速仪（T.C. 埃利斯，1870 年）等仪器相继发明。这段时期内，P. 佩罗的水量平衡概念（1674 年）、谢才公式（1775 年）、道尔顿蒸发公式（1802 年）、达西定律（1856 年）等理论和公式相继出现。本阶段的特点是水文现象由概念性描述进入定量表达阶段，水文理论逐渐形成。

0.1.3.3 应用水文学发展阶段（1900～1950 年）

自 20 世纪初至 50 年代，经过两次世界大战的破坏，各国经济恢复与发展，防洪、航运、发电、工农业需水等向水文学带来了大量的新课题，以工程水文学为主的应用水文学相应诞生。P-Ⅲ 频率曲线分析方法、维伯尔的经验频率计算公式，以及谢尔曼的单位过程线理论等产汇流理论、计算公式和方法相继出现，大大改进了水文计算和水文预报的方法，提高了成果的精度。随着工程水文学的发展，农业水文学、森林水文学、城市水文学也相应兴起。1949 年，《应用水文学》（R. K. 林斯雷等）、《应用水文学原理》（D. 姜斯登等）等专著出版，总结了这一时期的成就，使水文学开始直接为人类的生产和生活服务。本阶段的特点是有许多应用水文学著作出版，水文观测理论体系进一步完善，水文学进入成熟阶段。

0.1.3.4 现代水文学发展阶段（1950 年至今）

20 世纪 50 年代开始，科学技术进入新的发展时期，水文学进入现代水文学阶段。随着计算机技术的发展，遥感、遥测技术的引入，人们重点开展水资源及人类活动水文效应的研究，分支学科不断派生，一些新理论和边缘学科不断渗透，研究方法趋向综合。如：雷达测雨、中子散射法测土壤含水率、放射性示踪测流、同位素测沙、卫星遥感传送资料等现代技术的应用，使人们能获得使用通常方法无法取得的水文信息；拥有现代化设备的实验室，使人们有可能对水文现象的物理过程了解得更深入；水文模拟、水文随机分析和系统分析方法，使人们研究水文现象的能力显著增强；电子计算机的应用，使水文测验、水文研究的自动化成为可能。陆地资源卫星及遥感图像的应用，水文网站的迅速发展，为现代化水文研究提供了良好的基础。随着社会生产规模的空前扩大，生活与生产用水不断增多，环境污染趋向严重，水资源紧张，水文学不仅为自然水体运动变化的研究或工程设计提供资料数据，还为水资源评价与优化利用提供依据，研究工作既有水量、水质内容，也包括洪水、枯水方面，不仅研究一条河流、一个流域的水文特性，还要研究跨流域、跨地区的水资源综合调度利用中的水文问题。当前水文科学与其他科学之间的边缘学科正在兴起，并不断产生新的分支学科。本阶段水文学的特点表现为它的社会属性日益明显，成为具有自然科学、技术科学和社会科学特性的一门综合性科学。

0.1.3.5 水文学近年发展方向

20 世纪 70 年代以前，水文学理论的发展主要借助于水文实验的诸多成果。随着科学技术的发展以及计算机技术的普及，人们能获得过去难以获得的区域性水文资料，也获得了使用常规方法无法取得的水文信息。原来一些借助于物理模型来研究的水文学问题，开始转向主要使用数学模型来求解，数值分析与模拟成为趋势。在设计洪水计算理论与方法、联机实时洪水预报技术与方法、流域水文模型等方面均取得了丰硕成果，如美国的 Sancramento 模型、日本的水箱（TANK）模型、我国的新安江模型和陕北模型等。

近 20 多年来，波及许多国家和地区的水危机和洪涝灾害，与全球气候变化异常以及大气、海洋、陆地相互作用过程有关，引起了水文学家广泛的关注。伊格尔森（Eagleson）于 1986 年提出了全球尺度水文学的概念。太阳辐射在地球上的再分布是气候变化的主要因素，而水在这种再分布中起着关键性的作用，因为蒸发、大气中水汽的输送和降水过程都与太阳辐射紧密相关，即伴随着全球气候变化，大气中水汽的输送和降水过程也在变化，这就是全球尺度水文学或大尺度水文学研究的基本问题。目前，全球尺度水文学的研究已初见端倪，已在大气相互作用理论的野外试验，以及应用遥感技术探索地表水文过程空间变异性等方面开展了研究，并取得了进展。一些学者认为，全球尺度水文学的研究对当前和今后水文学的发展具有重要意义。水文学研究由过去的地区、国家的独立研究向国家间的全球合作发展。

0.1.4 水文学面临的机遇与挑战

（1）不断提出的新理论迫切需要在水文学中得到检验和应用推广：一方面，它们为水文学发展提供新的理论基础；另一方面，又需要水文学家不断吸收和改进新理论，以完善水文学理论体系。这是现代水文学遇到的前所未有的机遇。比如，人工神经网络理论有助于水文非线性问题的研究；分形几何理论有助于水文相似性和变异性的研究；混沌理论有助于水文不确定性问题的研究；灰色系统理论有助于灰色水文系统不确定性的研究。这些新理论已经渗透到水文学中，促进了水文学的不断发展。这既是机遇，也是挑战。

（2）新技术特别是高科技的不断涌现，为水文学理论研究、试验观测、应用实践提供了新的技术手段。比如，3S 技术［遥感（RS）技术、地理信息系统（GIS）技术和全球定位系统（GPS）技术的统称］可以提供快速的水文遥感观测信息，可以提供复杂信息的系统处理平台，为水文学理论研究（如水文模拟、水文预报、洪水演进）、水文信息获取与传输（如洪水信息、地表水和地下水自动监测）以及水文社会化服务（如防洪抗旱、水量调度）提供很好的技术手段；再比如，同位素技术可以为水循环研究提供技术手段，为地下水补给、径流、排泄过程分析提供支持。现代新技术的飞速发展，为水文学研究提供了许多新的技术手段，大大促进了水文学的发展。

（3）随着社会的发展，人类活动日益加剧，导致出现了水资源短缺、水体污染、生态环境恶化等一系列水问题，受到全人类关注的程度也越来越高。由于解决这些水问题需要更深入的水文学知识，所以日益突出的水问题促进了水文学的发展，这是"机遇"。当然，由于面对的水问题越来越复杂，水文学研究也面临更加严峻的"挑战"。

0.2 水文学和给排水科学与工程专业的关系

给排水科学与工程专业研究水文学的目的是：运用水文规律为给排水工程和市政工程的规划、设计、施工及管理提供正确的水文资料及分析成果，以充分开发与合理利用水资源，减免水害，充分发挥工程效益。

水文学为取水工程和排水工程（洪水防御和排水）提供必要的工程设计资料。通过对降水、径流、地下水、洪涝灾害等相关水文资料的分析，让给排水工作者能合理选择水源地、设计取水和排水构筑物，服务人们的生产、生活。采用地表水为水源的给水工程，首先要考虑水源的水量变化及其取用条件。当水源水量丰沛（丰水期）时，需要了解水文、泥沙及冰凌的变化情况；当水源水量不足（枯水期）时，就要设法以丰补欠，进行水量的引取、蓄放与调节，需要对该水源的径流年际变化及年内分配等水文情况进行分析。再如，洪水位、常水位及枯水位时对应的取水口的确定也依赖于水文学的知识。当给水与灌溉、航运、水力发电等其他水利工程设施配合在一起综合利用水利资源时，其水文分析与计算的内容就更加复杂、更加广泛。

排水工程中，城市污水排水泵及雨水泵扬程的选择以及排水工程中雨水管渠的设计计算、确定排泄口的位置、城市防洪工程设计等，都要预先进行水文资料的收集、分析与计算，求得暴雨和洪水的变化情况和设计特征值。在城市防洪工程设计中，给排水工作者要充分了解当地的水文信息，了解该城市防洪工程等级和设计标准，因地制宜地设计其防洪和排水工程。通过对水文资料的收集、整理、分析，找出水文规律，计算出满足工程设计标准要求的防止泵房、道路、桥梁受淹的洪水水位，从而确定泵房的室内地坪高度和保证道路、桥梁安全运行的泄水建筑物高度。预防和抵御洪涝灾害对取水、供水、排水带来的影响，保障人们正常的生产、生活。

所以说，水文学与给排水工程有着密切的关系，学好水文学对系统全面地掌握给排水专业知识具有重要的意义。

0.3 水文地质学

水文地质学（Hydrogeology）是研究地下水的科学，是地质学的一门分支学科。针对当前国民经济建设的需要和地质工程、岩土工程、地质学等学科发展的需要，本部分系统论述了水文地质学的基本概念、基本理论和方法；重点介绍了地下水形成与赋存的基本规律、地下水运动的基本规律、不同介质中地下水的重要特征、地下水的理化特征、地下水运动的基本理论、水文地质参数计算等。地下水运动的研究是以水力学、流体力学理论为基础，水文学的许多方法可用于水文地质学。

0.3.1 水文地质学概述

水文地质学是研究地下水的数量和质量随空间和时间变化的规律，以及合理利用地下水或防治其危害的学科。它研究在与岩石圈、水圈、大气圈、生物圈以及人类活动相互作用下地下水水量和水质的时空变化规律以及如何运用这些规律兴利除害。

0.3.2 水文地质学的研究内容

水文地质学的研究内容包括地下水的形成、分布和赋存状态、补给、径流与排泄条件；地下水的物理化学性质、成分；水质、水量在时空上的变化与运动规律，包括在各种自然因素和人为因素影响下，地下水对环境的改造作用以及在作用过程中其自身发生的各种变化规律；经济合理地开发、利用、管理地下水资源，有效地防治和消除地下水造成的危害，达到兴利除害的目的。概括起来，水文地质学研究地下水在周围环境影响下，数量和质量在时间和空间上的变化规律，以及如何应用这一规律有效地利用和调控地下水。水文地质工作，不仅要配合工程地质工作，提供有关水文地质条件方面的资料，而且在供水、农田灌溉、抗旱、防涝、治碱，以及环境保护工作等方面，起着先决和主导作用。

0.3.3　水文地质学的发展阶段

水文地质学的发展大体经历了三个时期：1856 年以前的萌芽时期；1856 年至 20 世纪中叶的奠基时期；20 世纪中叶至今的发展时期。

0.3.3.1　萌芽时期

人们在远古时代已开始打井取水。中国已知最古老的水井是距今约 5700 年的浙江余姚河姆渡井。公元前 7 世纪亚美尼亚就有了坎儿井用来截取地下水流。约 250 年前在中国四川，为开采地下卤水而开凿了盐井。后来，在利用地下水的过程中，人们也探究了它的来源，如法国 B. 帕利西、中国徐光启和法国 E. 马略特等先后指出井泉水的来源与大气降水或河水有关。马略特还提出了含水层与隔水层的概念。

0.3.3.2　奠基时期

1856 年，法国水力工程师 H. P. G. 达西通过砂的渗透试验，得出水在砂中的渗透速度与水力梯度成正比的线性关系，即著名的达西定律，从而奠定了地下水运动的理论基础。1863 年，法国水力学家 J. 裘布依提出了地下水流向水井的稳定流公式。1886 年，奥地利水力学家 P. 福希海默绘制了地下水流网图。1935 年，美国水文地质学家 C. V. 泰斯利用地下水流动与热传导的相似性，得出地下水流向水井的非稳定流公式，即泰斯公式，把地下水计算推进一大步。在此期间，对地下水的起源也提出一些新的学说。1902 年，奥地利地质学家 E. 修斯提出初生说；1908 年，美国水文地质学家 A. C. 莱恩、英国地质学家 W. C. 戈登和俄国海洋学家 N. I. 安德鲁索夫分别提出埋藏水（沉积水）的存在。此外，德国水文学家 O. 福利盖尔、俄国水文地质学家 A. F. 列别捷夫提出了凝结说。1912 年，德国水文地质学家 K. 凯尔哈克进行了地下水和泉的分类，总结了地下水的埋藏和排泄条件。20 世纪 20～30 年代，美国水文地质学家 O. E. 迈因策尔对一系列水文地质概念和术语进行了探讨。20 世纪中叶，苏联水文地质学家 A. M. 奥弗琴尼科夫、美国水文地质学家 D. E. 怀特在水文地球化学方面做出许多贡献。这一时期，在地下水的赋存、运动、补给与排泄、起源、水化学及水量评价等方面，已形成了一套较为完整的理论和研究方法，水文地质学已成为一门成熟的学科。

0.3.3.3　发展时期

20 世纪中叶以来，正确评价、合理开发、科学管理与保护地下水资源及与地下水有关的生态环境，越来越引起人们的重视。同时，人们对地下水运动过程有了新的认识。40～60 年代，美国水文地质学家 C. E. 雅可布及 M. S. 汉图什等论述了孔隙承压含水层的越流现象；英国水文地质学家 N. S. 博尔顿发现潜水位下降过程中非饱和带滞后释水现象，从而促进了非饱和带水的研究。60 年代，加拿大水文地质学家 J. 托特提出了地下水流动系统理论，为水文地质学的发展开拓了前景。由于引进了模拟技术（从物理模拟到数学模型），水文地质学得到进一步的发展。同位素方法、数学地质、遥感技术及地理信息系统等都被引进，用以解决水文地质问题。

水文地质学在中国基本上是从 20 世纪 50 年代发展起来的。50～70 年代是区域水文地质学与农业水文地质学的开创时期；70 年代以后是水资源水文地质学、城市水文地质学与环境水文地质学的发展时期；90年代以来由于新兴科学技术的引进，开创了信息水文地质学。随着经济建设和现代科学的发展，水文地质学已经从传统水文地质学向现代水文地质学发展，其研究内容向纵深发展延伸，形成了一些新的分支学科，如地下水动力学、水文地球化学、区域水文地质学、环境水文地质学、矿床水文地质学、农业水文地质学、供水水文地质学、古水文地质学、水文地质普查勘探等。分别介绍如下。

（1）地下水动力学。研究在天然条件下和人为因素影响下地下水的运动规律，以及定量评价地下水的水量和水质的计算方法；研究在各种条件下的数学模型及其解法、水文地质参数的确定和室内试验等。

（2）水文地球化学。研究地下水化学成分的组成和变化规律，地下水污染形成机制和污染物在地下水中的迁移和变化，地下水与矿产形成和分布的关系。通过这些研究，可以探讨地下水的形成和起源，以及寻找金属矿床、放射性矿床、石油和天然气等。近代已派生出环境水文地球化学、生物水文地球化学和医学环境地球化学等学科。

（3）区域水文地质学。研究地下水区域性分布和形成规律，以指导进一步的水文地质勘察研究，为解决国民经济区划中开发利用各种类型地下水资源提供水文地质依据。由于自然单元的地质地貌、气候条件复杂，如干旱地区、滨海地区、冻土区、黄土区、岩溶区，其区域水文地质条件差异很大，构成区域水文地质学的丰富内容。

（4）环境水文地质学。研究在天然条件和人为活动影响下地下水水质、水量的变化，与人类的生活和生产发展的相互影响与相互制约的关系，以达到改善环境、消除负面效应的目的。它是水文地质学与环境科学的有机结合，是20世纪七八十年代才发展起来的。环境水文地质学的研究范畴基本可归纳为区域环境水文地质研究、污染环境水文地质研究、地下水资源开发负环境效应研究、环境水文地球化学或医学环境水文地质研究。

（5）矿床水文地质学。研究矿床开采中有关的水文地质问题，查明矿坑水的涌水途径和来源，预测矿坑涌水量，提出防治措施。

（6）农业水文地质学。研究为农田灌溉寻找地下水源，以及为防治土壤盐碱化和沼泽化进行水文地质论证。在对农业增产有重要意义的土壤水的研究中，引进了零通量面新方法用以测定地下水的补给量。

（7）供水水文地质学。研究和寻找地下水供水水源地，查明含水层分布及埋藏条件，进行水质和水量评价，合理开发利用并保护地下水资源，按含水系统进行科学管理。

（8）古水文地质学。研究地质历史时期地下水的形成、埋藏分布、循环和化学成分的演化等。据此分析古地下水的起源与形成机制，阐明与地下水有关的各种矿产的形成、保存与破坏条件等问题。

（9）水文地质普查勘探。为查明一个地区的水文地质条件、地下水的开发利用及有关地质问题，运用各种技术方法手段进行的水文地质调查工作。包括水文地质测绘、物探、钻探、试验研究、实验室分析、地下水动态观测等方法和手段。

此外，在水文地质研究中，还引进了计算机技术、地球物理勘探技术、遥感技术以及同位素技术等新的技术来充实和丰富所研究的内容和方法，推动水文地质学向定量化、严谨化的方向发展。

0.3.4　全球地下水开发利用过程中存在的问题

2022年，联合国教育、科学及文化组织（UNESCO）发布了题为"地下水：变不可见为可见"的《联合国世界水发展报告 2022》（UN World Water Development Report 2022）。报告指出，地下水资源占地球上所有液态淡水资源的 99%，为全球人口提供了近 50%的生活用水以及 25%的农业灌溉用水，对消除贫困、粮食和水安全、就业和社会经济发展以及应对气候变化都至关重要。全球地下水开发利用过程中主要存在以下问题。

0.3.4.1 地下水资源枯竭

地下水是灌溉农业、畜牧业和包括食品加工在内的其他农业活动的重要水源。21 世纪初，每年 1000 亿～2000 亿立方米的地下水被超采。全球严重依赖地下水灌溉的地区包括北美和南亚，这两个地区分别有 59%和 57%的灌溉区域使用地下水。在撒哈拉沙漠以南的非洲地区，大规模的浅层含水层在很大程度上仍未被充分开发，仅有 5%的灌溉区域使用地下水。制造业、采矿业、能源和电力行业等多种工业活动高度依赖地下水。

《科学》杂志曾于 2021 年 4 月发表封面文章，标题为"隐藏的危机就在我们脚下"。文章调查分析了全球 40 多个国家和地区的 3900 万眼地下水井资料，指出全球的地下水资源正面临重大危机，当前有超过一半的地下含水系统处于超采状态，有些国家的地下水位正在以十分危险的速度下降。研究还表明，全球约有 20%的地下水开采井面临枯竭，新井的钻井深度较旧井明显增加，且抽水扬程的增加也显著提高了电力消耗。

过度开采地下水会导致地下水资源枯竭，水位持续下降，从而导致地面沉降、低质量地下水迁移、海水入侵等问题，也会进一步影响城市基础设施。

0.3.4.2 地下水污染问题严重

（1）农业方面。相关证据表明，农业污染已经超过居民生活和工业活动所造成的污染，成为内陆和沿海水域水质变差的主要因素。因多类型农药和密集型畜牧业中抗生素的使用，产生了大量致病性抗生素细菌和农业污染物，不仅导致水体富营养化等问题，同时对人类健康产生潜在危害。

地下水污染概念

农业地下水污染带来了经济、健康和环境影响。农业活动所产生的地表水和地下水污染造成的全球环境和社会成本每年超过数十亿美元。在美国，治理地下水农药污染和淡水富营养化问题，预计每年分别花费 16 亿～20 亿美元和 15 亿～22 亿美元。

地下水污染源、
污染物和
污染途径

（2）工业方面。未经处理的工业废水、采矿过程中含有矿物质的强酸性或强碱性渗滤液、火力发电产生的煤灰堆料渗滤液，以及在浅层含水层中使用水力压裂法开采天然气产生的地层污水、回流水、钻井压裂液废水等均会成为地下水污染源。欧盟已开始建立地下水物质"观察清单"，包括新兴污染物，并将药品、全氟和多氟烷基物质等考虑在内。

（3）居民生活方面。主要由当地卫生设施不足、碳氢化合物燃料的泄漏、工业和市政污水的随意处置以及固体废物非法倾倒等问题引起地下水污染。在城镇居民生活区，污水管网的渗漏是地下水污染的主因。在公共卫生设施不足或不合理的地区，由于污水管网覆盖率低，粪便直接排入地面挖掘的简易便池，强降雨量会将粪便微生物病原体和化学物质从浅层土壤冲刷至地下水，导致水质污染。据估计，农村地下水供水中的病原体污染物对约 30%的供水基础设施产生了影响。

此外，地下水中天然存在的较高含量的地质污染物造成的地下水污染也同样值得关注。

如，砷（印度——甘地盆地含水层、红河三角洲、湄公河三角洲）、氟化物（太平洋岛屿、印度半岛南部、斯里兰卡、中国中部和西部）和铀（中国、印度）的移动也给整个地区的群众带来巨大的健康风险。

0.3.4.3　地下水对生态的支撑能力下降

20世纪90年代，澳大利亚学者将受到地下水补给以及影响的生态系统归为一个生态系统类型，称为地下水依赖型生态系统。该系统正面临着地下水枯竭、各类有机污染物、气候变化以及土地利用变化或过度灌溉导致的地下水位变化和生境退化等威胁。

水域和陆地的地下水依赖型生态系统可以为各种动物提供栖息地、维持生物多样性、调节旱涝、为人类提供食物来源。此外，地下水依赖型生态系统还能通过过滤、生物降解、吸附等过程，实现污染物与含水层的物理分离，对含水层起到净化与保护作用，同时还能促进地下水的自然补给。当前世界的地下水超采与污染问题加速了地下水依赖型生态系统的退化，造成以上这些自然生态功能的逐渐消失。

0.3.4.4　气候变化对地下水水量和水质的影响

气候变化通过改变降水量和蒸腾量直接影响地下水的自然补给，这种补给通过直接降水和地表水渗漏实现。此外，全球海平面上升也会导致海水侵入世界各沿海地区的含水层中。欧洲和北美地区的挑战主要是气候变化带来的用水紧张和地下水污染问题。亚太地区是世界上最大的地下水开采区，面临着地下水枯竭、地面沉降、地下水污染和气候变化等多重挑战。

0.3.5　我国在地下水开发利用中存在的问题

我国在开发利用地下水过程中主要存在如下问题。

（1）过量开采地下水导致开采条件恶化。华北地区是我国利用地下水程度较高的地区，此类问题尤为突出。由于工农业迅速发展以及矿区大量排水，许多地区地下水位大幅度下降，形成众多降落漏斗，其中面积最大的可达数千平方公里，漏斗中心深达数十米。由于水位不断下降，提水工具不断更换，有些地区采用多级接力方式才能抽取到地下水。

（2）过量开采地下水造成地面沉降、海水入侵。过量开采地下水，水位大幅度下降，土层受到压缩，导致地面发生沉降。上海市地面沉降始于20世纪30年代，到1965年，最大沉降量已达2.73m。此外，天津、西安、宁波、常州等地也发生过程度不同的沉降现象，西安著名的大雁塔向西北倾斜了1m多。通过采用对含水层进行人工回灌等措施，上海、西安等地的地面沉降得到初步控制，大雁塔开始向相反方向缓慢恢复。沿海地区因为大量开采地下水，区域水位持续下降，甚至导致咸水或海水入侵，导致淡水资源枯竭，地下水环境恶化。

（3）大量开采地下水导致地面塌陷。地面塌陷大多发生在岩溶地区。当碳酸盐岩被厚度较薄的第四系沉积物覆盖时，岩溶水的水位下降到一定深度后，就有可能产生塌陷。塌陷以南方各矿区最严重。城市地下水开采过量也会造成地面塌陷，如山东泰安、辽宁鞍山等地出现地面塌陷，导致房屋倒塌、农田被毁、铁路路基被破坏等。

（4）水质污染。随着工农业的发展，工业废水废渣和农药、化肥中的有毒成分向地下渗入，使原来洁净的地下水遭到污染。《2022年中国生态环境状况公报》显示，我国1890个国家地下水环境质量考核点位中，Ⅰ~Ⅳ类水质点位占77.6%，极差（Ⅴ类）的比例为22.4%，主要超标指标为铁、硫酸盐和氯化物。地下水遭受污染后一般很难消除，因此保护地下水不受污染刻不容缓。为了加强地下水管理，2021年12月1日《地下水管理条例》正式实施，在地下水的调查与规划、节约与保护、超采治理、污染防治、监督管理等方面做出了规定。

上述情况说明在开发利用地下水的过程中，如果忽视了可能发生的变化，破坏了地下水的天然平衡，将出现许多环境地质问题。如过量抽取地下水会导致上述的一些问题。然而，如果地下水位过高同样也会产生环境、生态方面的问题。例如水库水、灌溉水过量渗入，会抬高地下水位，当地下水大片出露地表时，会形成土壤的沼泽化；在干旱半干旱地区，当地下水位接近地表时，由于蒸发强烈，盐分聚集于土壤表层，会造成土壤盐渍化。不论发生沼泽化还是盐渍化，都会使土壤肥力降低，农作物减产甚至无法生长。我国盐渍化土地总面积约 4 亿亩（1亩$\approx 666.7 \mathrm{m}^2$，下同），除部分滨海地区外，主要分布于秦岭、淮河一线以北的黄泛平原及草原、荒漠区。这些地区由于发生土壤的沼泽化和盐渍化，作物生长不好，产量低。使其增产的重要条件之一就是改良土壤，其实质就是降低地下水位，改善地下水径流条件。

0.3.6 水文地质学研究的发展方向

目前水文地质学已由主要研究天然状态下的地下水转向重点研究人类活动影响下的地下水，由主要研究饱水带扩展到研究包气带及隔水层。目前及今后水文地质学的研究重点主要有以下几方面。

（1）机制/机理研究，如：裂隙水和岩溶水的形成机制、黏性土渗透机制、包气带水盐运移机制；介质非均质性研究；地下水在裂隙介质、岩溶介质中运动机制和基本运动规律的研究；水中溶质运动机制和运移理论的研究；热量在地下水中运移的研究等。

（2）理论研究，如含多组分溶质的水流中 Darcy（达西）定律的表达形式。

（3）人类活动对地下水数量和质量的影响及预测。

（4）地下水与大气降水、地表水、包气带水之间的关系与转化以及生态需水研究。

（5）地下水资源和水环境管理及规划。

（6）水资源联合调度及人工回补地下水的研究。

（7）将系统分析、系统动力学和系统工程方法引入水文地质学，如随机理论在水流和溶质运移研究中的应用。

（8）地下水环境工程研究，包含地下水资源合理开发利用工程、生态地质环境退化控制与改良工程、地下水污染控制工程、废物地质处置工程等。

（9）地源热泵及回灌的研究。

（10）制图、遥感与同位素水文地质学。

（11）矿区水文地质研究，如关闭矿山水文地质研究、矿区水文地质与生态环境安全交叉研究等。

（12）水文地质成果的数字化、信息化、可视化研究。如：各种实际渗流问题的数值模拟方法研究；利用数学模拟给出不同给定条件下地下水系统的不同响应；以地理信息系统为载体的决策系统研究等。

0.4 水文地质学和给排水科学与工程专业的关系

水文地质学和给排水科学与工程专业的联系，包括地下水的开发与管理及水源工程等内容，地下水作为城镇、厂矿、企业、国防工程等的供水水源，有着重要的供水意义。

给排水工作者的任务是选择水源地和设计取水构筑物，一般不去进行水文地质勘察工作。但选择水源和设计取水构筑物的依据是水文地质资料，因此对于给排水工作者来说，掌握基本的水文地质知识，学会阅读和利用水文地质资料，能进行简单的水文地质计算，具备规划和设计地下水取水工程的基础知识，均是正确地选择水源和合理地设计取水构筑物的必要条件。地下水库的修建、海绵城市的建设、新型节能技术（如水源热泵、地温热泵技术），以及地下水人工补给、地下水与地表水联合调蓄等问题，都涉及水文地质学的知识。可见水文地质学和给排水科学与工程专业有着非常密切的联系。

0.5　水文及水文地质学的学习方法与要求

0.5.1　按主线有重点地点面结合学习

"水文与水文地质学"是一门实用性较强的课程，要求学生在学习后能够将课程中所学的基本理论和技术方法应用到给排水工程实践中去，学习时需以分析与计算方法、应用为主线。重点是掌握知识的应用，而对公式推求以及勘察地质等知识只做一般性的了解。水文学与水文地质学细节繁多，需要学习和研究的内容范围很广。因此，对其学习不必面面俱到，平均分配力量，而应有重点地、点面结合地进行学习。

本书每章节均有学习指导部分，指出教学大纲所要求的学习目的、学习重点、学习难点，并且布置任务，在有的放矢的同时提高主动学习的积极性。本书在内容安排上进行了详略处理，如水文地质学突出了地下水运动及对工程的影响，而对地质年代与勘察予以淡化等。

本课程的学习重点是水文学及水文地质学的知识及其应用。但不可满足于知道基本概念、分类、公式，重要的是理解这些分类的内在原因、外部原因和相互关系，从而更好地应用，并注意对知识点的比较，注意其异同点，具体的数据懂得查找即可。

0.5.2　知识、能力和素质的有机统一

学习本课程不仅是为了掌握有关的专业知识和基本技能，更重要的是培养分析、解决问题的能力，培养创新精神，提高综合素质。应当多观察身边的工程实际问题，理论联系实际地学习。

在学习完每一章后，对习题亦应认真思考、做答。这些习题大多源自工程实际，在此过程中不仅可加深对基本原理、基本知识的理解，而且有利于分析解决工程实际问题能力的培养。

本书每章设有能力知识拓展专栏，提出挑战性的问题，漫谈水文学及水文地质学的发展与应用，供学生思考讨论，以激发、培养其创新意识。

2014 年 3 月，习近平总书记在中央财经领导小组第五次会议上提出了"节水优先、空间均衡、系统治理、两手发力"的治水思路。"十六字"重要治水思路赋予了新时期治水的新内涵、新要求、新任务，为强化水治理、保障水安全指明了方向。2015 年 4 月 16 日，国务院正式向社会发布《水污染防治行动计划》，简称"水十条"，这是为切实加大水污染防治力度，保障国家水安全而制定的法规，是水行业从业者的行动指南。进行水文学、水文地质学方面的研究，必须遵循上述政策及相关法律法规。

学习本课程还需要充分注意水文学、水文地质学和给排水科学与工程专业的结合，强化专业意识，提高工程综合素质。

第1篇

水文学

第 1 章

水文现象

《 **学习目的** 》 了解水文现象及水文循环的有关概念，明确水文现象特征及研究方法，熟悉水文现象及水文循环的组成内容，掌握水量平衡表达。

《 **学习重点** 》 水文现象的运动形式，水量平衡。

《 **学习难点** 》 水量平衡。

《 **本章任务** 》 近 100 年海平面平均每年上升约 1.8mm，这是否意味着全球水平衡出现问题？

《 **学习情境** 》 2010 年底以来，由于降水稀少，甘肃省定西市通渭县城及周边地区供水主要水源锦屏水库蓄水不足，锦屏水库主要靠 7 月份以后主汛期的暴雨引发的洪水蓄水。 2010 年该县年降水量为 310.8mm，比历年偏少 20.8%，该水库来水仅77.7 万 m^3，与近 5 年平均来水量相比减少了 59.8%。当时水库实际可用水量不足 10 万立方米，按城区每天正常生活供水 2000m^3 计算，水库可用水量仅能维持城区 5 万人 1 个月左右的生活用水，出现严重的城乡居民饮水困难。

1.1 水文现象、水文循环与水量平衡

1.1.1 水文现象

水文现象（hydrological phenomena）是指地球上的水受到外部作用（太阳辐射和地心引力）而产生的永不休止的运动形式。其运动形式可概括为四大类型，即降水（precipitation）、蒸发（evaporation）、渗流（infiltration）和径流（runoff）。

1.1.1.1 降水

降水是自然界中发生的雨、雪、露、霜、霰、雹等现象的统称。降水受地理位置、大气环流、天气系统条件等因素综合影响，是水文循环的重要环节，是地球上各种水体的直接或间接补给源，也是人类用水的基本来源。因此，降水量及降水特征对各种水体的水文特征和水文变化规律具有重要影响。降水资料是分析河流洪枯水情、流域旱情的基础，也是雨水管渠设计、防洪、发电、灌溉等规划设计与管理的基础。

由气象学可知，降水的形成主要是由于近地面的暖湿气团在各种因素的影响下，迅速升入高空产生动力冷却，当温度降到露点以下时，气团中的水汽便凝结成水滴或冰晶形成云层，云层中的水滴或冰晶随着水汽不断凝结而增多，同时还随着气流的运动，相互碰撞合并

而增大，直到它们的重量不能为上升气流托浮时，就可以在重力作用下降到地面形成降水。可见，形成降水的条件有三个：①要有充足的水汽；②要使气块能够抬升并冷却凝结；③要有较多的凝结核。对我国绝大多数河流来说，降雨与水文现象的关系最大。按气流上升运动形成动力冷却的原因，常把降水分成锋面雨、气旋雨、对流雨和地形雨4种类型。

1.1.1.2 蒸发

蒸发是水分子从水面、冰雪面或其他含水物质表面以水汽形式逸出的现象。即水分子从物体表面向大气逸散的一种自然现象，也是水从液态变为气态的过程。这种使水上升成为水汽的途径有截留蒸发、地面蒸发、叶面散发、水面蒸发和海洋蒸发5种。截留蒸发是指那些并未落到地面而被植物截留了的降水重新蒸发的现象；叶面散发是指从植物叶孔中逸出水汽的现象，有时也称为蒸腾。

根据水分所在物体表面性质的不同，蒸发一般可以分为水面蒸发、土面蒸发和植物散发3类。水面蒸发就是发生在各种水体（包括江、河、湖、海等地表水）表面的蒸发现象。土面蒸发是发生在土壤表面的蒸发现象。一般来说，土面蒸发量要小于水面蒸发量，但在研究某流域内总蒸发量时，因土面面积一般都大于水面面积，土面蒸发总量比水面蒸发量要大，所以在水文学中对土面蒸发的分析占有重要的地位。植物散发是在植物叶面气孔中，因植物的生理作用而逸出水汽的现象。由于植物散发和土面蒸发很难分开，通常将植物散发与土面蒸发统称为蒸散发。

据统计，陆地上一年内的降水约有60%消耗于蒸散发，很显然，蒸散发是水文循环中的一个重要环节，也是水文学研究的重要内容之一。从径流形成来看蒸发量是一种损失，研究蒸散发对工程设计以及水量平衡计算均有重要的意义。

1.1.1.3 渗流

渗流是指水从地表渗到土壤内，以及在土壤内流动的现象。可分为两步：下渗或入渗，是指降水或地表水经过土壤表面进入土壤的过程；渗透，是指水分在土壤内的运动，会形成壤中流或地下径流。

下渗受土壤水分运动规律的制约，它是水由于分子力、毛管力和重力的综合作用而在土壤表面发生的一种物理过程，也是在各种力的综合作用下寻求平衡的过程，它是径流形成过程的重要环节之一。下渗的水量中会有部分以蒸散发的形式返回大气，是一次降雨径流过程的主要损失量，它直接影响着降雨形成的径流量大小。下渗不仅直接决定地表径流的生成及大小，同时也影响土壤水和潜水的增长，影响壤中流、地下径流的生成和大小。

在土壤中沿着某一界面流动的水流称为壤中流。因为表层土壤多为根系和土壤动物活动层，比较疏松，下渗能力比下层密实的土壤大。降雨时，来自地面的下渗将有一部分被阻滞在上、下层交界的相对不透水的界面上，形成沿界面的侧向水流，在表层土壤中流入河网（或在地凹处露出地面而注入河网），因此被称为壤中流。壤中流在数量上应等于地面下渗量减去初渗量和深层下渗量。就目前的水文科学水平来看，要正确划分地面径流、壤中流和地下径流是非常困难的，故实用中一般只把实测的总径流过程划分为地面径流和地下径流。

1.1.1.4 径流

径流是指降雨及冰雪融水在重力作用下沿地表或地下流动的水流。径流有不同的类型，按水流来源可分为降雨径流和融水径流；按流动方式可分为地面径流和地下径流；此外，还有水流中含有固体物质（泥沙）形成的固体径流，水流中含有化学溶解物质构成的离子径流（又称化学径流）等。其中，地面径流（surface runoff）是水在地面上流动的现象，包括坡地漫流和河槽流动两个过程；地下径流（groundwater runoff）是指在饱和土层及岩石中沿孔隙流动的水流，即水在地下含水层内流动的现象。在这些水文现象中，从地表和地下径流汇入河川后，向流域出口断面汇集和排泄的水流称为河川径流（river runoff）。深层地下水汇流很慢，所以降雨后，地下水流可以维持很长时间，较大河流可以终年不断，是河川的基本流量，简称基流。河川径流与人类经济活动的关系最为密切，是我们研究的主要对象。

1.1.2　水文循环

水文循环（hydrologic cycle）是指地球上或某一区域内，在太阳辐射和地心引力的作用下，水分通过蒸发、水汽输送、降水、入渗、径流等过程不断变化、迁移的现象，又称水循环。

▲
水文循环

地球上的水在太阳热能和地心引力的作用下，不断蒸发而成水汽，上升到高空，随大气运动而散布到各处。这种水汽如遇适当条件与环境，则凝结成降水，下落到地面。到达地面的雨水，除部分为植物截留并蒸发外，一部分沿地面流动成为地面径流，一部分渗入地下沿含水层流动成为地下径流，最后，它们之中的大部分都流归大海。然后，又重新蒸发，继续凝结形成降水，运转流动，往复不停。图 1-1 为水文循环示意。

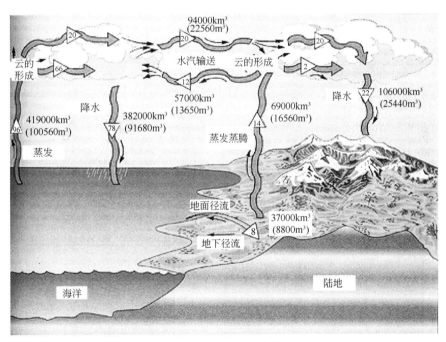

图 1-1　水文循环示意

（源自：Robert W. Christopherson，"Geosystems：An Introduction to Physical Geography（8th Edition）"© 2011）

根据水文循环过程的整体性和局部性，水文循环分为大循环与小循环两类。由海洋蒸发的水汽降到大陆后又流归海洋的循环，称为大循环。由图 1-1 可以看出，大循环的收入量与支出量相等。海洋蒸发的水汽凝结后成为降水又直接降落在海洋上或者陆地上，这些降水在没有流归海洋之前又蒸发到空中去的这些局部循环，称为小循环。由图 1-1 还可以看出，小循环的收入量与支出量不相等，差值为储水量。陆地上小循环之所以重要，在于地方性蒸发所产生的水汽，既增加了当时大气中的水汽含量，又改变了大气的物理状态，因此创造了降水的有利条件，直接影响到人类的经济活动。

影响水文循环的因素很多，可以归纳为以下4种。

（1）气象因素。如温度、风速、风向、湿度等。在水文循环的各环节中，蒸发、水汽输送、降水取决于气象条件，因此，气象因素对水文循环的影响起着主导作用。

（2）自然地理条件。如地形、地质、土壤、植被等。自然地理条件主要通过蒸发和径流影响水文循环。蒸发比重大的地区，水文循环活跃，而径流比重大的地区，水文循环相对平稳。

（3）地理位置。一般而言，距离海洋越近，水文循环强度越大；反之，则越弱。

（4）人类活动。人类活动包括各种农业生产、水利工程和城市建设等。人类的农业生产活动通过改变流域下垫面条件间接影响水文循环各环节；另外，人类还通过兴建水库等径流调节工程，以及引水、调水工程等直接影响水文循环。目前，有人提出由人类活动引起的循环称为社会水文循环，而由气候因素引起的循环称为自然水文循环。

在水文循环中，水的时空分布不均匀。一些地区河川径流的丰水年、枯水年往往交替出现。一般来说，低纬度湿润地区降雨较多，雨季降水集中，气温较高，蒸发量大，水文循环过程强烈；高纬度地区气温低，冰雪覆盖期长，水文循环过程较弱；干旱地区降水稀少，蒸发能力大，但实际蒸发量小，水文循环微弱。同一地区不同季节的水文循环强度也存在差异，水文循环的这种不均匀现象造成了洪涝、干旱等多变的复杂的水文情势。

研究水文循环的目的在于认识水文循环的客观规律，了解其各项影响因素间的内在联系，为合理开发、利用水资源提供理论根据。

1.1.3　水量平衡

水量平衡是水文循环的数量表示。所谓水量平衡（water balance），是指在任意给定的时域和空间内，水的运动（包括相变）有连续性，在总体上数量保持收支平衡。即收入的水量与支出的水量之间的差额必等于该时段区域（或水体）内蓄水的变化量。水量平衡是水文现象和水文过程分析研究的基础，也是水资源数量和质量计算及评价的依据。

水量平衡的基本原理是质量守恒定律。从本质上来说，水量平衡是质量守恒定律在水文循环过程中的具体体现，也是地球上水文循环能够持续不断进行下去的基本前提。一旦水量平衡失控，水文循环中某一环节就要发生断裂，整个水文循环亦将不复存在。反之，如果自然界根本不存在水文循环现象，亦就无所谓平衡了。因而，两者密切不可分。水文循环是地球上客观存在的自然现象，水量平衡是水文循环内在的规律。水量平衡方程式则是水文循环的数学表达式，而且可以根据不同的水文循环类型，建立不同的水量平衡方程，诸如通用水量平衡方程、空间水量平衡方程（海洋水量平衡方程、陆地水量平衡方程、全球水量平衡方程、流域水量平衡方程）等。

1.1.3.1　研究意义

水量平衡研究是水文、水资源学科的重大基础研究课题，同时又是研究和解决一系列实际问题的手段和方法，因而具有十分重要的理论意义和实际应用价值。

首先，水量平衡研究可以定量地揭示水文循环过程与全球地理环境、自然生态系统之间相互联系、相互制约的关系；揭示水文循环过程对人类社会的深刻影响，以及人类活动对水文循环过程的消极影响和积极控制的效果。

其次，水量平衡是研究水文循环系统内在结构和运行机制，分析系统内蒸发、降水及径流等各个环节相互之间的内在联系，揭示自然界水文过程基本规律的主要方法；是人们认识和掌握河流、湖泊、海洋、地下水等各种水体的基本特征、空间分布、时间变化，以及今后发展趋势的重要手段。通过水量平衡分析，还能对水文测验站网的布局，观测资料的代表性、精度及其系统误差等做出判断，并加以改进。

再次，水量平衡分析又是水资源现状评价与供需预测研究工作的核心。从降水、蒸发、径流等基本资料的代表性分析开始，到进行径流还原计算，到研究大气降水、地表水、土壤水、地下水"四水"转换的关系，以及区域水资源总量评价，基本上都是根据水量平衡原理进行的。水资源开发利用现状以及未来供需平衡计算，更是围绕着用水、需水与供水之间能否平衡的研究展开的，所以水量平衡分析是水资源研究的基础。

最后，水量平衡分析不仅为工程流域规划以及水资源工程系统规划与设计提供基本设计参数，而且可以用来评价工程建成以后可能产生的实际效益。在水资源工程正式投入运行后，水量平衡方法又往往是合理处理各部门不同用水需要，进行合理调度、科学管理，充分发挥工程效益的重要手段。

1.1.3.2　水量平衡方程

水量平衡通常用水量平衡方程（water balance equation）表示。方程中各收入项、支出项和蓄水变量随研究的区域不同而有所不同。利用水量平衡方程，可以确定各要素（也称水量平衡要素）的数量关系。

（1）通用水量平衡方程。水量平衡方程是水文循环的数学模式。对于一个区域，可列出如下水量平衡方程：

$$I - Q = \frac{dS}{dt} \tag{1-1}$$

写成差分形式为：
$$\overline{I}\Delta t - \overline{Q}\Delta t = \Delta \overline{S} \tag{1-2}$$

式中，I 为水量收入项；Q 为水量支出项；S 为单位面积蓄水量；t 为时间；$\overline{I}$、$\overline{Q}$、$\Delta\overline{S}$ 分别为研究时段 Δt 内区域（或水体）的水量收入、支出及蓄水变化量。

式（1-1）为水量平衡的基本表达式。式中收入项 I 和支出项 Q 还可视具体情况进一步细分。

现以陆地上任一区域为研究对象，如图 1-2 所示，设想沿该地区边界作一垂直柱体，以地表作为柱体的上界，以地面下某深度处的平面为下界（以界面上不发生水分交换的深度为准），则可在上述水量平衡基本表达式的基础上，列出如下方程：

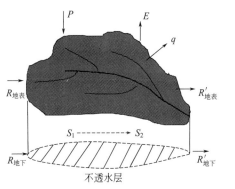

图 1-2　水量平衡示意

$$P + E_1 + R_{地表} + R_{地下} + S_1 = E_2 + R'_{地表} + R'_{地下} + q + S_2 \tag{1-3}$$

式中，P 为时段 Δt 内该区域的降水量；E_1 和 E_2 分别为时段 Δt 内该区域的水汽凝结量和蒸发量；$R_{地表}$ 和 $R'_{地表}$ 分别为时段 Δt 内流入与流出该区域的地面径流量；$R_{地下}$ 和

$R'_{地下}$分别为时段 Δt 内流入与流出该区域的地下径流量；q 为时段 Δt 内该区域的用水消耗量；S_1 和 S_2 分别为时段 Δt 始、末该区域的蓄水量。

由于式（1-3）中 E_1 可看作负蒸发量，令 $E=E_2-E_1$，为 Δt 时段内该区域的蒸发量；$\Delta S=S_2-S_1$，为 Δt 时段内该区域的蓄水变化量。则上式可改写为：

$$(P+R_{地表}+R_{地下})-(E+R'_{地表}+R'_{地下}+q)=\Delta S \tag{1-4}$$

此式即为通用水量平衡方程。

在此基础上，根据研究对象的不同，就一定时段内有关的收入与支出及其盈余补偿等项目，可以建立各种特定的水平衡方程。

（2）空间水量平衡方程

① 海洋水量平衡方程。以全球海洋为研究对象，则任意时段内的水量平衡方程为：

$$P_{海}+R-E_{海}=\Delta S_{海} \tag{1-5}$$

式中，$P_{海}$、$E_{海}$ 和 R 分别为海洋上任意时段降水量、蒸发量及入海径流量；$\Delta S_{海}$ 为海洋蓄水变化量。

由于多年平均状态下 $\Delta S_{海}=0$，所以上式改写为：

$$\overline{P}_{海}+\overline{R}-\overline{E}_{海}=0 \tag{1-6}$$

式中，$\overline{P}_{海}$、$\overline{E}_{海}$ 和 $\overline{R}$ 分别为海洋上多年平均降水量、蒸发量及入海径流量。

在多数平均状态下，整个海洋的降水量加上入海径流量与海面水蒸发量处于动态平衡状态。但由于各大洋间存在水量交换，因此对各大洋来说，降水量与入海径流量之和并不等于蒸发量。

② 陆地水量平衡方程

a. 外流区水量平衡方程。对于外流区来说，任意时段的水量平衡方程为：

$$P_{外}-R_{地表}-R_{地下}-E_{外}=\Delta S_{外} \tag{1-7}$$

式中，$P_{外}$、$E_{外}$、$R_{地表}$、$R_{地下}$ 和 $\Delta S_{外}$ 分别为外流区任意时段内降水量、蒸发量、入海的地表和地下径流量及蓄水变化量。

对于多年平均而言 $\Delta S_{外}=0$，并且有 $R=R_{地表}+R_{地下}$ 的关系，则：

$$\overline{P}_{外}-\overline{R}-\overline{E}_{外}=0 \tag{1-8}$$

式中，$\overline{P}_{外}$、$\overline{E}_{外}$ 和 $\overline{R}$ 分别为外流区多年平均降水量、蒸发量及径流量。

b. 内流区水量平衡方程。由于内流区水循环系统基本上呈闭合状态，除上空存在与外界水汽的交换外，内流区的降水量最终全部转化为蒸发量，没有水量入海。因此，在多年平均情况下，水量平衡方程为：

$$\overline{P}_{内}-\overline{E}_{内}=0 \tag{1-9}$$

式中，$\overline{P}_{内}$、$\overline{E}_{内}$ 分别为内流区多年平均降水量与蒸发量。

内流区如新疆的塔里木盆地、青海的柴达木盆地。我国第一大内流河为塔里木河。

c. 整个陆地系统的水量平衡方程。将上述外流区和内流区水量平衡方程组合起来，就构成整个陆地系统的水量平衡方程：

$$(\overline{P}_{外}+\overline{P}_{内})-\overline{R}-(\overline{E}_{外}+\overline{E}_{内})=0 \tag{1-10}$$

如将 $\overline{P}_{陆}=\overline{P}_{外}+\overline{P}_{内}$、$\overline{E}_{陆}=\overline{E}_{外}+\overline{E}_{内}$ 代入上式，则有：

$$\overline{P}_{陆}-\overline{R}-\overline{E}_{陆}=0 \tag{1-11}$$

式中，$\overline{P}_陆$ 为全球陆地平均降水量；$\overline{E}_陆$ 为全球陆地平均蒸发量。

据测定，$\overline{P}_陆$ 为 800mm，而 $\overline{E}_陆$ 为 485mm，两者之差（即陆地上剩余的水量）为 315mm，它就是河流入海径流量 $\overline{R}$。

③ 全球水量平衡方程。将上述海洋水量平衡方程式与陆地水量平衡方程式组合在一起就构成全球水量平衡方程式：海洋水量平衡方程式，式(1-6)；陆地水量平衡方程式，式(1-11)。两者相加得：

$$\overline{P}_海 + \overline{P}_陆 = \overline{E}_海 + \overline{E}_陆 \tag{1-12}$$

上式说明海洋和陆地的多年平均降水量等于海洋和陆地的多年平均蒸发量，即：

$$\overline{P}_{全球} = \overline{E}_{全球} \tag{1-13}$$

在水循环过程中，全球水量基本不变，但各种水体的数量都处于经常变化的状态之中。

根据 John Mbugua 等（1995 年）的估算，全球海洋年蒸发量 $E_海$ 为 $5.05 \times 10^5 km^3$，降水量 $P_海$ 为 $4.58 \times 10^5 km^3$；陆地蒸发量 $E_陆$ 为 $0.72 \times 10^5 km^3$，降水量 $P_陆$ 为 $1.19 \times 10^5 km^3$；年径流入海量 R 为 $0.47 \times 10^5 km^3$。可以算得：$E_海 - P_海 - R = 5.05 \times 10^5 - 4.58 \times 10^5 - 0.47 \times 10^5 = 0$；$P_陆 - E_陆 - R = 1.19 \times 10^5 - 0.72 \times 10^5 - 0.47 \times 10^5 = 0$；$(P_海 + P_陆) - (E_海 + E_陆) = (4.58 \times 10^5 + 1.19 \times 10^5) - (5.05 \times 10^5 + 0.72 \times 10^5) = 0$。由此表明海洋、陆地以及全球水量都是平衡的（图 1-3）。

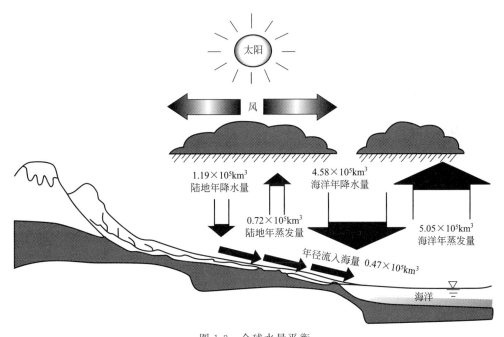

图 1-3　全球水量平衡

［源自：John Mbugua 等（1995）］

④ 流域水量平衡方程。对于可能处于内流区，也可能处于外流区的任意一个流域，时段为 Δt 的流域水量平衡方程的一般形式，可用式(1-4) 通用水量平衡方程式来表示。

如果流域为闭合流域（所谓闭合流域，即该流域的地面分水线与地下分水线重合，与相邻流域没有任何的水量交换），且用水消耗量很小，即 $q \approx 0$，式(1-4) 可写成更简单的形式：

$$P-R-E=\Delta S \tag{1-14}$$

式中，R 为时段 Δt 内流出流域的地面、地下径流之和。

同样，还可以写出闭合流域的多年平均水量平衡方程：

$$\overline{P}=\overline{R}+\overline{E} \tag{1-15}$$

式中，$\overline{P}$、$\overline{R}$、$\overline{E}$ 分别为流域多年平均年降水量、流域多年平均年径流量和流域多年平均蒸发量。

式(1-15)用途很广，一般将 $\overline{R}/\overline{P}=\alpha$ 称为径流系数，$\overline{E}/\overline{P}=\beta$ 称为蒸发系数，二者均为无量纲的量，且二者之和等于1。表 1-1 列出了我国主要流域多年平均水量平衡计算结果，从中也可以了解我国的降水分布概况。表中 α 最大值为 0.63，最小值为 0.16；β 最大值为 0.84，最小值为 0.37。总之，在干旱地区，α 值很小，β 值很大；水分丰沛地区则相反。

表 1-1　我国主要流域多年平均水量平衡计算结果

| 项目 | 内陆河 | 外流河 | | | | | | | | | | 全国 |
		黑龙江	辽河	海滦河	黄河	淮河	长江	浙闽台诸河	珠江	西南诸河	额尔齐斯河	合计
年降水量/mm	153.9	495.5	551	559.8	464.4	859.6	1070.5	1758.1	1544.3	1097.7	394.5	648.4
年径流量/mm	32	129.1	141.1	90.5	83.2	231	526	1066.3	806.9	687.5	189.6	284.1
年蒸发量/mm	121.9	366.4	409.9	469.3	381.2	628.6	544.5	691.8	737.4	410.2	204.9	364.3
α 值	0.21	0.26	0.26	0.16	0.18	0.27	0.49	0.61	0.52	0.63	0.48	0.44
β 值	0.79	0.74	0.74	0.84	0.82	0.73	0.51	0.39	0.48	0.37	0.52	0.56
流域面积 /10^4km^2	332.17	90.342	34.521	31.816	79.471	32.921	180.85	23.98	58.064	85.141	5.273	954.55

水量平衡方程在应用时要注意以下几点：一是要指定研究区域；二是要指定计算时段；三是使用单位要一致。研究区域可以是一个流域或某一水体，如海洋、湖泊、水库等，也可以是流域或水体的一部分，如某一河段。计算时段要根据所研究的问题而定，如果是研究大范围的水量平衡问题，计算时段常取月、年、多年；如果是研究某个不大的水体，一般取较短的计算时段，如日、时、分等。水量平衡方程中的各项，要使用统一的单位，如 mm、m^3、m^3/s 等。

1.1.4　人类活动对水文循环的影响

目前，人类活动对水文循环的影响主要表现在影响径流和影响水汽输送两个方面，人类活动对前者的影响是直接的，对后者的影响是间接的。此外，人类活动不仅改变了水循环过程中水的数量，也改变了水的质量，即水的物理化学性质。

1.1.4.1　影响径流方面

人类为了满足生活、工农业生产的需要，把水从河流或地下含水层中直接取出。根据水量平衡原理，借助水利工程，可以调整水的时间和空间分布，恰当地协调各部门用水要求，进行合理调度，科学管理，化水害为水利，趋利避害，充分发挥用水效益。为了满足用水、用电的需要，人们在河流上修建水库、水电站等水利工程。通过修建水库等拦蓄洪水，可以增加枯水径流；通过跨流域调水，可以平衡地区间水量分布的差异。这些工程改变了河川径流时空分配过程。水库蓄水增大了水面面积，由于水面蒸发远大于陆面蒸发，因而总体上蒸发量增大。蒸发的水量改变了内陆水文循环中的水汽量，在一定程度上增强了陆地水文循环。由于这些工程在蓄水过程中改变了径流的运动条件，改变了水的温度状况以及水中微生物和其他生物的生存条件，也相应地会引起水质的变化。

跨流域调水改变了水文循环的路径，同时也改变了水文循环各要素之间的平衡关系，进而对水文循环产生很大影响。不仅对调出区有影响，对调入区也有不可忽视的影响。例如，我国的南水北调工程，使长江流域水量减少，使黄河、淮河、海河流域水量增加；长江流域水量减少量值相对有限，而黄淮海流域水量增加比例较大。因此，南水北调工程对长江的影响，如是否会产生入海口区淡水退缩及咸水入侵、河口侵蚀量增加等负面影响都需要研究；对黄淮海调入区而言，调入水量将缓解调入区用水紧张程度，在一定程度上补充长期超采的地下水等方面都是有利的，但是否会改变调入区水文循环状况还有待进一步研究。

当然，如果忽视了水文循环的自然规律，不恰当地改变水的时间和空间分布，如大面积地排干湖泊、过度引用河水等，就会产生湖泊干涸、河道断流等负面影响，导致水资源枯竭；地下水超采还会使地下水位持续下降，改变地下水的天然流场，影响水文循环系统，严重时会导致水质下降、水源枯竭、水井报废、地面沉降、海水入侵等环境地质问题；农田排出水中含有不同量值的养分和农药，工业、生活排放的污、废水等使天然水体的水质发生了变化。城市化的发展，使大量透水地面变为不透水地面，使得相同降雨量所产生的径流量及径流过程不同。因此，了解水量平衡原理对合理利用自然界的水资源是十分重要的。

1.1.4.2　影响水汽输送方面

人工降雨、人工消雹和人工消雾等活动可直接影响水汽的运移途径和降水过程，通过改变局部水循环来达到防灾减灾的目的。植树造林能增加入渗，调节径流，加大蒸发，在一定程度上可调节气候，增加降水。

人类活动改变了下垫面状况，如农耕面积的增加改变了原有植被状况，改变了蒸发条件，进而改变了水汽输送量；现代工业排放的废气降低了近地面的大气透明度，从而改变了辐射状况，影响了陆面能量平衡，导致海洋与陆地表面温度发生变化，而降水量也随之发生了变化。近年来，黄土高原地区的人类活动，包括修筑梯田和淤地坝等工程措施，以及退耕还林还草等改变土地利用状况的措施，在一定程度上恢复了自然生态。

需要说明的是，不同的人类活动，其水文效应的影响规模、变化过程和变化性质，以及可否逆转等均不同。例如，跨流域引水、大型水库等水利工程虽然时间短暂，但将骤然改变水循环要素，而且一旦改变就将持久且不可逆转地存在下去。植树造林、城市化等历时较长的人类活动，对水文要素的影响则是逐渐变化的。水文效应的影响与原水体水量大小有关，影响改变的量和质与总水量和总体水质都是相对而言的。总而言之，人类活动强度增大，对水文循环的影响也在增大，而水文循环的改变又会引起自然环境的变化。这种变化可能朝着有利于人类的方向发展，也可能朝着不利于人类的方向发展，弄清其机理，在水文学理论上和经济社会实践中都有重大的意义。

1.2　水文现象的特性

1.2.1　水循环的永无止境及因果关系

任何一种水文现象的发生，都是全球水文现象整体中的一部分和永无止境的水循环过程中的短暂表现。也就是说，一个地区发生洪水和干旱，往往与其他地区水文现象的异常变化有联系；今天的水文现象是昨天水文现象的延续，而明天的水文现象则是在今天的基础上向前发展的结果。任何水文现象在空间上或时间上总是存在一定的因果关系，如：持续的降雨可能会引发洪水；若湿润地区日照增多、风速增大，蒸发量就会增加。

1.2.2　水文现象在时间变化上既具有周期性又具有随机性

水文现象在时程变化方面存在着周期性与随机性的对立统一。对任何一条河流来说，水文现象都有一个以年为单位的周期性变化。例如，每年河流最大和最小流量的出现虽无具体固定的时日，但最大流量每年都发生在多雨的汛期，而最小流量多出现在雨雪稀少的枯水期，这是由于四季的交替变化是影响河川径流的主要气候因素。又如，靠冰川或融雪补给的河流，因气温具有年变化的周期，所以随气温变化而变化的河川径流也具有年周期性，其年最大冰川融水径流一般出现在气温最高的夏季七八月间。有些人在研究某些长期观测的资料时发现，水文现象还有多年变化的周期性。

另外，河流某一年的流量变化过程，实际上不会和另一年的完全一样，每年的最大与最小流量的具体数值也各不相同，这些水文现象的发生在数值上都表现出随机性，也就是带有偶然性。因为影响河川径流的因素极为复杂，各因素本身也在不断地发生着变化，在不同年份的不同时期，各因素间的组合也不完全相同，所以受其制约的水文现象的变化过程，在时程上和数量上都没有重复再现过，都具有随机性。

水文现象的随机特征是受时、空分布等多种因素影响的结果，而其周期性是相关的气候因素受到地球自转、公转以及其他天体制约的结果，因而具有年、季、月以及多年的周期性变化的规律，即周期性（重现期）。

1.2.3　水文现象在地区分布上既具有相似性又具有特殊性

不同流域所处的地理位置如果相近，气候因素与地理条件也相似，由其综合影响而产生的水文现象在一定范围内也具有相似性，其在地区的分布上也有一定的规律。如在湿润地区的河流，其水量丰富，年内分配也比较均匀，而在干旱地区的大多数河流则水量不足，年内分配也不均匀。又如同一地区的不同河流，其汛期与枯水期都十分相近，径流变化过程也都十分相似。

另外，相邻流域所处的地理位置与气候因素虽然相似，但由于地形、地质等条件的差异，从而会产生不同的水文变化规律。这就是与相似性对立的特殊性。如在同一地区，山区河流与平原河流，其洪水运动规律就各不相同；地下水丰富的河流与地下水贫乏的河流，其枯水水文动态就有很大差异。

由于水文现象具有时程上的随机性和地区上的特殊性，故需要对各个不同流域的各种水文现象进行年复一年的长期观测，积累资料，进行统计，分析其变化规律。又由于水文现象具有地区上的相似性，故只需有目的地选择一些有代表性的河流设立水文站进行观测，将其成果移用于相似地区即可。为了弥补观测年限的不足，还应对历史上和近期发生过的大暴雨、大洪水及特枯水等进行调查研究，以便全面了解和分析水文现象周期性、随机性的变化规律。

1.3　水文资料的收集

收集水文资料是进行水文分析计算的一项很重要的基础性工作。水文资料的来源有水文年鉴、水文数据库、水文手册、水文图集、各种水文调查及气象部门的水文气象资料。

1.3.1　水文年鉴和水文数据库

水文站网观测整编的资料，按全国统一规定，分流域、干支流及上下游，每年汇编刊印成册，称为水文年鉴。1990 年后，随着电子计算机的迅速发展，这些资料基本上已不再刊印，而是以水文数据的形式存储在计算机上，供用户调用。水文年鉴的主要内容包括：测站分布图，水文站说明表及位置图，各测站的水位、流量、泥沙、水温、冰凌、水化学、降水量、蒸发量等资料。

1.3.2　水文手册和水文图集

水文手册、水文图集、水资源评价报告等是全国及各地区水文部门，在分析研究全国各地区所有水文站资料的基础上，通过综合编制出来的。它给出了全国或某一地区的各种水文特征值的等值线图、经验公式、图表、关系曲线等。利用水文手册，便可计算无资料地区的水文特征值。

1.3.3　水文调查

通过水文站网进行定位观测是收集水文资料的主要途径。但是，由于定位观测受时间和空间的限制，有时并不能完全满足生产需要，故还必须通过水文调查加以补充。水文调查包括洪水调查、枯水调查、暴雨调查等，其中主要是洪水调查。我国设计洪水计算规范要求，重要的设计洪水计算都必须进行历史洪水调查和考证工作，以保证成果的可靠性。历史洪水调查包括两方面的内容：一是确定洪水的大小，主要是洪峰流量；二是确定洪水的发生日期和在调查的历史年代中的排列序位，以便估计它的出现频率（重现期）。对于前者，一般可通过在工程断面附近选择比较顺直、稳定的河段，查阅有关的历史文献，访问当地老人，指认沿河各次历史洪水痕迹及发生时间，然后测量河道地形、断面和洪痕高程，确定各次洪水的水面坡降、过水断面积和河道糙率，并由相应的公式求得洪峰流量。对于后者，可通过对历史文献记载和当地老居民回忆的系统分析和反复比较，排出各次洪水在调查期中的序位。排位时，需特别注意不要把影响排位的不太突出的洪水给遗漏，否则将引起洪水频率计算上一系列的错误。历史洪水调查是一项非常重要的工作。近年来，水文工作者还应用地层学、地质学、年代学知识，采用同位素分析等先进技术，调查分析近万年内的特大洪水，也称为古洪水研究。我国在 20 世纪 70 年代和 80 年代，曾组织许多水文部门对历史洪水进行过大规模的系统调查，并汇编成册，供设计洪水计算参考。

1.4 水文现象的研究方法

由上述水文现象的基本特征可知，对水文现象的分析研究都要以实际观测资料为依据。而研究水文规律所需要的实测资料，通常是通过水文调查、水文测验和水文实验等途径获得的。通过对所获得的实际水文资料的整理，对水体时空分布和运动变化的信息分析，给出水文现象的基本特性的综合分析结论，这是水文学研究的基本方法，具体方法主要包括成因分析法、数理统计法和地理综合法。

1.4.1 成因分析法

根据水文站网和室外、室内试验的观测资料，从物理成因出发，研究水文现象的形成、演变过程，揭示水文现象的本质与成因，以及其与各因素之间的内在联系，建立某种形式的确定性模型。但由于影响水文现象的因素极其复杂，其形成机理还不完全清楚，因而本法在定量方面仍然存在着很大困难，目前尚不能满足工程设计的需要。

例如，当知道上下游站的同时水位和洪水的传播时间时，就可由上游站的洪水水位来预报下游站的洪水水位，这就是所谓的相应水位法。又如，影响水面蒸发的因素主要为气象因素，可以根据有关的气象因素来计算水面蒸发量。应该指出，任一水文现象的形成过程都是极其复杂的，在对水文现象做成因分析时，一般只考虑其主要因素，忽略一些次要因素。因此，水文学中的成因分析法是有其局限性的。

1.4.2 数理统计法

水文现象的随机性特点决定了必须以概率理论为基础，运用数理统计方法，对实测水文资料系列进行分析计算，求得水文现象特征值的统计规律，从而得出工程规划、设计所需的水文特征值，并根据这一规律预测未来的水文特征值的变化范围。水文计算中广泛使用这种方法，预估某些水文特征值的概率与分布，推求一定的设计频率标准下的设计值。但它未阐明水文现象的因果关系。若本法与物理成因法结合起来运用，可望获得满意成果。

1.4.3 地理综合法

水文现象在各地区、各流域具有相似性与特殊性，其主要原因是受各地区自然地理条件综合因素的影响，水文现象的变化在地区分布上呈现一定的规律性。这种地区性规律可以用地区性经验公式（如洪水地区经验公式）来反映水文特征值的变化与分布。若与地形图结合，可绘制水文特征的等值线图，如多年平均年径流量等值线图、暴雨洪峰流量地区性经验公式等研究成果，以及根据水文现象在地区上存在着相似性的特点，将水文现象相似地区的实测资料经修正后，移用到设计流域上来的方法都属于地理综合法的范畴。

在解决实际问题时，以上三种方法常常同时使用，相辅相成，互相补充。在实际工程中，应结合工程实际、地区特点，综合分析、合理选用，互为校核，尽可能收集较多的实测长系列资料，选用合理方法精确计算，为工程规划设计提供准确的水文分析成果依据。

任务解决

　　全球气候变暖，年均温上升 1.2℃，导致冰川融化，折合水量增加 250km³，使海平面年均上升约 0.7mm；20 世纪干旱使内陆湖面下降，陆地水储量年均减少 80km³，导致相对海平面上升 0.2mm；地下水每年减少 300km³，使海平面上升 0.8mm；人类修建水库、河道取水等使海平面下降 0.1mm；即，海平面每年上升约 0.7+0.2+0.8-0.1=1.6(mm)，与观测结果接近，说明全球水平衡没有出现问题。

 知识拓展

　　近些年来，涉及水循环的一系列全球性研究计划相继提出，如世界气候计划、国际水文计划、国际生态计划、国际岩石圈计划、人与生物圈计划、国际地圈与生物圈计划、全球环境变化的人文科学研究计划等。各种计划的交叉与联系，更加丰富了人水关系的研究内容，促进人们对人地关系、人水关系的理解。水循环研究范围涉及小、中、大尺度。其中大尺度水循环研究主要关注大气圈—水圈—生物圈—冰雪圈—岩石圈—社会圈水循环的综合影响问题，其重点是陆面与气候相互作用、水文学过程与生物圈过程的气候强迫、陆面反馈机理的研究以及水文尺度问题。利用遥感技术、世界气象观测网来研究水循环状况，预测水循环变化趋势；模拟全球水循环及其对大气、海洋和陆面的影响；利用可观测到的大气与陆面特征的全球观测值确定水量循环和能量循环。

 思考与练习题

　　1. 试论述水文循环的作用与效应。

　　2. 举例说明主要的水文现象有哪些。

　　3. 从水循环角度，分别阐述多年平均情况下建立的陆地、海洋、全球水量平衡方程及其意义。

第**2**章

水文学基本知识

《 **学习目的** 》 了解河流、流域的有关概念，明确河川径流形成过程及其影响因素，熟悉河川水
文资料的基本观测方法，掌握流域水量平衡和水位与流量关系曲线分析方法。

《 **学习重点** 》 河流、流域基本特征，河川径流形成过程及其影响因素，水文测验与信息采集，
流域水量平衡，水位与流量关系曲线。

《 **学习难点** 》 水文测验，水文与流量关系曲线分析方法。

《 **本章任务** 》 河川径流是由流域降水形成的，为什么久晴不雨时河水仍然川流不息？

《 **学习情境** 》 2010 年 8 月 7 日，甘肃省甘南藏族自治州舟曲县发生特大泥石流，县城北面的罗
家峪、三眼峪泥石流下泄，由北向南冲向县城，造成沿河房屋被冲毁，致 1463
人遇难、 302 人失踪；舟曲 5km 长、 500m 宽区域被夷为平地。泥石流阻断白
龙江，形成堰塞湖。携带有大量泥沙以及石块的特殊洪流具有突然性以及流速
快、流量大、物质容量大和破坏力强等特点，造成了重大的生命财产损失，对当
地的生态系统造成了毁灭性的破坏。

2.1 河流与流域

河流（river）是指在一定区域内地面径流和地下径流在地球引力作用下汇集，经常
（或周期性地）沿着它本身所营造的连续延伸的凹地流动的水流。径流是水分循环中一个重
要的环节。降水落到地面，除下渗、蒸发等损失外，其余水流都以径流的形式注入河流。因
此，河流是水分循环的一条主要路径。在地球上的各种水体中，河流的水面面积和水量都最
小（仅占全球水体总量的 0.0001518%），但它和人类的关系却最为密切。

汇集地表径流和地下径流的区域称为流域（hydrographic basin/river basin）。它是以分
水岭为界限的一个由河流、湖泊或海洋等水系所覆盖的区域，以及由该水系构成的集水区。
每条河流都有自己的流域，一个大流域可以按照水系等级分成数个小流域，小流域又可以分
成更小的流域等。另外，也可以截取河道的一段，单独划分为一个流域。流域内的河流以其
所具有的能量，冲蚀河床，搬运泥沙，改变着流域内的面貌。同时，河流流经地区的地理特
征也影响着径流的形成与变化，使流经不同自然地理环境的河流具有不同的特性，因而使它
们之间的水文现象也存在着差异。流域内河流的洪水情况及河床的冲淤变形直接影响到跨河
构筑物（如桥梁和涵洞等）的工程设计。因此，认识河流与流域的基本特征，可以使水文情

势的分析与计算更符合河流与流域的实际情况。

2.1.1　河流的基本特征

河流的基本特征

2.1.1.1　干流及支流

由河流的干流、支流、溪涧和湖泊等构成的脉络相连的系统，称为水系（河系、河网）。如图 2-1 所示，水系表现出复杂的几何特征。常见的水系形状有以下几种。

（1）树枝状水系。河流排列成树枝状，干流与支流之间以锐角相交，主要发育在地面倾斜平缓、岩性比较一致的地区。平原地区的河系常属于此种类型。

（2）辐合状水系。河流由四周山岭或高地向中心低洼地汇集，多发育在盆地中，如中国新疆的塔里木水系。

（3）放射状水系。河流在穹形山地或火山地区，从高处顺坡流向四周低地，呈辐射（散）状分布。

（4）平行状水系。河流在平行褶曲或断层地区多呈平行排列，如我国横断山地区的河流和淮河左岸支流。

（5）格子状水系。河流的主流和支流之间呈直线相交，多发育在断层地带。

（6）网状水系。河流在河漫滩和三角洲上常交错排列犹如网状，如三角洲上的河流常形成扇形网状水系。

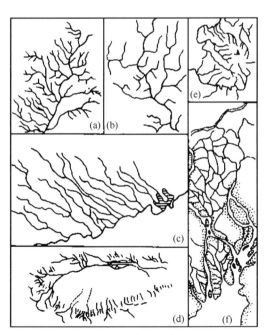

图 2-1　水系示意

（a）树枝状水系；（b）格子状水系；（c）平行状水系；（d）辐合状水系；（e）放射状水系；（f）网状水系

如图 2-2 所示，其中的各个河流按自上而下的顺序分为 1 级、2 级、3 级……斯特拉勒（Strahler）分级法，即河流地貌律：直接发源于河源的小河流为 1 级河流；2 条同级的河流汇合为高一级的河流，例如 2 条 1 级河流汇合后为 2 级；不同级的河流汇合时，则不增加汇

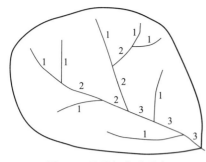

图 2-2　流域与水系示意

合后的河流级别，如 2 级与 1 级汇合后仍为 2 级。河系在发育过程中将遵循一定的规律。

在河系中，直接汇集水流注入海洋或内陆湖泊的河流称为干流（trunk stream，mainstream）。流入一较大河流或湖泊的河流称为支流（tributary）。甲河注入乙河，则甲河是乙河的支流。支流可分成许多级：直接汇入干流的河流叫干流的一级支流，如汉江是长江的一级支流，渭河是黄河的一级支流；直接汇入一级支流的河流叫干流的二级支流，如丹江和唐白河流入汉江，它们就是长江的二级支流；直接汇入二级支流的叫干流的三级支流，其余的可依次类推。

水系通常以干流的名称命名，如长江水系、黄河水系等。但在研究某一支流或某一地区的问题时，也可用该地区名称命名，如湖南省境内的湘江、资水、沅江、澧水 4 条河流共同注入洞庭湖，被称为洞庭湖水系。

2.1.1.2　河长及弯曲系数

（1）河长。从河源到河口河流溪线的长度称为河长（river length），以 L 表示，单位为 km。河长是确定河流落差、比降和能量的基本参数。测定河长，要在精确的地形图上画出河道深泓线，用两脚规逐段量测。所用地图的比例尺愈大，测得的结果就愈接近真实的河长，因为河流的弯曲程度和两脚规的开距都影响量测的结果。在 1：50000 及 1：100000 的地形图上量取河长时，两脚规的开距常采用 1～2mm。

（2）弯曲系数。弯曲系数（bending coefficient）表示河流平面形状的弯曲程度，是河源至河口的河长 L 与两地间的直线长度 l 之比。

$$\varphi = \frac{L}{l} \qquad\qquad (2-1)$$

据此也可求出任意河段的弯曲系数。显然，$\varphi \geq 1$。φ 值越大，河流越弯曲。当 $\varphi = 1$ 时，河道顺直。一般平原区的 φ 值比山区的大，下游的 φ 值比上游的大。

2.1.1.3　河槽基本特征

（1）河流的平面形态。在平原河道，由于河中环流的作用、泥沙的冲刷与淤积，平原河道具有蜿蜒曲折的形态。图 2-3 为河段某一水位下的等深线图。由于在河流横断面上存在水面横比降，水流在向下游运动过程中，水体内产生一种横向环流，这种横向环流与纵向水流相结合，形成河流中常见的螺旋流。在河道弯曲的地方，这种螺旋流冲刷凹岸，使其形成深槽（图 2-3 中的 A_1—A_1 断面），使凸岸淤积，形成浅滩，直接影响着水源取水口位置的选择。两反向河湾之间的河段水深相对较浅，称为浅槽（图 2-3 中的 A_2—A_2 断面）。深槽与浅槽相互交替出现，表现出河床深度的分布与河流平面形态的密切关系。河槽中沿流向各最大水深点的连线叫作溪线，也称为深泓线（thalweg）。中泓线（midstream of channel）是指河道各横断面最大流速点的连线。

在山区河流一般为岩石河床，平面形态异常复杂，并无上述规律，其河岸曲折不齐，深度变化剧烈，等深线也不匀调缓和。

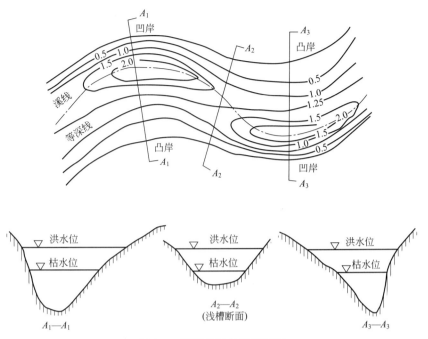

图 2-3　河流等深线及断面图

（2）河流的横断面。河流的横断面（transverse profile）一般指与水流方向相垂直的断面。两边以河岸、下面以河底为界的称河槽横断面；包括水位线在内的横断面则称为过水断面。横断面根据形状又可分为单式及复式两种，如图 2-4 所示。枯水期水流通过的部分，称为基本河槽或主槽；只有在洪水期才为洪水泛滥淹没的部分，称为洪水河槽或河漫滩。河流横断面是计算流量的重要依据。

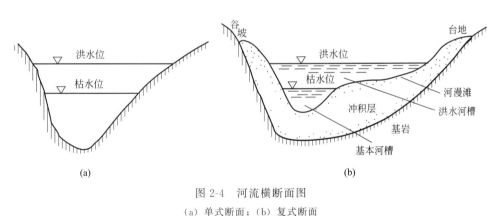

图 2-4　河流横断面图

（a）单式断面；（b）复式断面

河流的横断面上存在着水面横比降（transverse gradient），即垂直于主流向的横向水面坡度。产生的原因有二：一为地球自转所产生的偏转力（或称柯里奥利斯力）；二为河流弯道离心力。

河流横比降的存在，使水流在向下游运动的过程中在水体内产生一种横向水流，它与河轴垂直，表层横向水流与底层横向水流的方向恰恰相反，在过水断面上它们的投影将构成一个封闭的环流。实际上，横向环流与纵向水流结合起来，成为江河中常见的螺旋流。这种螺旋流使平原河道凹岸受到冲刷形成深槽，使凸岸河床产生泥沙淤积形成浅滩，直接影响着水源取水口位置的选择，如图 2-5 所示。在取水工程中，取水口位置的选取，既要考虑有足够的水深，又必须考虑取水建筑物不被冲刷破坏的安全性。因此，取水口位置宜选在水深较大的凹岸，同时又要避开冲刷最厉害的顶冲点。

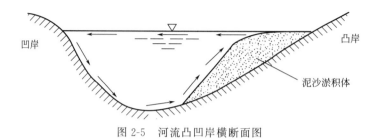

图 2-5　河流凸凹岸横断面图

（3）河流的纵断面。河流的纵断面（longitudinal profile）一般指沿河流深泓线的断面。用高程测量法测出该线上若干河底地形变化点的高程，以河长 L 为横坐标，以河底高程 Z 为纵坐标，可绘出河流的纵断面图（图 2-6）。它明显地表示出河底的纵坡和落差的分布，是推算水流特性和估计水能蕴藏量的主要依据。

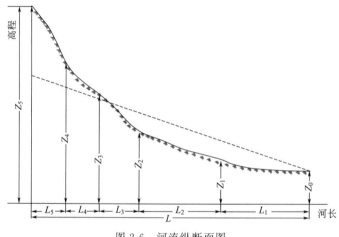

图 2-6　河流纵断面图

河流落差指河流上、下游两地的高程差。河源与河口的高程差，即为河流的总落差。某一河段两端的高程差，称为河段落差。通常所谓的河流比降，一般是指河流纵比降（longitudinal gradient），即单位河长的落差，也称坡度。河流比降有水面比降与河床比降之分，两者不尽相等，但因河床地形起伏变化较大，故在实际工作中多以水面比降代表河流比降。

任意河段首尾两端的高程差与其长度之比就是该河段的纵比降。当河段纵断面近似于直线时，可按下式计算：

$$J = \frac{Z_1 - Z_2}{L} \tag{2-2}$$

式中，J 为河底或水面纵比降，% 或 ‰；Z_1、Z_2 分别为河段首端和终端的高程，m，用河底高程计算时为河底纵比降，用水面高程计算时为水面纵比降；L 为河段长度，m。

上式为河流某段的平均纵比降的计算式。当整个河流纵断面呈折线（图 2-6）时，各段的纵比降可能不一致。为了说明整条河流的纵比降情况，还需利用下式求其平均纵比降：

$$J = \frac{(Z_0 + Z_1)L_1 + (Z_1 + Z_2)L_2 + \cdots + (Z_{n-1} + Z_n)L_n - 2Z_0 L}{L^2} \qquad (2\text{-}3)$$

式中，Z_0，Z_1，$\cdots$，Z_n 分别为自下游到上游沿流程各转折点（亦称为特征地面点）高程，m；L_1，L_2，$\cdots$，L_n 分别为相邻两点间的距离，m。

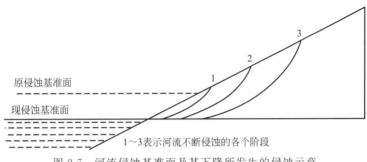

图 2-7　河流侵蚀基准面及其下降所发生的侵蚀示意

河流比降一般都比较小，常用千分率（‰）表示。例如，湖南省的湘江，河长为 856km，平均比降为 0.134‰；内蒙古托克托县河口镇至河南郑州桃花峪间的黄河河段为黄河中游，河长 1206km，中游河段总落差 890m，平均比降 0.74‰。

河流的纵、横断面由于与水流相互作用，都是随着时间变化的。纵断面的下游一般多因泥沙淤积而不断增高，上游被冲刷加深；横断面则经常处于冲淤交替的过程中。河流断面的发展变化主要取决于河槽所在的地理位置和地质构造、河槽组成物质和水流情况等条件。

（4）河流侵蚀基准面。1857 年，美国人 J. W. 鲍威尔首先提出河流侵蚀基准面的概念。河流在冲刷下切过程中其侵蚀深度并非无限度，往往受某一基面所控制，河流下切到这一基面后侵蚀下切即停止，此平面称为河流的侵蚀基准面（erosion basis）如图 2-7 所示。它可以是能控制河流出口水面高程的各种水面，如海面、湖面、河面等，也可以是能限制河流向纵深方向发展的抗冲岩层的相应水面。这些水面与河流水面的交点称为河流的侵蚀基点（erosion base point）。河流的冲刷下切幅度受制于侵蚀基点。所谓侵蚀基点，并不是说在此点之上的床面不可能侵蚀到低于此点，而只是说在此点之上的水面线和床面线都要受到此点高程的制约。在特定的来水来沙条件下，侵蚀基点的情况不同，河流纵剖面的形态、高程及其变化过程可能有明显的差异。

上述侵蚀基准面，可进一步地分为总侵蚀基准面和地方侵蚀基准面两类。①地球上绝大多数的河流汇注海洋，海平面就是这些河流的总侵蚀基准面（general base level），一些人称之为终极侵蚀基准面（ultimate base level）。有些河流或河段的下切侵蚀深度可在海平面以下，但其侵蚀的深度仍然受海平面控制。②流域内还存在着一系列局部或地方侵蚀基准面，如支流注入干流，干流的水面成为支流的侵蚀基准面；河床中的坚硬岩石亦可作为其上游河段的侵蚀基准面；注入湖泊的河流，湖面大致为该河的侵蚀基准面。河流壅塞、山体崩塌、人工筑堤、坚硬的岩石等形成的侵蚀基准面，不仅本身不断变化，而且存在的时间较短，影响也仅限于局部，可以统称为地方侵蚀基准面（local erosion base level），又称为暂时侵蚀基准面。河流的发育受其基准面的控制，基准面上升，水流的挟沙能力降低，就会发生淤积作用；基准面下降，河道比降增大，水流侵蚀作用加强，并由下游开始向上游发展，发生溯源侵蚀。溯源侵蚀在河流纵断面的塑造过程中起着重要的作用（图2-7）。

2.1.1.4 河流的分段

按照河段不同特性，发育成熟的天然河流一般可分为河源、上游、中游、下游和河口五段。

（1）河源。河源（riverhead, river sources）是河流的发源地，它可能是溪涧、泉水、冰川、湖泊或沼泽等。河源不只一点一线，而是呈现扇面状。

（2）上游。上游（upper reaches, upper course）是紧接河源的河流上段，多位于深山峡谷，河槽窄深，流量小，落差大，水位变幅大，河谷下切强烈，多急流险滩和瀑布。

（3）中游。中游（middle reaches, middle course）即河流的中段，两岸多丘陵岗地，或部分处平原地带，河谷较开阔，两岸见滩，河床纵坡降较平缓，流量较大，水位涨落幅度较小，河床善冲善淤。

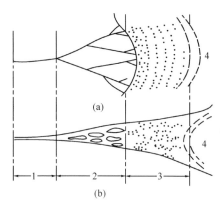

图 2-8 河口区分段图

（a）三角洲；（b）三角港

1—河流近口段；2—河口段；
3—口外海滨；4—前缘急滩

（4）下游。下游（lower reaches, downstream）即河流的下段，位处冲积平原，河槽宽浅，流量大，流速、比降小，水位涨落幅度小，洲滩众多，河床易冲易淤，河势易发生变化。

（5）河口。河口（river mouth, estuary）是河流的终点，即河流流入海洋、湖泊或水库的地方。入海河流的河口，又称感潮河口，受径流、潮流和盐度三重影响。一般把潮汐影响所及之地作为河口区。河口区可分为河流近口段、河口段和口外海滨三段，如图2-8所示。从某种意义上讲，可以把河流近口段与河口段的分界处视为河流真正意义上的终点。

以长江为例，长江发源于青藏高原唐古拉山脉主峰格拉丹东雪山西南侧，河源至宜昌为上游，长4504km；宜昌至湖口为中游，长955km；湖口以下为下游，长938km；长江河口自徐六泾至河口南槽50号灯浮，长167km。

2.1.2 流域的基本特征

2.1.2.1 分水线

当地形向两侧倾斜，使雨水分别汇集到两条不同的河流中去时，这一地形上的背线起着分水的作用，是相邻两流域的界线，称为分水线（divide line）或称为分水岭（ridge line 或 watershed divide）。例如，降落在秦岭

流域的基本特征

以南的雨水流入长江，降落在秦岭以北的雨水流入黄河，所以秦岭便是长江与黄河的分水岭。对较小的流域，其间虽无山岭，但有地形上的脊线，也构成分水线。

分水线是流域的边界线，可根据地形图勾绘。每个流域的分水线就是流域四周地面最高点的连线，通常就是流域四周山脉的脊线。有些多沙河流，由于河床严重淤积，成为地上河，河床高于两岸的地面，河床本身成为不同流域的分水线。如黄河下游，河道北岸属海河

流域，河道南岸属淮河流域，黄河河床成为海河流域与淮河流域的分水线。

河流水源包括地面水和地下水，同地面流域分水线一样，地下水也有分水线。流域的地面分水线和地下分水线一般大体一致，但有时受流域上的水文地质条件和河床下切等地貌特征的影响，地面分水线和地下分水线可能不一致。如图 2-9 所示，A、B 两河地面分水线位于中间的山顶上，地面的起伏与含水层隔水底板的起伏不一致，地下隔水层向甲河倾斜，因此地下分水线在地面分水线的右边，两者不重合。

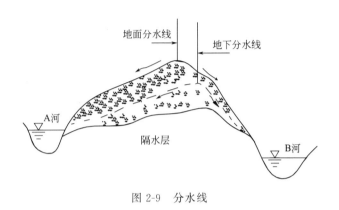

图 2-9　分水线

2.1.2.2　流域

流域的周界即为流域分水线（或分水岭）。流域分水线通常是流域四周最高点的连线，亦是流域四周山脉的脊线（图 2-10）。

流域分水线所包围的区域面积就是流域面积。如上所述，分水线有地面分水线与地下分水线之分，前者构成地面集水区（又称集水面积），后者构成地下集水区。一般流域所指的是地面集水区。在给水工程中往往需要的只是取水构筑物所在断面以上的那部分流域面积，这样勾划求出的流域面积应与其出口断面一一对应。因此，河流的流域面积根据需要可以计算到河流的某一取水口、水文站或支流汇入处。

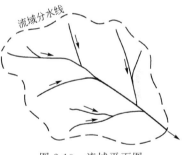

图 2-10　流域平面图

当流域的地面分水线与地下分水线相重合时，则地面集水区和地下集水区也相重合，相邻的流域之间不发生水量交换，此种流域称为闭合流域（closed watershed）。由于水文地质条件和河床下切等地貌特征的原因，地面分水线与地下分水线不完全重合，此时邻近两个流域会发生水量交换，此种流域称为非闭合流域（non-closed watershed）。

实际上，很少有严格意义上的闭合流域，对一般流域面积较大、河床下切较深的流域来说，因地面和地下集水区不一致而产生的两相邻流域的水量交换量比流域总水量小得多，常可忽略不计。因此，可用地面集水区代表流域。但是，对小流域，或者流域内有岩溶的石灰岩地区来说，有时交换水量占流域总水量的比重相当大，把地面集水区看作流域，会造成很大的误差。这就必须通过地质、水文地质调查及枯水调查、泉水调查等来确定地面及地下集水区的范围，估算相邻流域水量交换的大小。

2.1.2.3 流域的几何特征

（1）流域面积。流域分水线包围区域的平面投影面积，称为流域面积，记为 F，以 km^2 计。可在适当比例尺的地形图上勾绘出流域分水线，使用求积仪量出其流域面积。一般情况下，流域面积指的是地面集水区的面积。

流域面积小的河流，因自然条件各异，流域之间河流水质差异较大；随着流域面积的增大，流域内各支流汇合，常使得流域之间河流水质的差异变小。此现象为流域面积给河流水质带来的尺度效应（scale effect），即不同时间、空间尺度的水文信息变化的相似性和变异性信息系统研究、气候变化和人类活动对水资源（包括水量、水质两方面）的影响。如何用一个定量模型来描述水文系统（包括水量、水质两方面）、生态系统相互间这种复杂的关系，是水文系统与生态系统耦合研究的基本要求之一。实际上，它所需要建立的模型，是一个以反映水量循环为主的水量模型、以反映水质变化为主的水质模型、以反映生态系统状态和演变的生态系统模型以及上述三种模型的耦合模型，即水文-生态耦合系统模型。

（2）流域的长度和平均宽度。流域长度就是指流域的轴长。以流域出口为中心向河源方向作若干个不同半径的同心圆，在每个圆与流域分水线相交处作割线，各割线中点的连线的长度即为流域的长度（l），以 km 计。流域面积（F）与流域长度（l）之比称为流域平均宽度（B），以 km 计。

（3）流域形状系数。流域平均宽度（B）与流域长度（l）之比称为流域形状系数（k）。扇形流域的形状系数较大，狭长性流域则较小，所以流域形状系数在一定程度上以定量的方式反映流域的形状。

（4）流域的平均高度与平均坡度。将流域地形图划分为 100 个以上的正方格，依次定出每个方格交叉点上的高程以及与等高线正交方向的坡度，取其平均值即为流域的平均高度和平均坡度。

（5）河网密度。河系中河道的密集程度可用河网密度（以 D 计，km/km^2）表示。河网密度等于河系干、支流的长度之和与流域面积之比。反映流域的自然地理条件，河网密度越大，排水能力越强。我国东南部的水乡，河网密度远高于北方地区。

2.1.2.4 流域的自然地理特征

流域的自然地理特征包括流域的地理位置、气候特征、下垫面条件等。

（1）流域的地理位置。流域的地理位置是指流域中心及周界的位置。流域的地理位置一般以经、纬度来表示。在一般情况下，相近的流域，其自然地理及水文条件是比较相似的。例如两流域在东西向延展较长，则纬度相近，其气候、水文、植被等条件亦多相似。

（2）流域的气候特征。流域的气候因素很多，其中决定流域径流形成和洪水特性的关键性因素是降水与蒸发。降水是地表水的主要来源。我国大部分地区，年降水总量绝大部分是降雨。降雨是空气中的水汽随气流上升，绝热膨胀冷却而凝结成水滴降落到地面的现象。蒸发是水由液体状态变成气态的物理过程。流域总蒸发由水面蒸发、陆面蒸发和植物散发三方面组成。

（3）流域的下垫面条件。下垫面条件包括流域的地形、土壤和岩石特性、地质构造、植被、湖泊及沼泽情况等，都是与流域水文特性密切相关的因素。其中岩土组成的颗粒大小、组成结构、透水性、断层、节理及裂缝情况对流域中的径流量大小及变化有显著影响，且与流域的侵蚀和河流的泥沙情况也有很大的关系。例如：页岩、板岩、石灰岩及砾岩等易风化、易透水、下渗量大，则地面径流将减少；当地面分水线与地下分水线不一致时，水资源将通过地下流失；沙土的下渗量大于黏土的下渗量，其地面径流将小于黏土地区的；黄土地区易于冲蚀，故其河流挟沙力往往很大，由于黄河流域流经黄土高原，其河水的含沙量居世界首位。此外，深色紧密的土壤易蒸发，疏松及大颗粒土壤蒸发量小。

人类活动会改变下垫面条件，从而影响水文特性的变化。

2.2　河川径流

2.2.1　河川径流的基本概念及其表示方式

2.2.1.1　河川径流的基本概念

河川径流（river runoff）是指下落到地面上的降水，由地面和地下汇流到河槽并沿河槽流动的水流的统称。其中来自地面部分的称为地面径流（surface runoff）；来自地下部分的称为地下径流（underground runoff）；水流中挟带泥沙（包括河水靠其所具有的动能挟带着呈悬浮态的悬移质泥沙和沿河底滚动的推移质泥沙）的称为固体径流（solid runoff）或泥沙径流（sediment runoff）；水流中携带粒径小于 10^{-5} mm 微粒物质（溶解气体、化学离子、生物原生质、微量元素、有机质）的称为溶解质径流（solvency runoff）。

河流中的泥沙和溶解质对水质和区域生态环境有影响，其中泥沙的冲淤变化不仅制约着河道变迁，而且对取水构筑物、桥涵工程、水电工程及港口建设等亦有影响，例如给水工程设计中要考虑取水构筑物进水口由泥沙产生的淤积问题。无论是悬浮于河水中的泥沙，还是沉积于河底的泥沙，都参与物质与能量交换，与水介质和生物体共同构成了水生态系统，泥沙颗粒中所含矿物质是某些水生生物的食物来源；泥沙同时制约着水体浑浊度；泥沙颗粒的巨大比表面积是水体中溶解质和水生生物的主要载体，决定着溶解质在水环境中的迁移、转化、归宿和生物效应。例如河流中的重金属，在吸附、表面络合、分配等多种物理化学机理和生物絮凝机理作用下，易于由水相转入颗粒物相，使河流中的重金属主要以颗粒状态存在；河水中的腐殖物质常以泥沙颗粒为载体存在于水体及底泥中。因此，评价河流水环境质量时，不能忽视水体中泥沙物质的研究。

2.2.1.2　河川径流的表示方式

河川径流量一般是指河流出口断面的流量或某一时段内的河水总量。此出口断面常指水文站或取水构筑物所在的断面。河川径流量的大小通常用以下几种径流特征值来表示。

（1）流量 Q。流量 Q（flow, discharge）是指单位时间内通过河流过水断面的水量，以 m^3/s 为单位。流量有瞬时流量、日平均流量、月平均流量、年平均流量和多年平均流量之分。流量随时间发生变化，可用流量过程线（hydrograph）表示。

（2）径流总量 W。径流总量 W（runoff amount）是在一定时段内通过河流过水断面的总水量，以 m^3 计。由于它是一个相当大的数字，实际上常用 $10^8 m^3$ 来表示。其计算公式为：

$$W = QT \qquad (2\text{-}4)$$

由上式可知，一条河流通过某一控制断面的径流总量 W（m^3），等于计算时段总时间 T（s）乘以该时段的平均流量 Q（m^3/s）。

（3）径流模数 M。单位流域面积 F（km^2）上平均产生的流量 Q（m^3/s），叫作径流模数 M（runoff modulus），以 $L/(s \cdot km^2)$ 计，按下式计算：

$$M = \frac{1000Q}{F} \tag{2-5}$$

（4）径流深度 Y。将计算时段内的径流总量均匀分布于测站以上的整个流域面积上，此时得到的平均水层深度就是径流深度 Y（runoff depth），计算公式如下：

$$Y = \frac{1}{1000} \times \frac{W}{F} \tag{2-6}$$

式中，W 为径流总量，m^3；F 为流域面积，km^2；Y 为径流深度，mm。

（5）径流系数 α。同一时段内流域上的径流深度与降水量之比值就是径流系数 α（runoff coefficient），即：

$$\alpha = \frac{Y}{X} \tag{2-7}$$

式中，Y 为所求时段内的径流深度，mm；X 为同一时段内的降水量，mm。

径流系数也可表达为：

$$\alpha = \frac{R}{P} \tag{2-8}$$

式中，P 为年降水总量；R 为年径流总量。

径流系数无量纲，且小于1。它的多年平均值 R_0/P_0 是一个稳定的数字，并且有一定的区域性。径流系数可以用以判断该流域湿润或干旱情况，径流系数越小则该流域越干旱。

（6）径流特征值间的关系。上述各径流特征值之间存在着一定的关系，见表2-1。下面仅就径流深度与径流模数之间的关系加以说明。

表 2-1　径流特征值关系转换

项　目		Q	W	M	Y
		m^3/s	m^3	$L/(s \cdot km^2)$	mm
Q	m^3/s	—	W/T	$MF/10^3$	$10^3YF/T$
W	m^3	QT	—	$MFT/10^3$	10^3YF
M	$L/(s \cdot km^2)$	$10^3Q/F$	$10^3W/(FT)$	—	$10^6Y/T$
Y	mm	$QT/(10^3F)$	$W/(10^3F)$	$MT/10^6$	—

由式（2-5）可得：

$$Q = \frac{FM}{1000}$$

而

$$W = QT = \frac{FMT}{1000}$$

与式（2-6）比较得：

$$1000FY = \frac{FMT}{1000}$$

因此：
$$Y = \frac{MT}{10^6} \tag{2-9}$$

当 T 为一年并以 365 日计算时，$T = 31.54 \times 10^6 \text{s}$，则：
$$Y = 31.54M$$

式中，Y 以 mm 计，M 以 L/(s·km^2) 计。

在式 (2-9) 中，T 为任何时段的时间（秒数），代入后即可求出该时段径流深度与径流模数之间的数值关系。

2.2.2　河川径流形成过程及其影响因素

2.2.2.1　径流形成过程

流域中降水形成径流并流经出口断面或河口的全过程，称为径流形成过程（process of runoff formation），通常可分为 4 个阶段，如图 2-11 所示。

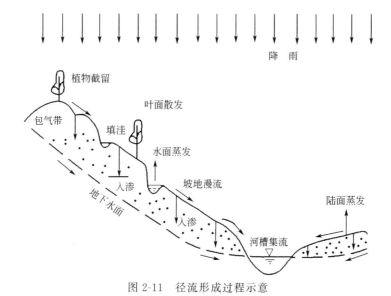

图 2-11　径流形成过程示意

第一阶段是降水过程。在我国绝大多数地区（除新疆、青海等地的部分地区外），降水以降雨为主，流域内的径流由降雨形成。受当地气象条件变化影响，在流域内的降雨可能是均匀分布，笼罩全流域，也可能是在流域内的局部地区，不均匀分布，还有时在局部地区形成暴雨中心，并向某方向移动。因此，降雨的大小及其在时间、空间上的分布，决定着径流的大小和变化过程。所以流域内的降雨是径流形成的首要环节。在我国华北、西北及东北的河流虽受融雪补给，但仍以降雨补给为主，可称为混合补给。只有新疆、青海等地的部分河流是靠冰川或融雪补给，该地区的其他河流仍然是冰川、融雪与降雨的混合补给类型。

第二阶段是蓄渗过程。降雨开始时并不立即形成径流。降落至陆地上的雨水，首先被流域内的植物截流，随后，落到地面上的雨水部分渗入土壤，部分被蓄留在坡面的坑洼地。由植物截留、入渗、填洼组成的整个过程称为流域内的蓄渗过程。这部分雨水不产生地面径流，对降雨径流而言，称为损失。随着土壤中水分逐渐趋于饱和，渗透趋于稳定入渗，暴雨强度逐渐加大并超过下渗强度，将产生超渗水量，这些水在重力作用下会由高向低流动。在流动过程中，若遇地形坑洼处，将填满坑洼后继续流动，形成地表径流，直到河系，而填入坑洼的水量一般也会消耗于蒸发或入渗。总之，在本阶段，经历了植物叶面截留、地面洼蓄、流域蒸发及土壤入渗等过程。

第三阶段是坡地漫流过程。超渗雨水在坡面上呈片流、细沟流运动的现象，称为坡面漫流。满足填注后的降水开始产生大量的地面径流，它沿坡面流动进入正式的漫流阶段。在漫流过程中，坡面水流一方面继续接受降雨的直接补给而增加地面径流，另一方面又在流动中不断地消耗于下渗和蒸发，使地面径流减少。地面径流的产流过程与坡面汇流过程是相互交织在一起的，前者是后者发生的必要条件，后者是前者的继续和发展。

坡面漫流通常是在蓄渗容易得到满足的地方先发生，例如，透水性较低的地面（包括小部分不透水的地面）或较潮湿的地方（例如河边）等，然后其范围逐渐扩大。坡面水流可能呈紊流或层流，其流态与降雨强度有关，其水的运行受重力和摩擦阻力所支配，遵循能量守恒和质量守恒规律的侧向运动的水流，可以用水流的运动方程和连续方程来进行描述。坡面漫流的流程一般不超过数百米，历时亦短，故对小流域很重要，大流域则因历时短而在整个过程中可以忽略。地面径流经过坡面漫流而注入河网，一般来说仅在大雨或高强度的降雨后，地面径流才是构成河流流量的主要源流。

第四阶段是河槽集流过程。坡面径流流经支流而入干流，最后到达流域出口断面或河口的集流过程，称为河槽集流过程。汇入河槽的水流，一方面继续沿河槽迅速向下流动，另一方面也使河槽内的水量增大，水位也随之上升。河槽容蓄的这部分水量，在降雨结束后才慢慢地流向下游，使流域出口断面的流量增长过程变得缓慢，延长流动历时，对河床起到调蓄作用。

由于流域内各点降雨和损失强度不同，其形成径流的过程相互交错，在汇流过程中沿途不断补充降雨，不断消耗于损失，所以上述四个阶段不能简单地割裂开来。但对实际的流域径流形成过程而言，除地面径流外，还应包括地下径流部分。壤中流及地下径流也同样具有沿坡地土层的汇流过程。它们都是在有孔介质中的水流运动。由于它们所通过的介质性质不同，所流经的途径各异，沿途所受的阻力也有差别，因此，水的流速不等。壤中流（表层流）主要发生在近似地面透水性较弱的土层中，它是在临时饱和带内的非毛管孔隙中侧向运动的水流，它的运动服从达西定律。通常壤中流的汇流速度比地面径流慢，但比地下径流快得多。壤中流在总径流中的比例与流域土壤和地质条件有关。当表层土层薄而透水性好，有相对不透水层时，可能产生大量的壤中流。在这种情况下，虽然其流速比地面径流缓慢，但如遇中强度暴雨时，壤中流的数量可以增加很多，成为河流流量的主要组成部分。壤中流与地面径流有时可以相互转化，例如，在坡地上部渗入土中流动的壤中流，可能在坡地下部以地面径流形式汇入河槽，部分地面径流也可能在漫流过程中渗入土壤中流动。故有人将壤中流归入地面径流一类中。均匀透水的土壤有利于水渗透到地下水面，形成地下径流。地下径流运动缓慢，变化亦慢，补给河流的地下径流平稳而持续时间长，构成流量的基流。但地下径流是否完全通过本流域的出口断面流出，取决于地质构造条件。

所以，整个径流形成过程（process of runoff formation）分为产流（runoff producing）过程（降水过程、蓄渗过程、坡地漫流）和汇流（flow concentration）过程（壤中流、地下径流、河槽集流）。径流形成过程实质上是水在流域的再分配与运行过程。产流过程中水以垂向运行为主，它是降雨在流域空间中再分配的过程，是构成不同产流机制和形成不同径流成分的基本过程。汇流过程中水以水平侧向运行为主，水平运行机制是降雨在时间上再分配的过程，是构成流域汇流过程的基本机制。

2.2.2.2　河川径流影响因素

从径流形成过程可知，流域的各种自然地理因素，如降水蒸发、地形地质、湖泊沼泽等，都不同程度地影响着河川径流。

（1）气象条件。流域的气象条件是影响径流量的决定性因素，其中以降水和蒸发最为重要，直接影响流域内的径流量和损失量。

降雨过程对径流形成过程的影响最大。例如在相同的降雨量条件下，降雨强度越大，降雨历时越短，则流量越大，径流过程急促；反之，则流量小，径流过程平缓。

蒸发是流域内的水分由液态变为气态的过程。由于降雨时空气湿润，蒸发对一次降雨过程的作用不大，但平时流域内的土壤水分大都消耗于蒸发。我国湿润地区年降水量的 30%～50%、干旱地区年降水量的 80%～95% 都消耗于蒸发，剩余部分才形成径流。

其他气象因素如气温、湿度、风等，都通过降水和蒸发对径流产生间接作用。而以冰雪融水补给的河流，其径流变化与气温变化密切相关，有季变化与日变化之分。

（2）地理位置和地形。流域的地理位置是以流域所处的地理坐标即经度和纬度来表示，并说明它离开海洋有多远，它与别的流域和山岭的相对位置。这些与内陆水分小循环的强弱和径流过程有关。地形包括流域地表的平均高程、坡度、切割深度等。地形对径流的汇流速度和停滞过程起着决定性作用。地势越陡，切割越深，坡地漫流和河槽汇流时的流速越大，汇流时间越短，径流过程则越急促，洪水流量越大。因此，在地形起伏较大的山区，河流的径流变化较平原地区的强烈。

（3）形状和面积。流域的长度决定了地面径流汇流的时间，狭长地形较宽短地形的汇流时间长，汇流过程平缓。大流域的径流变化较小流域的要平缓得多，这是因为大流域面积较大，各种影响因素有更多的机会能相互平衡，相互作用，从而增大了它的径流调节能力，而使径流变化趋于相对稳定。

（4）地表植被覆盖。植物枝叶对降水有截留作用，增加了地面的粗糙程度，减缓了坡地漫流的速度，增加了雨水下渗的机会。落叶枯枝和杂草可改变土壤结构，减少了水分蒸发。总之，地表植被覆盖可以起到蓄水、保水和保土等作用，削减洪峰流量，增加枯水径流，使径流随时间的变化趋于均匀。

（5）土壤及地质构造。土壤的物理性质、含水量，岩层的分布、走向，透水岩层的厚薄及储水条件等都明显地影响着流域的下渗水量、地下水对河流的补给量、流域地表的冲刷等，因而在一定程度上影响着径流及泥沙情势。岩溶地区的水文过程另具有其独特性。

（6）湖泊和沼泽。湖泊（lake）和沼泽（swamp）通过对流域蓄水量的调节作用影响径流的变化。例如，进入 21 世纪以来，鄱阳湖就一直出现短时间被拉空的现象，对生态保护、人畜饮水安全等造成了不小的影响。

（7）人类活动因素。人类改造自然的活动对径流的影响可从 3 个方面体现出来：农林牧措施、水土保持措施以及水利化措施。首先，农林牧措施是通过农业、林业和牧业等人类活动改变流域植被覆盖情况，减缓和阻止地面径流的发生和发展，增加下渗和蒸发。例如农业上的坡地改梯田、旱地改水田、单季改双季、深耕密植等措施用以拦截径流、泥沙，使下渗和蒸发增大。其次，水土保持措施是通过植被或护坡，加强河道上游及两岸的边坡保护，减少土壤冲蚀，防止水土流失，使泥沙流失量减小，达到水土保持的目的。第三，当今水利化措施日益显示出其巨大的作用，并对人类的生存环境产生广泛的影响。在流域内修建水库、塘、堰以及其他的引水工程，不仅控制了径流情势，还对水质、气候、生态、地质、地貌等环境要素产生影响。这些水利工程的修建首先在流域内进行径流调节，汛期将多余的水量储存于水库中，枯水期引用库中水量用于工农业生产，大大缓解了流域内径流量在年内、年际间的矛盾。例如三峡水库的形成可以起到多年调节的作用，既减少了长江下游多年来不断产生的洪灾，同时又使这一流域枯水年不再缺水，达到在多年内的径流调节作用。再如南水北调工程将长江的水分别从东线、中线、西线 3 条线路输往黄河。东线自长江下游干流江苏的江都引水入黄河下游，年引水量 170 亿立方米；中线自长江中游支流汉江的丹江口水库引水经河南、河北进入北京、天津，年引水量 145 亿立方米；西线自长江上游支流通天河、雅砻江、大渡河引水入黄河上游，年引水量 190 亿立方米。这一工程的修建将极大地改变黄河流域的径流状况。

除了上述措施外，城市化进程也对径流产生重要影响。城市地区人口和建筑物密度增加，改变了局部气候条件，导致暴雨频次、总量和强度增大。同时，不透水面积扩大，下渗减少，地表径流增加，使城市排水系统面临更大压力，甚至需要提高工程设计标准，对现有工程加以改进以应变化。

此外，人类活动还深刻影响着水质。工业废水、农业面源污染以及大气沉降（如酸雨）导致水体污染加剧。例如，我国西南、华东等地区因燃煤排放二氧化硫，酸雨问题严重，进一步影响水环境。因此，在人类改造自然的过程中，必须统筹考虑径流量和水质的变化，合理开发、管理和保护水资源，以实现可持续发展。

2.2.3　地下径流

来自地下部分的径流称为地下径流。下降的雨水渗入土壤后，一部分为植物吸收或通过地面蒸发而损失，另一部分渗入透水层而成为地下水，经过一段相当长的时间，通过在地层中的渗透流动而逐渐注入河流，这就是地下径流，也称为基流。它与地面径流不同，水量较小，水位变幅不大，在数量与时程上都表现出相当的稳定性。

2.2.4　固体径流

河川的固体径流或泥沙径流是针对河流挟带的水中悬移质泥沙和沿河底滚动的推移质泥沙而言。所有河流都挟带泥沙，只是多少不同而已。其中颗粒较小、重量较轻、悬浮于水中、随水流运动的泥沙称为悬移质泥沙；颗粒较大、重量较重、沉于河底，当水流速度较大时，沿河床滚动、跳动的泥沙称为推移质泥沙。悬移质泥沙与推移质泥沙在河流中的运动形成了固体径流。固体径流对水利工程、航运工程以及给水工程中的取水口有着极其重要的意义，合理疏导固体径流是工程安全运转的重要保障。在我国黄河流域，最大年输沙量达 39.1 亿吨（1933 年），最高含沙量 920kg/m³（1977 年）。三门峡站多年平均输沙量约 16 亿吨，平均含沙量 35kg/m³。河流泥沙主要来源于流域地表被风和雨水侵蚀的土壤，当大量的降雨或融雪形成坡地漫流时，水流就将地表的固体颗粒带入河中。河流挟带泥沙的多少与流域特征及地面径流有关，洪水期含沙量较大，枯水期只靠地下水补给时则含沙量最小。

2.3　流域水量平衡

水量平衡（water balance）通常用水量平衡方程式表示。在一定时段内流域的各水文要素（降水、蒸发、径流等）之间的数量变化关系，可由流域的水量平衡方程综合地表示出来，它是进行水文分析计算的有力工具。

我们先求闭合流域内任一时段的水量平衡方程式。所谓闭合流域，即该流域的地面分水线明确，且地面与地下分水线相互重合，没有补给相邻流域的水量。设想在这样一个流域的分水线上作出一个垂直的柱形表面一直到达不透水层，使低于这个层面的水不参与所探讨的水量平衡。应用水力学中的水流连续性原理，来确定水文循环的数量关系。

闭合流域的水量平衡收入项为研究时段的总降水量（P）；支出项为研究时段的流域总蒸发量（E）和流域出口断面处的总径流量（R）。若研究时段内流域蓄水变量绝对值为 ΔS，则任一时段内的闭合流域水量平衡方程式为：

$$P = E + R \pm \Delta S \tag{2-10}$$

对于某一具体年份来说，式中 P 代表年降水总量，E 代表年蒸发总量，R 代表年径流总量。多水年份水量充沛，一部分水量补充流域蓄水量，因此 ΔS 为正号；而少水年份 ΔS 将为负号，表示流域将消耗蓄水量的一部分用于径流及蒸发。

对于多年平均情况而言，由于存在丰水年和枯水年的交替，流域蓄水量之差近似等于零，即：

$$\frac{1}{n}\sum_{i=1}^{n}\Delta U_i \approx 0 \tag{2-11}$$

此时，式(2-10) 可转化为：

$$P_0 = E_0 + R_0 \tag{2-12}$$

$$P_0 = \frac{1}{n}\sum_{i=1}^{n}P_i$$

$$E_0 = \frac{1}{n}\sum_{i=1}^{n}E_i$$

$$R_0 = \frac{1}{n}\sum_{i=1}^{n}R_i$$

式中，P_0 为流域多年平均降水量；E_0 为流域多年平均蒸发量；R_0 为流域多年平均径流总量。

式(2-12)表明，对于一个闭合流域来说，降落在流域内的降水完全消耗在径流和蒸发两方面，如式(2-12) 两边同时除以 P_0，则得出：

$$\frac{R_0}{P_0} + \frac{E_0}{P_0} = 1 \tag{2-13}$$

式中，径流量占降水量的比例 R_0/P_0 称为径流系数，也可见式(2-8)；蒸发量占降水量的比例 E_0/P_0 称为蒸发系数（evaporation coefficient）。这两个系数在 0~1 的范围内变化，其和等于 1。干旱地区的径流系数很小，几乎为 0，而蒸发系数很大，可接近 1；水分丰沛地区的径流系数介于 0.5~0.7 之间或稍大。

2.4 水文测验与信息采集

系统地收集和整理水文资料的全部技术过程称为水文测验（hydrometry）。狭义的水文测验指水文要素的观测。应用水文测验取得的各种水文要素的数据，通过分析、计算，综合后为水资源的评价和合理开发利用，为工程建设的规划、设计、施工、管理、运行及防汛、抗旱提供依据。如桥涵的高程和规模、河道的航运、城市的给水和排水工程等都以水位、流量、泥沙等水文资料作为设计的基本依据。

为了获得水文要素等各类资料，建立和调整水文站网；为了准确、及时、完整、经济地观测水文要素和整理水文资料并使得到的各项资料能在同一基础上进行比较和分析，研究水文测验的方法，制定出统一的技术标准；为了更全面、更精确地观测各水文要素的变化规律，研制水文测验的各种测验仪器、设备；对一些没有必要做驻站测验的断面或地点，进行定期巡回测验，如枯水期和冰冻期的流量测验、汛期跟踪洪水测验、定期水质取样测定等；进行水文调查，包括测站附近河段和以上流域内的蓄水量、引入引出水量、滞洪、分洪、决口和人类其他活动影响水情情况的调查，也包括洪水、枯水和暴雨调查。水文测验得到的水文资料，按照统一的方法和格式，加以审核整理，成为系统的成果，刊印成水文年鉴，供用户使用；按统一的技术标准在各类测站上进行水位观测、流量测验、泥沙测验和水质、水温、冰情、降水量、蒸发量、土壤含水量、地下水位等观测，以获得实测资料。本部分主要阐述河流水位观测、流量测验、泥沙测验等。

2.4.1 水文测站

水文测站（hydrological station）是在河流上或流域内设立的，按一定技术标准经常收集和提供水文要素的各种水文观测现场的总称。按其目的和作用分为基本站、实验站、专用站和辅助站。

水文测站

基本站是为综合需要的公用目的，经统一规划而设立的水文测站。基本站应保持相对稳定，在规定的时期内连续进行观测，收集的资料应刊入水文年鉴或存入数据库长期保存。实验站是为深入研究某些专门问题而设立的一个或一组水文测站，实验站也可兼作基本站。专用站是为特定的目的而设立的水文测站，不具备或不完全具备基本站的特点。辅助站是为了帮助某些基本站正确控制水文情势变化而设立的一个或一组站点。辅助站是基本站的补充，弥补基本站观测资料的不足。计算站网密度时，辅助站不参加统计。

基本站按观测项目可分为流量站、水位站、泥沙站、雨量站、水面蒸发站、水质站、地下水观测井等。其中，流量站（通常称作水文站）均应观测水位，有的还兼测泥沙、降水量、水面蒸发量及水质等；水位站也可兼测降水量、水面蒸发量。这些兼测的项目，在站网规划和计算站网密度时，可按独立的水文测站参加统计；在管理站网、刊布年鉴和建立数据库时，则按观测项目对待。

2.4.2 水位观测

水位（water stage）是水体（如河流、湖泊、水库、沼泽等）的自由水面相对于某一基面的高程，其单位以米（m）表示。水位是反映水体、水流变化的重要标志，是水文测验中最基本的观测要素，是水文测站常规的观测项目。水位观测资料可以直接应用于堤防、水库、电站、堰闸、浇灌、排涝、航道、桥梁等工程的规划、设计、施工等过程中。水位是防汛抗旱斗争中的主要依据，水位资料是水库、堤防等防汛的重要资料，是防汛抢险的主要依据，是掌握水文情况和进行水文预报的依据。同时，水位也是推算其他水文要素并掌握其变化过程的间接资料。在水文测验中，常用水位直接或间接地推算其他水文要素，如：由水位通过水位-流量关系，推求流量；通过流量推算输沙率；由水位计算水面比降等，从而确定其他水文要素的变化特征。

以一个基本水准面为起始面，这个基本水准面又称为基面。由于基本水准面的选择不同，其高程也不同，在测量工作中一般以大地水准面为高程基准面。大地水准面是平均海水面及其在全球延伸的水准面，在理论上讲，它是一个连续的闭合曲面。但在实际中无法获得这样一个全球统一的大地水准面，各国只能以某一海滨地点的特征海水位为准。这样的基准面也称绝对基面，特征海水面的高程定为 0.000m，目前我国使用的有大连、大沽、黄海、废黄河口、吴淞、珠江等基面。若将水文测站的基本水准点与国家水准网所设的水准点接测后，则该站的水准点高程就可以根据引据水准点用某一绝对基面以上的高程数来表示。

观读水位的设备常用水尺和自记水位计两类。水尺分直立式、倾斜式、矮桩式和悬锤式四种。其中，直立式水尺的应用最普遍，其他三种则根据地形和需要选定。水尺板上刻度的起点与某一基面的垂直距离叫作水尺的零点高程，预先可以测量出来，如图 2-12 所示。每次观读水尺后，便可计算水位，即：

$$水位＝水尺零点高程＋水尺读数 \tag{2-14}$$

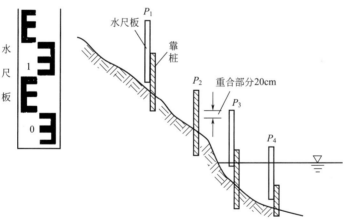

图 2-12　直立式水尺分级设置示意
注：$P_1 \sim P_4$ 代表水尺板的不同设置点

自记水位计种类较多，间接观测设备主要由感应器、传感器与记录装置三部分组成。感应水位的方式有浮筒式、水压式、超声波式等多种类型。按传感距离可分为就地自记式与远传、遥测自记式两种。按水位记录形式可分为记录纸曲线式、打字记录式、固态模块记录式等。它们可以以数字或图像的形式连续记录水位变化过程。

一般河流的水位观读次数与时间，根据河流及水位涨落变化情况合理安排，以能测得完整的水位变化过程，满足日平均水位计算、流量推求和水情拍报的要求为原则。水位平稳时，一日内可只在 8 时观测一次；稳定的封冻期没有冰塞现象且水位平稳时，可每 2~5 日观测一次，月初月末两天必须观测。水位有缓慢变化时，除每日 8 时、20 时观测两次外，枯水期 20 时观测确有困难的站，可提前至其他时间观测。水位变化较大或出现较缓慢的峰谷时，每日 2 时、8 时、14 时、20 时观测 4 次。洪水期或水位变化急剧时期可每 1～6h 观测 1 次，当水位暴涨暴落时，应根据需要增为每半小时或若干分钟观测 1 次，以测得各次峰、谷和完整的水位变化过程。结冰、流冰和发生冰凌堆积、冰塞的时期应增加测次，以测得完整的水位变化过程。

2.4.3 流量测验

流量（flow）是单位时间内流过江河某一横断面的水量，单位 m^3/s。流量是反映水资源和江河、湖泊、水库等水量变化的基本资料，也是河流最重要的水文要素之一。流量测验的目的是取得天然河流以及水利工程调节控制后的各种径流资料。

河流流量是通过测定过水断面面积与断面平均流速并加以计算得到的。在过水断面上，流速随水平及垂直方向的位置不同而变化。从水平方向看，中间流速大，两岸流速小；从水深方向看，河床流速最小，如图 2-13 所示。用流速仪测流实际上是将过水断面划分为若干部分，计算出各部分面积，然后用流速仪近似地测算出各部分面积上的平均流速，两者的乘积为通过各部分面积的流量，累积各部分面积上的流量即得全断面的流量，包括断面测量和流速测量两部分工作。因此，流速仪测流工作包括过水断面测量、流速测量、流量计算三部分。

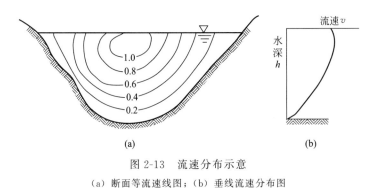

图 2-13　流速分布示意

（a）断面等流速线图；（b）垂线流速分布图

2.4.3.1　断面测量

测量过水断面称为水断面测量，是在断面上布设一定数量的测深垂线，如图 2-14 所示，施测各条垂线的水深，同时测得每条测深垂线与岸上某一固定点（断面的起点桩，一般设在左岸）的水平距离（称为起点距），并同时观测水位，用施测时的水位减去水深，得到各测深垂线处的河底高程。

2.4.3.2　流速测量

（1）点流速测定。测量点流速通常使用流速仪。流速仪放在流动的水中，受水流冲刷使旋杯或旋桨发生旋转，流速越大，旋转越快，它们之间一般是直线关系，根据转速即可算出流速。其计算公式为：

$$u = K\frac{N}{T} + C \tag{2-15}$$

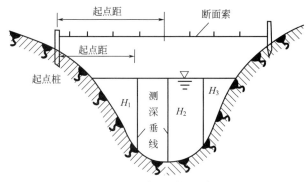

图 2-14　断面测量示意

式中，u 为水流的点流速，m/s；K 为水力螺距，表示流速仪的转子旋转一周时，水质点的行程长度；N 为流速仪在测速历时 T 内的总转数，一般是根据信号数，再乘上每一信号代表的转数求得；T 为测速历时，s，为了消除水流脉动的影响，测速历时一般不应少于100s；C 为附加常数，表示仪器高速运转时内部各运动件之间所产生的摩阻，称为仪器的摩阻常数。

这种流速只是河流过水断面上某一测点的流速。为适应过水断面上天然流速分布的不均匀性，最后根据"以点控制线，以线控制面"的原则，求得垂线平均流速和部分断面平均流速，进而求出断面流量。

（2）垂线平均流速的测定与计算。河流过水断面上流速的分布是不均匀的，为了掌握过水断面流速的分布情况，就得合理安排测点，使观测结果具有代表性。为此，就必须在过水断面上沿河宽选一些代表性强的测速垂线，在每条测速垂线上依水深不同选择一些特征点进行测速。常测法的最少测速垂线数目规定列于表 2-2 中。

表 2-2　常测法的最少测速垂线数目

项目		水面宽/m					数值	
		<5.0	5.0	50	100	300	1000	>1000
最少测速垂线数/条	窄深河道	5	5	10	12	15	15	15
	宽浅河道			10	15	20	25	>25

注：当水面宽与平均水深之比大于 100 时为宽浅河道，否则为窄深河道。

对测速历时的规定：对每一测点一般不应短于 100s；在能满足测流的精度要求时还可以缩短测速历时，但不宜少于 50s，如测点流速脉动严重，则测速历时还应适当延长。

只要水深足够，应采用五点法。垂线平均流速为：

$$v_m = \frac{1}{10}(v_{0.0} + 3v_{0.2} + 3v_{0.6} + 2v_{0.8} + v_{1.0}) \qquad (2\text{-}16)$$

式中，$v_{0.0}$、$v_{0.2}$、$v_{0.6}$、$v_{0.8}$ 及 $v_{1.0}$ 分别为水面（0.0m），0.2m、0.6m、0.8m 水深及河底（1.0m）处的流速，m/s。

（3）部分断面平均流速计算。部分断面平均流速是指两测速垂线间部分面积的平均流速，以及岸边或死水边与断面两端测速垂线间部分面积的平均流速。首先将天然河流的过水断面划分为若干部分，断面各部分的划分，以测速垂线为界，岸边部分按三角形计算，中间部分按梯形计算。如图 2-15 所示，1 部分和 4 部分的断面面积 A_1 与 A_4 按三角形计算，而 2 部分和 3 部分的断面面积 A_2 和 A_3 按梯形计算，$b_1 \sim b_4$ 分别代表竖向四部分的底边长度（m）。

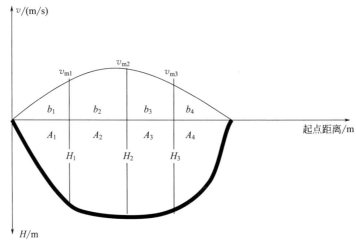

图 2-15　部分断面划分示意

如图 2-15 所示，两测速垂线中间部分的平均流速为两垂线平均流速的算术平均值；岸边或死水边部分的平均流速，等于自岸边或死水边起第一条测速垂线的垂线平均流速乘以岸边流速系数 ε。

$$v_1 = \varepsilon_1 v_{m1} \tag{2-17}$$

$$v_2 = \frac{v_{m1} + v_{m2}}{2} \tag{2-18}$$

$$v_3 = \frac{v_{m2} + v_{m3}}{2} \tag{2-19}$$

$$v_4 = \varepsilon_4 v_{m3} \tag{2-20}$$

式中，v_1、v_2 及 v_3 分别为 1～3 部分断面上的平均流速；v_{m1}、v_{m2} 及 v_{m3} 分别为 1～3 垂线上的平均流速；ε 为岸边流速系数，可在表 2-3 中选用，也可根据试验资料确定。

表 2-3　岸边流速系数 ε 值

岸边情况	ε 值
斜坡岸边（即水深均匀地变浅至零的岸边部分）	0.67～0.75，可用 0.7
陡岸边	不平整陡岸边用 0.8
	光滑陡岸边用 0.9
死水边（死水与流水的交界处）	0.6

2.4.3.3　流量计算

流量计算公式如下：

$$Q = \sum_{i=1}^{n} q_i = \sum_{i=1}^{n} A_i v_i \tag{2-21}$$

式中，Q 为过水断面流量，m^3/s；n 为部分断面的个数；q_i 为部分断面流量，m^3/s；

A_i 为部分断面面积，m^2；v_i 为部分断面平均流速，$\mathrm{m/s}$。

2.4.4　水文信息采集

水文信息采集的主要手段是水文测验。这种定位测验由于受到时间与空间的限制，往往不能满足实际工作需要。通过水文调查、水文遥测、水文年鉴等途径采集水文信息，可以使水文资料更加完整而系统，这些信息也是进行水文分析计算时必不可少的依据。

2.4.4.1　水文调查

水文调查的目的是调查水文测站及其他必要地点的水文特征值，包括特大洪水流量、暴雨量和最小枯水量。调查和考证的方式除了收集有关流域的水文、气象资料，查阅历史文献以外，还要到现场实地询问当地的老居民。通过指认沿河各次历史洪水痕迹（图 2-16）、发生时间、洪水水源及涨落过程等，然后测量河段的断面、洪痕高程，可运用水位-流量关系曲线法推求各次历史洪水流量，并经过系统分析和反复比较，排列出各次洪水在调查期中的序位。特大暴雨的调查，一般通过将当时的雨势与近期发生的某次大暴雨相比，得出定性的结论；或依据当时地面池塘积水、露天水缸等器皿盛接雨水的程度，来估算暴雨量。根据当地严重旱情、无雨天数、河水水深以及枯竭断流的情况调查，来估算当时的最小水量和最低水位。历史枯水的调查工作必须在水位极枯或较枯时才能进行，不像对洪水的调查那样，随时都可以进行。河流沿岸的古代遗址、古代墓葬、古代建筑物、记载水情的碑刻题记等考古实物以及文献资料（图 2-17），都是进行历史水文调查的重要资料。调查方法与洪水调查方法基本相似，一般比历史洪水调查更为困难。

(a) 涪陵峰子岩的洪峰题记 "㝉"

(b) 涪陵两汇场的洪峰水位标记 "㐔"

(d) 云阳飞滩子的洪峰标记 "乙"

(c) 涪陵陈家嘴洪水题记

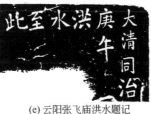

(e) 云阳张飞庙洪水题记

(f) 孝感文庙洪水题记

图 2-16　长江历史特大洪水石刻

(a) "江水至此鱼下五尺"

(b) "鱼出水面六尺"

(c) "鱼在水尚一尺"　　　(d) "水齐至此"

图 2-17　四川涪陵白鹤梁上部分石刻题记

我国许多水文部门对历史洪水进行过大规模的系统调查，并已编辑成册，供工程技术人员在进行洪水计算时参考。古洪水是指洪水发生的时间早于现代系统水文测验和历史（调查）洪水的古代洪水，可以追溯到地质年代，称为全新世发生的洪水。近年来，有关古洪水的研究成果的收集也是水文调查的内容之一。

2.4.4.2　水文遥测

水文遥测是指遥感技术在水文科学领域的应用。其特点是可以大范围、快速、周期性地探测地球上各种水文现象及其变化。近 20 多年来，水文遥测已成为收集水文信息的一种手段，尤其在流域特征调查、水资源调查、水质监测、洪涝灾害监测、河口湖泊水库泥沙淤积监测等方面的应用更为显著。

2.4.4.3　水文年鉴

水文年鉴是指由国家水文站网按全国统一规定对观测的数据进行处理后，由主管部门分流域和水系每年刊布一次的水文资料。1986 年起，各地区水文部门陆续开始用计算机存储水文资料，建立水文数据库，供用户查阅。水文年鉴内容包括测站分布图，水文站说明表与位置图，各测站的水位、流量、水温、泥沙、冰凌、水化学、地下水、降水量、蒸发量等系统资料。

2.4.4.4　水文手册和水文图集

水文年鉴仅刊布水文测站的资料，而水文手册、水文图集和水资源评估报告等是各地区水文部门在分析研究和综合历年地区性水文资料的基础上编制出来的，包括适用于某地区的各种水文特征值统计表、等值线图、经验公式、经验系数、关系曲线及计算方法等。利用水文手册和水文图集可以计算资料缺乏或无资料地区的水文特征值。

2.5　水位与流量关系曲线

由 2.4 部分内容可知，流量测验工作量大，并且各测站一年内实测的次数有限，通常得不到流量随时间连续的变化过程；而水位易于观测，因此可通过对观测到的水位、流量资料的整理，建立水位与流量关系曲线，由水位推求相应水位下的流量，这样可以把相当大一部分流量观测工作简化为水位观测。同时，在水文计算中，也可以利用水位-流量关系曲线将设计水位转化为设计流量。

2.5.1　水位与流量关系曲线的分析

2.5.1.1　稳定的水位-流量关系曲线

当测流段的河床稳定且测站控制良好时，绘制出来的水位-流量关系曲线表现为同一水位只有一个相应的流量，或者说为一条单一的曲线，二者即为稳定关系。稳定的水位-流量关系曲线的绘制步骤如下。

（1）将各次测流时实测水位、流量的成果加以审查，列出实测流量成果表，见表 2-4。

表 2-4　××河××站 1982 年实测流量成果表（摘录）

测次	日期			水位 /m	流量 /(m³/s)	流量 测法	断面 面积 /m²	平均 流速 /(m/s)	水面 比降 /‰	水面宽 /m	备注
	月	日	时:分								
121	8	12	7:50～8:20	102.59	137	流速仪	98.6	1.39	—	83.6	
122	8	13	7:30～8:20	102.48	121	流速仪	92.3	1.52	—	83.1	
123	8	13	15:00～15:30	104.15	851	水面浮标	312	2.73	0.24	157	
124	8	14	7:00～7:30	104.42	1050	水面浮标	361	2.92	0.27	168	西北风 2～3 级
125	8	14	18:00～18:20	104.17	944	水面浮标	315	3.00	0.27	157	西北风 2～3 级

（2）根据表 2-4 中数据，同时绘制 Z-A、Z-v、Z-Q 关系曲线。以水位为纵坐标，横坐标用三种比例尺，分别代表流量 Q、断面面积 A、平均流速 v。如果采用不同方法测流，则关系点用不同符号表示。如果水位流量关系点密集，分布成一带状，就可以通过点群中间，目估一条单一的水位-流量关系曲线，见图 2-18。在绘制水位-流量关系曲线时，大多数点与曲线的偏差不超过测流误差的 5%，稳定良好。

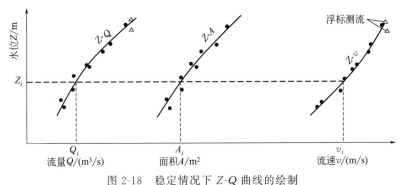

图 2-18　稳定情况下 Z-Q 曲线的绘制

（3）Z-Q 曲线定出后，应与 Z-A、Z-v 曲线对照检查，使各种水位情况下的 $Q=Av$。

2.5.1.2　不稳定的水位-流量关系曲线

不稳定的水位-流量关系是指先后测得的水位虽然相同，但流量差别很大。在同一水位时，引起流量变化的原因很多，如断面冲刷或淤积（图 2-19）、洪水涨落（图 2-20）、变动

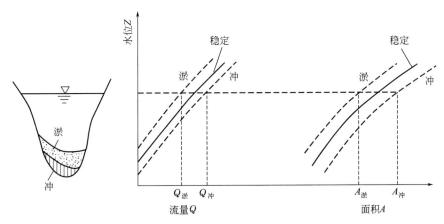

图 2-19　受冲淤影响的水位-流量关系曲线

回水（图 2-21）以及结冰、水草生长等都会引起断面面积、断面形状、比降或糙率的变化，从而形成不稳定的水位-流量关系曲线。

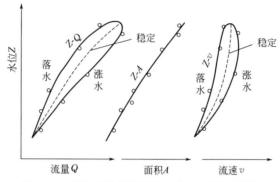

图 2-20　受洪水涨落影响的水位-流量关系曲线

不稳定的水位-流量关系曲线的处理方法很多，经常使用的有以下两种。

（1）临时曲线法。若水位-流量关系受不经常的冲淤影响或比较稳定的结冰影响，在一定时期内关系点密集呈带状，能符合定单一线的要求时，可以分期定出水位-流量关系曲线，称为临时曲线法，见图 2-22。

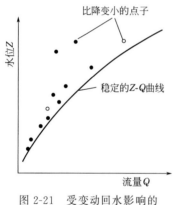

图 2-21　受变动回水影响的
水位-流量关系曲线

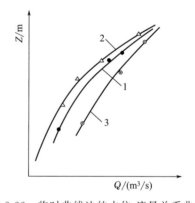

图 2-22　临时曲线法的水位-流量关系曲线
1—1 月 1 日～1 月 7 日；2—1 月 7 日～2 月 15 日；3—2 月 15 日～3 月 9 日

（2）连时序法。当测流次数较多，能控制水位-流量关系变化的转折点时，一般多用连时序法。其绘制过程如下。

① 根据实测资料绘出水位过程线 $Z=f(t)$，并在过程线上按顺序注上测次号码，见图 2-23。

② 根据实测流量和相应水位，点绘水位-流量关系曲线相关点，并在点旁依次注明测次号码及实测日期。

③ 参照水位过程线的起伏变化，目估依测次号码连成圆滑曲线，即为水位-流量关系曲线。这种情况的水位-流量关系曲线一般为绳套形，使用时按水位发生时间在水位-流量关系曲线的相应位置查读流量。

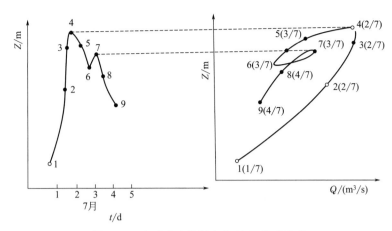

图 2-23 连时序法绘制水位-流量关系曲线

1～9—测次号码

2.5.2 水位与流量关系曲线的延长

由于河流处于中、低水位情况的时间较长，流量施测的次数在这个范围内的就很多，故水位-流量关系曲线上这部分的点较多，而特大或特小流量的点反而很少。而在进行工程设计时却往往要用到曲线的高水与低水部分，例如，在给水和排水工程设计过程中，需要将设计用的最大流量和最小流量转换为相应的设计最高水位和最低水位，以此确定取水工程的吸水口以及污水排放口位置，这就需要用各种适当方法将该曲线作高水延长和低水延长。一般情况下，高水部分延长不应超过当年实测流量所占水位变幅的 30%，低水部分延长不应超过 10%。

2.5.2.1 高水延长

此法用于河床没有严重冲淤变化的断面。延长水位-流量关系曲线的高水部分时，首先根据当时实测的大断面资料，绘制包括高水位在内的水位-面积关系曲线。其次，利用水力学公式计算高水部分的断面平均流速，在实测的水位-流速关系曲线上接绘计算出的高水位与流速的关系曲线。最后，将延长部分的各级水位的流速乘以相应面积即得断面流量。据此，即可绘出延长的水位-流量关系曲线。在已知水力坡度（J）、河床糙率（n）和水力半径（R）的条件下，用水力学中的曼宁公式计算高水断面的平均速度，即：

$$v = \frac{1}{n} J^{1/2} R^{2/3} \tag{2-22}$$

式中，v 为断面平均流速，m/s；J 为水力坡度；n 为河床糙率；R 为水力半径，m。

2.5.2.2 低水延长

低水延长比高水延长更不容易取得准确结果，需要谨慎从事，延长范围的限制比高水的严格。对于给水设计，为推求设计最低水位，低水延长就显得更为重要。断流水位求法有以下两种。

（1）根据测站纵横断面资料确定。如测站下游有浅滩或石梁，则以其高程作为断流水位；如测站下游很长距离内河底平坦，则取基本水尺断面河底最低点高程作为断流水位。这样求得的断流水位比较可靠。

（2）分析法。在没有纵断面图和调查资料时，如断面形状整齐，在延长部分的水位变幅内河宽没有突然变化的情况下，又无浅滩、分流等现象，才可使用此法。在 H-Q 关系曲线的中低水弯曲部分，按顺序取 a、b、c 三点，使这三点的流量关系满足 $Q_b^2 = Q_a Q_c$，假定水位与流量关系曲线的低水部分的方程为 $Q = K(H - H_0)^n$，则：

$$K^2 (H_b - H_0)^{2n} = K^2 (H_a - H_0)^n (H_c - H_0)^n$$

故　　　　　　　　　　　$(H_b - H_0)^2 = (H_a - H_0)(H_c - H_0)$

解上式，即得断流水位：

$$H_0 = \frac{H_a H_c - H_b^2}{H_a + H_c - 2H_b} \tag{2-23}$$

式中，H_0 为断流水位，m；H_a、H_b、H_c 分别为水位与流量关系曲线上 a、b、c 三点的水位，m。

2.5.3　水位与流量关系曲线的应用

上述水位-流量关系均指水文站基本水尺断面上的情况，还得移用到取水口处才能供设计使用。如取水口附近有水文站，可从基本水尺到取水口分别施测几条高、中、低水位的水面比降线，按不同比降，将基本水尺处的设计最高、最低水位推算到取水口去。如取水口距水文站较远，直接施测比降线较为困难，则可考虑在取水口处设置临时水尺，并观读水位。其观测历时最好能包括一个汛期和枯水期，以期与水文站基本水尺建立水位相关时能将较大的水位变幅包括在内。如取水口附近或较远处无水文站资料可供借用，可在适宜河段设置临时水尺以观读水位，并施测一定数量的流量资料，建立临时水尺处的水位-流量关系曲线，虽然精度稍差，但对提供设计参考仍有一定价值。

 任务解决

在本章任务中，我们提出了径流形成过程的问题，通过本章的学习，得知河川径流是流域降水通过产流、汇流过程形成的。其中汇流过程包括地面汇流和地下汇流，前者主要受河网、湖泊、沼泽、冰川等的调蓄作用，而后者主要受地下水、土壤水等的调蓄作用，使得径流过程变得远远比降水过程平缓和滞后，尤其地下汇流速度极其缓慢，致使河川径流长年不断。

 知识拓展

现代水文学在微观上是研究 SVAT（土壤-植被-大气系统）中水分与热量的交换过程，探讨"三水""四水"或"五水"（大气水、地表水、土壤水、地下水及植被水）的转化规律。中国工程院雷志栋院士认为区域的"四水"（大气水、地表水、土壤水和地下水）转化问题的研究是水土资源平衡分析的科学基础和依据。研究组建立了干旱区绿洲灌区"四水"转化模型，同时对扩大灌溉面积后对生态的影响进行了分析，据此提出减少开荒 140 万亩，既节省了约 2.8 亿元的垦荒投入，又很好地维护了自然生态现状。

思考与练习题

1. 试了解并举出你所在地区的流域与水系基本情况。

2. 实际上，从哪些方面判别一个流域是否为闭合流域？

3. 试述水量平衡与水循环的内在关系以及水量平衡的研究意义。

4. 某山区的地表水系如下图所示，由分水岭圈闭的流域面积为 $24km^2$，在 8 月份观测到出山口 A 点的平均流量为 $8.0 \times 10^4 m^3/d$，而 8 月份这个地区的总降水量是 700mm。试求出该流域 8 月份的径流深度和径流系数，并思考以下问题：为什么径流系数小于 1.0？A 点的平均流量中是否包括地下径流？

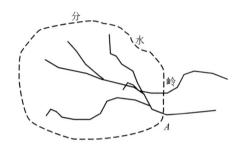

5. 简述径流形成过程中包括哪些子过程，它们各有何特点。

6. 阐述人类活动对河川径流的影响。

7. 什么是流域？什么是流域分水线？取水工程中如何确定流域面积？

第 **3** 章

水文统计基本方法

《 **学习目的** 》 根据已知资料寻求河川径流变化规律：一方面，可用成因分析的方法从径流形成的角度去研究径流的变化规律；另一方面，就是用水文统计（数理统计）的方法，去寻求水文现象的统计规律。研究河川径流的统计变化规律，预估径流未来的变化趋势，以满足水利水电工程规划、设计、施工和运行管理的需要。

《 **学习重点** 》 经验频率曲线的延长及理论频率曲线的绘制步骤，适线法的应用。

《 **学习难点** 》 适线法的应用。

《 **本章任务** 》 某水文站 35 年实测年降雨量资料见表 3-4 中第（1）（2）列，试根据该资料用矩法初估参数，并用适线法求百年一遇的降雨量。

《 **学习情境** 》 预在某河流上建一取水泵站，现已收集到该河流上某水文站 1956 ~ 2010 年的历年最高水位资料，假设取水口就在该水文站附近，要求用适线法求设计频率 $P = 1\%$、$P = 2\%$、$P = 5\%$ 时的河流水位。

3.1 水文统计的基本概念

3.1.1 水文统计

水文现象是一种自然现象，受到多种因素的影响，在其发生、发展和演变过程中，既有必然性的一面，也有随机性的一面。对于水文现象的必然性规律，可以通过成因分析和地理综合分析，建立描述这种规律的数学物理方程模型，求解相应的问题。

水文现象的随机性是在各种水文现象发生的时间和数值上表现出来的，且这种随机性的规律需要由大量的资料统计出来。如，河流某一断面的年径流量数值每年都有差异，表征为一种随机性。概率论与数理统计是研究随机现象的数学工具，用数理统计方法来分析研究这些水文现象可以认为是符合实际的也是合理的。通常在水文计算中将数理统计这个词改称为水文统计（hydrologic statistics）。

以实测水文系列资料为样本，应用数理统计方法预估未来的水文情势（各种水文现象发生的概率）的方法，称为水文统计法。

3.1.2　水文现象与统计学概念的对应关系

3.1.2.1　事件

事件是统计学中最基本的概念之一。所谓事件是指在一定的条件组合下，随机试验的结果。对水文现象来说，事件可以是数量性质的，如某河流某断面处的水位、流量；也可以是属性性质的，如天气的风、雨、晴等。事件可分为以下 3 类。

（1）必然事件。在一定条件下必然发生的事情称为必然事件。如某流域连续降雨且产流的情况下，河中水位上升是必然事件。

（2）不可能事件。在一定条件下肯定不会发生的事件称为不可能事件。如天然河流上游无人为阻水时，发生断流是不可能事件。

（3）随机事件。在一定条件下，可能发生也可能不发生的事件称为随机事件。如在一定的自然条件下，某河流断面洪水期出现的年最大洪峰流量可能大于某一个值，也可能小于某一个值。

必然事件与不可能事件本来没有随机性，但为了研究方便，我们把它看成是随机事件的特殊情形，通常把随机事件简称为事件。

3.1.2.2　随机试验与随机变量

对随机事件做大量重复观测的过程称为随机试验。随机试验中种种结果的取值称为随机变量。在水文学中，水文测验相当于随机试验，对某一断面流量的多年观测，可有种种数值，此即随机变量。由随机变量组成的一系列数值称为随机变量系列，简称为系列。通常系列可分为两类，即连续系列和离散系列。

（1）连续系列。连续系列指在实数区间可有任意值的系列。水文统计中所用的系列均为连续系列，如水位、流量、降雨量等水文资料系列。

（2）离散系列。离散系列指在实数区间只能有某些间断离散值的系列，如投掷骰子所得的点数。

3.1.2.3　总体、个体和样本

在统计学中，将随机变量所有可能取值的全体称为总体，即成因相同、相互独立的同一水文变量的集合。总体中的每一个随机变量称为个体。总体是所有个体的集合。从总体中随机抽取一部分个体称为总体的一个样本。样本中所含个体的数目称为样本的容量。由于样本是总体的一部分，样本的特征在一定程度上可以代表总体的特征，所以对总体规律的认识可通过研究样本的规律来得到。用样本来推求总体必然存在抽样误差，故在水文统计中，也要进行抽样误差的计算。

3.1.2.4　选样方法

用水文统计法对各种水文现象实测系列进行频率计算，预估各种频率对应的随机变量值，从中选定设计值的方法称为频率分析法。

在实测资料中选取供频率分析的数据称为选样。由此组成的一系列样本称为样本系列。水文计算中通常采用年单值法，即在每年实测资料中选出一个实测值组成样本系列（如年最大值、年最小值、年平均值等），一般常用年最大值法，n 年资料可得 n 个实测值。此法所选样本独立性强，符合随机变量特性，水文计算所需样本容量至少应有 $n = 20 \sim 30$ 年，不

足时，可选相关水文站的资料对本站资料进行插补延长。

3.1.2.5 水文样本的基本要求

所选取的样本的质量直接影响水文统计的精度，故在选择样本时，应注意需满足以下几点要求。

（1）一致性。样本中的个体应属同类且收集条件相同。如最大流量与最小流量二者性质不同，不能相混组成样本系列；瞬时水位和日平均水位也不能收在同一系列中，因为它们取得的条件不同，性质也不一样。

（2）代表性。样本容量越大，越能反映总体的情况，即代表性越好。对水文频率计算而言，代表性是样本相对于总体来说的，即样本的统计特征值与总体的统计特征值相比，误差越小，代表性越高，若误差小于允许误差，则称为样本有代表性。但是水文现象的总体是无法通盘了解的，只能大致认为，一般资料系列越长，丰、平、枯水段越齐全，其代表性越高。一般要有20～30年的资料才能比较有代表性。增加资料系列长度的手段有3种：插补延展、增加历史资料、坚持长期观测。

（3）可靠性。可靠性指资料来源可靠。水文分析一般使用经有关部门整编后正式刊布的资料，从总体上看可以直接使用。但社会、特殊水情变化时观测条件的限制等，也会影响成果的可靠性。故收集资料时，应对原始资料进行复核，对精度不高、错记、伪造的资料，要进行修正，保证样本数据的可靠性。

（4）独立性。独立性指样本系列中每个个体互不影响。用年单值法选样时，水文现象的年际关系差、关联性小、独立性好，如每年实测所得的某断面的最大流量或最高水位。而若选用同一场降雨造成的前后几天的日流量，其个体彼此存在较密切的关系，独立性差，故不能用连续日流量来作为一个统计系列。

市政工程中建筑物的安全标准低于水利工程建筑物的安全标准，容许一年中面临多次破坏风险，可按年最大值法选样。但年最大值法有其不足之处，对于大洪水年只入选一个最大值，其次大值可能大于其他年份，却不能入选；一些小洪水年的最大值虽然入选，但却可能小于其他年份的次大或第三值，这也影响了样本的代表性。

3.1.3 水文特征值的概率分布

随机变量的取值与其概率是一一对应的，将这种对应关系称为随机变量的概率分布。对于连续型随机变量 X 来说，由于其所有可能取值完全充满某一区间，取得任何个别值 x 的概率为零，即 $X=x$ 的概率为零。故在分析水文数据的概率分布时，一般采用事件 $X \geqslant x$ 的概率，用 $P(X \geqslant x)$ 来表示，其为 x 的函数，随 x 的取值而变化，这个函数称为随机变量的分布函数，记为 $F(x)$，即：

$$F(x) = P(X \geqslant x) = \int_x^\infty f(x)\mathrm{d}x \tag{3-1}$$

它代表随机变量大于等于某一取值的概率，其几何图形如图3-1（b）所示，其中纵坐标表示变量 x，横坐标表示概率分布函数值 $F(x)$，在数学上称为分布曲线，但在水文学上称为随机变量的累积频率曲线，简称频率曲线。

在图3-1（b）中，当 $x=x_p$ 时，由分布曲线上查得 $F(x) = P(X \geqslant x_p) = P$，这表示随机变量大于等于 x_P 的可能性是 P，P 即为此时的累积频率。

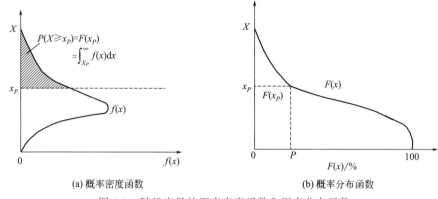

(a) 概率密度函数　　　　　　　　　　(b) 概率分布函数

图 3-1　随机变量的概率密度函数和概率分布函数

例如，水泵房上部结构高程的设计取决于水位 H_P，即在设计中，当河流中水位 $H=H_P$ 时认为工程开始破坏，显然 $H>H_P$ 的各种水位也会导致工程破坏。若 $F(x)=P(H\geqslant H_P)=P$，则水泵工程破坏所对应的累积频率为 P。

我们将分布函数导数的负值称为密度函数，记为 $f(x)$，即：

$$f(x)=-F'(x)=-\frac{\mathrm{d}F(x)}{\mathrm{d}x} \tag{3-2}$$

密度函数的几何曲线称为密度曲线。水文中习惯以纵坐标表示变量 x，以横坐标表示概率密度值 $f(x)$，如图 3-1(a) 所示。

3.1.4　累积频率与重现期

3.1.4.1　累积频率

水文统计学上的累积频率（accumulated frequency）可理解为等量值和超量值累积出现的次数 (m) 与总观测次数 (n) 之比，以百分数或小数表示，即：

$$P(X\geqslant x_i)=\frac{m}{n}\times100\% \tag{3-3}$$

式中，X 为随机变量，此处代表水文变量的观测值（如降雨量、径流量等）；x_i 为随机变量的某一具体值；$P(x\geqslant x_i)$ 为随机变量 X 大于或等于 x_i 的累积频率（或概率）值。

由于选取样本系列的方法不同，累积频率分为年频率与次频率。若每年取一个代表值组成样本系列，统计所得的累积频率为年频率；若每年取多个代表值组成样本系列，统计所得的累积频率为次频率。

3.1.4.2　重现期

重现期（recurrence interval）指等量或超量的随机变量重复出现的平均时间间隔，又称为多少年出现一次，或多少年一遇。

累积频率这一词意义抽象，重现期的概念较易理解，二者都是表示随机事件发生的可能程度。所谓"百年一遇"或"千年一遇"的洪水，都是洪水发生的概率，但具体在哪一年出现不能确定。"千年一遇"的洪水比"百年一遇"的洪水量大，出现的概率低。

最大值的累积频率分析问题多集中在 $P(X\geqslant x_P)\leqslant50\%$ 的范围内，此时的 $P(X\geqslant x_P)$

为破坏率；最小值的累积频率分析问题多集中在 $P(X \geq x_P) \geq 50\%$ 的范围内，此时的 $P(X \leq x_P)$ 为破坏率。

因此，重现期的计算公式有以下两种。

（1）研究洪峰流量、洪水位、暴雨时，一般设计频率 $P(X \geq x_P) \leq 50\%$，则：

$$T(X \geq x_P) = \frac{1}{P(X \geq x_P)} = \frac{1}{P} \tag{3-4}$$

例如，当设计洪水的频率采用 $P = 1\%$ 时，相应的重现期 $T = 100$ 年，称为"百年一遇"的洪水。必须指出，水文现象一般并无固定的周期性，所谓"百年一遇"的洪水是指大于或等于这样的洪水在长时期内平均 100 年发生一次，而不能理解为恰好每隔 100 年遇上一次。对于具体的 100 年来说，超过或等于这样的洪水可能有几次，也可能一次也不出现。

（2）研究枯水流量、枯水位时，为了保证灌溉、发电、给水等用水需要，一般设计频率 $P(X \geq x_P) \geq 50\%$，则：

$$T(X \leq x_P) = \frac{1}{1 - P(X \geq x_P)} = \frac{1}{1 - P} \tag{3-5}$$

例如，在取水工程中，以地表水为水源的城市设计枯水流量的保证率 $P = 90\%$ 时，相应的重现期 $T = 10$ 年，称为"十年一遇"的枯水。需要说明的是，在 $P > 50\%$ 时，工程上习惯于把设计频率叫作设计保证率，即来水的可靠程度。例如将"十年一遇"的枯水作为设计来水的标准时，意思是平均十年中可能有一年来水小于此枯水年的水量，其余几年的来水等于或大于此数值，说明平均具有 90% 的可靠性。

各地根据当地实测的水文资料，通过水文分析计算，求得对应于设计频率的水文特征值，作为工程设计的依据。表 3-1 列出了给排水工程相关的部分工程的设计频率标准（design standard of frequency）作为示例。

表 3-1　相关工程设计频率标准示例

工程类别		设计标准	规范名称及代号
地表水取水构筑物设计最高水位重现期/a		100	《室外给水设计标准》(GB 50013—2018)
公路桥涵设计洪水频率	高速公路特大桥	1/300	《公路工程技术标准》(JTG B01—2014)
	二级公路大、中桥	1/100	
铁路桥涵设计洪水频率	Ⅰ、Ⅱ级铁路桥梁	1/100	《公路上跨铁路桥梁水平转体施工技术规程》(DB 13/T 5576—2022)
	Ⅰ、Ⅱ级铁路涵洞	1/100	
以地表水为水源的城市设计枯水流量保证率/%		90~97	《室外给水设计标准》(GB 50013—2018)
水电站设计保证率(电力系统中水电容量比重<25%)/%		80~90	《水利水电工程节能设计规范》(GB/T 50649—2011)
中心城区的重要地区雨水管渠设计重现期/a	中等城市和小城市	3~5	《室外排水设计标准》(GB 50014—2021)
	超大城市和特大城市	5~10	

3.2　经验频率曲线

水文总体系列实际上是无限长的，而我们能得到的水文样本系列是有限的，且往往样本资料的容量很难满足与总体容量接近的要求。例如，我国大多数河流的水文资料观测都在 1949 年以后，至今只有 70 余年的历史。因此，累积频率是根据水文实测样本系列计算出来的，故常称之为经验累积频率（empirical cumulative frequency），简称经验频率。

3.2.1　经验频率公式

用式(3-3) 计算频率存在较大偏差，尤其是短系列的样本资料。因为 $m=n$ 时，$P=100\%$，意味着样本的末项就是总体的最小值，样本之外再不会出现更小的数值，这显然不符合实际情况。因此，统计学家提出了很多改进的公式，我国《水利水电工程水文计算规范》（SL/T 278—2020）规定，水文频率计算采用维泊尔（Weibull）公式，又称为数学期望公式，如下所示：

$$P(X \geqslant x_i) = \frac{m}{n+1} \times 100\% \tag{3-6}$$

式中，P 为 X 大于等于 x_i 的经验频率；m 为水文变量从大到小排列的序号；n 为样本的容量，即观测资料的总项数。

3.2.2　经验频率曲线的绘制和应用

当具有 n 年实测水文系列时，按下列步骤绘制经验频率曲线。

（1）将 n 年实测水文系列的实测数据从大到小排列成 $x_1, x_2, x_3, \cdots, x_n$，排列的序号表示累计数 m，样本总项数为 n。

（2）用式(3-6) 计算各实测数据对应的频率值 P。

（3）以频率 $P(\%)$ 为横坐标，以实测水文数据 x 为纵坐标，在海森概率格纸上点绘经验频率点 $(P_1, x_1), (P_2, x_2), \cdots, (P_n, x_n)$，随后根据点群趋势目估绘出一条光滑的曲线，此即经验频率曲线。

（4）若实测水文资料充分，可根据工程指定的设计频率标准，在该经验频率曲线上求出所需的水文特征值。

经验频率曲线可以在普通坐标系中点绘 ［图 3-2(a)］，也可以在专业的海森概率纸上点绘 ［图 3-2(b)］。在普通坐标中曲线的两端坡度较陡，即上部急剧上升，下部急剧下降；在海森概率格纸上的横坐标是按正态曲线的概率分布分格制成的（见本书附录1），纵坐标可以是均匀分格或对数分格，因此，正态分布曲线绘制在这种坐标系中呈直线，非正态分布曲线则表现为两端坡度明显变缓的曲线。实测水文系列的频率多为非正态分布，且曲线的两端是工程设计频率常用的部位，故在海森概率格纸上绘制经验频率曲线。

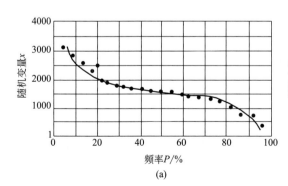

(a)

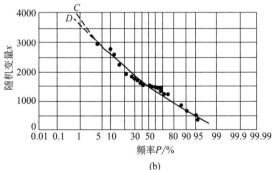

(b)

图 3-2　经验频率曲线

（a）普通坐标纸；（b）海森概率纸

3.2.3 经验频率曲线的延长

若工程设计频率在经验频率曲线范围之内，则该曲线可直接满足设计要求。然而实际中，水文计算往往要推求百年一遇（$P=1\%$）、千年一遇（$P=0.1\%$），甚至更稀遇频率的水文数据或保证率高的水文数据，所以必须将经验频率曲线的两端外延。如图 3-2(b) 所示，将经验频率曲线上部既可延至 C 点也可延至 D 点，随意性很大，由于进行曲线外延时存在着这种相当大的主观成分，设计水文数据的可靠程度会受到影响。另外，水文要素的统计规律有一定的地区性，很难直接利用经验频率曲线把这种地区性的规律综合出来。为解决这些问题，人们提出用数学方程表示的频率曲线来配合经验点据，这就是理论频率曲线。理论频率曲线可以某种数学方程式表示，该方程表达式可通过将系列的统计参数代入得到，故要得到理论频率曲线，需先求统计参数。

3.3 统计参数与抽样误差

3.3.1 统计参数

一个随机变量系列的频率密度曲线和频率分布曲线的形状和方程，都可以用几个数值特征值来反映，这些数值特征值被称为统计参数（statistical parameters）。包括均值 $\overline{x}$、变差系数 C_V 和偏态系数 C_S，均由实测水文系列求得，也是选配合适的理论频率曲线的三个特征参数。现分述如下。

3.3.1.1 均值 $\overline{x}$

均值是反映随机变量系列平均情况的数，设实测系列为 $x_1, x_2, x_3, \cdots, x_n$，则均值为：

$$\overline{x} = \frac{x_1 + x_2 + \cdots x_n}{n} = \frac{1}{n}\sum_{i=1}^{n} x_i \tag{3-7}$$

均值可集中反映系列数据的大小水平，系列数据大的，其均值大；系列数据小的，其均值小。且均值大的实测系列，其频率曲线的位置偏高，所得的水文特征值也大。我国各地水文系列资料的均值存在差异，如降水量的均值，多为南方大、北方小，沿海大、内陆小，山区大、平原区小。式(3-7) 又称为一阶原点矩公式。

概率论中大数定律指出，当项数 n 增大时，均值将逐渐趋于一个稳定值。根据此特性，可将具有长期观测资料的测站的均值计算出来，再利用多个测站的均值画出等值线图，供缺乏实测资料的地区设计时查用。在水文学中常用均值等值线图表示水文特征值的空间分布，如年径流深等值线图、年降水量等值线图、最大 24h 雨量等值线图等。

若令 $K_i = \dfrac{x_i}{\overline{x}}$，则称 K_i 为模比系数，根据平均数的性质，有 $\displaystyle\sum_{i=1}^{n} K_i = n$，$\displaystyle\sum_{i=1}^{n}(K_i - 1) = 0$，$\overline{K} = 1$。即当将一随机系列的 x 用模比系数 K 表示时，其均值等于 1，这是水文统计中的一个重要特征，即对于以 K 表示的随机变量系列，在其频率曲线的方程中，可以减少一个均值参数。

对于一个随机变量系列，反映其分布中心的数字特征值还有众数和中位数。众数是指具有最大概率的随机变量 x 值，是一个在随机数据中频繁出现的数值，它代表了数据集中最常见的值。中位数（或中值）是满足 $F(x)=0.5$ 的 x 值，即通俗地讲，中值是该系列频率 $P=50\%$ 时的 x 值，可写为 $x_{50\%}$。

3.3.1.2 变差系数

变差系数 C_V 表示实测系列对均值的离散程度，也称为离差系数。其值为均方差与均值之比，为一无量纲的量，表示系列在均值两侧的集中或分散的分布情况。计算公式如下。

对于总体：

$$C_{V\text{总}} = \frac{\sigma}{\overline{x}} = \frac{1}{\overline{x}}\sqrt{\frac{\sum\limits_{i=1}^{n}(x_i-\overline{x})^2}{n}} = \sqrt{\frac{\sum\limits_{i=1}^{n}(K_i-1)^2}{n}} \tag{3-8}$$

样本的变差系数，则需要在总体的基础上进行修正。样本系列的变差系数应采用下式：

$$C_V = \frac{\sigma}{\overline{x}} = \frac{1}{\overline{x}}\sqrt{\frac{\sum\limits_{i=1}^{n}(x_i-\overline{x})^2}{n-1}} = \sqrt{\frac{\sum\limits_{i=1}^{n}(K_i-1)^2}{n-1}} \tag{3-9}$$

$$\sigma = \sqrt{\frac{\sum\limits_{i=1}^{n}(x_i-\overline{x})^2}{n-1}}$$

式中，K_i 为模比系数；n 为样本系列的项数；σ 为样本系列的均方差。

均方差代表的是系列的绝对离散程度，对均值相同、均方差不同的系列，可以比较其离散程度，而对于均值不同、均方差相同的系列，以及均值、均方差都不同的系列，则无法比较，这是因为均方差不仅受系列分布的影响，也与系列的水平有关。因为在两个不同水平的系列中，水平高的系列，一般来说各随机变量与均值的离差（$\Delta x_i = x_i - \overline{x}$）要大一些，均方差也会大些，水平较低的系列的均方差要小一些。因而均方差大时，不一定表示系列的离散程度大。故用 C_V 表示系列的相对离散程度，消除系列水平高低的影响。

可用 C_V 等值线图表示系列在空间的分布情况。C_V 较小时，表示系列的离散程度较小，即变量间的变化幅度较小，频率分布比较集中；反之，C_V 较大时，系列的离散程度较大，频率分布比较分散。

C_V 越大，概率密度曲线矮而宽，系列数值相对均值 $\overline{x}$ 分布得越分散；C_V 越小，概率密度曲线瘦而高，系列数值相对均值 $\overline{x}$ 分布得越集中，见图 3-3。

对于某条河流的年径流量来说，C_V 越大，其年际变化越大；若两条河流比较，一般大河的调节作用比小河要大，所以大河年径流分布的 C_V 值比小河的小。我国年降雨量和年径流量 C_V 值的分布规律大致如下：南方小，北方大；沿海小，内陆大；平原小，山区大。式（3-9）又称为二阶中心矩公式。

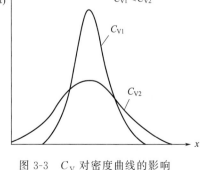

图 3-3 C_V 对密度曲线的影响

3.3.1.3 偏态系数 C_S

变差系数说明了系列的离散程度，但不能反映系列在均值两侧的分布是否对称。如果不对称时，是大于均值的数出现的次数多，还是小于均值的数出现的次数多。故引入另一个参数——偏态系数。偏态系数反映系列在均值两边的对称特征，无量纲。计算公式如下。

对于总体：

$$C_{S总} = \frac{\sum\limits_{i=1}^{n}(x_i - \overline{x})^3}{n\sigma^3} = \frac{\sum\limits_{i=1}^{n}(K_i - 1)^3}{nC_V^3} \tag{3-10}$$

修正后可得样本的偏态系数：

$$C_S = \frac{\sum\limits_{i=1}^{n}(x_i - \overline{x})^3}{(n-3)\sigma^3} = \frac{\sum\limits_{i=1}^{n}(K_i - 1)^3}{(n-3)C_V^3} \tag{3-11}$$

式（3-11）又称为三阶中心矩公式。

$C_S = 0$ 时，说明系列数值中的正离差和负离差相等，此系列为对称系列，称为正态分布；$C_S > 0$ 时，说明系列数值中的正离差占优势，称为正偏；$C_S < 0$ 时，说明系列数值中的负离差占优势，称为负偏。水文现象大多属于正偏，即 $C_S > 0$。

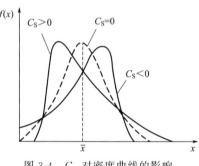

图 3-4 C_S 对密度曲线的影响

离差也称差量，是单项数值与平均值的差，即 $x_i - \overline{x}$。某一系列的离差和应为零，即 $\sum\limits_{i=1}^{n}(x_i - \overline{x}) = 0$。当均值左侧数据较多时，均值右侧必定存在数值较大的"离群"数据。由图 3-4 可知，当均值左侧的数据较多时，其右侧的"离群"数据对三阶中心距的计算结果影响至巨，乃至于三阶中心矩取正值，因此正偏（右偏）$C_S > 0$。

频率曲线的三个参数，其中均值（$\overline{x}$）一般直接采用矩法计算其值；变差系数（C_V）可先用矩法估算，并根据适线拟合最优的准则进行调整；偏态系数（C_S）一般不进行计算，而直接采用 C_V 的倍数，我国绝大多数河流可采用 $C_S = (2\sim3)C_V$。C_S 与 C_V 的经验关系如下。①设计暴雨量时，$C_S = 3.5C_V$。②设计最大流量时，$C_V < 0.5$，$C_S = (3\sim4)C_V$；$C_V > 0.5$，$C_S = (2\sim3)C_V$。③年径流及年降水时，$C_S = 2C_V$。

3.3.2 抽样误差

由于水文系列的总体往往无限，目前的实测资料仅是一个样本，故由有限的样本资料来估计总体的相应统计参数值，总会有一定的误差，这种误差与计算误差不同，它是由随机抽样引起的，称为抽样误差。

假设从某随机变量的总体中随意抽取 k 个容量相同的样本，每个样本的容量为 n，每个样本的统计参数如下：

样本	统计参数
x_{11}，x_{12}，$\cdots$，x_{1n}	$\overline{x}_1$　σ_1　C_{V1}　C_{S1}
x_{21}，x_{22}，$\cdots$，x_{2n}	$\overline{x}_2$　σ_2　C_{V2}　C_{S2}
$\cdots$	$\cdots$
x_{k1}，x_{k2}，$\cdots$，x_{kn}	$\overline{x}_k$　σ_k　C_{Vk}　C_{Sk}

由于是随机抽样，所以每个样本的统计参数也属于随机变量。以均值为例，k 个样本的均值组成的系列为 $\overline{x}_1,\overline{x}_2,\cdots,\overline{x}_k$，它们也具有一定的频率分布，称为均值 $\overline{x}$ 的抽样分布。每个样本均值对其总体均值 $\overline{x}_总$ 的抽样误差或离差为 $\Delta\overline{x}_i=\overline{x}_i-\overline{x}_总(i=1,2,\cdots,k)$，均方误差或标准误差为 $\sigma=\sqrt{\dfrac{\sum(\overline{x}_i-\overline{x}_总)^2}{k}}$，但由于不知道总体，无法用此两式直接计算抽样误差 $\Delta\overline{x}_i$ 和均方误差 σ。

抽样误差有大有小，各种数值出现的机会不同。由误差分布理论知，抽样误差可近似服从正态分布。因此，$\overline{x}$ 的抽样分布与 $\Delta\overline{x}$ 的分布相同，也近似服从正态分布（因为它们相差一常数 $\overline{x}_总$）。

可以证明，当样本个数 k 很多时，均值抽样分布的数学期望正好是总体的均值 $\overline{x}_总$。故可以将样本各个统计参数的均方误差（标准误差）$\sigma_{\overline{x}}$、σ_σ、σ_{C_V}、σ_{C_S} 作为度量抽样误差的指标。为区别起见，把这个均方误差称为样本统计参数的均方误差或标准误差。

当总体为皮尔逊Ⅲ型分布且用矩法公式式(3-7)、式(3-9) 和式(3-11)估算参数时，样本统计参数的均方误差（标准误差）公式如下。

绝对误差：

$$\left.\begin{aligned}
\sigma_{\overline{x}}&=\frac{\sigma}{\sqrt{n}}\\
\sigma_\sigma&=\frac{\sigma}{\sqrt{2n}}\sqrt{1+\frac{3}{4}C_S^2}\\
\sigma_{C_V}&=\frac{C_V}{\sqrt{2n}}\sqrt{1+2C_V^2+\frac{3}{4}C_S^2-2C_VC_S}\\
\sigma_{C_S}&=\sqrt{\frac{6}{n}\left(1+\frac{3}{2}C_S^2+\frac{5}{16}C_S^4\right)}
\end{aligned}\right\} \tag{3-12}$$

相对误差：

$$\left.\begin{aligned}
\sigma_{\overline{x}}'&=\frac{C_V}{\sqrt{n}}\times100\%\\
\sigma_\sigma'&=\frac{1}{\sqrt{2n}}\sqrt{1+\frac{3}{4}C_S^2}\times100\%\\
\sigma_{C_V}'&=\frac{1}{\sqrt{2n}}\sqrt{1+2C_V^2+\frac{3}{4}C_S^2-2C_VC_S}\times100\%\\
\sigma_{C_S}'&=\frac{1}{C_V}\sqrt{\frac{6}{n}\left(1+\frac{3}{2}C_S^2+\frac{5}{16}C_S^4\right)}\times100\%
\end{aligned}\right\} \tag{3-13}$$

式中，n 为样本系列的项数；σ 为用样本估计总体所产生的平均误差，称为均方误差或标准误差；$\sigma_{\bar{x}}$、σ_σ、σ_{C_V}、σ_{C_S} 分别为样本均值、均方差、变差系数及偏态系数的均方误差（标准误差）。

表 3-2 列出了皮尔逊 III 型分布 $C_S = 2C_V$ 时用相对误差表示的各统计参数的均方误差（标准误差）。由表可见，样本均值 $\bar{x}$ 和变差系数 C_V 的均方误差相对较小，偏态系数 C_S 的均方误差则很大。例如，当 $n = 100$ 时，C_S 的相对误差在 $40\%\sim126\%$ 之间；当 $n = 10$ 时，C_S 的相对误差更大，在 126% 以上。因此，水文计算中，一般不直接用矩法［式(3-11)］计算参数 C_S，而是假定 C_S 为 C_V 的某一倍数，之后再做调整。均值 $\bar{x}$ 和变差系数 C_V 可以直接采用式(3-7) 和式(3-9) 计算。

表 3-2 样本统计参数的均方误差（标准误差）/%

均方误差 C_V \ 参数 n	$\bar{x}$				C_V				C_S			
	100	50	25	10	100	50	25	10	100	50	25	10
0.1	1	1	2	3	7	10	14	22	126	178	252	399
0.3	3	4	6	10	7	10	15	23	51	72	102	162
0.5	5	7	10	12	8	11	16	25	41	58	82	130
0.7	7	10	14	22	9	12	17	27	40	56	80	126
1.0	10	14	20	23	10	14	20	32	42	60	85	134

3.4 理论频率曲线

由于实测系列的项数 n 较总体小，所绘经验频率曲线往往不能满足推求稀遇频率特征值（如 $P = 0.1\%$、$P = 1\%$、$P = 95\%$）的要求，目估定线或外延会产生较大的误差，往往需要借助于某些数学形式的频率曲线作为定线和外延的依据。通常在实测资料中选取或算得 $2\sim3$ 个有代表性的特征值作为参数（如均值、变差系数、偏态系数），并据此选配一些数学方程作为总体系列频率密度曲线的假想数学模型，再按一定的方法确定累积频率曲线。这种用数学形式确定的符合经验点据分布规律的曲线称为理论频率曲线。所谓"理论"二字，是有别于经验累积频率曲线的称谓，并不意味着水文现象的总体概率分布已从物理意义上严格被证明符合这种曲线了，它只是水文现象总体情况的一种假想模型，或者说是一种外延或内插的频率分析工具。

探求频率曲线的数学方程，即寻求水文频率分布线型，一直是水文分析计算中的一个热点问题。水文随机变量究竟服从何种分布，目前还没有充足的论证，只能以某种理论线型近似代替。这些理论线型并不是从水文现象的物理性质方面推导出来的，而是根据经验资料从数学的已知频率函数中选出来的。如皮尔逊 III 型（P-III）曲线、对数皮尔逊 III 型（LP-III）曲线耿贝尔（EV-I）型曲线等。不过，从现有资料来看，皮尔逊 III 型曲线和对数皮尔逊 III 型曲线比较符合水文随机变量的分布，我国基本上采用前者，以下仅对皮尔逊 III 型曲线进行阐述。

3.4.1　理论频率曲线的数学方程式

英国生物学家皮尔逊在统计分析了大量随机现象后，于 1895 年提出了一种概括性的曲线族，以与实际资料相拟合，后来的水文工作者将其中的第Ⅲ型曲线引入水文频率的计算中，成为当前水文频率计算中广泛应用的频率曲线。

皮尔逊Ⅲ型曲线（图 3-5）是一条一端有限一端无限的不对称单峰、正偏曲线，数学上常称伽马分布，其概率密度函数为：

$$f(x) = y_0 \left(1 + \frac{x}{a}\right)^{\frac{a}{d}} \mathrm{e}^{-\frac{x}{d}} \tag{3-14}$$

式中，y_0 为众数值 $\hat{x}$ 对应的纵坐标；a 为系列起点到众数值 $\hat{x}$ 的距离；d 为均值到众数值 $\hat{x}$ 的距离。

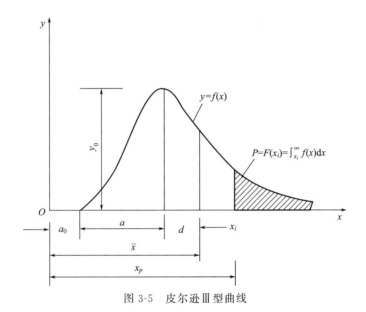

图 3-5　皮尔逊Ⅲ型曲线

经过移轴、参数代换等，式(3-14) 可将变为：

$$f(x) = \frac{\beta^{\alpha}}{\Gamma(\alpha)} (x - a_0)^{\alpha - 1} \mathrm{e}^{-\beta(x - a_0)} \tag{3-15}$$

$$\alpha = 1 + \frac{a}{d}$$

$$\beta = \frac{1}{d}$$

$$a_0 = \overline{x} - (a + d)$$

式中，a_0 为系列起点到坐标原点的距离；$\Gamma(\alpha)$ 为 α 的伽马函数；e 为自然对数的底。

皮尔逊Ⅲ型曲线方程式(3-14) 和式(3-15)中分别含有参数 y_0、a、d 和 α、β、a_0，经过适当换算，这些参数与用实测系列计算出来的统计参数 $\overline{x}$、C_V、C_S 存在以下关系：

$$y_0 = \cfrac{2C_S\left(\cfrac{4}{C_S^2}-1\right)^{\frac{4}{C_S^2}}}{\overline{x}C_V(4-C_S^2)\Gamma\left(\cfrac{4}{C_S^2}\right)e^{\frac{4}{C_S^2}-1}}$$

$$\left.\begin{aligned} &a = \frac{\overline{x}C_V(4-C_S^2)}{2C_S} \\[2mm] &d = \frac{\overline{x}C_V C_S}{2} \\[2mm] &a+d = \frac{2\overline{x}C_V}{C_S} \\[2mm] &\alpha = \frac{4}{C_S^2} \\[2mm] &\beta = \frac{2}{\overline{x}C_V C_S} \\[2mm] &a_0 = \overline{x}\left(1-\frac{2C_V}{C_S}\right) \end{aligned}\right\} \tag{3-16}$$

若已知 $\overline{x}$、C_V、C_S，根据式（3-16）可确定 α、β、a_0。

在水文分析计算中，需要绘制理论曲线，以求得指定的设计频率对应的水文特征值。将皮尔逊 III 型曲线式（3-15）积分可得到一条理论频率曲线，即：

$$P(x \geqslant x_p) = \frac{\beta^\alpha}{\Gamma(\alpha)}\int_{x_p}^{\infty}(x-a_0)^{\alpha-1}e^{-\beta(x-a_0)}dx \tag{3-17}$$

3.4.2　理论频率曲线的绘制

对于一个具体的水文系列，统计参数 $\overline{x}$、C_V、C_S 可计算得到，则 α、β、a_0 已知，设水文实测系列从大到小排序后的值为 $x_{p_1}, x_{p_2}, x_{p_3}, \cdots, x_{p_n}$，由式（3-17）可计算出相应的 $P_1, P_2, P_3, \cdots, P_n$ 值，则以 P 为横坐标，以 x 为纵坐标，点绘出理论频率曲线即为所求。

由于对式（3-17）的多次积分运算十分烦琐和困难，故美国工程师福斯特和苏联工程师雷布京制作了离均系数 Φ_P 表（见本书附录 2）供查阅，从而可以方便地计算和绘制理论频率曲线。从离均系数 Φ_P 表中可查阅不同 C_S 对应的频率 P 及 Φ_P 值。

$$\Phi = \frac{x-\overline{x}}{\overline{x}C_V} \tag{3-18}$$

此时 $x = \overline{x}(C_V\Phi+1)$，$dx = \overline{x}C_V d\Phi$，则式（3-17）可整理成下式：

$$P(\Phi \geqslant \Phi_P) = \frac{(2/C_S)^\alpha}{\Gamma(\alpha)}\int_{\Phi_P}^{\infty}\left(\Phi+\frac{2}{C_S}\right)^{\alpha-1}e^{-\frac{2(C_S\Phi+2)}{C_S^2}}d\Phi \tag{3-19}$$

由式（3-19）可知，给定一个 C_S 值，即可得出相应的 P-Φ 关系，于是制成了皮尔逊 III 曲线 Φ_P 值表。被积函数仅含有一个待定的参数 C_S，$\alpha = 4/C_S^2$，其他两个参数 $\overline{x}$、C_V 都包含在 Φ 值之中，则 Φ 值可根据 C_S 通过离均系数 Φ_P 表查出。

因此在进行水文频率计算时，根据已知的 C_S 值查 Φ_P 值表，可得出一组 P 与 Φ_P 的对应值，然后根据式（3-18）得出如下公式：

$$x_P = \overline{x}(C_V \Phi_P + 1) \quad 或 \quad K_P = C_V \Phi_P + 1 \tag{3-20}$$

将已知的 $\overline{x}$、C_V 值代入上式，即求出对应于一定频率 P 的水文特征值 x_P。根据一系列的 (P, x_P) 可绘制与统计参数 $\overline{x}$、C_V、C_S 相对应的理论频率曲线。

理论频率曲线的绘制步骤如下：

(1) 求三个统计参数 $\overline{x}$、C_V、C_S；

(2) 根据 C_S，查附录 2 得到不同的频率 P 对应的离均系数 Φ_P 值；

(3) 根据式(3-20)，求得理论曲线的 x_P 值；

(4) 以 P 为横坐标，以 x_P 为纵坐标，在海森概率格纸上点绘出理论频率点 (P, x_P)，根据点群的分布趋势，将理论频率点用光滑的曲线连接起来，即理论频率曲线。

【例 3-1】 已知某水文站年最大流量系列的统计参数为 $\overline{Q} = 1200 \mathrm{m}^3/\mathrm{s}$，$C_S = 1.0$，$C_V = 0.5$，试求相应的理论频率曲线及 $P = 0.1\%$ 的设计流量 $Q_{0.1\%}$。

【解】 ① 根据 $C_S = 1.0$，查附录 2 得到不同的离均系数 Φ_P 值，列于表 3-3 中。

② 根据式(3-20)求得理论曲线的 Q_P 或 K_P 值。

③ 根据表 3-3 的数据，以 P 为横坐标，以 Q_P（或 K_P）为纵坐标，点绘出理论频率点 (P, Q_P)，将点用光滑的曲线连接起来，即理论频率曲线。

④ 由该曲线求得 $Q_{0.1\%} = \overline{Q}(1 + C_V \Phi_{0.1\%}) = 1200 \times (1 + 0.5 \times 4.53) = 3918 (\mathrm{m}^3/\mathrm{s})$。

表 3-3　理论频率曲线计算表

项目	$P/\%$										
	0.01	0.1	1	5	10	50	75	90	97	99	99.9
Φ_P	5.96	4.53	3.02	1.88	1.34	-0.16	-0.73	-1.13	-1.42	-1.59	-1.79
$\Phi_P C_V$	2.98	2.27	1.51	0.94	0.67	-0.08	-0.37	-0.57	-0.71	-0.80	-0.90
$K_P = \Phi_P C_V + 1$	3.98	3.27	2.51	1.94	1.67	0.92	0.64	0.44	0.29	0.21	0.11
$Q_P = \overline{Q} K_P$	4776	3918	3012	2328	2004	1104	762	522	348	246	126

理论频率曲线与经验频率曲线如果配合得不好，如理论频率曲线高于经验频率曲线或者低于经验频率曲线，就需要对理论频率曲线进行调整。通过调整三个统计参数 $\overline{x}$、C_V、C_S 可以达到调整理论频率曲线的目的。那么调整哪个统计参数合适？为避免应用适线法（详见 3.5.2 部分）时调整参数的盲目性，需了解统计参数对频率曲线的影响。

3.4.3　统计参数对理论频率曲线的影响

3.4.3.1　均值 $\overline{x}$ 对理论频率曲线的影响

根据式(3-20)，当理论频率曲线的另外两个参数 C_V 和 C_S 不变时，均值 $\overline{x}$ 的不同可使理论频率曲线发生很大的变化。将 $C_V = 0.5$、$C_S = 1.0$，而 $\overline{x}$ 分别为 50、75、100 的 3 条理论频率曲线同绘于图 3-6 中，由图 3-6 可得出下列两点规律：

(1) C_V 和 C_S 不变时，变换均值 $\overline{x}$，频率曲线的位置也会发生变化，均值大的频率曲线位于均值小的频率曲线之上；

(2) 均值大的频率曲线比均值小的频率曲线陡。

3.4.3.2 变差系数 C_V 对理论频率曲线的影响

为了消除均值的影响，以模比系数 K 为变量绘制理论频率曲线，如图 3-7 所示。图中 $C_S=1.0$。若 $C_V=0$，表示随机变量的取值都等于均值，故频率曲线为 $K=1$ 的一条水平线。C_V 越大，说明随机变量相对于均值越离散，因而频率曲线将越偏离 $K=1$ 的水平线。随着 C_V 的增大，频率曲线的偏离程度也增大，显得越来越陡。

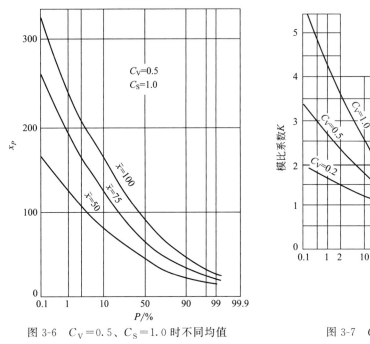

图 3-6 $C_V=0.5$、$C_S=1.0$ 时不同均值

$\bar{x}$ 对理论频率曲线的影响

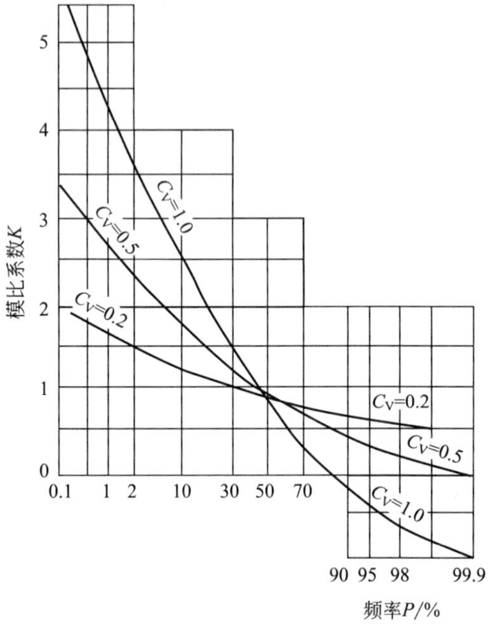

图 3-7 $C_S=1.0$ 时各种 C_V

对理论频率曲线的影响

3.4.3.3 偏态系数 C_S 对理论频率曲线的影响

图 3-8 为 $C_V=0.1$ 时各种不同的 C_S 对频率曲线的影响情况。从图中可以看出，正偏情

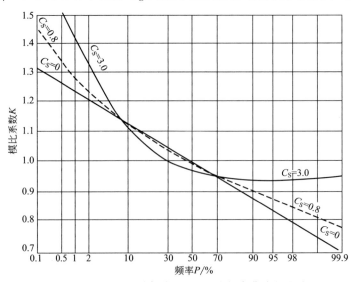

图 3-8 $C_V=0.1$ 时各种 C_S 对理论频率曲线的影响

况下，C_S 越大，均值（即图中 $K=1$）对应的频率越小，频率曲线的中部越向左偏，且上端越陡，下端越平缓。$C_S=0$ 时，频率曲线为一条直线。

3.5　水文频率计算方法

水文频率分析的主要内容包括：频率曲线线型的选定、统计参数的估计、误差计算和特殊水文系列的处理，以及对水文系列进行模拟、应用和合理性分析等。频率曲线线型的选定、统计参数的估计及误差计算均在本章中有所介绍，对于特殊水文系列的处理，部分内容将在第 4 章阐述。由于给排水科学与工程专业有别于其他水文工程专业对水文领域知识的要求，本书未介绍水文系列的模拟和模型、古洪水的研究等内容。

水文频率计算的目的是选配一条与经验点配合较好的理论频率曲线，或确定合适的参数作为总体参数的估计值，或对水文系列进行模拟和合理性分析，以推求设计频率的水文特征值，作为工程规划设计的依据。

3.5.1　统计参数的初估方法

水文频率分布线型确定后，接下来的工作是确定参数。皮尔逊Ⅲ型曲线包含均值、变差系数和偏态系数 3 个统计参数。由于水文变量的总体不可知，故需用有限的样本观测资料去估计总体分布线型中的参数，称为参数估计。目前参数估计的方法很多，下面介绍 3 种方法，即矩法、经验法和三点法。

3.5.1.1　矩法

如 3.3.1 部分所述，水文频率分析计算中，常将系列的均值 $\bar{x}$、变差系数 C_V 和偏态系数 C_S 的无偏估值公式式(3-7)、式(3-9) 和式(3-11) 称为矩法公式。用矩法公式计算得到的参数可以作为适线法（见 3.5.2 部分）的参考数值，尽管后两个公式并不是精确的无偏估值公式。

3.5.1.2　经验法

鉴于用式(3-11) 计算偏态系数 C_S 的抽样误差过大，可用式(3-7) 和式(3-9) 分别估算均值 $\bar{x}$ 和变差系数 C_V，然后根据经验关系估算偏态系数 C_S 的值。

对于设计暴雨：　　　　　　　　　　　　$C_S=3.5C_V$

对于设计最大流量：

$C_V \leqslant 0.5$ 时，　　　　　　　　　　　$C_S=(3\sim4)C_V$

$C_V > 0.5$ 时，　　　　　　　　　　　　$C_S=(2\sim3)C_V$

对于年径流及年降水：　　　　　　　　　　$C_S=2C_V$

3.5.1.3　三点法

在选定频率曲线线型和已知其数学方程的条件下，由数学知识知道可以用选点法来求解方程中待定的参数。由于皮尔逊Ⅲ型曲线方程中包含 $\bar{x}$、C_V、C_S 3 个参数，故需在经验频率曲线上选 3 个点，建立三元一次方程组，联立求解 3 个参数的值，这就是三点法的基本思路。当资料系列较长时，按无偏估值公式计算的工作量较大，而三点法则比较简便。具体方法如下。

（1）按经验频率点绘出经验频率曲线，在此曲线上读取 3 个点，并假定这 3 个点就在待求的皮尔逊Ⅲ型曲线上，则由式(3-20) 可建立如下的联立方程：

$$\left.\begin{array}{l} x_{P_1}=\overline{x}(C_V\Phi_{P_1}+1)\\ x_{P_2}=\overline{x}(C_V\Phi_{P_2}+1)\\ x_{P_3}=\overline{x}(C_V\Phi_{P_3}+1) \end{array}\right\} \tag{3-21}$$

解上述方程组得：

$$\overline{x}=\frac{\Phi_{P_1}x_{P_3}-\Phi_{P_3}x_{P_1}}{\Phi_{P_1}-\Phi_{P_3}} \tag{3-22}$$

$$C_V=\frac{x_{P_1}-x_{P_3}}{\Phi_{P_1}x_{P_3}-\Phi_{P_3}x_{P_1}} \tag{3-23}$$

$$\frac{x_{P_1}+x_{P_3}-2x_{P_2}}{x_{P_1}-x_{P_3}}=\frac{\Phi_{P_1}+\Phi_{P_3}-2\Phi_{P_2}}{\Phi_{P_1}-\Phi_{P_3}} \tag{3-24}$$

（2）令

$$S=\frac{x_{P_1}+x_{P_3}-2x_{P_2}}{x_{P_1}-x_{P_3}} \tag{3-25}$$

并定义 S 为偏度系数，当 P_1、P_2、P_3 已定时，有 $S=M(C_S)$ 的函数关系。由式(3-24)及式(3-25)可知，任意给定一个 C_S，查本书附录 2 可得 Φ_{P_1}、Φ_{P_2}、Φ_{P_3}，代入式(3-24)右端可计算出 S，于是可将 S 与 C_S 的关系制成表格，见本书附录 3 皮尔逊Ⅲ型曲线 S 与 C_S 关系表。附录 3 表中的第一行，为 S 的小数点后第二位数的值。

三点法中的 P_2 一般取 50％，P_1 和 P_3 则取对称值，即 $P_3=1-P_1$。若系列项数 n 在 20 左右，可取 $P=5％\sim50％\sim95％$；若 n 在 30 左右，则可取 $P=3％\sim50％\sim97％$；以此类推。在经验频率曲线上选好 3 个点后，由式(3-25)求得 S，最后查附录 3 即得 C_S 值。

在实际计算中，首先根据 $S=\frac{x_{P_1}+x_{P_3}-2x_{P_2}}{x_{P_1}-x_{P_3}}$ 求得 S 值；再根据已确定的 P_1、P_2、P_3，查附录 3 求得 C_S；最后由 C_S 查附录 2，得 Φ_{P_1}、Φ_{P_3}，代入式(3-22)和式(3-23)，求出 $\overline{x}$、C_V 的值。

三点法很简单，但致命弱点是难以得到 3 个点的精确位置，一般在目估的经验频率曲线上选取，结果因人而异，有一定的任意性。三点法与矩法一样，在实际中很少单独使用，都是与适线法（配线法）相结合，作为适线法初选参数的一种手段。

3.5.2 适线法

适线法（又称配线法）就是根据实测水文资料和维泊尔公式式(3-6)绘出经验点据，给它们选配一条符合较好的理论频率曲线，并以此来估计水文要素总体的统计规律。具体步骤如下。

（1）将实测资料由大到小排列，计算各项的经验频率，在海森频率格纸上点绘经验点据（横坐标为频率，纵坐标为变量的取值），随后根据点群趋势，经过点群中心绘出一条光滑的曲线，即经验频率曲线。

（2）选定理论频率线型（一般选用皮尔逊Ⅲ型）。

（3）可采用矩法、经验法或三点法初估统计参数 $\overline{x}$、C_V 和 C_S。

（4）根据初估的参数 $\overline{x}$、C_V 和 C_S，查附录 2，按式(3-20)计算 x_P 值。以 x_P 为纵坐标，以 P 为横坐标，可得理论频率曲线。将此线画在绘有经验频率曲线的海森频率格纸上，看与经验频率曲线的配合情况，若不理想，则修改参数再次进行计算。主要调整 C_V

和 C_S。

（5）最后选一条与经验点据配合最好的理论频率曲线。从该曲线上可查出与各指定的设计频率相对应的水文特征值。

【例 3-2】　某雨量站 35 年实测年降雨量资料见表 3-4 中第（1）（2）列，试根据该资料初估参数，并用适线法推求百年一遇的降雨量。

表 3-4　某雨量站 35 年实测年降雨量频率计算表

年份	降雨量/mm	序号	降序排列/mm	模比系数 K_i	K_i-1	$(K_i-1)^2$	$\frac{m}{n+1}\times100\%$
（1）	（2）	（3）	（4）	（5）	（6）	（7）	（8）
1971	554.8	1	902.3	1.63	0.63	0.40	2.78
1972	525.1	2	882.3	1.60	0.60	0.36	5.56
1973	547.4	3	725.2	1.31	0.31	0.098	8.33
1974	625.8	4	712.5	1.29	0.29	0.084	11.11
1975	670.8	5	670.8	1.21	0.21	0.046	13.89
1976	512.9	6	664.1	1.20	0.20	0.041	16.67
1977	345.3	7	657.4	1.19	0.19	0.036	19.44
1978	529.1	8	625.8	1.13	0.13	0.018	22.22
1979	490.2	9	625.7	1.13	0.13	0.018	25.00
1980	511.1	10	612.0	1.11	0.11	0.012	27.78
1981	725.2	11	606.7	1.10	0.10	0.0097	30.56
1982	497.7	12	606.2	1.10	0.10	0.0095	33.33
1983	902.3	13	567.8	1.03	0.03	0.00079	36.11
1984	664.1	14	554.8	1.00	0.00	0.000020	38.89
1985	490.3	15	551.1	1.00	0.00	0.000005	41.67
1986	402.7	16	547.4	0.99	−0.01	0.000079	44.44
1987	606.7	17	539.2	0.98	−0.02	0.00056	47.22
1988	657.4	18	534.6	0.97	−0.03	0.0010	50.00
1989	625.7	19	532.8	0.96	−0.04	0.0012	52.78
1990	449.3	20	529.1	0.96	−0.04	0.0018	55.56
1991	612.0	21	525.1	0.95	−0.05	0.0024	58.33
1992	539.2	22	512.9	0.93	−0.07	0.0051	61.11
1993	431.5	23	511.1	0.93	−0.07	0.0056	63.89
1994	532.8	24	504.4	0.91	−0.09	0.0075	66.67
1995	355.4	25	497.7	0.90	−0.10	0.0098	69.44
1996	712.5	26	490.3	0.89	−0.11	0.013	72.22
1997	356.6	27	490.2	0.89	−0.11	0.013	75.00
1998	551.1	28	449.3	0.81	−0.19	0.035	77.78
1999	606.2	29	431.5	0.78	−0.22	0.048	80.56
2000	534.6	30	405.4	0.73	−0.27	0.071	83.33

年份	降雨量/mm	序号	降序排列/mm	模比系数 K_i	K_i-1	$(K_i-1)^2$	$\dfrac{m}{n+1}\times100\%$
2001	405.0	31	405.0	0.73	−0.27	0.071	86.11
2002	405.4	32	402.7	0.73	−0.27	0.073	88.89
2003	882.3	33	356.6	0.65	−0.35	0.126	91.67
2004	504.4	34	355.4	0.64	−0.36	0.127	94.44
2005	567.8	35	345.3	0.63	−0.37	0.140	97.22
总计	19330.7	—	19330.7	35.0	3.04 / −3.04	1.9	—

【解】 具体步骤如下。

① 点绘经验频率曲线。将原始资料由大到小降序排列，列入表 3-4 中第（4）栏；用公式计算经验频率，列入表 3-4 中第（8）栏，并将第（4）栏（排序后的数据）与第（8）栏（经验频率）的数值对应，并且将经验频率点绘于海森频率格纸上（见图 3-8）。

② 由式(3-7)、式(3-9)计算均值 $\overline{x}$、变差系数 C_V，得：

$$\overline{x}=\frac{1}{n}\sum x_i=552.3(\text{mm})$$

$$C_V=\sqrt{\frac{\sum\limits_{i=1}^{n}(K_i-1)^2}{n-1}}\approx0.235$$

③ 取 $C_V=0.25$，并假定 $C_S=2C_V=0.5$，查附录 2 得相应于不同频率 P 的 Φ_P 值，列入表 3-5 中第（2）列。根据式(3-20)，计算得出 K_P 值，列入表 3-5 中第（3）列。K_P 乘以均值 $\overline{x}$ 后，得相应的降雨量 X_P 值，列入表 3-5 中第（4）列。

将表 3-5 中第（1）（4）列的对应数值点绘曲线，发现理论频率曲线的上部与经验频率点据配合较好，但中部和下部位于经验频率曲线的下方。

调整参数 C_S，重新配线。由第一次配线结果表明，需增大 C_S 值。经多次修正后，$C_S=2.6C_V=0.65$ 时，理论频率曲线与经验频率曲线配合较好，此即最终采用的理论频率曲线。

④ 由图 3-9，查 $P=1\%$ 百年一遇的降雨量为 937.5mm。

表 3-5 理论频率曲线选配计算表

频率 $P/\%$	第 1 次适线 $\overline{x}=552.3\text{mm}$ $C_V=0.25$ $C_S=2C_V=0.5$			第 2 次适线 $\overline{x}=552.3\text{mm}$ $C_V=0.25$ $C_S=2.4C_V=0.6$			第 3 次适线 $\overline{x}=552.3\text{mm}$ $C_V=0.25$ $C_S=2.6C_V=0.65$		
	Φ_P	K_P	X_P	Φ_P	K_P	X_P	Φ_P	K_P	X_P
0.1	3.81	1.95	1078.37	3.96	1.99	1099.08	4.03	2.01	1108.74
1	2.69	1.67	923.72	2.76	1.69	933.39	2.79	1.70	937.53
5	1.77	1.44	796.69	1.8	1.45	800.84	1.81	1.45	802.22

频率 $P/\%$	第 1 次适线 $\overline{x}=552.3\text{mm}$ $C_V=0.25$ $C_S=2C_V=0.5$			第 2 次适线 $\overline{x}=552.3\text{mm}$ $C_V=0.25$ $C_S=2.4C_V=0.6$			第 3 次适线 $\overline{x}=552.3\text{mm}$ $C_V=0.25$ $C_S=2.6C_V=0.65$		
	Φ_P	K_P	X_P	Φ_P	K_P	X_P	Φ_P	K_P	X_P
10	1.32	1.33	734.56	1.33	1.33	735.94	1.33	1.33	735.94
25	0.62	1.16	637.91	0.61	1.15	636.53	0.6	1.15	635.15
50	−0.08	0.98	541.25	−0.1	0.98	538.49	−0.11	0.97	537.11
75	−0.71	0.82	454.27	−0.72	0.82	452.89	−0.72	0.82	452.89
90	−1.22	0.70	383.85	−1.2	0.70	386.61	−1.19	0.70	387.99
95	−1.49	0.63	346.57	−1.46	0.64	350.71	−1.44	0.64	353.47
99	−1.96	0.51	281.67	−1.88	0.53	292.72	−1.84	0.54	298.24

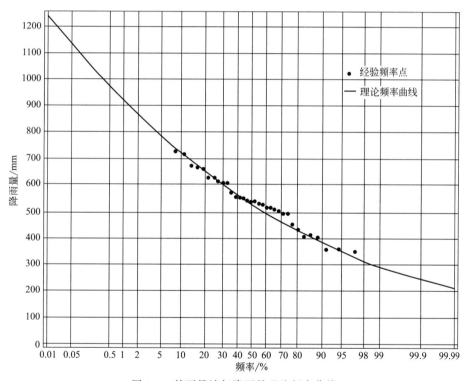

图 3-9　某雨量站年降雨量理论频率曲线

3.6　相关分析

在水文频率分析中，如果实测资料系列的项数 n 较大，利用目估适线法或其他适线法可以推求出一条和经验点据配合较好的理论频率曲线，确定出合适的统计参数，以计算设计频率的水文特征值。但是有些测站，或因建站较晚，实测资料系列较短；或由于某种原因系列中有若干年缺测，整个系列不连续。由误差分析可知，统计参数的标准误差都和样本系列的项数 n 的平方根成反比。为了增加系列的代表性，提高分析计算的精度，减少抽样误差，需要对已有的两个实测资料系列进行相关分析，进而根据长系列插补和短系列延长，增加短系列的项数 n。

自然界的许多现象都不是孤立变化的，而是相互关联、相互制约的，例如降雨和径流，气温和蒸发，水位和流量等，它们之间都存在一定的联系。但是在相关分析时，必须先分析它们在成因上是否有联系，如同一测站的降雨和径流，两个测站的流域地理位置相近、地貌相似或处于同一河流的上下游等。若只凭数字的偶然巧合，将毫无关联的现象拼凑到一起，找出相关关系，是毫无意义的。

3.6.1 相关分析的概念

相关分析（correlation analysis）就是要研究两个或多个随机变量之间的联系。在水文计算中，我们经常遇到某一水文要素的实测资料系列很短，而与其相关的另一要素的资料却比较长，此时可通过相关分析把短期系列延长，当然两者需在成因上确有联系，不能仅凭数字上的偶然巧合硬凑。

两个随机变量 x 和 y 之间的相关程度存在着三种情况：一是完全相关，即对于每一个 x 值，有一个或多个确定的 y 值与之对应，也称之为函数关系；二是零相关，即两变量之间互不影响或互不相关；三是统计相关（或相关关系），即 x 和 y 不像函数关系那样密切，也不像零相关那样毫无关系，若将它们的关系点据绘于坐标纸上，就可发现点据虽然有些散乱，但却有一个明显的趋势，这种趋势能够用某种类型的数学曲线近似地拟合。

研究两个随机变量的相关关系，称为简单相关（simple correlation）；研究 3 个或 3 个以上随机变量的相关关系，称为复相关（multiple correlation）。在水文计算中常用的是简单相关；在水文预报中常用复相关。依据相关关系的线型，可将其分为直线相关和曲线相关；依据随机变量之间的变化关系，可分为正相关和负相关，正相关是倚变量随自变量的增加（或减少）而增加（或减少），负相关是倚变量随自变量的增加（或减少）而减少（或增加）。

本部分对简单直线相关、曲线相关和复相关进行介绍。

3.6.2 简单直线相关

3.6.2.1 直线回归方程

设 x_i、y_i 代表两个系列的观测值，共有 n 对，将对应数值点绘于坐标纸上，根据点群的分布选择线型。若点群分布近似于直线，设该直线回归方程为：

$$y = a + bx \tag{3-26}$$

使直线通过点群中间及点 $(\overline{x}, \overline{y})$，在图上量得直线的斜率 b 和截距 a，从而将式(3-26) 中的参数 a、b 求出，此为图解法。

也可在 Excel 中点绘散点图，添加趋势线得到此直线的方程式和 R^2 值。

还可以用最小二乘法求 a、b 的值，即根据离差平方和最小，求解参数：

$$b = r \frac{\sigma_y}{\sigma_x} \tag{3-27}$$

$$a = \overline{y} - r \frac{\sigma_y}{\sigma_x} \overline{x} \qquad (3\text{-}28)$$

将式(3-27)、式(3-28)代入式(3-26),整理后得:

$$y - \overline{y} = r \frac{\sigma_y}{\sigma_x}(x - \overline{x}) \qquad (3\text{-}29)$$

此方程称为 y 倚 x 变回归方程,所绘制的相关线称为 y 倚 x 变回归线,b 或 $r \dfrac{\sigma_y}{\sigma_x}$ 称为回归系数,即为回归线的斜率;a 或 $\overline{y} - r \dfrac{\sigma_y}{\sigma_x} \overline{x}$ 为回归线在 y 轴上的截距。直线回归方程与实测点据的关系见图3-10。

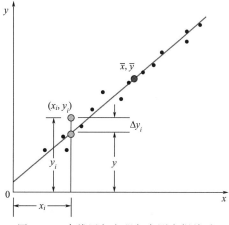

图3-10　直线回归方程与实测点据关系

3.6.2.2　回归方程的误差

回归线是两个实测系列对应点据的最佳配合线,它表示了二者间的平均关系,点据并不是都落在回归线上,而是散落于两侧,即回归线上的值与实测点据之间存在离差。所以,应用回归线来延展、插补短系列时,总会有一定的误差。常以标准误差 S_y 表示,亦称其为 y 倚 x 回归线的均方误差。回归线的误差计算成为:

$$S_y = \sqrt{\frac{\sum\limits_{i=1}^{n}(y_i - y)^2}{n-2}} = \sigma_y \sqrt{1 - r^2} \qquad (3\text{-}30)$$

式中,y_i 为观测值;σ_y 为实测系列 y 的均方差;r 为实测系列 x、y 的相关系数;S_y 为回归线的标准误差;$(n-2)$ 为自由度。可以这样理解:$n=2$ 时,回归线必通过该两个点;$n=3$ 时,就不能确保回归线一定通过这3个点。误差是由多一个点而引起的,那么 n 个点,误差就是由 $(n-2)$ 个点引起的。

根据误差理论,回归方程的误差一般服从正态分布,实测点据 y_i 落在回归线两侧 $y \pm S_y$ 范围内的概率为 68.27%,落在回归线两侧 $y \pm 3S_y$ 范围内的概率为 99.7%(图3-11)。

应指出的是:回归线的均方误差 S_y 与随机变量的均方差 σ_y 性质不同,前者是依据实测点据 y_i 与回归线上值 y 之间的离差平方和求得,后者是

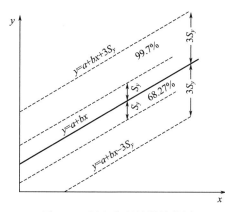

图3-11　回归方程的误差范围

依据 y_i 与系列均值 $\overline{y}$ 的离差平方和求得。依据统计学,可证明二者符合式(3-30)的关系。

3.6.2.3　相关系数及其误差

回归线表示两种变量之间的平均关系,而相关系数 r 是定量表示两种变量之间的密切程度。相关系数计算式为:

$$r = \frac{\sum\limits_{i=1}^{n}(x_i - \overline{x})(y_i - \overline{y})}{\sqrt{\sum\limits_{i=1}^{n}(x_i - \overline{x})^2 \sum\limits_{i=1}^{n}(y_i - \overline{y})^2}} = \frac{\sum\limits_{i=1}^{n}(K_{x_i} - 1)(K_{y_i} - 1)}{\sqrt{\sum\limits_{i=1}^{n}(K_{x_i} - 1)^2 \sum\limits_{i=1}^{n}(K_{y_i} - 1)^2}} \tag{3-31}$$

式中，K_{x_i}、K_{y_i} 分别为实测系列 x、y 的模比系数。

相关分析中，相关系数不是由物理成因推导出来的，而是由回归直线拟合点据的离差概念推导出来的，是依据样本（即实测系列值）计算得到的，必然存在抽样误差。可根据统计理论，计算相关系数的标准误差 S_r：

$$S_r \approx \frac{1 - r^2}{\sqrt{n}} \tag{3-32}$$

式中，S_r 为相关系数的标准误差。

在实际应用中，相关系数应该多大，才能使所建立的回归方程有实际意义，这取决于样本容量多少和要求精度。于是，依据这两方面的要求规定了不同的相关系数值，在数理统计上将其称为相关系数的显著性检验。其检验方法是采用数理统计中的假设检验法，由 t 分布转化而得相关系数 r 的分布，在一定概率（或称为显著性水平）条件下，以自由度 $(n-2)$ 查 t 分布表，得临界值 t_α，代入下式，有：

$$r_\alpha = \frac{t_\alpha}{\sqrt{t_\alpha^2 + n - 2}} \tag{3-33}$$

所谓显著性水平，就是指得出显著（认为回归方程有意义）这个结论时，可能发生判断错误的概率；或者可理解为针对一定的样本容量，在以相关系数为随机变量的概率密度曲线上求得的与 r_α 相应的概率。例如，样本容量为 10，显著水平 α 取 0.01 时，相关系数的临界值为 $r_{0.01} = 0.7646$，那么如果根据样本观测值得出的相关系数 $|r| \geqslant r_\alpha$，则认为显著相关；否则可推断总体不显著相关，并且这种"认为"发生错误的可能性为 1%。从表 3-6 中可以看出，在同样的样本容量 n 条件下，α 愈小，检验愈严格，相应要求 r 值就愈大；在同一显著性水平条件下，样本容量 n 愈少，相应要求 r 值亦愈大。

表 3-6　不同样本容量及显著水平下的相关系数的临界值 r_α

$n-2$	α		$n-2$	α	
	0.05	0.01		0.05	0.01
8	0.6319	0.7646	20	0.4227	0.5368
9	0.6021	0.7348	25	0.3809	0.4869
10	0.5760	0.7079	30	0.3494	0.4487
11	0.5529	0.6835	35	0.3246	0.4182
12	0.5324	0.6614	40	0.3044	0.3932
13	0.5139	0.6411	45	0.2875	0.3721
14	0.4973	0.6226	50	0.2732	0.3541
15	0.4821	0.6055	60	0.2500	0.3248
16	0.4683	0.5897	70	0.2919	0.3017
17	0.4555	0.5751	80	0.2172	0.2830
18	0.4438	0.5614	90	0.2050	0.2673
19	0.4329	0.5437	100	0.1946	0.2540

3.6.2.4 相关分析时应注意的问题

(1) 首先应分析论证两种变量在物理成因上确实存在联系，防止伪相关。如同一流域的上、下游测站的径流相关；同一测站的降水和径流相关等。

(2) 同期观测资料不能太少，一般要求 $n \geqslant 12$，以减少抽样误差，提高成果的可靠性。

(3) 一般要求相关系数 $|r| > 0.8$，且 $S_y < (10\% \sim 15\%)\overline{y}$。

(4) 在回归分析中，一般取长系列为自变量，短系列为倚变量，建立回归方程，根据方程插补、延长短系列。

若对所建立的回归方程作显著性检验，水文统计分析中通常取显著性水平 $\alpha = 0.05$ 或 0.01。

(5) 外延回归线至无实测点控制部分时，要注意考证。

3.6.2.5 直线相关计算举例

【例 3-3】 已知某测站 1946～1967 年共 22 年的降雨和径流资料，其中年降雨资料连续，而年径流资料不连续。试用相关分析法插补缺测的年径流资料。

表 3-7 某测站实测年降雨量与年径流量

年份	1946	1947	1948	1949	1950	1951	1952	1953	1954	1955	1956
年降雨量/mm	514.1	610	602	564	575	580	750	610	550	612	845
年径流量/(m³/s)	62.8	—	67.8	—	70.3	—	87.3	—	—	—	121
年份	1957	1958	1959	1960	1961	1962	1963	1964	1965	1966	1967
年降雨量/mm	829.9	697	715	667	468	943	648	792	874	705	503
年径流量/(m³/s)	110.2	84.6	95.2	77.5	58.9	132	—	101	131	—	49.8

【解】 分析论证的结果已证实表 3-7 所列出的年降雨量与年径流量存在着成因上的联系，对应的观测数据有 14 对 ($n > 12$)。现将短系列待插补的年径流量作为倚变量 y，将长系列年降雨量作为自变量 x，用对应的 14 对实测值在 Excel 中点绘散点图，添加趋势线，得到二者的线性回归关系（图 3-12）。

故，所求年径流量与年降雨量的回归方程为：$y = 0.1735x - 31.922$，$r = 0.9695 > 0.8$。

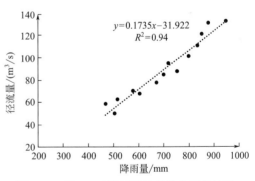

$$y = 0.1735x - 31.922$$
$$R^2 = 0.94$$

图 3-12 用 Excel 进行线性相关分析的结果

利用该回归方程插补缺测的年径流量，结果如表 3-8 所示。

表 3-8 某测站年径流量插补成果

年份	1947	1949	1951	1953	1954	1955	1963	1966
年径流量/(m³/s)	73.9	65.9	68.7	73.9	63.5	74.3	80.5	90.4

也可根据式（3-21）～式（3-27）逐步计算，列表（表 3-9）计算所求方程中的参数过程如下：

$$\bar{x} = \frac{1}{n}\sum_{i=1}^{14} x_i = \frac{9775}{14} = 698.21(\text{mm})$$

$$\bar{y} = \frac{1}{n}\sum_{i=1}^{14} y_i = \frac{1249.4}{14} = 89.24(\text{m}^3/\text{s})$$

$$\sigma_x = \bar{x}\sqrt{\frac{\sum\limits_{i=1}^{14}(K_{x_i}-1)^2}{n-1}} = 698.21 \times \sqrt{\frac{0.5987}{14-1}} = 149.84$$

$$\sigma_y = \bar{y}\sqrt{\frac{\sum\limits_{i=1}^{14}(K_{y_i}-1)^2}{n-1}} = 89.24 \times \sqrt{\frac{1.1741}{14-1}} = 26.82$$

$$r = \frac{\sum\limits_{i=1}^{n}(K_{x_i}-1)(K_{y_i}-1)}{\sqrt{\sum\limits_{i=1}^{n}(K_{x_i}-1)^2 \sum\limits_{i=1}^{n}(K_{y_i}-1)^2}} = \frac{0.8129}{\sqrt{0.5987 \times 1.1741}} = 0.9696 > 0.8$$

所求年径流量与年降雨量的回归方程为：$y - 89.24 = 0.9696 \times \dfrac{26.82}{149.84}(x - 698.21)$，整理后得：$y = 0.1735x - 31.93$。

回归线误差：$S_y = \sigma_y\sqrt{1 - r^2} = 26.82 \times \sqrt{1 - 0.94} = 6.57 < 0.1\bar{y} = 8.924$。

相关系数误差：$S_r \approx \dfrac{1 - r^2}{\sqrt{n}} = 0.016$。

年径流量插补成果与表 3-8 同。

表 3-9　某测站年降雨量与年径流量实测值及相关计算

序号	年份	年降雨量 x_i/mm	年径流量 $y_i/(\text{m}^3/\text{s})$	K_{xi}	K_{yi}	$K_{xi}-1$	$K_{yi}-1$	$(K_{xi}-1)^2$	$(K_{yi}-1)^2$	$(K_{xi}-1)(K_{yi}-1)$
1	1946	514	62.8	0.7363	0.7037	−0.2637	−0.2963	0.0695	0.0878	0.0781
2	1948	602	67.8	0.8622	0.7597	−0.1378	−0.2403	0.0190	0.0577	0.0331
3	1950	575	70.3	0.8235	0.7877	−0.1765	−0.2123	0.0311	0.0451	0.0375
4	1952	750	87.3	1.0742	0.9782	0.0742	−0.0218	0.0055	0.0005	−0.0016
5	1956	845	121	1.2102	1.3559	0.2102	0.3559	0.0442	0.1266	0.0748
6	1957	830	110	1.1886	1.2348	0.1886	0.2348	0.0356	0.0551	0.0443
7	1958	697	84.6	0.9983	0.9480	−0.0017	−0.0520	0.0000	0.0027	0.0001
8	1959	715	95.2	1.0240	1.0668	0.0240	0.0668	0.0006	0.0045	0.0016
9	1960	667	77.5	0.9553	0.8684	−0.0447	−0.1316	0.0020	0.0173	0.0059
10	1961	468	58.9	0.6703	0.6600	−0.3297	−0.3400	0.1087	0.1156	0.1121
11	1962	943	132	1.3506	1.4791	0.3506	0.4791	0.1229	0.2295	0.1680
12	1964	792	101	1.1343	1.1317	0.1343	0.1317	0.0180	0.0174	0.0177
13	1965	874	131	1.2518	1.4679	0.2518	0.4679	0.0634	0.2189	0.1178
14	1967	503	49.8	0.7204	0.5580	−0.2796	−0.4420	0.0782	0.1953	0.1236
Σ		9775	1249.4	14	14	0	0	0.5987	1.1741	0.8129
平均		698.21	89.24	—	—	—	—	—	—	—

3.6.3　曲线相关

在水文计算中常遇到两变量的关系不是直线,而是曲线相关 (curvilinear correlation),如水位-流量关系、流域面积-洪峰流量关系等。常用的有指数函数和幂函数,可对此两种曲线进行适当的变量代换转化为直线,再用前述的最小二乘法计算。也可在 Excel 中点绘散点图,添加趋势线得到此曲线的方程式和 R^2 值。

对于幂函数,一般形式为:

$$y = ax^b$$

两边取对数,令 $Y = \lg y$,$A = \lg a$,$X = \lg x$,则有:

$$Y = A + bX$$

于是,在双对数坐标中对 X 和 Y 可做直线回归分析。

对于指数函数,一般形式为:

$$y = a e^{bx}$$

两边取对数,令 $Y = \lg y$,$A = \lg a$,$B = b \lg e$,$X = x$,则有:

$$Y = A + BX$$

于是,取 Y 为对数纵坐标,X 为普通横坐标,在此半对数坐标中对 X 和 Y 可做直线回归分析。

3.6.4　复相关

在简单相关中,我们只研究一种现象受某种主要因素的影响,而忽略其他次要因素。但当主要影响因素不止一个,且均不可忽略时,就需要采用复相关分析,建立多元回归方程。

研究 3 个或 3 个以上变量的相关,称为复相关,又称多元相关。

在简单相关中有直线(线性)和曲线(非线性)两种相关形式。同样地,在复相关中也有这两种形式。本部分仅介绍复相关的直线形式,即线性复相关。

在实际工程中,线性复相关的计算多用图解法选配相关线,确定回归方程,具体做法参阅有关书籍。除图解法外,还可用分析法计算复相关回归方程,即多元线性回归方程。多元线性回归分析法由于自变量多,样本容量比简单相关时的要大,所以工作量大,且较繁杂,往往需要借助计算机来完成计算。

设多元线性回归方程为:

$$y = a_0 + a_1 x_1 + a_2 x_2 + \cdots + a_m x_m \tag{3-34}$$

式中,$a_0, a_1, a_2, \cdots, a_m$ 为 $m+1$ 个待定的系数。

设 t 时刻,Y 和 $X = [1, x_1, x_2, \cdots, x_m]^{\mathrm{T}}$ 的观测值系列已知,这些数据之间的关系可用由 n 个方程构成的方程组来表示:

$$y_t = a_0 + a_1 x_{1t} + a_2 x_{2t} + \cdots + a_m x_{mt} \qquad (t = 1, 2, \cdots, n) \tag{3-35}$$

式(3-35)可用矩阵表示为:

$$Y = XA$$

式中

$$Y=\begin{bmatrix} y_1 \\ y_2 \\ \vdots \\ y_n \end{bmatrix} \quad X=\begin{bmatrix} 1 & x_{11} & \cdots & x_{m1} \\ 1 & x_{12} & \cdots & x_{m2} \\ \vdots & \vdots & \cdots & \vdots \\ 1 & x_{1n} & \cdots & x_{mn} \end{bmatrix} \quad A=\begin{bmatrix} a_1 \\ a_2 \\ \vdots \\ a_m \end{bmatrix}$$

由于 $n \gg m+1$，式(3-35)是一个矛盾方程组，不存在一般意义下的解。若在最优条件下解此方程组，求最优参数 A，可应用最小二乘法，其原理为在残余误差平方和最小的条件下求解 A。

经求解可得：

$$A=(X^{\mathrm{T}}X)^{-1}X^{\mathrm{T}}Y \tag{3-36}$$

若 $(X^{\mathrm{T}}X)$ 是非奇异矩阵，解向量 A 就是唯一的。

在复相关分析中，最常用的是一个倚变量、两个自变量的复直线回归分析，举例如下。

【例3-4】　某地区的径流量、降水量和水面蒸发量的同期实测资料见表3-10。试用复直线相关分析法求其回归方程。

表 3-10　某地区径流量、降水量和水面蒸发量资料

序号	1	2	3	4	5	6	7	8
径流量/mm	360.0	401.1	558.8	227.2	323.3	468.3	308.1	440.2
降水量/mm	622.5	683.5	854.1	540.5	581.7	654.0	690.7	699.3
蒸发量/mm	1112.8	1702.3	1141.8	1199.8	1105.5	1097.3	1059.2	933.0
序号	9	10	11	12	13	14	15	
径流量/mm	700.0	364.1	212.8	348.5	496.7	260.7	417.0	
降水量/mm	869.1	686.6	442.2	595.1	760.7	443.5	747.8	
蒸发量/mm	901.9	927.9	1069.3	1036.7	1095.3	1115.3	1070.7	

【解】　设径流量为 y，降水量为 x_1，水面蒸发量为 x_2，确定 y 为倚变量，x_1、x_2 为自变量。

$$y_n = a_0 + a_1 x_{1n} + a_2 x_{2n} \quad (n=1,2,\cdots,15)$$

用矩阵表示的方程组为：

$$Y=XA$$

其中：

$$Y=\begin{bmatrix} 360.0 \\ 401.1 \\ 558.8 \\ 227.2 \\ 323.3 \\ 468.3 \\ 308.1 \\ 440.2 \\ 700.0 \\ 364.1 \\ 212.8 \\ 348.5 \\ 496.7 \\ 260.7 \\ 417.0 \end{bmatrix} \quad X=\begin{bmatrix} 1 & 622.5 & 1112.8 \\ 1 & 683.5 & 1702.3 \\ 1 & 854.1 & 1141.8 \\ 1 & 540.5 & 1199.8 \\ 1 & 581.7 & 1105.5 \\ 1 & 654 & 1097.3 \\ 1 & 690.7 & 1059.2 \\ 1 & 699.3 & 933.0 \\ 1 & 869.1 & 901.9 \\ 1 & 686.6 & 927.9 \\ 1 & 442.2 & 1069.3 \\ 1 & 595.1 & 1036.7 \\ 1 & 760.7 & 1095.3 \\ 1 & 443.5 & 1115.3 \\ 1 & 747.8 & 1070.7 \end{bmatrix} \quad A=\begin{bmatrix} a_0 \\ a_1 \\ a_2 \end{bmatrix}$$

因为 $X^{\mathrm{T}}X = \begin{bmatrix} 15 & 9871.3 & 16568.8 \\ 9871.3 & 6719484.2 & 10863905 \\ 16569 & 10863905 & 18780513.7 \end{bmatrix}$ 为非奇异矩阵，故根据式（3-36），

解得：

$$A = (X^{\mathrm{T}}X)^{-1}X^{\mathrm{T}}Y = \begin{bmatrix} -146.7321 \\ 0.9062 \\ -0.0517 \end{bmatrix}$$

因此，所求的多元线性回归方程为：$y = -146.7321 + 0.9062x_1 - 0.0517x_2$

 任务解决

可根据【例 3-2】的步骤，求解【本章任务】中的情况。

 知识拓展

由于手绘曲线配线的速度慢，一些高校或科研单位依据适线法原理开发出了很多适线法的小程序或软件，工作中用到适线法时，可用这些小程序来求解设计频率对应的理论值。

 思考与练习题

1. 水文频率分析中的"频率"与数学中的"概率"有何区别？

2. 阐述统计参数 $\overline{x}$、σ、C_{V}、C_{S} 在水文频率分析中的物理意义。

3. 简述适线法进行频率曲线分析的具体步骤。

4. 用适线法配线时，若第 1 次配线后的理论频率曲线与经验频率点据吻合效果不佳，理论频率曲线的上部低于经验频率点据，理论频率曲线的下部高于经验频率点据，则应调整什么参数，且如何调整参数才能使理论频率曲线与经验点据吻合较好？

5. 水文计算中的相关分析主要应用于什么情况，即要解决什么问题？如何根据相关分析的结果进行直线或曲线的插补延长？

6. 简述经验频率曲线的绘制步骤，理论频率曲线的绘制步骤。

7. 某水文站 1986～2010 年各月径流量见下表，试求 $P=10\%$ 的设计丰水年、$P=50\%$ 的设计平水年、$P=90\%$ 的设计枯水年的设计年径流量。

某水文站 1986～2010 年各年、月径流量

| 年份 | 月平均流量 $Q_{月}/(\mathrm{m}^3/\mathrm{s})$ | | | | | | | | | | | | 年平均流量 $Q_{年}$ /$(\mathrm{m}^3/\mathrm{s})$ |
	1	2	3	4	5	6	7	8	9	10	11	12	
1986	16.5	22	43	17	4.63	2.46	4.02	4.84	1.98	2.47	1.87	21.6	11.9
1987	7.25	8.69	16.3	26.1	7.15	7.5	6.81	1.86	2.67	2.73	4.2	2.03	7.78
1988	8.21	19.5	26.4	24.6	7.35	9.62	3.2	2.07	1.98	1.9	2.35	13.2	10
1989	14.7	17.7	19.8	30.4	5.2	4.87	9.1	3.46	3.42	2.92	2.48	1.62	9.64
1990	12.9	15.7	41.6	50.7	19.4	10.4	7.48	2.97	5.3	2.67	1.79	1.8	14.4

续表

年份	月平均流量 $Q_月$/(m³/s)												年平均流量 $Q_年$/(m³/s)
	1	2	3	4	5	6	7	8	9	10	11	12	
1991	3.2	4.98	7.15	16.2	5.55	2.28	2.13	1.27	2.18	1.54	6.45	3.87	4.73
1992	9.91	12.5	12.9	34.6	6.9	5.55	2	3.27	1.62	1.17	0.99	3.06	7.87
1993	3.9	26.6	15.2	13.6	6.12	13.4	4.27	10.5	8.21	9.03	8.35	8.48	10.4
1994	9.52	29	13.5	25.4	25.4	3.58	2.67	2.23	1.93	2.76	1.41	5.3	10.2
1995	13	17.9	33.2	43	10.5	3.58	1.67	1.57	1.82	1.42	1.21	2.36	10.9
1996	9.45	15.6	15.5	37.8	42.7	6.55	3.52	2.54	1.84	2.68	4.25	9	12.6
1997	12.2	11.5	33.9	25	12.7	7.3	3.65	4.96	3.18	2.35	3.88	3.57	10.3
1998	16.3	24.8	41	30.7	24.2	8.3	6.5	8.75	4.52	7.96	4.1	3.8	15.1
1999	5.08	6.1	24.3	22.8	3.4	3.45	4.92	2.79	1.76	1.3	2.23	8.76	7.24
2000	3.28	11.7	37.1	16.4	10.2	19.2	5.75	4.41	4.53	5.59	8.47	8.89	11.3
2001	15.4	38.5	41.6	57.4	31.7	5.86	6.56	4.55	2.59	1.63	1.76	5.21	17.7
2002	3.28	5.48	11.8	17.1	14.4	14.3	3.84	3.69	4.67	5.16	6.26	11.1	8.42
2003	22.4	37.1	58	23.9	10.6	12.4	6.26	8.51	7.3	7.54	3.12	5.56	16.9
2004	3.28	7.62	11.88	15.35	29.65	21.55	5.89	4.98	5.42	3.35	2.33	2.6	9.49
2005	2.14	1.7	11.5	18.6	23.1	27.5	6.3	7.25	6.15	2.77	2.7	2.41	9.34
2006	4.1	2.8	13.8	16.7	30.7	40.6	12.3	7.64	8.29	3.22	4.36	2.8	12.28
2007	4.7	5.77	6.56	8.74	10	25.4	6.2	3.92	2.07	2.27	1.9	1.36	6.57
2008	2.73	5.68	11.26	23.45	23.35	34.2	17.95	3.58	2.17	1.9	1.875	2.09	10.85
2009	5.1	7.05	4.18	8.9	30.7	19.6	6.8	11.3	5.3	3.6	3.1	3.4	9.09
2010	3.2	6.28	14.25	18.15	37.45	27.85	18.45	7.8	5.1	6.9	3.9	5.2	12.88

第4章

河川径流情势特征值分析

《 学习目的 》 熟悉正常年径流量、设计年径流量、设计洪水流量和设计枯水流量的基本概念；
掌握不同年径流量资料（即具有长期资料、短期资料，或缺乏资料）条件下，推
求设计年径流量的基本原理和具体方法，以及推求设计年径流量的年内分配的基
本方法，并运用年径流量的地区规律、因果关系对计算成果进行合理分析，为确
定兴利水利工程的规模提供水文数据；要求理解设计洪水的含义，掌握洪水资料
的分析处理方法，推求设计洪峰流量、设计洪水总量，为确定防洪措施规模提供
水文数据；了解影响枯水径流的主要因素和枯水资料的样本组成，掌握不同枯水
径流量资料（即具有长期资料、短期资料，或缺乏资料）条件下，推求设计枯水
流量的基本方法；清楚径流调节的作用和径流情势对河流水质的影响。

《 学习重点 》 设计年径流量及其年内分配、设计洪峰流量（或水位）、设计枯水流量（或水
位）的推算方法。

《 学习难点 》 流量历时曲线，历史特大洪水的引用和处理，计算成果合理性分析，水文比
拟法。

《 本章任务 》 某水库属中型水库，已知年最大洪峰流量系列的频率计算结果为 $\overline{Q}$ = 1650m³/s、
C_V = 0.60，C_S = 3.5C_V。试确定大坝设计洪水标准，并计算该工程设计和校核
标准下的洪峰流量。

《 学习情境 》 渭河径流情势特征如下。渭河是黄河第一大支流，发源于甘肃省渭源县鸟鼠山，
流域涉及甘肃、宁夏、陕西三省（自治区），在陕西省潼关县注入黄河。按照
1956～2000 年 45 年系列计算，渭河流域多年平均径流量 100.40 亿立方米，占
黄河流域径流量 580 亿立方米的 17.3%。

径流在空间上的分布高度不均，渭河南岸来水量占渭河流域来水量的 48% 以
上，而集水面积仅占渭河流域面积的 20%，径流系数平均 0.26，是北岸的 3 倍左
右。此外，径流在时间上的分布高度不均。径流量年际变化大，C_V 值 0.30～
0.60，最大年径流量 218 亿立方米（1964 年）是最小年径流量 43 亿 m³（1995
年）的 5 倍以上；年际之间丰枯交替，存在不同长度的连续枯水段或连续丰水
段。径流年内分配不均匀，如图 4-1 所示，汛期集中在 7～10 月，4 个月的径流
量占全年的 50%～70%。其中 9 月份径流量最多，一般占全年的 14%～25%；
1 月份径流量最少，一般仅占全年的 1.6%～3.1%。

历史上渭河曾发生过多次大洪水，1898 年渭河咸阳段发生特大洪水，咸
阳、华县洪峰流量分别为 11500m³/s、11600m³/s；1911 年泾河发生特大洪水，

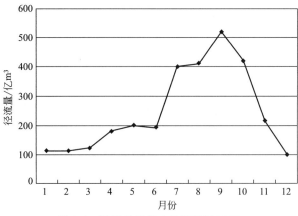

图 4-1　渭河径流年内分配情况示意

张家山洪峰流量 14700m³/s；1933 年渭河林家村站洪峰流量 5850m³/s，华县洪峰流量 8340m³/s；1981 年 8 月华县站发生了 5380m³/s 的洪水。2003 年 8 月由于受大范围暴雨影响，发生了自 1981 年以来的最大洪水，历时 50 天，先后出现了六次洪峰，演进慢，历时长，洪水总量达到渭河 1954 年洪水的两倍多，渭河经历了历史上罕见的严重秋汛。进入 20 世纪 90 年代以后，洪水特性发生了一定变化，主要表现在：洪水次数减少、发生时间更加集中，高含沙洪水频繁发生，同流量水位上升、漫滩概率增大、漫滩洪水传播时间延长等。例如，日平均流量大于 1000m³/s 的天数，90 年代以前平均 14d/a，90 年代只有 2.6d/a；大于 3000m³/s 的洪水，1960～1990 年共发生了 25 次，90 年代仅发生 3 次。

20 世纪 70 年代渭河流域水量开始减少，80 年代水量有所回升，90 年代渭河水量减少到历史最低值，其中减少幅度最大的为华县站，与 50 年代和 80 年代相比分别减少了 43.55 亿立方米和 42.0 亿立方米，由表 4-1 可以看出：90 年代除了 1992 年水量为 Ⅳ 级偏枯状态以外，其他年份渭河都为 Ⅴ 级枯水状态，特别是 1997 年渭河华县站实测径流只有 16.83 亿立方米，渭河中下游首次出现了断流。渭河流域也是严重缺水地区，人均占水量仅为全国平均水平的 15%。

表 4-1　渭河水量评价结果

年份	实测值 /$10^8 m^3$	级别	状况	年份	实测值 /$10^8 m^3$	级别	状况
1991	44.77	Ⅴ	枯	1999	38.45	Ⅴ	枯
1992	64.19	Ⅳ	偏枯	2000	35.54	Ⅴ	枯
1993	61.29	Ⅳ	偏枯	2001	26.23	Ⅴ	枯
1994	37.45	Ⅴ	枯	2002	26.74	Ⅴ	枯
1995	17.51	Ⅴ	枯	2003	93.39	Ⅲ	平
1996	38.21	Ⅴ	枯	2004	37.12	Ⅴ	枯
1997	16.83	Ⅴ	枯	2005	66.06	Ⅳ	偏枯
1998	40.68	Ⅴ	枯	2006	37.90	Ⅴ	枯

4.1 概述

河川径流水文特征值主要指河川径流的年际变化、年内分配、洪水和枯水等特征。表达这些变化的主要尺度包括年径流量、年正常径流量、洪水流量与水位、枯水流量与水位等。

在人类开发利用水资源时，需要对河川径流进行水利规划，兴建各种水利水电工程。因此，必须掌握工程地点的可用水量。由于来水量不同，解决来水与用水矛盾所需的工程措施也不同。因此，年径流量分析计算的目的是提供设计条件下所需的年径流量资料，满足各部门的需水要求。年径流量分析计算成果结合用水资料，可进行水库调节计算，求出水库的兴利库容，从而影响工程的规模和建筑物的尺寸。同时，年径流量反映了地表水资源的多少，是水资源评价和国民经济计划制定的重要依据。

除年径流量外，径流的年内分配对用水和水利工程建设也有重要影响。例如，水库蓄水工程中，非汛期径流比重越小，所需调节库容越大；反之则越小。如图 4-2 所示，设来水量相同，但汛期与非汛期的来水比例不同，即年内分配不同，需水过程相同，将使调节库容不同。图 4-2(a) 中枯季径流较小，所需调节库容 V_1 较大，投资大，保证率高；图 4-2(b) 中枯季径流较大，所需调节库容 V_2 较小，投资少，保证率低。因此，确定设计年径流量后，还须根据工程的目的与要求，提供配套的设计年径流量的年内分配，以满足工程规划设计的需要。

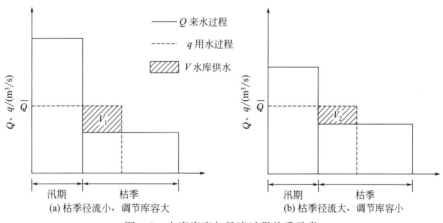

图 4-2 水库库容与径流过程关系示意

在进行水利水电工程设计时，需要确定泄洪建筑物的尺寸（如溢洪道堰顶高程、宽度、坝顶高程等）和防洪库容的大小，以确保工程安全并满足下游防洪要求。为此，必须按照指定标准预估工程运行期间可能发生的洪水情势。设计洪水和洪水位的高低直接影响水工建筑物的高程和尺寸。

枯水流量是河川径流的极限形态，制约着城市规模、工农业生产、日常生活、农田灌溉面积、河流通航能力和时间等。例如，对于以地面水为水源的取水工程设计，特别是无调节直接从河流取水的工程，枯水位和设计最小流量的确定直接关系到取水口的高低和引水流量的大小。枯水位决定取水构筑物进水口的最低位置和集水井的底部高程，枯水流量决定排入河流的污水量和水环境容量。

本章将运用前述原理与方法，分析和计算设计年径流量、设计年径流量的年内分配、设计洪峰流量与水位、设计枯水流量与水位等水文特征值，以满足工程设计与规划的需要。

4.2 设计年径流量计算

4.2.1 河川年径流

4.2.1.1 河川年径流的度量

河川径流具有年周期循环的特性，因此可以用年度单位分析其变化规律，以预估未来的变化趋势。在一个年度内，通过河流某断面的水量称为该断面以上流域的年径流量（annual runoff）。年径流量可以用年平均流量 $Q(\text{m}^3/\text{s})$、年径流总量 $W(10^4\text{m}^3)$、年径流深 $R(\text{mm})$ 和年径流模数 $M[\text{m}^3/(\text{s}\cdot\text{km}^2)]$ 等特征值来表示。

年度的起讫时间不同，分为日历年、水文年和水利年。我国的《水文年鉴》按日历年分界，即每年 1 月 1 日至 12 月 31 日为一个完整年度。水文年依据水文现象的循环划分，一般从每年的汛期开始到次年的枯季结束。计算流域水量平衡时，最好采用水文年。水利年以兴利为目的，不从 1 月开始，而是以水库调节库容的最低点（汛前某一月份，各地根据入汛时间具体确定）作为起始点，周而复始统计，建立新的年径流系列。例如，以水库开始蓄水为起点，以放空为终点。在水资源利用工程中，为便于水资源调度运用，常采用水利年，有时亦称为调节年度。

河川径流量受多因素综合影响，主要由降水决定。各年天然年径流量不同，有些年份水量一般，有些年份偏多，有些年份偏少。实测各年径流量的平均值称为多年平均径流量，即：

$$\overline{Q}_0 = \frac{\sum_{i=1}^{n} Q_i}{n} \tag{4-1}$$

式中，$\sum_{i=1}^{n} Q_i$ 为各年的年径流量之和，m^3/s；n 为年数。

在气候和下垫面基本稳定的条件下，随着观测统计年数 n 的不断增加，多年平均年径流量 $\overline{Q}_0$ 趋于一个稳定数值，称其为正常年径流量。相应以 W_0、Q_0、R_0、M_0 等表示。年正常径流量反映了河流在天然情况下蕴藏的水资源量，代表地面水资源开发利用的最大限度，是河川径流水文计算中的重要特征值，也是不同地区水资源对比的基本数据。在气候和下垫面条件基本稳定的情况下，可以通过长期实测年径流量计算多年平均年径流量，来代替年正常径流量。然而，年正常径流量的稳定性并不意味着不变性，因为流域内的各种因素并非固定不变。尽管气候和下垫面条件随地质年代变化较慢，可以忽略不计，但大规模人类活动，特别是对下垫面条件的改变，如跨流域调水、兴建水库、围湖造田等水利建设，会显著改变原先的年径流形成条件，使年正常径流量发生显著变化。因此，年正常径流量虽然相对稳定，但并非不变。

某一年的年径流量与正常年径流量之比，称为该年径流量的模比系数，用 k_i 表示，则有：

$$k_i = \frac{W_i}{W_0} = \frac{Q_i}{Q_0} = \frac{R_i}{R_0} = \frac{M_i}{M_0} \tag{4-2}$$

4.2.1.2　河川年径流的变化特性

年径流既具有年内与多年周期变化的特征，也具有地理分布的规律性。

（1）径流的年内变化。我国绝大部分河流的年径流量变化主要受降水量季节变化的影响。由于降水量在一年内分布不均，有多雨季节和少雨季节，故径流量在丰水期（洪水期）和枯水期之间交替变化，这种变化称为年内变化或年内分配。表 4-2 显示了我国七大主要河流径流量的年内分配特征，夏、秋季节径流量高，冬、春季节径流量低，这与工农业用水需求不一致。因此，分析年内径流变化，对于解决取水需求矛盾至关重要。为此，需要修建水库和防洪工程，一方面拦蓄夏、秋季节的径流以弥补冬、春季节的不足，另一方面防止洪涝，保障工农业的发展。

表 4-2　我国主要河流径流量年内分配特征值

河名	站名	季节分配/%			
		冬季	春季	夏季	秋季
松花江	哈尔滨	6.2	16.9	30	37.9
永定河	官厅	11.7	22.8	43	22.5
黄河	陕县	9.9	15.3	38.1	36.7
淮河	蚌埠	8.0	15.4	51.7	24.9
长江	大通	10.3	21.2	39.1	29.4
珠江	梧州	6.8	18.6	53.5	21.1
澜沧江	景洪	10.7	9.9	45.0	34.4

（2）径流的年际变化。年径流量在年际间存在丰水年和枯水年的现象，径流的这种变化称为年际变化（interannual variability）。通常以多年平均径流量为参照，若某一年份的年平均流量等于或接近多年平均值，称该年为平水年；年平均流量较大的年份称为丰水年；年平均流量较小的年份称为枯水年。年径流量年际之间变化剧烈，变化以随机性为主，年与年之间差别较大，有些河流丰水年径流量可达平水年的 2～3 倍，枯水年径流量只有平水年的 0.1～0.2 倍。

多年最大年径流量与多年最小年径流量的比值，称为年径流量的年际极值比。年际极值比也可以反映年径流量的年际变化幅度。从表 4-3 中可以看出，我国各河流年径流量的年际极值比差异很大。

表 4-3　我国代表性河流最大、最小年平均流量比值

河名	站名	集水面积/km²	多年平均流量/(m³/s)	最大年平均流量		最小年平均流量		年际极值比
				m³/s	年份	m³/s	年份	
松花江	哈尔滨	390626	1100	2680	1932	387	1920	6.9
永定河	官厅	43402	40.8	82.2	1954	12.8	1973	6.4
黄河	花园口	730036	1470	2720	1964	636	1960	4.3
淮河	蚌埠	121330	788	2020	1954	85.2	1978	23.7

续表

河名	站名	集水面积 /km²	多年平均流量 /(m³/s)	最大年平均流量		最小年平均流量		年际极值比
				m³/s	年份	m³/s	年份	
长江	汉口	1488036	23400	31100	1954	14400	1900	2.2
西江	梧州	329705	6990	11000	1915	3250	1963	3.4
怒江	道街坝	118760	1650	1940	1962	1380	1959	1.4
雅鲁藏布江	奴各沙	106378	532	957	1962	334	1965	2.9
叶尔羌河	长群	50248	205	279	1973	142	1965	2.0

注：叶尔羌河为以冰雪融水补给为主的河流。

此外，从我国一些河流的实测资料中还可以发现，在年径流量的年际变化过程中，丰水年、枯水年往往连续出现，而且有丰水年组和枯水年组循环交替变化的现象。许多河流发生过 3～8 年连丰或连枯，如黄河在 1922～1932 年连续 11 年枯水，1943～1951 年连续 9 年丰水，1972～1999 年又连续枯水，如图 4-3 所示。

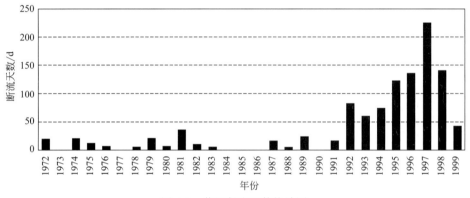

图 4-3　黄河断流天数统计图

4.2.2　设计年径流量

年径流分析计算是水资源利用工程中最重要的工作之一，是衡量工程规模和确定水资源利用限度的重要指标。它服务于蓄水、引水和提水工程的规划设计。设计年径流分析计算的主要目的是推求不同保证率的年径流量及其分配过程，提供工程设计所需的来水资料。通过对年径流资料的统计分析，可以估算出工程所在河流某指定断面符合某一设计保证率的年径流量，从而掌握河川径流在多年间的年际变化统计规律，作为给水工程设计的依据。

设计年径流量是指符合某一设计保证率，也即设计标准的年径流量。设计保证率通常用频率表示，如 $P=95\%$ 表示在 100 年中有 95 年能满足设计用水量的要求。设计保证率反映了水资源利用的可靠程度，即工程在运用年数中不被破坏的年数占比。具体的设计保证率根据用水特性、水源情况和当地经济条件，由各用水部门综合确定。例如，城市供水工程设计保证率一般为 $90\%\sim97\%$，农业灌溉工程为 $75\%\sim95\%$，水利水电工程则有 10%、50% 和 90% 三个不同水平的保证率。

由于观测资料的年限不同，设计年径流量的计算方法分为长期实测资料、短期实测资料和缺乏实测资料三种情况。

4.2.2.1　具有长期实测资料的设计年径流量分析计算

所谓具有长期实测径流资料，一般指实测年径流系列不小于规范规定的年数，即 $n \geqslant 30a$。具有长期实测年径流量资料时，设计年径流量分析计算包括三部分内容：水文资料的审查、设计年径流量的计算和成果合理性验证。

（1）水文资料的审查。水文资料是水文分析计算的依据，直接影响着水文分析计算成果的精度，因此对这些资料必须认真地进行"三性"审查，即可靠性审查、一致性审查和代表性审查。

① 可靠性审查。可靠性审查是对原始资料可靠程度的检验。径流资料是通过测验和整编取得的，通常是以《水文年鉴》的方式刊发，一般情况下是比较可靠的，但可能存在由人为或天然原因造成的资料错误或时空不合理现象，因此应从测验及整编两方面审查，包括对水位资料的审查、水位流量关系的审查和水量平衡审查。检查和协调水位观测资料，了解水位基准面的情况，检查水尺零点高程有无变化，检查施测断面有无变动并分析水位过程线的合理性；检查水位流量关系延长方法的合理性、历年水位流量关系的变化及水位流量关系曲线绘制的正确性；根据水量平衡原理，上游、区间和下游的水量应平衡，检查其水量是否平衡，可用式（4-3）检验：

$$\sum_{i=1}^{n} W_i + \Delta W = W_{下游} \qquad (4\text{-}3)$$

式中，W_i 为上游干支流各站年径流总量，$10^4 \mathrm{m}^3$；ΔW 为区间年径流总量，$10^4 \mathrm{m}^3$；$W_{下游}$ 为下游站年径流总量，$10^4 \mathrm{m}^3$。

② 一致性审查。目前国内外水文计算采用纯随机模型，要求样本独立同分布，即样本独立且随机抽自同一总体。一致性审查的目的就是使计算样本服从同一总体，即要求组成年径流量系列的每年资料具有同一成因条件。年径流量系列的一致性是建立在气候因素和下垫面因素稳定性基础之上的，当这些因素发生显著变化时，资料的一致性就遭到破坏。一般认为，气候条件的变化极其缓慢，可视为相对稳定的，下垫面因素却由于人类活动会发生迅速变化。如在上游修建水库蓄水、泄水，改变原天然径流过程；大洪水情况下分洪或发生决口、溃堤等原因使流域水文现象的形成条件发生了显著的改变，因而水文变量的概率分布规律也发生了显著的变异，实测资料的一致性就受到破坏，必须对受到人类活动影响的水文资料进行还原计算，使之还原到天然状态。还原后的若干年径流量资料再加上历史上未受到人类活动影响的资料，组成基本上具有一致性的系列，即可进行统计分析。径流还原的方法一般有分项调查法、降雨径流模式法和蒸发差值法等，应视资料情况选择适宜的方法。

③ 代表性审查。代表性是指样本的经验分布 $F_n(x)$ 与总体分布 $F(x)$ 接近的程度。越接近，则系列的代表性越好，频率分析成果的精度越高。其他条件相同时，样本容量越小，抽样误差越大；样本系列越长，代表性越好。样本对总体代表性的高低，可通过对二者统计参数的比较加以判断。但总体分布是未知的，样本代表性的分析不能由自身来评判，只能根据人们对径流规律的认识以及与更长径流、降水等系列对比，间接地进行合理性分析与判断，因此需要选择参证站，选用参证变量。

【例 4-1】　设计站甲站具有 1975～2004 年共 30 年的短系列年径流量资料，为了审查这一系列的代表性，选择邻近流域乙站为参证站，其具有 60 年（1950～2009 年）长系列年径流量资料，将该系列资料作为参证变量。

【解】 首先，论证将乙站作为参证站的合理性。经分析，甲、乙两站年径流量的时序变化具有较好的同步性，即甲站的年径流量随时间的变化基本上与乙站是同步的，因此认为乙站作为参证站是合理的。其次，计算乙站长系列 60 年（1950～2009 年）的统计参数均值和离差系数，$R_N = 212\text{mm}$，$C_{VN} = 0.3$，$C_{SN} = 2C_{VN}$。再计算乙站短系列 30 年，即与甲站同期的 1975～2004 年观测系列的统计参数均值和离差系数，$R_n = 216\text{mm}$，$C_{Vn} = 0.3$，$C_{Sn} = 2C_{Vn}$。从长短系列统计参数可以看出，两者大致接近，可以认为乙站的此 30 年年径流量短系列在 60 年长系列中具有代表性，又因为甲、乙两站年径流量具有同步性，进而推断甲站 30 年的短系列年径流量在其本身的长系列中也具有较高的代表性，近似地认为在其总体中也具有代表性。

若通过对比分析，发现 1975～2004 年短系列的代表性不高，应当再选取乙站的该短系列附近时段进行统计参数的计算，如 1970～1999 年、1980～2009 年等时段，假设计算分析的结果是乙站 1970～1999 年这段系列的代表性较好，但同期甲站缺少 1970～1974 年这 5 年的实测年径流量资料，则应将缺测年份的年径流量资料应用相关分析法进行延展，然后按照 1970～1999 年的短系列资料推求甲站的设计年径流量。

（2）设计年径流量的计算。水文要素计算分析的通用方法，在第 3 章中已有详细阐述，此处重点针对设计年径流量的特点，根据审查分析后的长期实测径流量资料，按工程要求确定计算时段，对各时段径流量进行频率计算，求出指定频率的各种时段的设计流量值。

计算时段根据工程要求确定。灌溉工程取作物需水期作为计算时段；发电工程选枯水期和全年作为计算时段；按不同的起讫时间统计水文系列资料，所得的统计参数是有区别的。在计算设计年径流量时，通常是按水文年构成的年径流量系列资料进行计算的；根据确定的计算时段按水利年统计时段径流量，对年径流量系列或时段径流量系列进行频率计算，推求指定频率的设计年径流量或设计时段径流量。

经验表明，我国大多数河流的年径流频率分析，可以采用 P-Ⅲ 型曲线，经过论证也可采用其他线型。年径流频率计算中 C_S/C_V 一般采用 2～3，在进行频率适线和参数调整时，可侧重考虑平、枯水年份年径流点群的趋势。

【例 4-2】 某水库坝址处已实测得 18 年（1958～1975 年）的年径流资料，列于表 4-4 中的第一列和第二列中，试求设计频率为 90% 的设计年径流量。

【解】 ①首先将 18 年的年平均径流量按由大到小的次序排列，并用期望公式计算经验频率。结果见表 4-4，并将表中的第 4 列与第 8 列的数值点绘于海森频率格纸上。

表 4-4　某水库年径流量频率计算表

年份	年平均径流量 /(m³/s)	序号	由大到小排列的年平均径流量/(m³/s)	K_i	K_{i-1}	$(K_i-1)^2$	经验频率 /%
1958	11.9	1	17.7	1.66	0.66	0.4356	5.3
1959	7.78	2	16.9	1.54	0.54	0.2716	10.5
1960	10.0	3	15.1	1.37	0.37	0.1369	15.8

年份	年平均径流量/(m³/s)	序号	由大到小排列的年平均径流量/(m³/s)	K_i	K_{i-1}	$(K_i-1)^2$	经验频率/%
1961	9.64	4	14.4	1.31	0.31	0.096	21.1
1962	14.4	5	12.6	1.15	0.15	0.023	26.3
1963	4.73	6	11.9	1.08	0.08	0.0064	31.6
1964	7.87	7	11.3	1.03	0.03	0.0009	36.8
1965	10.4	8	10.9	0.99	−0.01	0.0001	42.1
1966	10.2	9	10.4	0.94	−0.06	0.0036	47.4
1967	10.9	10	10.3	0.93	−0.07	0.0049	52.6
1968	12.6	11	10.2	0.93	−0.07	0.0049	57.9
1969	10.3	12	10.0	0.91	−0.09	0.0081	63.2
1970	15.1	13	9.64	0.88	−0.12	0.0144	68.4
1971	7.24	14	8.42	0.77	−0.23	0.0676	73.7
1972	11.3	15	7.87	0.72	−0.28	0.0784	78.9
1973	17.7	16	7.78	0.70	−0.30	0.0900	84.2
1974	8.42	17	7.24	0.66	−0.34	0.1156	89.5
1975	16.9	18	4.73	0.43	−0.57	0.3249	94.7
合计	197.38		197.38	18.0	0.0	1.7025	

② 根据上述内容可以采用 P-Ⅲ型曲线，由此统计计算年平均径流量 $\overline{Q}$、变差系数 C_V 和偏态系数 C_S，即：

$$\overline{Q} = \frac{1}{n}\sum_{i=1}^{n}Q_i = \frac{197.38}{18} = 11.0(\text{m}^3/\text{s})$$

$$C_V = \sqrt{\frac{\sum_{i=1}^{n}(K_i-1)^2}{n-1}} = \sqrt{\frac{1.7025}{18-1}} = 0.32$$

［注：第 3 章水文统计中，称 K 为模比系数，其定义式为 $K = \dfrac{x}{\overline{x}}$，$x = \overline{x}(1+\Phi C_V)$。］

③ 将经验频率点据与理论频率曲线绘于同一张图上。

④ 经比较可知（此处省略比较过程），$C_S = 2C_V = 0.64$ 时，理论频率曲线与经验频率点配合较好。由此可知，$P = 90\%$ 的设计年径流量为 $6.82\text{m}^3/\text{s}$（表 4-5）。

表 4-5　年径流量频率曲线计算表

$P/\%$	1	2	5	10	20	50	75	90	95	99
Φ_P	2.78	2.37	1.81	1.33	0.80	−0.11	−0.72	−1.19	−1.44	−1.85
K_P	1.89	1.76	1.58	1.43	1.25	0.97	0.77	0.62	0.54	0.41
Q_P	20.8	19.4	17.4	15.7	13.7	10.7	8.47	6.82	5.94	4.51

（3）成果合理性验证。对中小流域设计断面径流系列计算的统计参数，有时也会带有偶然性，因此应注意和地区综合分析的统计参数成果进行合理性比较，目前我国各省、自治区、直辖市都编制了本地区的水文手册，为资料审查和成果合理性的验证提供了方便条件。成果合理性分析的主要内容是对径流系列的均值、变差系数和偏态系数进行审查，分析的主要依据是水量平衡原理和径流的地理分布规律。

① 多年平均年径流量的检查。影响多年平均年径流量的因素是气候因素，气候在地理分布上具有规律性，所以多年平均年径流量 $\bar{x}$ 也具有地理分布的规律性。于是可以根据我国各地的多年平均年径流深等值线图来检查其是否符合这种地理分布规律。若发现不合理现象，应查明原因，做进一步的分析论证。也可以通过上、下游站的水量是否平衡来分析多年平均年径流量的合理性。

② 年径流量变差系数的检查。年径流量的变差系数 C_V 也具有地理分布的规律性。我国许多省、自治区、直辖市编制的水文图集中绘有年径流量 C_V 值等值线图，可据此检查年径流量 C_V 值的合理性。但值得注意的是，这些 C_V 值等值线图一般是根据大、中流域的资料绘制的，与某些有特殊下垫面条件的小流域年径流量 C_V 值可能并不协调，在分析检查时应进行深入分析。一般情况下流域面积大则调蓄能力强，不同区域的来水相互补偿，年径流量的 C_V 值较小；而小流域则相反，调蓄能力小，年径流量的 C_V 值却比大流域大些。也可以通过设计站与上、下游站，以及邻近流域的年径流量变差系数进行比较，来判断结果是否合理。还可以通过年径流量的 C_V 随着流域面积、湖泊水库和地下水补给量的增大而减小的规律性，分析 C_V 值的合理性。

③ 年径流量偏态系数的检查。根据水文计算的经验知道，通过 C_S/C_V 值具有地理上的一定分区性，由此间接验证 C_S 的合理性。但 C_S/C_V 值是否真正具有地理分布规律还有待进一步研究。

4.2.2.2 具有短期实测资料的设计年径流量分析计算

在实际工作中常遇到实测年径流量系列不足 30 年，或虽有 30 年但系列代表性不足的情况，处理这类问题时，首先应对短期实测年径流资料进行插补延长，然后根据展延后的系列资料，用与具有长期实测资料时完全相同的方法来推算设计年径流量。

在水文计算中，常用相关分析法来展延系列。即要选择参证站，寻求与设计断面径流有密切关系的参证变量，建立二者的相关关系，将设计断面年径流系列插补延长至规范要求的长度。

选择的参证站可以位于设计断面同一条河流的上游或下游，也可位于邻近流域，但是参证变量必须具备以下条件：首先，确保参证变量与设计变量在成因上有密切的关系，即在形成径流的各项自然地理因素方面，尤其是气候因素方面必须有成因上的密切联系，这样才能保证相关关系有足够的精度；其次，参证变量的系列较长，并有较好的代表性，除用以建立相关关系的同期资料外，还要有用来展延设计站缺测年份的年、月径流资料；最后，参证变量与设计变量应有较多的同期观测资料，这样才能根据设计站年径流资料与参证变量的同期观测资料建立两者之间可靠的相关关系，然后利用较长系列的参证资料通过相关关系来展延设计站的年径流资料。常采用的参证变量有设计断面的水位、上下游测站或邻近流域测站的径流量、流域的降水量。

（1）利用设计站（本站）的水位流量关系延长年径流系列。当本站年水位资料系列较长，并且有一定长度的年流量资料时，可根据其水位-流量关系，将水位资料转化成径流资料。

（2）利用参证站的水位-流量关系延长年径流系列。规划设计工作中，当设计断面缺乏实测资料时，就需要将邻近水文站的水位-流量关系移用到这些设计断面。但是，只有当这些设计断面与水文站之间距离不远，两者间的区间流域面积不大，河段内无明显的入流与出流时，水位-流量关系曲线的移用才比较容易进行。此时，可通过在设计断面设立临时水尺，与水文站同时观测水位，建立设计断面与水文站基本水尺断面之间的同时水位的关系线来进行转移。因为在中、低水位时，河中流量随时间变化不大，两断面相距不远，故同一时刻的流量大致相等。将设计断面观测到的水位与同时观测的水文站水位在其水位-流量关系曲线上查得流量，点绘曲线，即可得出设计断面中、低水位的水位-流量关系曲线。当设计断面与水文站相距较远时，不能用同时水位来移用水位-流量关系。此时可以考虑按相应水位，即在水位变化过程中位相相同的水位来移用。

（3）利用参证站实测径流资料延长年径流系列。当上、下游或邻近相似流域的参证站具有充分多的实测年径流资料时，且与设计站有一定长度的同步系列，可直接建立设计站与参证站相同年份径流之间的相关关系，对设计站年径流进行插补延长。实际工作中，多用年径流深度或年径流模数进行相关分析。

【例 4-3】　设有甲、乙 2 个水文站，设计断面位于甲站附近，但甲站只有 1971～1980 年的实测径流资料。其下游的乙站却有 1961～1980 年的实测径流资料，请查补甲站 1961～1970 年的年径流。

【解】　① 根据二者 10 年同步年径流观测资料对应点绘，建立相关图（可应用相关软件来建立该相关图，如 Matlab、Excel 等），如图 4-4 所示，发现关系较好，乙站可作为参证站。

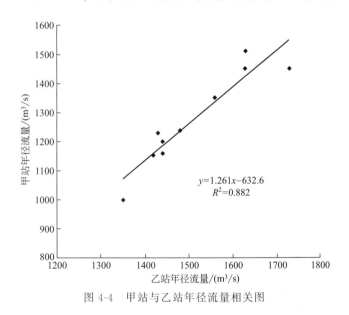

图 4-4　甲站与乙站年径流量相关图

② 根据二者的相关线，可将甲站 1961～1970 年缺测的年径流查出，延长年径流系列，如表 4-6 所列。

表 4-6　某河流甲、乙两站年径流资料　　　　　　　单位：m^3/s

年份	1961	1962	1963	1964	1965	1966	1967	1968	1969	1970
乙站	1400	1050	1370	1360	1710	1440	1640	1520	1810	1410
甲站	(1120)	(800)	(1100)	(1080)	(1510)	(1180)	(1430)	(1230)	(1610)	(1150)

续表

年份	1971	1972	1973	1974	1975	1976	1977	1978	1979	1980
乙站	1430	1560	1440	1730	1630	1440	1480	1420	1350	1630
甲站	1230	1350	1160	1450	1510	1200	1240	1150	1000	1450

注：括号内数字为插补值。

4.2.2.3　缺乏实测资料的设计年径流量分析计算

在进行面广量大的中小型水利水电工程的规划设计时，往往会遇到小河流上缺乏实测径流资料的情况，或者只有几年实测径流资料但无法展延，此时，设计年径流量只能通过间接途径来推求。前提是设计流域所在的区域内有水文特征值的地区综合分析成果，或在水文相似区内有径流系列较长的参证站可资利用。

常用的方法有参数等值线图法、水文比拟法和经验公式法。

（1）参数等值线图法。把相同数值的点连接起来的线叫等值线。某一流域的水文特征值的等值线图即可反映出该流域水文特征值的地理分布规律。闭合流域多年径流量的主要影响因素是气候因素，而气候因素有地区性，即降雨量与蒸发量具有地理分布规律，同理，受降雨量和蒸发量影响的多年平均年径流量也具有地理分布规律。因此，可利用这一特点绘制多年平均年径流量的等值线图，为了消除流域面积这一非区域性因素的影响，等值线图总是以

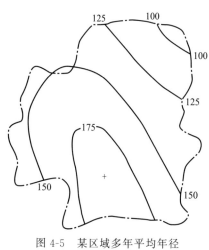

图 4-5　某区域多年平均年径流深等值线图（单位：mm）

径流深（mm）或径流模数 $[L/(s \cdot km^2)]$ 来表示。目前我国各省（区、市）编制的水文手册中，提供了本地区的多年平均年径流深或径流模数等值线图、年径流变差系数等值线图，其中年径流深等值线图如图 4-5 所示，可供中小流域设计年径流量估算时直接采用。

① 多年平均年径流量的估算。水文手册上，将各个流域的多年平均径流深度值点绘在各流域面积的形心处，绘出等值线，即为多年平均年径流深等值线图。在山区，则点绘在流域的平均高程处，然后勾绘等值线图。应用年径流深等值线图推求多年平均年径流深时，首先需要在等值线图上绘出设计断面以上的流域范围，然后定出流域面积的形心。

当流域面积较小且等值线在流域内分布较均匀时，确定流域的形心，可依据通过流域形心的等值线确定该流域的多年平均年径流深，即形心处的值即为所求，或者由于流域内通过的等值线太少，甚至无一条等值线通过时，可由形心附近的两条等值线，按线性内插求得。小流域应用多年平均年径流深等值线图估算多年平均年径流量时误差很大，且由等值线图查得的径流深有可能偏大。因为绘制等值线图时主要依据的是中等流域的资料，由等值线图查得的径流深应该是小流域的径流量全部流出时的径流量，但小流域不闭合，河槽下切不深，不能全部汇集本流域所形成的地下径流，即实际资料要小于这个数。

当流域面积较大，设计流域内通过多条年径流深等值线，且等值线分布不均匀时，如图 4-6 所示，则采用以相邻等值线间部分面积为权重的加权平均法来计算流域的平均年径流深，具体见式(4-4)。

$$h = \frac{0.5(h_1+h_2)f_1 + 0.5(h_2+h_3)f_2 + 0.5(h_3+h_4)f_3 + 0.5(h_4+h_5)f_4}{F} \quad (4-4)$$

式中，h 为设计流域多年平均年径流深，mm；h_i 为等值线所示的多年平均年径流深，mm；f_i 为流域内相邻等值线间的部分面积，km^2；F 为流域面积，km，$F = \sum\limits_{i=1}^{n} f_i$。

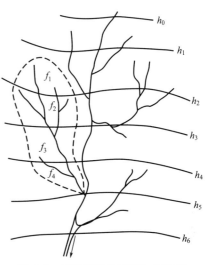

图 4-6　相邻等值线面积加权示意

综上所述：对于小流域，等值线图的误差可能很大，实际应用时要加以修正；对于中等流域，应用多年平均年径流深等值线图估算多年平均年径流量时精度一般较高，具有很大的实用价值；而对于大流域，一般具有长期的实测资料，很少用等值线图。

用上述方法求出流域年径流深均值以后，可以通过式(4-5)确定设计流域的多年平均年径流量：

$$W = KRA \quad (4-5)$$

式中，W 为年径流量，m^3/s；R 为年径流深，mm；A 为流域面积，km^2；K 为单位换算系数，$K = 1000$。

② 年径流量变差系数的估算。在一定程度上，也可用等值线图来表示年径流量 C_V 值在地区上的变化规律。因此，可以应用年径流量 C_V 等值线图来推求无实测资料时流域年径流量的 C_V 值。年径流量 C_V 等值线图的绘制方法和使用方法与多年平均年径流深等值线图相似，但更简单一点，即按比例内插出流域重心的 C_V 值就可以了。一般来说，年径流量 C_V 等值线图的精度较低。尤其用于查取缺乏资料的小流域的年径流量 C_V 值时，误差可能较大，且由等值线图查得的 C_V 值一般偏小，这是因为影响年径流量的变化因素除气候因素外，还有一些非分区性的自然地理因素，后者在小流域上更为突出。从图上查出 C_V 值后，有时尚需修正。

③ 年径流量偏态系数的估算。当缺乏实测径流资料时，年径流量 C_S 值，一般可根据 C_S/C_V 的比值来确定。C_S/C_V 查水文手册得到，或按照规范规定，采用 $C_S = (2\sim3)C_V$。

(2) 水文比拟法。如前所述，水文现象具有地区性，如果某几个流域处在相似的自然地理条件下，则其水文现象具有相似的发生、发展、变化规律和相似的变化特点。与研究流域有相似自然地理特征的流域称为相似流域 [similar basin，即参证流域 (reference basin)]。水文比拟法就是以流域间的相似性为基础，用参证流域的水文资料来估算设计流域的水文特征参数的一种简便方法，即将参证站的径流特征值经过适当修正后移用于设计断面。特别适用于年径流的分析估算。该方法的关键在于选择恰当的参证流域站。一般要求影响径流的主要因素应与设计流域相近，包括气候及下垫面条件一致或要尽可能相似；参证流域应具有较长期的实测径流系列，且具有代表性，以保证计算误差小；参证流域站与设计流域站面积接近，通常以不超过 15% 为宜。

由于地球上不可能有两个流域完全一致，或多或少都存在一些差异，根据参证流域与研究流域之间的相似程度，可以有两种方法来估算多年平均年径流量：直接移用和修正后移用。一般情况下，进行修正的参变量，常用流域面积和多年平均降水量。

第一种方法为直接移用。当设计流域与参证流域的气候一致，处于同一河流的上下游，且设计流域面积与参证流域面积相差不超过 15% 时，或设计流域与参证流域虽不在同一条河流上，但气候及下垫面条件相似时，可以直接把参证流域的多年平均年径流深 $\overline{R}_参$ 移用过来，作为设计流域的多年平均年径流深 $\overline{R}_设$，即式（4-6）所示：

$$\overline{R}_设 = \overline{R}_参 \tag{4-6}$$

第二种方法为修正后移用。当设计流域与参证流域的面积相差较大，或气候与下垫面条件有一定差异时，不宜直接移用参证流域的多年平均年径流深，通常要将参证流域的多年平均年径流深 $\overline{R}_参$ 加以修正，即乘以一个考虑不同因素影响时的修正系数 K_R 后再移用过来，即式（4-7）所示：

$$\overline{R}_设 = K_R \overline{R}_参 \tag{4-7}$$

若研究流域与相似流域的气象条件和下垫面因素基本相似，仅流域面积有所不同，这时只考虑面积不同的影响，可假定设计流域与参证流域的径流模数相等，则其修正系数如式（4-8）所示：

$$K_R = \frac{\overline{F}_设}{\overline{F}_参} \tag{4-8}$$

式中，$\overline{F}_设$、$\overline{F}_参$ 分别为设计流域、参证流域的流域面积，km^2。

若设计流域与参证流域的多年平均降水量不同，可假定两流域径流系数相等，则其修正系数如式（4-9）所示：

$$K_R = \frac{\overline{P}_设}{\overline{P}_参} \tag{4-9}$$

式中，$\overline{P}_设$、$\overline{P}_参$ 分别为设计流域、参证流域的多年平均年降水量，mm。

用上述方法求出流域年径流深均值以后，同理可以应用式（4-6）确定多年平均年径流量。

根据上述方法，在确定了年径流量的均值、C_V、C_S 后，便可推求 P-Ⅲ 型曲线，确定设计频率所对应的设计年径流量。

4.3 设计年径流量年内分配

4.3.1 设计年径流量年内分配的表达方法

河川径流量在一年内的变化过程称为径流的年内分配。如 4.2.1.2 部分所述，径流年内分配的变化会对水资源管理、农业和人类社会系统带来不利影响。因此，在确定设计年径流量后，还需研究其年内分配情况，以满足水利计算要求。

设计频率标准下的年径流量年内变化过程称为设计年径流量的年内分配，即推求设计年径流过程。在水文计算中，年径流量的年内分配通常有两种表示方法：①流量（或水位）过程线，表示一年内径流随时间的变化过程，主要形式是逐月平均流量（或水位）；②流量（或水位）历时曲线，将年内逐日平均流量（或水位）按递减次序排列，横坐标常用百分数表示，是表示径流年内分配的特殊形式。这两种方法都是研究设计年径流量年内分配的重要工具。

4.3.2　设计年径流量的年内分配计算

根据实测径流资料情况和工程性质，确定设计年径流量分配过程的推求方法有设计代表年法、实际代表年法、虚拟年法、全系列法和水文比拟法。

按一定原则从实测资料中选取某一年的年内径流分配作为模型，经过缩放计算，求得设计年径流量的年内分配，即为设计代表年法。这个选定的模型年称为代表年（representative year）。在规划中小型水电工程时，大多采用设计代表年法。

代表年应从测验精度较高的实测年份中挑选，原则如下。

（1）流量相近原则。选取年径流量与设计年径流量相接近的年份作为代表年，因为两者水量相近时，年内分配条件相差不大，用代表年的径流分配情况来代表设计情况的可能性较大。具体方法是根据设计标准，查年径流频率曲线，确定设计年径流量，然后从实测年径流资料中选出接近的年份。

（2）对工程不利原则。当符合第一个原则的代表年不止一个时，应选其中较为不利的年份，使工程设计偏于安全。例如，选取汛期流量大、供水期径流较小且需水量大的年份。

一般来说，对于水力发电工程，应选丰水年、枯水年和平水年三个代表年；对于给水工程或农业灌溉，可只选枯水年作为代表年。按上述原则选定代表年后，根据比例缩放形式的不同，又可以分为同倍比法和同频率法两种。

（1）同倍比法。用设计年径流量与代表年年径流量的比值或设计的供水期水量与代表年的供水期水量的比值，对整个代表年的月径流过程进行缩放，得到设计年内分配。

即先求设计年径流量（Q_p 或 W_p）与代表年的年径流量（Q_d 或 W_d）的比值 K，称其为缩放比，具体见式(4-10)：

$$K = Q_p/Q_d \quad 或 \quad K = W_p/W_d \tag{4-10}$$

然后用缩放比 K 分别乘代表年各月的平均径流量，就得到设计年径流量的年内分配，即式(4-11)：

$$Q_p(t) = KQ_d(t) \tag{4-11}$$

【例 4-4】　接【例 4-2】，已知该水库坝址处实测 18 年（1958～1975 年）的年、月径流量资料，见表 4-7，试求以 $P=90\%$ 设计枯水年的径流量年内分配。并在已求出的设计年径流量年内分配情况下，确定用水部门的需水量为一常数 $5.0\text{m}^3/\text{s}$ 时需要调节的水量（损失量略去不计）。

表 4-7　某水库 18 年实测逐年、月平均流量

年份	月平均流量/(m³/s)												年平均流量/(m³/s)
	1	2	3	4	5	6	7	8	9	10	11	12	
1958	1.87	21.6	16.5	22.0	43.0	17.0	4.63	2.46	4.02	4.84	1.98	2.47	11.9
1959	**4.20**	**2.03**	**7.25**	**8.69**	**16.3**	**26.1**	**7.15**	**7.50**	**6.81**	**1.86**	**2.67**	**2.73**	**7.78**
1960	2.35	13.2	8.21	19.5	26.4	24.6	7.35	9.62	3.20	2.07	1.98	1.90	10.0

年份	月平均流量/(m³/s)												年平均流量 /(m³/s)
	1	2	3	4	5	6	7	8	9	10	11	12	
1961	2.48	1.62	14.7	17.7	19.8	30.4	5.20	4.87	9.10	3.46	3.42	2.92	9.64
1962	1.79	1.80	12.9	15.7	41.6	50.7	19.4	10.4	7.48	2.97	5.30	2.67	14.4
1963	6.45	3.87	3.20	4.98	7.15	16.2	5.55	2.28	2.13	1.27	2.18	1.54	4.73
1964	**0.99**	**3.06**	**9.91**	**12.5**	**12.9**	**34.6**	**6.90**	**5.55**	**2.00**	**3.27**	**1.62**	**1.17**	**7.87**
1965	8.35	8.48	3.90	26.6	15.2	13.6	6.12	13.4	4.27	10.5	8.21	9.03	10.4
1966	1.41	5.30	9.52	29.0	13.5	25.4	25.4	3.58	2.67	2.23	1.93	2.76	10.2
1967	1.21	2.36	13.0	17.9	33.2	43.0	10.5	3.58	1.67	1.57	1.82	1.42	10.9
1968	4.25	9.00	9.45	15.6	15.5	37.8	42.7	6.55	3.52	2.54	1.84	2.68	12.6
1969	3.88	3.57	12.2	11.5	33.9	25.0	12.7	7.30	3.65	4.96	3.18	2.35	10.3
1970	4.10	3.80	16.3	24.8	41.0	30.7	24.2	8.30	6.50	8.75	4.52	7.96	15.1
1971	**2.23**	**8.76**	**5.08**	**6.10**	**24.3**	**22.8**	**3.40**	**3.45**	**4.92**	**2.79**	**1.76**	**1.30**	**7.24**
1972	8.47	8.89	3.28	11.7	37.1	16.4	10.2	19.2	5.75	4.41	4.53	5.59	11.3
1973	1.76	5.21	15.4	38.5	41.6	57.4	31.7	5.86	6.56	4.55	2.59	1.63	17.7
1974	6.26	11.1	3.28	5.48	11.8	17.1	14.4	14.3	3.84	3.69	4.67	5.16	8.42
1975	3.12	5.56	22.4	37.1	58.0	23.9	10.6	12.4	6.26	8.51	7.30	7.54	16.9

【解】 根据【例 4-2】已求出 $P=90\%$ 的设计年平均径流量为 $6.82\text{m}^3/\text{s}$，根据表 4-7 所列的实测资料，选出与之相近的实际枯水年有 1971 年、1964 年和 1959 年。其中，1964 年的径流量年内分配更不均匀，其 6 月份的月平均流量为 $34.6\text{m}^3/\text{s}$，而 1 月份仅有 $0.99\text{m}^3/\text{s}$，这种年份的年内分配与用水矛盾更为突出，是最不利年内分配，因此选作枯水年的代表。

① 计算缩放倍比：

$$K=\frac{Q_{年,P}}{Q_{年,代}}=\frac{6.82}{7.87}=0.866$$

② 用同倍比缩放法按式（4-11）推求设计年径流量，结果列于表 4-8 中。

表 4-8　$P=90\%$ 设计代表年的径流年内分配　　　　单位：m^3/s

项目	月份												年平均流量
	1	2	3	4	5	6	7	8	9	10	11	12	
$Q_d(t)$	0.99	3.06	9.91	12.5	12.9	34.6	6.90	5.55	2.00	3.27	1.62	1.17	7.87
$Q_p(t)$	0.86	2.67	8.59	10.8	11.2	29.9	5.97	4.82	1.73	2.83	1.40	1.02	6.82

③ 根据表 4-8 得出的 $P=90\%$ 的设计年径流量的年内分配，计算需要调节的水量为：

$V_{调}=[(5-0.86)\times31+(5-2.67)\times28+(5-4.82)\times31+(5-1.73)\times30+(5-2.83)\times31+$
$(5-1.40)\times30+(5-1.02)\times31]\times86400=0.515\times10^8(\text{m}^3)$

多余来水量为：

$V_{多}=[(8.59-5)\times31+(10.8-5)\times30+(11.2-5)\times31+$
$\qquad(29.9-5)\times30+(5.97-5)\times31]\times86400$
$\qquad=1.084\times10^8(\text{m}^3)$

由于 $V_调 < V_多$，表明河流来水经过水库调节后，不仅能够满足 $5.0\text{m}^3/\text{s}$ 的用水要求，还有部分剩余需要弃水，弃水量为：$V_弃 = V_多 - V_调 = 0.569 \times 10^8 (\text{m}^3)$。

（2）同频率法。也称为多倍比法。该方法的基本思想就是分段缩放，即各时段采用不同的放大倍比，放大后使所求的设计年内分配的各个时段径流量都能符合设计频率（设计的时段流量）。

例如若要求设计最小 3 个月、最小 5 个月以及全年 3 个时段的径流量都符合设计频率，具体计算步骤为：首先根据逐月径流量系列分别建立各个时段的径流量系列，做各个时段的流量频率曲线，并求得设计频率的各个时段径流量，如最小 3 个月的设计径流量 $Q_{3,\text{p}}$、最小 5 个月的设计径流量 $Q_{5,\text{p}}$ 等；其次按选择代表年的原则选定代表年，根据代表年的逐月径流量资料，统计代表年内最小 1 个月的流量 $Q_{1,\text{d}}$、最小 3 个月的流量 $Q_{3,\text{d}}$ 以及最小 5 个月的流量 $Q_{5,\text{d}}$，注意要求短时段的水量包含在长时段的水量之内，即 $Q_{1,\text{d}}$ 应包含在 $Q_{3,\text{d}}$ 内，如不能包含，则应另选代表年；再次计算各时段的缩放比，见式(4-12)～式(4-15)。

最小 1 个月的倍比：
$$K_1 = \frac{Q_{1,\text{p}}}{Q_{1,\text{d}}} \tag{4-12}$$

最小 3 个月其余 2 个月的倍比：$K_{3-1} = \dfrac{Q_{3,\text{p}} - Q_{1,\text{p}}}{Q_{3,\text{d}} - Q_{1,\text{d}}}$ (4-13)

最小 5 个月其余 2 个月的倍比：$K_{5-3} = \dfrac{Q_{5,\text{p}} - Q_{3,\text{p}}}{Q_{5,\text{d}} - Q_{3,\text{d}}}$ (4-14)

全年其余 7 个月的倍比：$K_{12-5} = \dfrac{Q_{12,\text{p}} - Q_{5,\text{p}}}{Q_{12,\text{d}} - Q_{5,\text{d}}}$ (4-15)

最后按各个时段不同的倍比缩放代表年的逐月径流量，得到设计年径流量过程。

应用同频率求出的设计年径流量的年内分配，其各个时段的流量都符合设计频率的要求，但由于分段采用不同的倍比缩放，求得的设计年内分配结果有可能不同于原代表年的年径流量的分配形状，实际工作中，为了使设计年内分配不过多地改变代表年分配形状，计算时段不宜取得过多，一般选取 2～3 个时段。

【例 4-5】　同【例 4-4】，试应用同频率法求以 $P=90\%$ 设计枯水年的径流量年内分配。

【解】　① 根据要求选定三个时段：最小 3 个月、最小 5 个月及全年。

② 设计时段径流量的计算。根据 18 年逐月径流量系列分别建立最小 3 个月、最小 5 个月径流量系列，通过频率计算，求得枯水年 $P=90\%$ 的最小 3 个月、最小 5 个月的设计时段径流量分别为 $4.00\text{m}^3/\text{s}$、$8.45\text{m}^3/\text{s}$。计算结果见表 4-9。

表 4-9　某水库时段径流量频率计算结果

时段	均值/(m³/s)	C_V	C_S/C_V	$P=90\%$设计径流量/(m³/s)
12 个月	131(10.99×12)	0.32	2.0	6.82
最小 5 个月($Q_{5,\text{p}}$)	18.0	0.47	2.0	8.45
最小 3 个月($Q_{3,\text{p}}$)	9.1	0.50	2.0	4.00

③ 选择代表年。按选择代表年的原则选定代表年，同【例 4-4】1964 年枯水期来水量较枯，选作枯水年的代表。统计代表枯水年中最小 3 个月、最小 5 个月径流量，分别如下。

$$Q_{3,代} = 1.62 + 1.17 + 0.99 = 3.78 (\mathrm{m^3/s})$$

$$Q_{5,代} = 2 + 3.27 + 1.62 + 1.17 + 0.99 = 9.05 (\mathrm{m^3/s})$$

④ 按同频率方法求各时段缩放比 K。最小 3 个月倍比：

$$K_3 = \frac{Q_{3,P}}{Q_{3,代}} = \frac{4.00}{3.78} = 1.06$$

最小 5 个月其余 2 个月的倍比：

$$K_{5-3} = \frac{Q_{5,P} - Q_{3,P}}{Q_{5,代} - Q_{3,代}} = \frac{8.45 - 4.00}{9.05 - 3.78} = 0.84$$

全年其余 7 个月的倍比：

$$K_{12-5} = \frac{Q_{12,P} - Q_{5,P}}{Q_{12,代} - Q_{5,代}} = \frac{81.8 - 8.45}{94.5 - 9.05} = 0.86$$

⑤ 计算设计枯水年年内分配，用各自的缩放比乘对应的代表年的各月径流量，即可得到 $P = 90\%$ 设计枯水年的径流量年内分配，见表 4-10。

表 4-10　某水库同频率法 $P = 90\%$ 设计枯水年年内分配计算表

项目	月份												$\overline{Q}$
	1	2	3	4	5	6	7	8	9	10	11	12	
$Q_d(t)$	0.99	3.06	9.91	12.5	12.9	34.6	6.90	5.55	2.00	3.27	1.62	1.17	7.87
K	1.06	0.86	0.86	0.86	0.86	0.86	0.86	0.86	0.84	0.84	1.06	1.06	
$Q_p(t)$	1.05	2.63	8.50	10.73	11.07	29.69	5.93	4.77	1.69	2.76	1.72	1.24	6.68

对缺乏实测径流资料的设计流域，其设计年径流量的时程分配，主要采用水文比拟法推求，即将水文相似区内参证站各代表年的径流量分配过程，经修正后移用于设计流域。先求出参证站各月的径流量分配比，再乘以设计站的年径流量，即得设计年径流量的时程分配，参考 4.2.2.3 部分。

4.4　设计洪峰流量（或水位）的分析与计算

4.4.1　洪水及设计洪水

由短历时大强度降雨、长历时小强度降雨、融雪、垮坝、决堤或这些情况的组合所引发，在短期内使大量径流汇入河槽，河中水位猛涨，流量骤增，这种具有一定危害性的径流称为洪水（flood）。洪水是大气、地质和地貌、植被和土壤以及人类活动相互作用的产物，是一个十分复杂的系统，且会受地震、滑坡、河流封冻或开冻以及风暴潮汐等因素影响而加重，具体见图 4-7。

1998 年，长江流域自 6 月 11 日进入梅雨期后，各地暴雨频繁。7 月份暴雨、大暴雨、特大暴雨出现的次数最多，持续的暴雨或大暴雨，造成山洪暴发，江河洪水泛滥给长江流域造成了严重的损失。据湖北、江西、湖南、安徽、浙江、福建、江苏、河南、广西、广东、四川、云南等省（区）的不完全统计，受灾人口超过 2.23 亿人，受灾农作物 1000 多万公顷

（1 公顷＝10^4 m^2），死亡 4150 人，倒塌房屋 680 万间，经济损失超过 2551 亿元。2021 年，河南省郑州市发生特大城市洪涝灾害事件，局部区域累积降雨量达 624.1mm，重现期高达千年一遇，造成了 302 人死亡，是 2011～2021 年间我国境内最严重的洪涝事件之一。2023 年 7 月底至 8 月初，京津冀受台风"杜苏芮"减弱低压环流和冷空气共同影响，发生强降水引发洪涝灾害，该降水过程是北京地区有仪器测量记录以来 140 年内的最高降水量。由于洪水来势凶猛、多条地跨京冀界河流汇入，保定涿州市是河北省受灾最为严重的地区之一，是 1963 年以来天津遭遇的最大的一次洪水，被定性为海河流域性特大洪水，并被水利部命名为海河"23·7"流域性特大洪水。

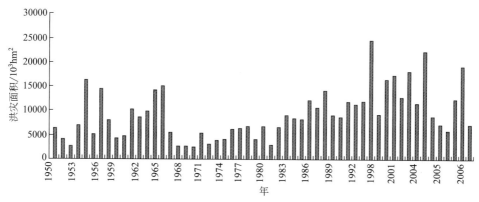

图 4-7　我国 1950～2006 年洪灾面积示意

暴雨洪水通过河道的任一断面都有一个过程，可以由流量过程线表达洪水流量逐时变化情况，称为洪水过程线（flood hydrograph）。图 4-8 所示的曲线即为洪水过程线。图中横坐标 t 表示洪水历时，纵坐标 Q 表示洪水流量，A 点是本次洪水起涨点，流量从该点开始骤增至洪峰点 B，洪水流量到达最大值称为洪峰流量 Q_m，从 A 到 B 期间历时为 t_1，称为涨水历时；到达 B 点后流量渐减，最终回落至退水点 C，期间历时为 t_2，称为退水历时；到此本次洪水结束总历时 T，即为 t_1 与 t_2 之和；不同时间 AC 曲线下的面积为洪水量 W（m^3），AC 曲线下的面积为本次洪水总量 W_T（m^3）。

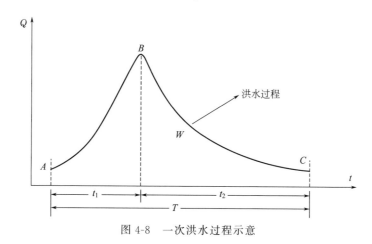

图 4-8　一次洪水过程示意

通常一次洪水过程可用洪峰流量、洪水总量和洪水过程线这 3 个控制性要素加以描述，常称为洪水三要素。从上面的描述可知：洪峰流量 Q_m（m^3/s）为洪水过程线的最大流量；洪水总量 W_T（m^3）为一次洪水的径流总量。一般来说，洪水具有洪峰流量高、洪水总量大、涨水急剧即涨水历时 t_1 短和落水缓慢即退水历时 t_2 长等特点。

防治洪灾的措施包括在河流上修建各种水利水电工程。然而，这些工程本身也面临洪水威胁，一旦洪水漫溢或工程溃决，将对下游生命财产造成严重威胁。因此，在水利水电工程规划设计中，必须选取适当的设计洪水作为依据，提出以下两个问题。

（1）工程本身的安全防洪问题。为了防止洪水漫溢坝顶造成毁坝灾害，需要确定坝顶高程、设计调洪库容等工程规模数据。这些数据依据的洪水称为水工建筑物的设计洪水。

（2）下游地区的防洪问题。下游河道要求水库下泄流量不超过某一值，以保证下游地区安全。这些数据依据的洪水称为防护对象的设计洪水。

上述两者都称为设计洪水，只是对象和标准不同。一般前者标准较高，后者标准较低。在发生大洪水时，水工建筑物的设计需考虑建筑物本身及下游地区和库区的防洪安全，确保工程在不超过标准洪水时不会被破坏。这个设计依据的洪水称为设计洪水（design flood）。设计洪水定得过大，工程造价高但安全性高，风险低；定得过低，造价低但风险大，可能造成巨大损失。因此，如何平衡安全与经济是设计洪水推求的难点。设计洪水标准的高低通常用频率衡量，可结合当地经济实力和工程等级确定。

设计洪水要解决的问题包括设计洪水三要素，即设计洪峰流量、设计洪水总量和设计洪水过程线。根据工程特点和设计要求，可计算全部或部分内容。对于综合功能的大、中型水利水电工程，其设计洪水推求需包含设计洪水三要素。对于市政工程中的一般取水工程和防洪工程，如一级取水泵房、城市排洪管渠、堤防高程等，设计洪水取决于洪峰流量或洪水位。对于容量较小的防洪水库，设计洪水只需考虑设计洪水总量即可满足工程设计要求。

4.4.2 设计洪水计算常用方法

如前所述，推求设计洪水一般就是推求符合设计频率的设计洪峰流量、设计洪水总量和设计洪水过程线。按所用资料不同和具体工程设计的要求不同，推求设计洪水的计算方法主要包括水文频率分析法、水文数学模型法、地区经验公式法、机器学习数据驱动模型法、水文比拟法等。

4.4.2.1 水文频率分析法

（1）根据历史流量实测资料推求设计洪水。当设计流域有 $n \geqslant 30$ 年的实测洪水资料，而且有历史洪水调查和考证资料时，可以直接根据流量资料推求设计洪水。这种方法与上一节推求设计年径流的方法大致相似，称为洪水频率计算。即可以直接应用频率分析方法计算指定频率的设计洪峰流量和各种时段的设计洪量，然后选择典型洪水过程线，按典型过程进行同倍比或多倍比缩放求得设计洪水过程线。如此种资料系列较短（$n < 15$ 年），可以经过插补展延后应用频率分析法。对于大、中型工程应尽可能根据流量资料来计算设计洪水。

（2）根据地区水文统计特征值推求设计洪水。当设计流域（主要是小流域）既缺乏洪水资料又缺乏暴雨资料时，可以运用地区综合法来推求设计洪水。如在自然地理条件相似的地区，可以根据相似邻近地区的实测和调查资料进行分析和综合，绘制成洪峰流量模数、暴雨特征值、雨量、产流参数和汇流参数等值线图，供设计流域使用。

4.4.2.2　水文数学模型法

水文数学模型采用一系列方程概化水文循环中的关键过程（包括降雨、蒸发、入渗和地表径流），并求解这些方程来模拟从降雨到径流的转化过程，通常包括下渗计算模块、产流计算模块和地表汇流计算模块三个关键组成部分，以反映流域对降雨的响应，达到预测洪水流量及其随时间的变化（即洪水过程线）的目的。

（1）水文数学模型关键模块

① 下渗计算模块。这一模块模拟雨水在不同土壤类型和土地覆盖条件下的下渗过程，决定有多少降雨转化为地表径流。它的计算受到土壤类型、湿度、结构以及地表条件等多种因素的影响。常用的下渗计算方法包括 Horton、Green-Ampt、SCS Curve-Number（CN）、Philip 下渗公式以及固定渗透模型等。其中，SCS CN 模型基于经验，适用于自然流域；Horton 和 Green-Ampt 模型基于物理原理，能够关联土壤物理特性和特征参数；Philip 下渗公式则结合了理论和经验，能较准确地描述土壤的垂直下渗过程。

② 产流计算模块。依据下渗计算模块的结果，这一模块计算特定时间段内因降雨而未被土壤吸收的那部分剩余的水量（产流量）。产流量由降雨强度、持续时间、地形和土壤饱和度等因素决定。常见的产流计算方法包括超渗产流理论等。

③ 地表汇流计算模块。该模块模拟地表径流在流域中的移动（传输和集聚）过程，确定如何将产流模块计算得到的径流量（体积）通过河道网络转化为内含时间要素的流域出口流量，这一计算过程需考虑径流在流域上的地表流速、流向、河道形状和河道坡度等因素。常用的地表汇流模型包括线性水库模型、动力波模型和运动波模型等。

综合来看，水文数学模型通过这三个模块的紧密结合和相互作用，为精确模拟和预测流域的降雨径流响应提供了一种有效的方法。

（2）常见流域产汇流模型。常见流域产汇流模型包括我国自行研发的新安江模型，其他模型包括适用于天然流域的 HEC-HMS、HSPF（Hydrological Simulation Program-FORTRAN）、SWAT（Soil and Water Assessment Tool）水文模型，以及天然流域和城市流域均适用的 EPA SWMM（Storm Water Management Model）、DHI MIKE、Infowork ICM 等水文模型。其中 HEC-HMS、HSPF、SWAT 及 EPA SWMM 均为开源软件，而 DHI MIKE、Infowork ICM 是商业软件。

（3）主要模型计算步骤

① 确定设计降雨数据。收集特定流域或地区的历史暴雨记录，包括降雨量、降雨持续时间、降雨强度等，对收集到的暴雨数据进行频率分析，以确定不同重现期（如 10 年一遇、50 年一遇等）的降雨强度和持续时间，确定设计降雨雨型。

② 流域产汇流模型构建。基于对流域的物理特征如土壤类型、地形、植被覆盖等的概化，划分子流域；基于子流域的位置分布及管渠水系连接关系，构建分布式产汇流水文模型；设置流域水文参数（如渗透参数、不透水下垫面占比、坡度等）；设置管渠、河道水系水力参数；设置模型运行参数（如运行时段、时间步长等）。利用 EPA SWMM V5.1 构建的某新区水文/水力模型见图 4-9。

③ 设计洪水模拟计算。输入设计降雨数据（通常是时间序列），运行水文模型，得出不同重现期下的设计洪水径流过程线，并得出流量峰值。如果进行了河流水动力计算，还可同时获得水位过程线，如图 4-10 所示。

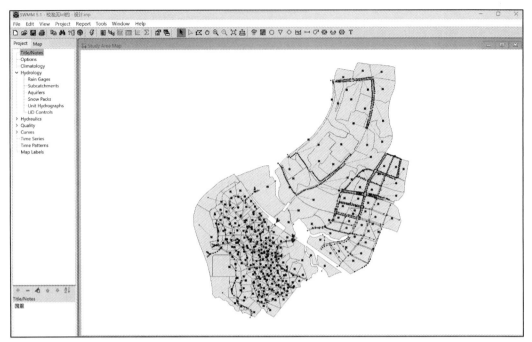

图 4-9　利用 EPA SWMM V5.1 构建的某新区水文/水力模型

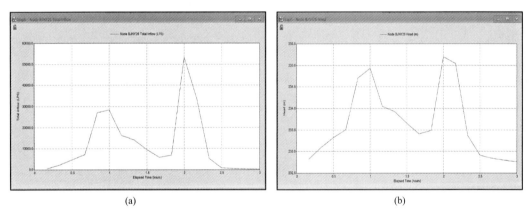

图 4-10　SWMM 计算得出的 15 年一遇降雨流域排口处流量过程线（a）及水位过程线（b）

4.4.2.3　地区经验公式法

在具有相似自然地理条件的地区，通过分析和整合相邻地区的实测和调研数据，可以建立起流域自然地理特征与参数之间的经验关系，进而用于设计洪水的估算。这种方法通常能有效估计洪水峰值，尽管确定洪水过程线相对较为复杂。在特定区域内，洪峰流量与流域面积、地形、形状和下垫面类型等水文特性紧密相关。利用该区域水文站的历史洪峰流量记录，可以识别出流域面积和降雨强度等关键影响因素，并通过回归分析等统计方法研究这些因素与洪峰流量之间的关系。基于这种分析，可以形成洪峰流量与其影响参数之间的线性或非线性关系式，从而为设计洪水的估算提供依据。

经验公式在不同的地区具有不同的形式，甚至在同一个地区，对于不同重现期，形式也可能不同。以美国地质调查局（United States Geological Survey，USGS）构建的洪峰流量计算经验公式为例，在弗吉尼亚州的不同地区，100 年一遇洪峰流量经验公式的格式以及自变量均不同，如下所示：

Northern Piedmont 地区：$Q_{100} = 984A^{0.641}$

Coastal Plain 地区：$Q_{100} = 7.6A^{1.033} \text{Sl}^{1.088}$

Southern Piedmont 地区：$Q_{100} = 101A^{0.869} E^{0.382} L^{-0.529}$

其中，Q_{100} 为 100 年一遇洪峰流量，ft^3/s（$1\text{ft}^3/\text{s} = 0.0283\text{m}^3/\text{s}$）；$A$ 为汇流面积，mile^2（$1\text{mile}^2 = 2.59\text{km}^2$）；Sl 为主要河道坡度，ft/mile；$L$ 为主要河道长度，mile（1mile = 1.609km）；E 为流域平均海拔，ft（1ft = 0.3048m）（1929 年的国家大地垂直基准高程系统）。

地区经验公式通常具有形式简单、易于理解和应用的特点。这些经验公式通常基于特定地区的长期水文数据，因此在相应地区具有较高的适用性和准确性。应用这些公式时，不需要复杂的计算机模拟或大量的数据处理。然而，经验公式法也存在局限性，如它们通常只适用于特定地区，可能无法准确预测极端洪水事件，且在其他地区使用时可能不准确。此外，随着气候变化和人类活动的影响，原有的经验公式可能需要更新和校准。因此，在应用公式时，需考虑流域的特定特性，如土地覆盖、土壤类型等，并应用现有数据验证其准确性。

4.4.2.4　机器学习数据驱动模型法

机器学习的洪水预测方法利用从历史数据中学习得到的模式和关系来预测未来的洪水事件，是一种现代洪水预测方法，该方法通过集成和分析大量历史数据，可以提高洪水预测的准确性和效率。谷歌和哈佛大学合作开展了一项名为"全球洪水预测"的项目，2023 年推出了 Flood Hub 洪水预测系统，预测范围覆盖非洲、亚太地区、欧洲、南美洲和中美洲。该系统利用机器学习技术，通过分析海量的气象数据和历史洪水信息预测洪水事件，将洪灾预报提前到了 7 天，有利于帮助个人、政府和组织开展疏散等大规模行动。

机器学习数据驱动模型法的优点在于能够处理和分析大量复杂的数据集，发现人类可能难以识别的模式和关系，因其不涉及求解计算量大的偏微分方程，计算效率通常高于机理水文数学模型。随着新数据的不断输入，机器学习模型可以通过再训练来适应环境的变化，提高预测的准确性。机器学习数据驱动模型法的缺点在于模型的性能高度依赖于质量和数量充足的训练数据，数据的缺失或错误可能会导致预测不准确；模型可能过度学习训练数据中的特征，导致其泛化能力下降，对新的或未见过的数据预测不准；一些复杂的机器学习模型（如深度神经网络）作为"黑盒"模型，其决策过程难以解释，这可能会影响模型的可信度和接受度。

（1）机器学习算法类型。在洪水预测的领域中，多种智能算法被广泛应用，每种算法都有其独特的优势和局限性，以下是几种常见的机器学习算法。

① 人工神经网络算法。人工神经网络（ANN）是一种受人脑结构启发的计算模型，通过大量简单的节点（神经元）相互连接构成。ANN 算法能够通过学习输入和输出之间的非线性关系来预测洪水。人工神经网络算法的优点是强大的非线性建模能力：能够捕捉和学习复杂的输入输出关系，且自适应性高：随着更多数据的提供，ANN 可以通过训练不断优化其预测性能。

② 支持向量机算法。支持向量机（SVM）算法是一种监督学习算法，通过找到数据点中的最优边界（决策边界），以此来区分不同的类别或预测值。在洪水预测中，SVM 算法可

以用来分类洪水发生的概率。支持向量机算法的优点是泛化能力强，在处理小样本数据时表现良好，泛化错误率低，且模型简洁，决策函数由少数支持向量确定，计算复杂度相对较低。

③ 随机森林算法。随机森林（RF）算法是一种集成学习方法，通过构建多个决策树并汇总它们的预测结果来提高预测的准确性。每棵树的训练数据和特征都是随机选取的。随机森林算法的优点是通过集成多个决策树，降低了过拟合的风险，相对于 ANN 算法和 SVM 算法，RF 算法提供的预测结果更容易解释，且适用性广，能够处理高维数据，对数据的异常值和缺失值不敏感。

④ 深度学习。深度学习（Deep Learning）算法是一种特殊类型的 ANN 算法，通过使用多层（深层）的神经网络来模拟高级数据特征的抽象和学习。这些深度模型能够自动从数据中提取复杂的特征，适用于图像识别、自然语言处理等多个领域，也被应用于洪水预测中，尤其是在处理大规模数据集时。深度学习算法的优点是能够自动从原始数据中提取和学习复杂特征；具有强大的建模能力，对于非常复杂的数据模式，深度学习模型能提供更精准的预测；模型灵活性和适应性较好，可以通过调整网络结构和参数来适应不同的预测任务。深度学习算法在洪水预测中的一个应用实例是使用卷积神经网络（CNN）处理和分析卫星图像，以监测水域扩张和预测洪水风险区域。此外，循环神经网络（RNN）及其变种，如长短期记忆网络（LSTM），因其对时间序列数据的处理能力，被广泛应用于基于时间序列的洪水预测，例如使用过去的降雨和流量数据预测未来的河流水位。

以上这些算法各有特点，选择合适的算法时需要考虑数据的特性、预测的准确性需求、模型的解释性要求以及计算资源等因素。在实际应用中，有时会结合多种算法（例如通过集成学习方法）来提高预测的准确性和鲁棒性。

（2）机器学习数据驱动模型构建。基于机器学习算法的洪水预测模型基于历史实测数据构建及训练模型，基本步骤如下。

① 数据收集与预处理。收集与洪水相关的历史数据，包括气象数据（如降雨量、气温）、水文数据（如河流水位、流量）、地形和土地利用数据等。数据预处理包括清洗、归一化和数据分割（用于训练和测试模型）。

② 特征选择。确定哪些因素（特征）对洪水预测最为重要，例如降雨强度、土壤湿度和地形坡度等。

③ 模型训练。使用历史数据训练机器学习模型。常用的机器学习算法包括决策树、随机森林、支持向量机、神经网络等。这个过程中，算法会尝试找到输入特征和洪水事件之间的关系。

④ 模型评估和验证。通过在一组独立的测试数据上评估模型的预测性能来验证其准确性，如准确率等。

⑤ 预测应用。将训练好的模型应用于实时数据或未来的数据，以预测洪水发生的可能性、时间和影响范围。

4.4.2.5　水文比拟法

水文比拟法基于相似性原理，通过选取与目标流域水文、地形、气候等条件相似且具有充分水文资料的相似流域作为参证站，进行比较估算获得目标流域的洪水特征值。相对于复杂的水文模型和大量的数据分析，水文比拟法通过简单的相似性分析和比较，可以较快速地得出估算结果，尤其适用于初步设计和快速评估。

水文比拟法的主要步骤如下。

（1）选择比拟流域。找到与设计流域（目标流域）在地理和水文特征上相似的流域，称为参证站流域。

（2）数据收集。收集参证站流域的水文数据，特别是历史洪峰流量记录。

（3）流量计算。将参证站流域的洪峰流量数据转换到设计流域，考虑流域特征差异，采用比拟系数进行调整。若设计站和参证站流域面积相差不超过 15%，且流域自然地理条件比较一致，流域内暴雨分布比较均匀，采用考虑面积修正的水文比拟法计算设计站洪峰流量或洪水总量，见式(4-16)：

$$Q_{设} = \left(\frac{F_{设}}{F_{参}}\right)^n Q_{参} \tag{4-16}$$

式中，$Q_{设}$、$Q_{参}$ 分别为设计站和参证站的洪峰流量，m^3/s；$F_{设}$、$F_{参}$ 分别为设计站和参证站控制的流域面积，km^2；n 为经验指数，一般大中型河流 $n=0.5\sim0.7$，$F<100km^2$ 的小流域 $n>0.7$。

若设计站的上、下游不远处各有一参证站，并且都有实测资料，一般可假定洪峰及洪量随着集水面积呈线性变化，可以利用面积线性内插，如式(4-17) 所示：

$$Q_{设} = Q_{参,上} + (Q_{参,下} - Q_{参,上}) \frac{F_{设} - F_{参,上}}{F_{参,下} - F_{参,上}} \tag{4-17}$$

（4）验证与调整。对比拟结果 $Q_{设}$ 进行验证，必要时调整比拟系数，可使用目标流域的少量数据来验证比拟的准确性。

水文比拟法的优点在于应用灵活，可以根据需求调整比拟参数。其缺点在于需要找到合适的比拟流域，比拟结果可能因流域特性差异而有偏差。在应用水文比拟法时，应选择与目标流域在多个方面（如气候、地形、土地使用）相似的流域，以保证比拟结果的准确性和可靠性。

4.4.2.6　最大可能洪水推求

在设计一些高风险水工建筑物（如大坝溢洪道等）时，需要采用极低超越风险的设计降水值。理想情况下，工程人员希望使用一种无超越风险的设计暴雨，但这首先要确定降雨量是否存在一个上限。由于频率分析方法缺乏对成因的考虑，如果使用的气象数据记录较短，则在估算极端洪水事件时可能会出现较大误差。1964 年，占尔曼提出了一个观点：无论从数学还是物理角度来看，降雨量确实存在一个上限。这个上限在定义可能最大降水（probable maximum precipitation，PMP）时被考虑到，即在现代气候和地理条件下，某一设计流域或地区在一年中的某个时间点可能出现的最大降水深度。

可能最大降水的估算基于水文气象方法，这种方法通过分析设计流域或邻近地区的极端暴雨事件和其气象成因来进行。由此估算出的可能最大降水产生的洪水被称为可能最大洪水（probable maximum flood，PMF）。获取降水数据后，通过产汇流计算，例如使用水文数学模型，可以估算出可能最大洪水。

最大可能洪水的推求方法为设计高风险水工建筑物提供了一种极端情况下的安全保障，通过理论上可能发生的最大降水和洪水事件来指导设计，确保建筑物的安全性和稳定性。

4.4.2.7 计算方法的选择和结果验证

在实际推求设计洪水时，由于水文现象的随机性和区域性特征，应遵循的计算原则为"多种方法，综合分析，合理选定"，根据研究的具体需求和可用数据选择最合适的分析方法，并通过独立数据集或历史事件来验证预测模型的准确性和可靠性。上述方法可以作为独立方法同时使用，相互比较验证，合理选定成果。在实际应用中，应意识到水文过程的复杂性，特别是对极端事件的预测。

4.4.3　设计洪水标准

水工建筑物的设计，必须选择一定标准的洪水作为依据，这个标准称为设计标准。

我国水利部于 2015 年根据防护对象的重要性重新修编制定了《防洪标准》（GB 50201—2014）作为强制性国家标准，自 2015 年 5 月 1 日起施行，为保障防护对象免除一定洪水危害的防洪设计标准，称为第一类防洪标准，如表 4-11 所示。

表 4-11　城市防护区的防护等级和防洪标准

防护等级	重要性	常住人口/万人	当量经济规模/万人	防洪标准（重现期）/a
I	特别重要	≥150	≥300	≥200
II	重要	<150，≥50	<300，≥100	200～100
III	比较重要	<50，≥20	<100，≥40	100～50
IV	一般	<20	<40	50～20

注：当量经济规模为城市防护区人均 GDP（国内生产总值）指数与人口的乘积，人均 GDP 指数为城市防护区人均 GDP 与同期全国人均 GDP 的比值。

水利部于 2017 年又根据确保水工建筑物的安全性重新颁布了《水利水电工程等级划分及洪水标准》（SL 252—2017），为确保水库、大坝等水工建筑物自身安全的防洪标准，按水利水电工程的等级确定设计洪水，称为第二类防洪标准。该标准根据工程规模、效益和在国民经济中的重要性，将水利水电枢纽工程分为 4 个等级，具体见表 4-12。

表 4-12　乡村防护区的防护等级和防洪标准

防护等级	人口/万人	耕地面积/万亩	防洪标准（重现期）/a
I	≥150	≥300	100～50
II	<150，≥50	<300，≥100	50～30
III	<50，≥20	<100，≥30	30～20
IV	<20	<30	20～10

4.4.4　实测资料推求设计洪水

研究断面有比较充分的实测流量资料时，可由流量资料推求设计洪水。由流量资料推求设计洪水时，要经过洪水资料审查、洪水资料选样（选取洪峰流量和洪量）、考虑特大洪水的频率计算（推求设计洪峰流量和设计洪量）、设计洪水过程线推求及计算成果合理性分析等几个步骤。

4.4.4.1　洪水资料的审查

过去已发生洪水的实测流量记录为预测未来可能发生的洪水提供了最关键的信息，是进行洪水频率计算的基础，是计算成果可靠性的关键，所以和年径流量分析一样，在应用资料之前，首先要对原始的水文资料进行审查，即可靠性审查、一致性审查和代表性审查。审查方法如 4.2.2.1 部分所述。

4.4.4.2　洪水资料的插补延长

当实测洪水资料系列较短或实测期内有缺测年份，缺乏代表性时，应插补延长和补充历史特大洪水，以便扩大样本容量，减少抽样误差，使之满足代表性的要求。插补延长主要是采用相关分析的方法，如干流插补支流、上游插补下游、暴雨插补径流等，不应使用辗转相关。具体方法如下。

（1）水文比拟法。利用参证站洪水资料插补延长，如 4.4.2.5 部分所述。

（2）利用本站降雨资料延长。在流域内有较长期暴雨量资料时，可根据洪水缺测年份的流域暴雨量资料，通过建立的流域暴雨量与洪峰流量、时段洪水总量之间的相关关系，由暴雨资料插补洪水资料。或者先通过流域产汇流分析，求出相应的洪水过程，再在洪水过程中摘取洪峰流量和各时段洪水总量。

（3）利用洪峰-洪量关系延长。根据设计站或上下游测站或邻近流域站同次洪水的洪峰-洪量相关关系或洪峰-流量相关关系进行插补延长。当洪峰-洪量相关关系不甚密切时考虑加入一些反映影响因素的参数来改善相关关系，如区间暴雨量、洪峰形状、暴雨中心位置、比降等。在采用相关关系法插补延长洪水、暴雨资料时，如果相关关系较好，则外延幅度可以稍大些，反之则应小些。一般情况下，相关线外延幅度和展延的系列长度均不宜超过 50％。此外，对插补的暴雨、洪水资料应进行合理性分析。

4.4.4.3　洪水资料样本的组成

河流一年内往往发生多次洪水，每次洪水具有不同历时的流量变化过程，如何从各年洪水系列资料中选取典型洪水组成洪水样本，是设计洪水分析计算的首要问题。所谓选取样本，是指根据工程设计要求，从每年的全部洪水过程中，选取哪些洪水特征值作为统计对象来组成频率计算的样本系列，以及如何在连续的洪水过程线上选取这些特征值。一般情况下，是根据现有的洪水记录选取若干个洪峰流量或某一历时的洪量组成洪水样本系列，作为频率计算的依据。但是要求选取的洪水特征值形成的条件属于同一类型，即不应把不同成因（暴雨洪水、融雪洪水或溃坝洪水）、不同类型的洪水特征值放在一起作为一个样本系列进行频率计算。

目前一般采用年最大值法。年最大值法是基于水利工程破坏率提出的。所谓水利工程被破坏是指它的正常运行遭到损坏，水利工程破坏率可按式（4-18）计算：

$$P = \frac{被破坏的年份}{总运行年份} \times 100\% \tag{4-18}$$

按照水利工程破坏率的定义，如果一年中水利工程因一次洪水袭击而被破坏，即使时间很短，也认为该年被破坏，造成的损失难以在一年内恢复。如果一年中有多次洪水袭击，只要有一次破坏，也认为该年被破坏。基于此，从安全角度出发，每年从资料中选取一个最大洪峰流量和各固定时段的最大洪水总量，组成洪峰流量和洪量系列。这种方法称为年最大值法。

对于洪峰流量来说，年最大值法是每年只选一个最大的洪峰流量，若有 n 年的资料，就选 n 个年最大洪峰流量值组成一个 n 年样本系列（Q_{m1}，Q_{m2}，…，Q_{mn}），作为洪峰流量频率计算的样本。

对于洪水总量（洪量），采用各种固定时段分别独立选取其年最大值组成样本系列。在同一年中，按不同时段的最大洪量选取，各自只选全年中的一个最大值。这些值可以来自同一场洪水，也可以来自不同场洪水，短时段可以包含在长时段中，也可以不包含，只需遵守"最大"原则即可。如果有 n 年的资料，各不同时段分别选出 n 个最大洪量，组成不同时段的洪量样本系列。固定时段一般采用 1 天、3 天、5 天、7 天、15 天、30 天。大流域、调洪能力大的工程，设计时段可以长些；小流域、调洪能力小的工程，设计时段可以短一些。计算前首先确定需要计算几日的最大洪量。具体工程不必统计全部时段，可根据洪水特性和工程设计要求，选定 2～3 个计算时段。例如，需要计算一日的洪量，就从某年的洪水要素摘录表中寻找连续一日的最大洪量发生时间，并计算出该日的洪量；如计算七日洪量，则寻找最大七日的洪量，并计算出该七日的洪量。如图 4-11 所示，年最大洪峰不一定包含在年最大 1 天洪量内，年最大 1 天洪量不一定包含在年最大 3 天洪量内，各自独立，体现了年最大值法独立性好的优点。

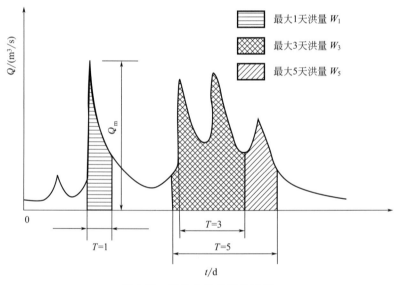

图 4-11　年最大洪量选样示意

4.4.5　特大洪水

4.4.5.1　特大洪水的意义

（1）特大洪水的定义。特大洪水（catastrophic flood）是指历史上曾经发生过的，或近期观测到的，比其他一般洪水大得多的稀遇洪水，特大洪水可以出现在实测系列中，称为资料内特大洪水；也可以发生在实测流量期之外，称为资料外特大洪水或历史特大洪水，如图 4-12 所示。

图 4-12 中，Q_N 为特大洪水量，n 为实测系列的年数，N 为历史考证期（调查期）年

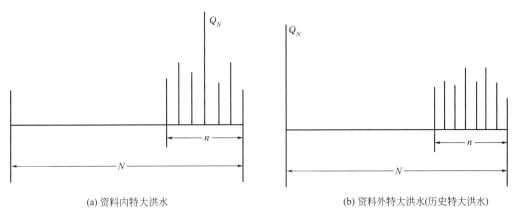

(a) 资料内特大洪水　　　　　　　　　　　　(b) 资料外特大洪水(历史特大洪水)

图 4-12　资料内和资料外特大洪水示意

数。若 $Q_N/\overline{Q_n}>3$ 时，Q_N 可以考虑作为特大洪水来处理。特大洪水一般为历史洪水，因为历史上的一般洪水都没有文字记载或洪水痕迹，只有特大洪水才有文献记载和洪水痕迹可供查证，如图 4-13 所示为 1998 年特大洪水赤壁干堤段的水位记载，所以经过调查考证到的历史洪水一般就是特大洪水。历史洪水调查可以得到几十年乃至几百年发生的洪水情况，在设计洪水计算中占有非常重要的地位。

图 4-13　1998 年特大洪水赤壁干堤段的水位记载

（2）连序样本与不连序样本。n 年实测和插补延长的洪水系列，若系列中没有特大值提出进行单独处理，也没有历史特大洪水加入，无论资料的年份是否连续，只要确认 n 年的各项洪水量 Q 数值为已知，将其数值直接按大小次序统一排列，各项之间没有空位，序数是连序的，这样的序列称为连序系列或连序样本，见图 4-14。

通过历史洪水的调查考证，将历史特大洪水值和一般实测洪水值资料加在一起，可以组成一个洪水系列，由于特大洪水量的重现期 N 必然大于实测系列的年数 n，而在 $N-n$ 年内各年的洪水量无法查到，即特大洪水量与实测的洪水量之间有一些缺测项，按大小次序统一排列时，序号不连贯，这样的样本是不连序系列，或称为不连序样本，如图 4-15 所示。

值得注意的是，所谓样本系列的连序和不连序，并非指时间上的连序与不连序，两个样本的主要差别仅在于系列内的各项数值按大小次序统一排列时其序号是否有空缺。若无空缺，连贯不间断，则为连序系列；若有空缺，无法连贯，则为不连序系列。如某河流有实测系列 33 年（1949～1984 年，其中有三年缺测，但知道该 33 年洪水值由大到小是连序的），经调查确定 1885 年为一次特大历史洪水，为百年来最大者，其重现期为 100 年，但在其余的 67 年中无法取得年最大洪水资料，如图 4-16 所示。

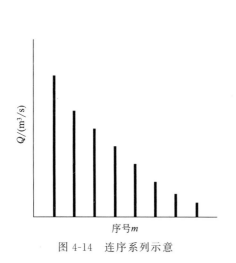

图 4-14　连序系列示意

图 4-15　不连序系列示意

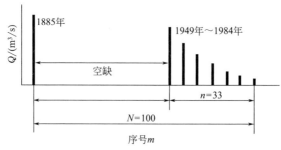

图 4-16　某河流实测洪水资料排序示意

　　根据以上的概念分析：$n=33$ 年系列应为连序系列；而对 $N=100$ 年按大小次序进行排列时，除最大项和实测 33 年资料排序已知外，其他 67 年排序未知，所以这种包括特大洪水的 N 年系列为不连序系列。

　　不连序系列中需要对特大洪水进行处理，如何利用这样的系列做频率计算，关键在于如何确定特大洪水的重现期，这也是提高计算结果精度的关键。

4.4.5.2　特大洪水重现期的确定

　　历史洪水及实测系列中的特大洪水的数值确定以后，要分析其在某一代表年限内的大小序位，以便确定洪水的重现期。目前我国根据资料来源不同，将与确定特大洪水代表年限有关的年份分为实测期、调查期和文献考证期。

　　实测期是从有实测洪水资料年份（包括插补延长得到的洪水资料）开始至今的时期。从实测期到具有连续可靠文献记载的历史洪水最远年份的这段时期为调查期。调查期之前到有历史文献可以考证的时期称为文献考证期。文献考证期内的历史洪水，一般只能确定洪水大小等级和发生次数，不能定量。

要准确地定出特大洪水的重现期是相当困难的，目前，一般是根据历史洪水发生的年代来大致推估。计算公式为：

$$N = T_2 - T_1 + 1 \tag{4-19}$$

式中，T_2 为连续 n 年实测洪峰流量最后年代；T_1 为调查、考证所及年代；N 为含连续实测期 n 的洪峰流量考证期。

【例 4-6】 确定特大洪水重现期实例。

【解】 1992 年对长江重庆—宜昌河段的洪水进行调查发现：同治九年（1870 年）川江发生特大洪水，沿江调查到石刻 91 处，见图 4-17（a），推算得宜昌洪峰流量 $Q_m = 110000 \mathrm{m^3/s}$。

（a）　　　　　　　　　　　　（b）

图 4-17　长江历史特大洪水石刻

如此洪水为 1870 年以来最大，则 $N = 1992 - 1870 + 1 = 123$（年），这么大的洪水平均 130 年就发生一次，可能性不大。

又经调查，在四川忠县长江北岸 2km 处的选溪山洞中调查到两处宋代石刻，记述"绍兴二十三年癸酉六月二十七日水泛涨"。这是长江干流上发现最早的洪水题刻，见图 4-17（b）。据洪痕实测，忠县洪峰水位为 155.6m。又据历史洪水调查，宜昌站洪峰水位为 58.06m，推算流量为 $92800 \mathrm{m^3/s}$，3 天洪量为 232.7 亿立方米。宋绍兴 23 年（南宋赵构年号）即 1153 年。该次洪水小于 1870 年的洪水，通过调查还可以肯定自 1153 年以来 1870 年洪水为最大，则 1870 年洪水的重现期为 $N = 1992 - 1153 + 1 = 840$（年）。

这样确定的特大洪水的重现期具有相当大的不稳定性，要准确地确定重现期就要追溯到更远的年代，但追溯的年代越远，河道情况与当前差别越大，记载越不详尽，计算精度越差，一般以明、清两代 600 年为宜。

特大洪水处理的意义如下。所谓特大洪水处理，就是在频率计算中，考虑特大洪水的作用有别于一般洪水。目前我国河流所掌握的实测样本系列一般不长，通过插补延长的系列也有限，若用于推求千年一遇、万年一遇的稀遇洪水，根据不足，难免存在较大的抽样误差。而且当出现一次新的大洪水以后，设计洪水数值就会发生变动，所得成果很不稳定。比如某站有 $n = 18$ 年的洪峰系列，假如第 19 年又发生了一场非常大的洪水，其频率 $P = 1/(19 + 1) = 5\%$，其值远远大于其他洪水，如图 4-18 所示。因此，从整个洪水系列来看，我们可能会问第 19 年发生的洪水，其频率是否为 5% 呢？对于这种洪水，应该如何确定其频率呢？

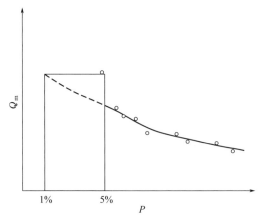

图 4-18　洪水频率计算示意

如果能够通过历史文献资料的考证和历史洪水调查，得到 N（$N \geqslant n$）年中特大洪水的信息，使其参与到实测系列中来，等于在频率曲线的上端增加了一个控制点，提高了系列的代表性，从而使得设计洪水的计算成果更加合理、可靠，使工程更安全。例如将不同样本系列洪峰流量频率计算结果列于表 4-13 中，通过对比分析说明在洪水频率计算中正确地利用特大洪水资料，有助于提高资料的代表性，增大设计洪水计算成果的稳定性及可靠性。因此，设计洪水规范明确提出，无论用什么方法推求设计洪水都必须考虑特大洪水的问题。

表 4-13　不同样本系列洪峰流量频率计算结果

选用的样本数/a	千年一遇的洪峰流量 Q_m/(m³/s)	备注
18	12.600	1955 年规划计算结果
19	19.700	加入 1956 年实测的特大洪水 $Q = 13100\text{m}^3/\text{s}$ 后的计算结果，比原计算大 56%
20	22.600	调查考证后加入若干年历史特大洪水资料后的计算结果，比原计算大 80%
21	23.300	加入 1963 年实测特大洪水 $Q_m = 12000\text{m}^3/\text{s}$ 后的计算结果，与原计算相比只差 4%，设计值已基本趋于稳定

4.4.5.3　含有历史特大洪水的经验频率计算

将特大洪水加入实测系列后，样本成为不连序系列，其经验频率和统计参数的计算与连序系列不同，这样就要研究有特大洪水时的经验频率和统计参数的计算方法，称为特大洪水处理。

考虑特大洪水时经验频率的计算基本上是采用将特大洪水的经验频率与一般洪水的经验频率分别计算的方法。目前国内有两种计算特大洪水与一般洪水经验频率的方法，即独立样本法和统一样本法。

（1）独立样本法。把实测 n 年的一般洪水系列与 N 年内的特大洪水系列分别看作是从总体中独立抽取的两个随机独立连序样本，各项洪水可分别在各自系列中进行排位。

实测系列一般洪水的经验频率仍按连序系列经验频率公式计算，即：

$$P_m = \frac{m}{n+1} \times 100\% \tag{4-20}$$

式中，P_m 为实测系列中第 m 项的经验频率；m 为实测系列由大至小排列的序号；n 为实测系列的年数。

连序系列中各项经验频率的计算方法，已在第 3 章中论述，不予重复。

若 N 年内含有 a 项特大洪水，且 a 年期间无空缺时，前 a 项的经验频率计算公式为：

$$P_M = \frac{M}{N+1} (M=1,2,\cdots) \tag{4-21}$$

式中，P_M 为特大洪水系列中第 M 项的经验频率；M 为特大洪水由大至小排列的序号；N 为自最远的调查考证年份至今的年数。

当实测系列中含有特大洪水时，应抽出放在 N 年系列中与历史洪水一起排序，进行频率计算，以避免特大洪水的后几项和实测系列的前几项洪水的经验频率发生重叠的现象，即出现实测系列的前几项洪水的经验频率比历史洪水经验频率还要小的不合理情况。但需要强调的是：虽然这些特大洪水被抽出与历史特大洪水一起排序，但这些特大洪水仍应在实测系列中占序号，即实测系列中一般洪水的序号位不能因特大值的抽去而改变。假设当实测期内有 l 项特大洪水时，实测系列的排序为 $m=1+1,1+2,\cdots,n$。例如，实测资料为 50 年，其中有一个特大洪水，则实测一般洪水最大项为 $1+1=2$，即最大项应排在第二位，其经验频率为 $P_2 = 2/(50-1) = 0.0408$。

此外，当 a 项特大洪水不连序时，即 a 年期间有空缺时，应根据调查考证的情况，分别在不同的调查考证期内排序，如图 4-19 所示。a_1 项在 N 年中排序；a_2 项在 N_1 年中排序。

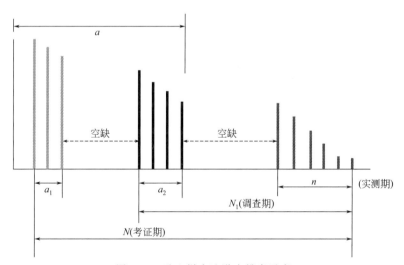

图 4-19　独立样本法洪水排序示意

独立样本法的核心思想就是把不连续系列分成几个连续系列来计算，一般适用于水文站观测资料代表性较好的情况。

（2）统一样本法。把实测 n 年的一般洪水系列与 N 年内的特大洪水系列都看作是从同一总体中任意抽取的一个随机样本，其共同组成一个不连序系列，作为代表总体的一个样本，不连序系列各项均在 N 年历史调查期内统一排位计算其经验频率。

假定在历史调查期 N 年中有特大洪水 a 项，其中有 l 项发生在 n 年实测系列内，如图 4-20 所示。

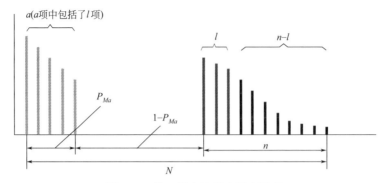

图 4-20　统一样本法洪水排序示意

N 年中的 a 项特大洪水（其中包含了实测年中发生的 l 项特大洪水）的经验频率仍用式(4-21)计算。实测系列中其余的 $n-l$ 项为一般洪水，其经验频率一定大于 P_{Ma}，应均匀分布在 $1-P_{Ma}$ 之间，所以可按式(4-22)计算实测系列第 m 项的经验频率，即：

$$P_m = P_{Ma} + (1 - P_{Ma}) \frac{m - l}{n - l + 1}$$ （4-22）

$$P_{Ma} = \frac{a}{N + 1}$$

式中　P_m——n 年实测洪水系列中第 m 项的经验频率；

　　　l——实测洪水系列中抽出作为特大洪水处理的项数；

　　　m——实测系列由大至小排列的序号，$m = l + 1, l + 2, \cdots, n$；

　　　P_{Ma}——特大洪水第末项 $M = a$ 的经验频率；

　　　a——N 年内能确定排位的特大洪水项数；

　　　N——调查考证期年数。

统一样本法的核心思想就是将资料当作一个整体看待，适用于调查及考证的历史洪水资料较可靠时。

【例 4-7】　已知在某河某站 1953～1986 年（有二年资料缺测且无法插补）共 32 年实测资料中 1982 年为特大洪水，其余为一般洪水，1964 年洪水排序第二，1978 年排序最小。

经调查考证，1905 年与 1931 年为历史特大洪水，1905 年洪水大于 1931 年的洪水，但都没有 1982 年的大，且已查清在 1905～1986 年的 82 年中没有漏掉比 1931 年更大的洪水。

另，经文献考证 1764 年曾发生过一次比 1982 年还要大的洪水，是 1764 年以来 223 年中最大洪水，但因年代久远 1764～1905 年间其他洪水未能查清。

试分别按独立样本法和统一样本法求经验频率。

【解】　① 在实测期 1953～1986 年 $n = 32$ 年中，洪水排序是：1982(1)＞1964(2)＞⋯＞1978(32)。

② 在含调查期（1905～1986 年）$N = 82$ 的系列中，只知道前三位的特大洪水 1982(1)＞1905(2)＞1931(3)，因查清没有比 1931 年更大的洪水，故在调查期 $N = 82$ 年中，只知道三个特大洪水，但无法排出第四位洪水（因小于 1931 年的洪水无法查清）。

③ 在含调查文献考证期（1764～1986 年）$N=223$ 系列中，只知道 1764 年洪水排序为第一位。因 1764～1905 年间其他洪水情况不明，故在 223 年中排位第二以下的不清楚。

洪水频率计算如图 4-21 所示。

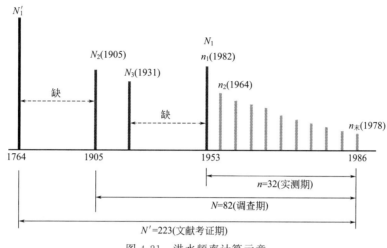

图 4-21　洪水频率计算示意

两种方法的频率计算结果列于表 4-14 中。

表 4-14　独立样本法和统一样本法频率计算

系列年数	洪水序位		洪水年份	经验频率	
	m（实测）	m（调/考）		独立样本法	统一样本法
$N'=223$ 1764～1986		1	1764	$P_M=1/(223+1)=0.004$	$P_m=1/(223+1)=0.004$
$N=82$ 1905～1986		1	1982	$P_M=1/(82+1)=0.012$	$P_m=0.004+(1-0.004)\times$ $(1-0)/(82-0+1)=0.016$
		2	1905	$P_M=2/(82+1)=0.024$	$P_m=0.004+(1-0.004)\times$ $(2-0)/(82-0+1)=0.028$
		3	1931	$P_M=3/(82+1)=0.036$	$P_m=0.004+(1-0.004)\times$ $(3-0)/(82-0+1)=0.04$
$n=32$ 1953～1986	1		1982		
	2		1964	$P_m=2/(32+1)=0.06$	$P_m=0.04+(1-0.04)\times$ $(2-1)/(32-1+1)=0.07$
	…	…	…	…	…
	32		1978	$P_m=32/(32+1)=0.97$	$P_m=0.04+(1-0.04)\times$ $(32-1)/(32-1+1)=0.97$

注：1982 年洪水已经作为历史特大洪水在 223 年系列中计算，但在实测系列中仍要保留其序位。

上述两种方法我国目前都在使用。一般来说，独立样本法把特大洪水与实测一般洪水视为相互独立，这在理论上有些不合理，但比较简单，是常用的方法。在特大洪水排位可能有错漏时，因不互相影响，从这方面来看是比较合适的。当特大洪水排位比较准确时，理论上说，用统一样本法更好一些。

4.4.5.4 洪水水文频率分析结果合理性检查

为了避免由个别系列可能引起的任意性，扩大使用信息，应对计算结果进行合理性检查。还应与本站长短历史洪量和邻近地区测站统计参数、设计值进行对比分析，即主要从水文比拟方面考虑结果的合理性，并最后确定参数。分析中应注意各站洪水系列的可靠性、代表性及计算结果的精度。一般从以下 3 个方面进行，当然在实际工程中，综合这 3 种方法进行对比分析的同时，应注重从实际出发，避免仅就水文现象某些不甚严密的规律性而生搬硬套。

（1）本站各种结果间的分析对比。根据各种历时的洪量频率曲线对比分析，要求各理论频率曲线在使用范围内不应有相交现象，当出现相交时，应复查原始资料和计算过程有无错误，统计参数是否选择得当。检查洪峰、各时段洪量的统计参数与历时之间的关系。一般来说计算结果应有如下规律：同一频率下，随着历时的增加，洪量的均值和设计值也逐渐增加，而时段平均流量的均值则随历时的增加而减小；一般情况下，历时 T 越大，相应系列的 C_V 和 C_S 越小，不过有些河流受暴雨特性及河槽调蓄作用的影响，其洪量系列的 C_V 值也可能随历时的增长而增大，达到最高值后又随历时的加长而减小，如图 4-22 所示。

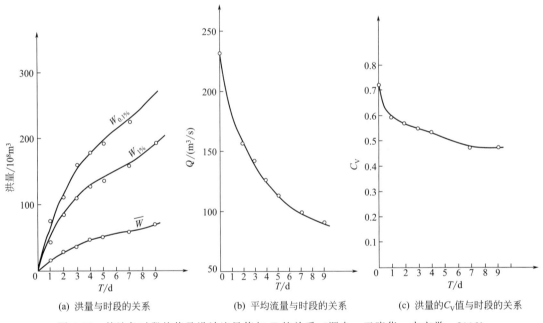

(a) 洪量与时段的关系　　　　(b) 平均流量与时段的关系　　　　(c) 洪量的C_V值与时段的关系

图 4-22　某站各时段均值及设计流量值与 T 的关系（源自：王晓华，水文学，2006）

（2）与上下游及邻近地区河流的分析结果进行对比。若同一河流上下游的气象、地形、地质等条件相似，洪峰流量的均值应从上游向下游递增，大河比小河的要大；C_V 值自上游向下游递减，大流域向小流域递减，即大流域的较大。若上下游的气象、地形、地质等条件不一致，应根据流域的实际情况，检查分析各统计参数变化规律的合理性。

与暴雨形成条件较为一致的邻近地区河流的洪水分析结果相比较时，常用洪峰流量系列均值（$\overline{Q}_m$）与流域面积（F）之间的关系对比分析，即式（4-23）：

$$\overline{Q}_m = KF^n \tag{4-23}$$

式中 *K*——地区参数，由地区实测洪水资料求得；

n——指数，小流域取 0.80～0.85，中等流域取 0.67，大型流域取 0.5。

对于稀遇的设计值，应将其与国内河流大洪水记录进行比较。若千年一遇、万年一遇的洪水小于国内相应流域面积的大洪水记录的下限很多，或超过其上限很多，则有可能是设计值的取值不合理，就需要对计算结果做深入检查与分析。表 4-15 提供了我国不同流域面积实测最大洪峰流量的记录，以供查用。

表 4-15 实测或调查我国最大洪峰流量值与流域面积关系

年份	流域面积/km²	最大洪峰流量/(m³/s)	河名	站名	所属水系
1972	148	2400	母花沟	贵平	黄河
1986	275	6950	缝河	孤石滩	淮河
1940	494	4800	左江	那那板	珠江
1958	555	4420	毫清河	垣曲	黄河
1896	658	4470	浠河	英山	长江
1972	762	6430	汝河	板桥	淮河
1919	820	8000	湍河	青山	江汉
1931	963	6500	灌河	鲇鱼山	淮河
1922	1930	15400	飞云河	堂口	飞云河
1822	2100	10750	史河	梅山	淮河
1919	3832	10000	白河	鸭河口	汉江
1730	4350	16500	新沭河	大官庄	沂沭河
1853	5781	15800	南河	谷城	汉江
1960	6175	16900	太子河	参窝	辽河
1964	7699	10200	东江	龙川	珠江
1946	8645	18200	窟野河	温家川	黄河
1935	14810	29000	澧水	三江口	长江
1794	23400	25000	滹沱河	黄壁庄	海河
1595	31300	29000	富春江	芦茨埠	钱塘江
1867	41400	36000	汉江	安康	汉江

（3）根据暴雨频率分析结果进行比较。暴雨统计参数与相应洪水统计参数有一定的关系。一般来说，洪水径流深应小于同频率、相应天数的暴雨。而由于洪水除了受到暴雨影响之外，还受到流域下垫面因素的影响，因而洪水的 C_V 值大于相应暴雨量的 C_V 值。

结果合理性分析是一项非常重要且复杂的工作，上述只是一些常见的主要方法，实际工作中，应尽量利用一切可能利用的资料和水文变化规律对结果进行分析，得到比较合理的、能满足水利水电工程设计要求的洪水频率曲线，即理论频率曲线。

4.4.5.5 含有历史特大洪水的水文频率分析

根据第 3 章水文频率分析方法确定理论频率曲线，然后推求出相应于设计频率的设计洪峰流量和各个统计时段的设计洪峰流量。

【例 4-8】 某流域拟建中型水库一座。经分析确定水库枢纽本身永久水工建筑物正常运用洪水标准（设计标准）$P=1\%$，非常运用洪水标准（校核标准）$P=0.1\%$，该工程坝址位置有 25 年实测洪水资料（1958～1982 年），经选样审查后洪峰流量资料列入表 4-16 的第②栏，为了提高资料代表性，曾多次进行洪水调查，得知 1900 年发生特大洪水，洪峰流量为 3750$\mathrm{m^3/s}$，考证期为 80 年，试推求 $P=1\%$、$P=0.1\%$ 的设计洪峰流量。

【解】 ① 由已知资料表得知，1975 年洪峰流量为 3300$\mathrm{m^3/s}$，与 1900 年洪水属于同一量级，仅次于 1900 年居于第二位，而且与实测洪水资料相比洪峰流量值明显偏大，因此，可从实测系列中抽出作为特大值处理，所以 $l=1$，$a=2$，$N=80$，$n=25$。

② 采用独立样本法计算经验频率，结果见表 4-16。

表 4-16　经验频率曲线计算结果

年份	洪峰流量 Q_m /(m³/s)	序号 M、m	Q_m 由大到小排列/(m³/s)	经验频率 P /%
①	②	③	④	⑤
1900	3750	一	3750	1.23
1958	639	二	3300	2.46
1959	1475	2	2510	7.70
1960	984	3	2300	11.5
1961	1100	4	2050	15.4
1962	661	5	1800	19.2
1963	1560	6	1560	23.1
1964	815	7	1475	26.9
1965	2510	8	1450	30.8
1966	705	9	1380	34.6
1967	1000	10	1100	38.5
1968	479	11	1000	42.3
1969	1450	12	984	46.2
1970	510	13	926	50.0
1971	2300	14	875	53.8
1972	720	15	850	57.7
1973	850	16	815	61.5
1974	1380	17	780	65.4
1975	3300	18	720	69.2
1976	406	19	705	73.1
1977	926	20	661	76.9
1978	1800	21	639	80.8
1979	780	22	615	84.6

年份	洪峰流量 Q_m /(m³/s)	序号 M、m	Q_m 由大到小 排列/(m³/s)	经验频率 P /%
1980	615	23	510	88.5
1981	2050	24	479	92.3
1982	875	25	406	96.2
合计	33640		7050 26590	

③ 用矩法公式计算统计参数初始值。

$$\overline{Q}_m = \frac{1}{N}\left(\sum_{j=1}^{a} Q_{N_j} + \frac{N-a}{n-l}\sum_{i=l+1}^{n} Q_i\right) = \frac{1}{80}\times\left(7050 + \frac{80-2}{25-1}\times 26590\right) = 1168(\text{m}^3/\text{s})$$

$$C_V = \frac{1}{\overline{Q}_m}\sqrt{\frac{1}{N-1}\left[\sum_{j=1}^{a}(Q_{N_j}-\overline{Q}_m)^2 + \frac{N-a}{n-l}\sum_{i=l+1}^{n}(Q_i-\overline{Q}_m)^2\right]}$$

$$= \frac{1}{1168}\sqrt{\frac{1}{80-1}\left(\sum_{j=1}^{2}(Q_{N_j}-1168)^2 + \frac{80-2}{25-1}\sum_{i=2}^{25}(Q_i-1168)^2\right)} = 0.58$$

选取 $C_S = 3.0C_V = 3.0\times0.58 = 1.74$。

④ 理论频率曲线推求时先以样本统计参数 $\overline{Q}_m = 1168\text{m}^3/\text{s}$，$C_V = 0.58$，$C_S = 3.0C_V$ 作为初始值查表并绘制 P-Ⅲ 型曲线，具体做法参见前面章节的内容。图 4-23 中第一次适线为初试结果，可以看出，曲线上半部系统偏低，应重新调整统计参数，调整结果见表 4-17。

表 4-17　理论频率曲线适线计算结果

频率 P/%		0.1	0.5	1	2	3	10	20	50	75	90	95
第一次适线 $\overline{Q}_m = 1168\text{m}^3/\text{s}$ $C_V = 0.58$ $C_S = 3.0C_V$	K_P	4.32	3.38	3.01	2.64	2.14	1.77	1.38	0.84	0.58	0.45	0.40
	Q_P	4940	3948	3516	3084	2500	2067	1612	981	677	526	467
第二次适线 $\overline{Q}_m = 1168\text{m}^3/\text{s}$ $C_V = 0.65$ $C_S = 3.5C_V$	K_P	5.08	3.92	3.44	2.94	2.30	1.83	1.36	0.78	0.55	0.46	0.44
	Q_P	5933	4578	4018	3434	2686	2137	1588	911	642	537	514

当 $C_V = 0.65$、$C_S = 3.5C_V$ 时所得理论频率曲线与中、高水点据配合较好，如图 4-23 中第二次适线的曲线，此即为所求的频率曲线，相应的统计参数为 $\overline{Q}_m = 1168\text{m}^3/\text{s}$，$C_V = 0.65$，$C_S = 3.5C_V$。

⑤ 可从图 4-23 中第二次适线的曲线上查出洪峰流量的设计值分别为：$P = 1\%$ 时，$Q_{mP} = 4080\text{m}^3/\text{s}$；$P = 0.1\%$ 时，$Q_{mP} = 5933\text{m}^3/\text{s}$。

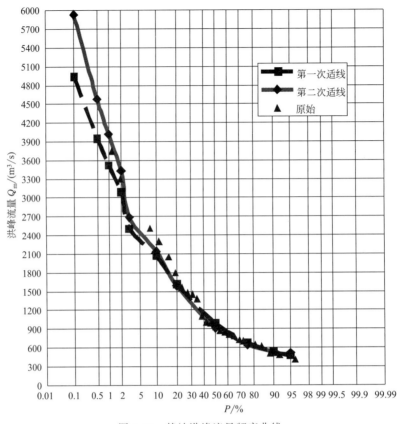

图 4-23 某站洪峰流量频率曲线

4.5 设计枯水流量（或水位）的分析与计算

4.5.1 概述

4.5.1.1 枯水径流的概念

当地面径流减少，流域的水源主要依靠地下水补给时，河川径流被称为枯水径流。枯水期是指月平均水量占全年水量比例小于 5％的时间段，其起讫时间取决于河流的补给情况。我国南方河流一年经历一次枯水期，通常从秋末（10 月）到春初（3 月、4 月）；北方河流可能经历两次枯水期，一次在冬季，另一次在春末夏初（积雪融水后至夏季雨季前）。枯水期有时持续半年，当前期蓄水量耗尽或地下水位降低至不能再补给河流时，可能引发严重干旱或河道断流。据统计，枯水期 6 个月的径流量占全年径流量的 15％～35％。

枯水径流可以用枯水流量或枯水位来分析。枯水流量（或最小流量）是在给定时段内通过河流某一指定断面的枯水量。枯水流量的大小和历时的长短与河道通航、城乡供水、水电厂与火电厂设计、生态环境质量和水利工程管理密切相关。枯水流量可分为瞬时、日、旬、月最小流量，其中日、旬、月最小流量对水资源利用工程的规划设计影响最大。枯水径流的特征值包括年最小流量、年正常最小流量、月平均最小流量和月平均正常最小流量。

　　由于枯水问题不如洪涝和地震等自然灾害显著，人们对其关注较少。此外，枯水研究难度较大，主要是因为枯水期流量测验资料精度低，受流域水文地质条件和人类活动影响明显。长期以来，枯水径流研究的深度和广度不如洪水研究。但 2010 年春季及 2022 年夏季，我国西南地区发生特大干旱，给河道通航、城乡供水、水电厂与火电厂设计、生态环境质量和水利工程管理带来新的考验，表明枯水径流可制约工农业生产和日常生活质量。因此，近年来各国开始重视枯水径流研究。

　　研究流域枯水及其特征对供水工程和环境保护工程的规划设计具有重大意义。对于以地面水为水源的取水工程设计，特别是无调节而直接从河流取水的工程，枯水位和相应最小流量直接影响取水口设置和引水流量。对于调节性能较强的水库工程，重点在枯水期或供水期调节设计径流量。枯水期水环境容量最低，对外界作用最敏感，影响城市供水工程、农业灌溉、通航能力、水力发电和水质监测等。因此，研究枯水径流及其特性对合理利用水资源至关重要。

4.5.1.2　影响枯水径流的因素

　　枯水期的最小流量（或水位）主要与地下水补给量和补给性质有关，气候因素通过自然地理和地质因素间接影响最小流量。决定枯水流量大小和变化的主要因素是自然地理因素，如流域的水文地质条件、流域面积大小、河槽下切深度和河网密度等，而决定枯水期长短的主要因素是降水和气温。此外，人类活动也会影响枯水径流量，如水土保持、修建水库调节径流等活动可能增加地下水补给量，使枯水径流量增加；上游引水灌溉和过量开采地下水则可能减少下游枯水径流量，甚至导致河水断流。

4.5.2　枯水资料审查

　　采用枯水样本系列分析计算枯水径流时，对于具有调节性能的水库，样本系列需由水库供水期数个月的枯水流量组成；对于无调节性能而直接从河流中取水的一级泵房，则需用每年的最小日平均流量组成样本系列。一般随着分析时段的缩短，枯水流量受人为影响的程度增大，枯水径流系列的不稳定性将增加，因此非常容易受到人为影响的年最小瞬时流量（或水位）系列将不被作为分析对象。而常取全年（或几个月）的最小连续几天的平均流量作为样本，如最小 1 日、3 日、5 日、7 日或 14 日平均流量等。

　　由于枯水期流速小，实测资料精度低，同时受偶然因素和人类活动影响较大，因此在分析计算时需注重原始资料的可靠性、一致性和代表性审查。枯水资料的审查方法类似于年径流资料和洪水径流资料的审查，通过本站历年资料比较、上游站与下游站资料比较，若上、下游站间具有良好的径流相关条件，可在相关分析中修正问题；应尽可能获得枯水径流的调查结果，包括历史枯水水位、流量及其出现与持续时间，特枯径流的重现期等；缺测年份经分析并非特枯水年时，该系列可当作连序系列处理；当大规模人类活动影响枯水径流时，必须进行还原计算。

4.5.3　设计枯水流量与水位计算

　　流域设计枯水流量分析计算主要包括枯水调查与资料收集、枯水流量资料的审查与处理、具有长期实测资料时设计枯水流量的计算、资料不足时设计枯水流量的估算、缺乏资料时设计枯水流量的确定以及设计枯水流量结果的分析论证等内容。

　　具有长期资料时，枯水径流可以用枯水流量或枯水水位进行分析。具有 20 年以上连续实测资料时，可对最小流量系列进行频率分析计算，推求出各种设计频率的设计枯水流量

（或水位），工程实际中还可以运用历时曲线法推求大于或等于该设计值的持续时间情况。

4.5.3.1 频率分析法

枯水径流的频率计算与年径流相似，也采用适线法，统计参数均值、变差系数以及偏态系数仍可用前述的方法进行估算、调整。但有一些比较特殊的问题必须做必要的说明。

（1）选择频率曲线线型。经过对枯水径流资料的论证，也可以采用其他线型，如 P-I 型曲线对数正态分布等。对于干旱半干旱地区的中小河流，可能出现时段径流量为零的现象，对于这种含零系列的频率分析可采用II型乘法分布等。

（2）确定经验频率。调查历史枯水年或需按特小值处理的实测枯水年，经分析考证确定其重现期为 $N = T_2 - T_1 + 1$。确定其重现期后，仍可采用第 3 章数学期望公式计算经验频率 P_m。

（3）特殊资料系列的频率分析

① $C_S < 2C_V$ 的情况。在某些河流，尤其是干旱地区含径流量为零的资料系列，其经验频率点据与 P-III 型曲线不可能有比较好的拟合，经过配线常有可能出现 C_S 小于 $2C_V$ 的情况，使得在设计频率较大（$P = 97\%$，$P = 98\%$……）时，所推求的设计枯水流量可能出现小于零的负值，这对于最小流量来说，显然是不符合水文现象规律的。实际工作中，可把负值部分当作零来处理，即相当于出现干涸或连底冰冻现象，如图 4-24 所示。在用适线法估算含零系列的统计参数时，较为简单的处理办法是其初值用不等于零的数值来计算。但是，由于放弃了负值部分，往往就不能直接按适线法得出较好的理论频率曲线的统计参数。可以用图解法或用三点法来推求合理的理论频率曲线的统计参数，具体含零系列的频率分析方法可以参阅有关书籍。

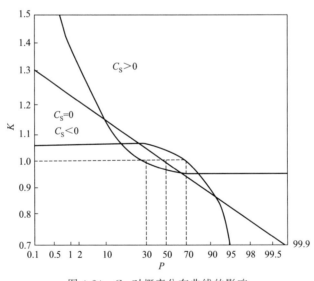

图 4-24 C_S 对概率分布曲线的影响

② $C_S < 0$ 的情况。通过第 3 章的学习，了解到水文特征值的频率曲线在一般情况下都是呈凹状的，即河流的水文现象大多属于正偏，也就是说 $C_S > 0$。当其他参数不变时，C_S 值越大，则频率曲线的凹度越大，即两端都在正态直线以上，中间部分向下。但枯水流量（或枯水位）的经验分布，有时会出现上凸的负偏曲线，即 $C_S < 0$，如图 4-24 所示。此时必须采用负偏频率曲线对经验点据进行配线。而现有的由表查得的 P-III 型曲线参数值均属于

正偏情况，因此不能直接应用于负偏分布的配线，需要做一定的处理。

必须指出，在设计枯水径流频率计算过程中，当遇到 $C_S < 2C_V$ 或 $C_S < 0$ 的情况时，应特别谨慎。此时，必须对样本做进一步的审查，注意曲线下部（$P = 20\%$ 以下）流量偏小的一些点据，可能是受人为抽水影响而造成的；并且对特枯年的流量，即特小值的重现期要作仔细认真的考证，合理地确定其经验频率，然后进行配线。总之，要避免因特枯年流量人为地偏小，或其经验频率确定的不当，而错误地将频率曲线定为 $C_S < 2C_V$ 或 $C_S < 0$ 的情况。但如果资料经一再审查或对特小值进行处理后，频率曲线分布确属 $C_S < 2C_V$ 或 $C_S < 0$ 的情况，即可按上述方法确定。

用上述方法推求出的设计枯水流量和枯水水位应与上下游、干支流及邻近流域的计算结果进行比较分析，检查其合理性。

4.5.3.2　历时曲线法

（1）流量-历时曲线的定义及绘制。运用频率分析法可为无调节河流用于城市供水、农业灌溉、河流通航等提供设计枯水流量或设计枯水位，同时可为水环境容量研究提供依据，但不能得到超过或低于设计值可能出现的持续时间。在实际工作中，如设计取水一级泵站、修建引水渠，需要掌握河流来水量在一年中大于或等于设计值有多少天，即有多少天取水能得到保证；同样，航行需要掌握一年中低于最低通航水位的断航历时等。解决这类问题常常运用历时曲线法。

流量-历时曲线由点绘流量的累计频率而成，亦即流量和超过该流量的时间分数之间的关系，见式(4-24)。该曲线将某时段内的日流量（或水位）分组且按递减次序排列，统计各组下限值出现的累积天数占整个时段的百分比，然后，将各组下限值及其相应百分比点绘于坐标系中，据点群分布趋势绘成一条曲线，即为日流量-历时曲线。

$$P(Q \geqslant Q_i) = \frac{t_1 + t_2 + \cdots + t_i}{365} \times 100\% = \frac{\sum t}{365} \times 100\% \tag{4-24}$$

流量-历时曲线不是一条频率曲线，因为流量是从连续观测的过程线上取得的，而流量过程的特性与年内的季节有关，因此超过某一天流量特定值的频率与前一天的流量以及年内出现的时间有关。它向人们提供了表达流量变化的简明的综合图；它可以说明河流对枯水流量（以百分数表示）调节的结果；它表示了枯水流量的保证率，可以从该曲线上求得时段内大于或等于某一流量值出现的天数占整个时段的百分比，从而确定等于或大于此数值在该时段内出现的天数。因此，流量-历时曲线在工程界被称为保证率曲线。

以代表年日平均流量-历时曲线为例，说明历时曲线的绘制方法和步骤。将代表年 365 个日平均流量分为 n 级（$n = 20 \sim 50$），取每组资料的平均值，从大到小排列，与累积时间分数对应点绘，即得代表年的日平均流量-历时曲线，对应于某一流量，可以从曲线上查得年内出现等于或大于该值历时的百分数。

日平均流量-历时曲线也可以不取年为时段，而取某一时期如枯水期、灌溉期等绘制，此时总历时就是所指定时期的总天数。若有需要，也可直接用水位资料绘制日平均水位-历时曲线，方法同上。

【例 4-9】　某水文站设计频率 95% 的枯水年日流量实测数据经整理后如表 4-18 所示，试求保证率为 90% 的日流量值和大于或等于该流量在全年出现的天数。

表 4-18 某测站 $P=95\%$ 枯水年日流量-历时曲线计算

流量分组/(m³/s)	历时		相对历时 P_t
	天数/d	累积天数/d	
1200～1100	2	2	0.55
1100～1000	3	5	1.37
1000～900	9	14	3.84
900～800	14	28	7.67
800～700	21	49	13.42
700～600	19	68	18.63
600～500	28	96	26.30
500～400	93	189	51.78
400～300	117	306	83.83
300～50	59	365	100

【解】 首先，如前所述，将代表年的日流量资料划分为若干组，并按递减次序排列，统计各组流量出现的天数和 $Q \geqslant Q_i$ 的累积天数即历时；其次，利用式(4-24)计算大于等于各组下限流量的累积天数占全年天数的百分比即相对历时 P_i，结果见表 4-18 中的第四列；最后，以各组流量下限值为纵坐标，以相应的百分比 P_i 为横坐标，点绘于坐标系中，据点群分布趋势绘制一条曲线，即为所求的日流量-历时曲线，如图 4-25 所示。有了日流量-历时曲线，就很容易地求出超过某一流量的持续天数，在横坐标上保证率为 90% 处作垂线，此垂线与曲线相交处的纵坐标值即为保证率为 90% 的日流量值（从图 4-25 中可以看出是 $Q = 85\text{m}^3/\text{s}$）。流量 $Q \geqslant 85\text{m}^3/\text{s}$ 在全年出现的天数应为 $365 \times 0.90 = 328.5$（天），即全年中有 328.5 天能保证取水，而其余 36.5 天流量低于设计值，不能保证取水。

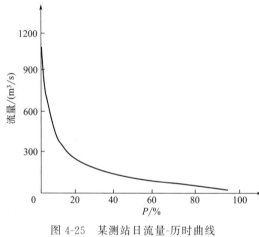

图 4-25 某测站日流量-历时曲线

（2）应用历时曲线推求设计枯水流量。应用上述绘制历时曲线的方法，根据多年日平均流量（或水位）资料可以绘出多条历时曲线，从中求出每年历时曲线上相应于设计频率标准下的流量（或水位），n 年资料可得 n 个保证率的流量（或水位），然后以此 n 个流量（或水位）作为随机变量进行频率分析，选配合适的理论频率曲线，从中推求设计枯水流量（或水位）。

【例 4-10】 某站有 20 年（1982～2001 年）实测并经还原法修正后的可靠逐日平均水位记录（资料从略），试求 10 年一遇、保证率为 95% 的设计枯水位。

【解】 首先可由多年实测逐日平均水位资料绘制各年的历时曲线，从中求出每年保证率为 95% 的枯水位 $Z_{95\%}$，具体方法同【例 4-9】，不再详述。以历年最枯水位为始点水位，从表 4-19 中可知 1988 年为历年最枯水位，其值为 8.70m。求出各年枯水位 $Z_{95\%}$ 相对始点水位的数值，计入表 4-19 中的第 4 列和第 8 列。

表 4-19　某站历年枯水位统计表（$Z_{min}=8.70m$）

年份	年最枯水位 Z/m	$Z_{95\%}$ /m	$(Z_{95\%}-Z_{min})$ /m	年份	年最枯水位 Z/m	$Z_{95\%}$ /m	$(Z_{95\%}-Z_{min})$ /m
1982	8.90	8.91	0.21	1992	9.05	9.09	0.39
1983	8.96	8.99	0.29	1993	9.01	9.06	0.36
1984	8.96	8.97	0.27	1994	9.08	9.12	0.41
1985	9.05	9.08	0.38	1995	9.10	9.20	0.50
1986	8.91	8.93	0.23	1996	8.91	8.94	0.24
1987	8.88	8.91	0.21	1997	9.03	9.07	0.37
1988	8.70	8.72	0.02	1998	9.11	9.16	0.46
1989	9.01	9.04	0.34	1999	9.01	9.04	0.34
1990	8.88	8.91	0.21	2000	8.86	8.90	0.20
1991	8.98	9.00	0.30	2001	8.86	8.89	0.91

然后令 $x_i=Z_{95\%}-Z_{min}$，将表 4-19 中的第 4 列和第 8 列作为随机变量系列，即将 x_i 作为随机变量，然后用前面所学的知识，对该系列进行频率分析。第一步，将 x_i 系列从大到小进行排列，然后用数学期望公式 $P=\dfrac{m}{n+1}\times100\%$，计算 P_i，并把结果计入表 4-20 中。第二步，把表 4-20 中的经验点据（P_i，x_i）绘在频率格纸上。第三步，通过矩法计算相应的统计参数，结果为 $\overline{x}=0.2965m$，$C_V=0.4$，初估 $C_S/C_V=2$，将该统计参数作为初始值，查表并绘制 P-Ⅲ型曲线，具体做法参见前面章节的内容，由此可得到一系列对应的（P_i，K_i）。第四步，选取适配最好的频率曲线与经验点据配合，即为所求的理论频率曲线。第五步，根据题目要求 10 年一遇的设计枯水位，即 $T=10$，而 $P=1-\dfrac{1}{T}=90\%$，推求设计值。

表 4-20　某站保证率为 95% 的水位频率计算

x_i 从大到小排列的序号	x_i	P_i/%	x_i 从大到小排列的序号	x_i	P_i/%
1	0.50	4.8	11	0.29	52.3
2	0.46	9.5	12	0.27	57.1
3	0.42	14.3	13	0.24	61.8
4	0.39	19.1	14	0.23	66.6
5	0.38	23.8	15	0.21	81.0
6	0.37	28.6	16	0.21	81.0
7	0.36	33.3	17	0.21	81.0
8	0.34	42.8	18	0.20	85.7
9	0.34	42.8	19	0.19	90.5
10	0.30	47.6	20	0.02	95.3

任务解决

在本章任务中，我们提出了一个计算水库设计和校核标准下的洪峰流量的问题，通过本章的学习，得知该类问题都是按工程等级和大坝建筑物级别选定设计洪水频率。因为该水库属中型水库，根据水利部 2000 年颁发的《水利水电工程等级划分及洪水标准》（SL 252—2000），水库工程为 Ⅲ 级，大坝为 3 级建筑物，设计标准为 100～50 年一遇；校核标准为 1000～500 年一遇。从工程的重要性角度考虑，最后选定按 100 年一遇洪水设计，1000 年一遇洪水校核。设计洪峰流量为：

$$Q_{m,P=1\%} = K_P \overline{Q} = 3.20 \times 1650 = 5280 (\text{m}^3/\text{s})$$

$$Q_{m,P=0.1\%} = K_P \overline{Q} = 4.62 \times 1650 = 7623 (\text{m}^3/\text{s})$$

 知识拓展

随着技术的不断发展，GIS、遥感和 AI（人工智能）将在水文学中发挥更加重要的作用。未来，GIS、遥感和 AI 技术将推动水文学向更加精确、智能和高效的方向发展，体现在以下几个方向。

① 多源数据融合：未来将更加注重多源数据的融合和综合利用，如将 GIS、遥感、AI 与其他环境数据相结合，提供更全面的水文信息。

② 实时监测与预测：随着传感器技术和 AI 算法的进步，实时监测和预测系统将更加精确和高效，有助于应对突发水文事件。

 思考与练习题

1. 某站 1958～1976 年各月径流量见下表，试求 $P=10\%$ 的设计丰水年、$P=50\%$ 的设计平水年、$P=90\%$ 的设计枯水年的设计年径流量。

某站 1958～1976 年各年、月径流量

年份	月平均流量 $Q_月/(\text{m}^3/\text{s})$												年平均流量 $Q_年/(\text{m}^3/\text{s})$
	3	4	5	6	7	8	9	10	11	12	1	2	
1958～1959	16.5	22.0	43.0	17.0	4.63	2.46	4.02	4.84	1.98	2.47	1.87	21.6	11.9
1959～1960	7.25	8.69	16.3	26.1	7.15	7.50	6.81	1.86	2.67	2.73	4.20	2.03	7.78
1960～1961	8.21	19.5	26.4	24.6	7.35	9.62	3.20	2.07	1.98	1.90	2.35	13.2	10.0
1961～1962	14.7	17.7	19.8	30.4	5.20	4.87	9.10	3.46	3.42	2.92	2.48	1.62	9.64
1962～1963	12.9	15.7	41.6	50.7	19.4	10.4	7.48	2.97	5.30	2.67	1.79	1.80	14.4
1963～1964	3.20	4.98	7.15	16.2	5.55	2.28	2.13	1.27	2.18	1.54	6.45	3.87	4.73
1964～1965	9.91	12.5	12.9	34.6	6.90	5.55	2.00	3.27	1.62	1.17	0.99	3.06	7.87
1965～1966	3.90	26.6	15.2	13.6	6.12	13.4	4.27	10.5	8.21	9.03	8.35	8.48	10.4
1966～1967	9.52	29.0	13.5	25.4	25.4	3.58	2.67	2.23	1.93	2.76	1.41	5.30	10.2
1967～1968	13.0	17.9	33.2	43.0	10.5	3.58	1.67	1.57	1.82	1.42	1.21	2.36	10.9
1968～1969	9.45	15.6	15.5	37.8	42.7	6.55	3.52	2.54	1.84	2.68	4.25	9.00	12.6
1969～1970	12.2	11.5	33.9	25.0	12.7	7.30	3.65	4.96	3.18	2.35	3.88	3.57	10.3
1970～1971	16.3	24.8	41.0	30.7	24.2	8.30	6.50	8.75	4.52	7.96	4.10	3.80	15.1
1971～1972	5.08	6.10	24.3	22.8	3.40	3.45	4.92	2.79	1.76	1.30	2.23	8.76	7.24
1972～1973	3.28	11.7	37.1	16.4	10.2	19.2	5.75	4.41	4.53	5.59	8.47	8.89	11.3

年份	月平均流量 $Q_月$/(m^3/s)												年平均流量 $Q_年$/(m^3/s)
	3	4	5	6	7	8	9	10	11	12	1	2	
1973~1974	15.4	38.5	41.6	57.4	31.7	5.86	6.56	4.55	2.59	1.63	1.76	5.21	17.7
1974~1975	3.28	5.48	11.8	17.1	14.4	14.3	3.84	3.69	4.67	5.16	6.26	11.1	8.42
1975~1976	22.4	37.1	58.0	23.9	10.6	12.4	6.26	8.51	7.30	7.54	3.12	5.56	16.9

2. 根据习题 1 所列资料和计算结果，按水量接近、分配不利（即汛期水量较丰）的原则，选 1975~1976 年为丰水代表年，$Q_{丰年,典}=16.9m^3/s$；按水量接近的原则，选能反映汛期、枯期的起讫月份和汛期、枯期水量百分比满足平均情况的年份 1960~1961 年作为平水代表年，$Q_{平年,典}=10.0m^3/s$；按水量接近、分配不利（即枯水期水量较枯）的原则，选取 1964~1965 年作为枯水代表年，$Q_{枯年,典}=7.87m^3/s$。试求设计丰水年、设计平水年及设计枯水年的设计年径流的年内分配。

3. 设本站只有 1998 年一年的实测径流资料，其年平均流量 $\overline{Q}=128m^3/s$。而邻近参证站（各种条件和本站都很类似）则有长期径流资料，并知其 $C_V=0.30$，$C_S=0.60$，它的 1998 年的年径流量在频率曲线上所对应的频率恰为 $P=90\%$。试采用水文比拟法的精神估计本站的多年平均流量 $\overline{Q}$。

4. 某水库坝址断面处有 1958~1995 年的年最大洪峰流量资料，其中最大的三年洪峰流量分别为 $7500m^3/s$、$4900m^3/s$ 和 $3800m^3/s$。由洪水调查知道，自 1835 年到 1957 年间，发生过一次特大洪水，洪峰流量为 $9700m^3/s$，并且可以肯定，调查期内没有漏掉 $6000m^3/s$ 以上的洪水，试计算各次洪水的经验频率，并说明理由。

5. 某水库坝址处有 1960~1992 年实测洪水资料，其中最大的两年洪峰流量为 $1480m^3/s$、$1250m^3/s$。此外，洪水资料如下。①经实地洪水调查，1935 年曾发生过流量为 $5100m^3/s$ 的大洪水，1896 年曾发生过流量为 $4800m^3/s$ 的大洪水，依次为近 150 年以来的两次最大的洪水。②经文献考证，1802 年曾发生过流量为 $6500m^3/s$ 的大洪水，为近 200 年以来最大的一次洪水。试用统一样本法推求上述 5 项洪峰流量的经验频率。

6. 某水文站有 1960~1995 年的连续实测流量记录，系列年最大洪峰流量之和为 $310098m^3/s$，另外调查考证至 1890 年，得三个最大流量为 $Q_{1895}=30000m^3/s$、$Q_{1921}=35000m^3/s$、$Q_{1991}=40000m^3/s$，求此不连续系列的平均值。

7. 某水文站有 1950~2001 年的实测洪水资料，其中 1998 年的洪峰流量为 $2680m^3/s$，为实测期内的特大洪水。另根据洪水调查，1870 年发生的洪峰流量为 $3500m^3/s$ 和 1932 年发生的洪峰流量为 $2400m^3/s$ 的洪水，是 1850 年以来仅有的两次历史特大洪水。现已根据 1950~2001 年的实测洪水资料序列（不包括 1998 年洪峰）求得实测洪峰流量系列的均值为 $560m^3/s$，变差系数为 0.95。试用矩法公式推求 1850 年以来的不连续洪峰流量序列的均值及其变差系数。

8. 某水库坝址处有 1954~1984 年实测年最大洪峰流量资料，其中最大的四年洪峰流量依次为：$15080m^3/s$、$9670m^3/s$、$8320m^3/s$ 和 $7780m^3/s$。此外，调查到 1924 年发生过一次洪峰流量为 $16500m^3/s$ 的大洪水，是 1883 年以来最大的一次，且 1883~1953 年间其余大洪水的洪峰流量均在 $10000m^3/s$ 以下。试考虑特大洪水处理，用独立样本法和统一样本法分别推求上述五项洪峰流量的经验频率。

第**5**章

小流域暴雨洪峰流量的计算

《 学习目的 》 了解降水的有关概念，明确降水观测及点雨量资料整理过程，熟悉暴雨强度公式在排水工程中的应用，掌握根据暴雨资料推求设计洪水的方法。

《 学习重点 》 降水的特征、三要素；点雨量资料整理过程；重现期、暴雨强度、降雨历时的关系；最小二乘法推求暴雨强度公式。

《 学习难点 》 重现期、暴雨强度、降雨历时的关系；最小二乘法推求暴雨强度公式。

《 本章任务 》 根据多年平均雨量、降雨历时等，分析我国大体上可分为哪几个气候带。

《 学习情境 》 强降水或连续性降水超过城市排水能力致使城市内产生积水灾害。造成内涝的客观原因是降雨强度大，范围集中。降雨特别急的地方可能形成积水，降雨强度比较大、时间比较长也有可能形成积水。城市内涝在我国比较普遍，住房和城乡建设部于 2010 年对国内 351 个城市排涝能力的专项调研显示，2008～2010 年间，有 62% 的城市发生过不同程度的内涝，其中内涝灾害超过 3 次以上的城市有 137 个，在发生过内涝的城市中，57 个城市的最大积水时间超过 12h。其中，2012 年 7 月 21 日 61 年来最大的暴雨袭击北京，共有 79 人在大雨中遇难。

5.1 概述

小流域面积的范围，一般在 $300km^2$ 以下。具体范围大小需要根据计算公式在推求过程中的实际条件来确定。地形平坦时，可以大致取 $300～500km^2$；地形复杂时，有时限制在 $10～30km^2$ 以内。在城市建设中，排水构筑物主要包括市政排水系统、厂矿排（泄）洪渠道、铁路与公路的桥涵等，所排泄的雨水大部分是在较短时间内降落的，形成的径流量大，属于暴雨性质，都涉及要求计算一定排水面积上暴雨洪峰流量问题，也就是以小流域暴雨所产生的洪水作为设计标准。小流域暴雨洪峰流量计算是水文学应用的重要方面，也是水文学知识综合运用的体现。

小流域设计洪水计算与大、中流域有所不同，主要特点如下。

（1）绝大多数小流域都没有水文站，即缺乏实测径流资料，甚至也没有降雨资料。所需的设计流量常常是用暴雨资料间接推算，并认为暴雨与其所形成的洪水流量频率相同。考虑到流域面积较小，集流时间较短，洪水在几个小时甚至几十分钟就能到达建筑物所在的地方，因此，一般只推求洪峰流量。

（2）小流域面积小，自然地理条件趋于单一，流域内各部分的地貌情况比较接近，拟订计算方法时，允许作适当的简化，即允许做出一些概化的假定。例如，假定短历时的设计暴雨时空分布均匀。

（3）地面上的降水，经植物截留、填洼并达到土壤持水量后入渗率是接近稳定的。

（4）地表汇流、形成洪峰的历时较短，小流域上的小型水利工程对洪水的调节能力一般较小，工程规模主要受洪峰流量控制，因而对设计洪峰流量的要求高于对设计洪水过程的要求。

（5）因小流域上修建的工程数量通常很多，而水文站很少，往往缺乏实测流量资料，故实际计算时概化程度较高。

我国各地区对小流域暴雨洪水计算采用的方法有推理公式法、水文数学模型法、地区经验公式法、综合单位线法及历史洪水调查分析法等。推理公式法是早期水文学中常用的小流域洪峰流量计算方法。20 世纪初，随着水文学的发展，人们开始尝试将物理过程纳入水文计算中，如 Horton 的渗透理论等。到了 20 世纪中叶，随着计算技术的发展和流域实测数据的积累，复杂的物理过程模拟成为可能，洪水计算开始逐步从单一的经验公式向更加复杂的物理基础模型转变，Stanford Watershed Model（60 年代）和 HEC-1（70 年代）等机理水文模型开始使用计算机算法来模拟降雨、地表径流、渗透和地下水流等过程。这些模型能够更准确地反映流域内的水文过程，但同时也需要大量的参数和详细的流域特性数据。进入 80 年代后，随着 GIS 技术和遥感技术的发展，水文模型开始整合更多的空间变异性和不确定性分析。模型如 SWAT（Soil and Water Assessment Tool）、SWMM、MIKE、Infowork ICM 等，能够在更大的尺度上模拟水文过程，并考虑到土地利用变化和气候变化的影响。

在具体应用中采用哪一种方法更合适，应根据工程规模与当地条件确定。可以同时使用几种方法计算，通过综合分析比较，最后确定出设计洪峰流量。

5.1.1　降水的观测

降水的观测

水以各种形式从大气到达地面统称为降水（precipitation）。降水主要是指降雨（rain）和降雪（snow），其他形式的降水还有露（dew）、霜（frost）、雹（hail）、霰（graupel）等。降水是水文循环的重要环节，也是人类用水的基本来源。我国大部分地区属季风区，夏季风从太平洋和印度洋带来暖湿的气团，使降雨成为主要的降水形式，北方地区在冬季则以降雪为主。在城市及厂矿的雨水排除系统和防洪工程设计中，都需要收集降水资料，以推算设计流量和设计洪水，并探索降水量在地区和时间上的分布规律。

为了掌握各地降水的变化，水文气象部门设立了大量的雨量站、气象站、水文站观测降水，每年汇总、整编、刊印或存入水文数据库，供各部门应用。降水观测有多种方法，简述如下。

5.1.1.1　器测法

（1）雨量器。雨量器（rain gauge receiver，图 5-1）上部的漏斗口呈圆形，内径 20cm，其下部放储水瓶，用以收集雨水。量测降水量则用特制的雨量杯进行，每一小格的水量相当于降雨 0.1mm，每一大格的水量相当于降雨 1.0mm。雨量器安置在观测场内固定架子上，器口保持水平，口沿离地面高度为 70cm，仪器四周不受障碍物影响，以保证准确收集降水。

在冬季积雪较深地区，应在其附近装一备份架子。当雨量器安在此架子上时，口沿距地面高度为 1.0～1.2m。在雪深超过 30mm 时，应把仪器移至备份架子上进行观测。冬季降雪时，需将漏斗从承水器内取下，并同时取出储水器，直接用外筒接纳降水。使用雨量器的测站一般采用定时分段观测制，把一天 24h 分成几个时段进行，并按北京标准时间以 8 时作为日分界点。

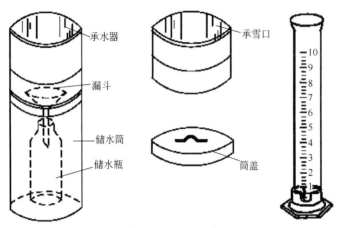

图 5-1　雨量器示意

（2）虹吸式自记雨量计。虹吸式自记雨量计（siphon rainfall recorder）能自动连续地把降雨过程记录下来。如图 5-2 所示，承雨器将雨量导入浮子室，浮子随注入的雨水增加而上升，带动自记笔在附有自记钟的转筒上的记录纸上连续记录随时间累积增加的雨量。从自记雨量计记录纸上，可以确定出降雨的起讫时间、雨量大小、降雨强度等变化过程，这是推求降雨强度和确定暴雨公式的重要资料。使用时，应和雨量器同时进行观测，便于校核。当累积雨量达 10mm 时，自行进行虹吸，使自记笔立即垂直下落到记录纸上纵坐标的零点，以后又开始记录。

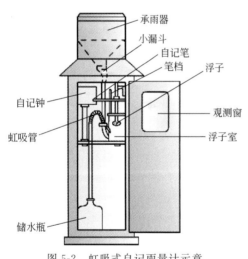

图 5-2　虹吸式自记雨量计示意

5.1.1.2　雷达探测

气象雷达利用云、雨、雪等对无线电波的反射现象，根据探测到的降水回波位置、移动方向、移动速度和变化趋势，预报探测范围内的降水、强度及开始和终止时刻，有效探测范围为 40～200km。

5.1.1.3　气象卫星云图

利用气象卫星随时发回探测到的云图资料，对降雨等进行预测。气象卫星云图（satellite cloud picture）资料有以下两种。

（1）可见光云图（visible cloud atlas）。反映云的反照率。反照率强的云，云图上亮度大，颜色白；反照率弱的云，亮度弱，颜色暗。

（2）红外云图（infrared cloud atlas）。反映云顶的高度和温度，云层温度越高，高度越低，红外辐射越强。

5.1.2　降水的特征

降水量、降水历时和降水强度可以定量地描述降水的特性，称为降水三要素。

（1）降水量。降水量（precipitation depth，h）是指在一定时间段内降落在不透水平面上的雨水（或融化后的雪水）的深度，以 mm 计。

（2）降水历时。降水历时（precipitation duration，t）即降水所经历的时间，可以年、月、日、时、分钟为单位，视不同需要而定。如次（过程）降水量、日降水量、月降水量、年降水量；还有各种短历时的降雨量，如 10min、30min、60min、3h、6h、12h 降雨量，日降雨量，24h 降雨量等。

（3）降水强度。降水强度（precipitation intensity，i）是指单位时间内的降水量，以 mm/min 或 mm/h 计。

在 Δt 降水历时内降水量（降雨量）为 Δh 时，平均降水强度 $\bar{i}$ 可用下式计算：

$$\bar{i} = \frac{\Delta h}{\Delta t} \tag{5-1}$$

瞬时降水强度 i 则按下式计算：

$$i = \lim_{\Delta t \to 0} \frac{\Delta h}{\Delta t} = \frac{\mathrm{d}h}{\mathrm{d}t} \tag{5-2}$$

国家气象局颁布的降水强度等级划分标准如表 5-1 所示。

表 5-1　降水强度等级划分标准

等级	24h 降水总量/mm	12h 降水总量/mm
小雨、阵雨	0.1～9.9	≤4.9
小雨～中雨	5.0～16.9	3.0～9.9
中雨	10.0～24.9	5.0～14.9
中雨～大雨	17.0～37.9	10.0～22.9
大雨	25.0～49.9	15.0～29.9
大雨～暴雨	33.0～74.9	23.0～49.9
暴雨	50.0～99.9	30.0～69.9
暴雨～大暴雨	75.0～174.9	50.0～104.9
大暴雨	100.0～249.9	70.0～139.9
大暴雨～特大暴雨	175.0～299.9	105.0～169.9
特大暴雨	≥250.0	≥140.0

5.2　暴雨强度公式

5.2.1　基于点雨量资料的暴雨强度-历时曲线推求

小流域所负担的地面排水区域一般不大，同时雨水排除系统所要排除的雨水，绝大部分属短历时暴雨形成的，雨水径流量大，由此忽略点雨量与排水区域面雨量的差异，所以排水部门根据自记雨量计自记雨量资料，选出每场暴雨进行分析，采用以点代面的方式推算暴雨强度-历时关系曲线，作为排水工程设计的依据。

整理点雨量资料的主要工作内容是：在自记雨量计记录纸上，筛选出每场暴雨进行分析，绘制出它们的暴雨强度-历时关系曲线；在此基础上，整理出暴雨强度 i-降雨历时 t-重现期 T 的关系计算表。

暴雨强度-历时关系曲线（intensity-duration curve）的规律表现为平均暴雨强度 i 随历时 t 的增加而递减，这是推求短历时暴雨强度公式的基础。例如，图 5-3 所示为某一雨量站用自记雨量计记录到的一场暴雨，根据此图可以整理出表 5-2 所示的 i-t 关系计算表，将表 5-2 所列数据分别在普通坐标和双对数坐标中绘制出暴雨强度-历时关系曲线，如图 5-4 所示，即为相应历时内平均暴雨强度-历时关系曲线。

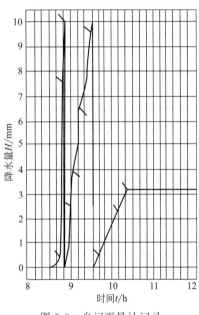

图 5-3　自记雨量计记录

表 5-2　i-t 关系计算表

历时 t /min	雨量 h /mm	暴雨强度 i /(mm/min)
5	7.0	1.40
10	9.8	0.98
15	12.1	0.81
20	13.7	0.68
30	16.0	0.53
45	19.1	0.42
60	20.4	0.34
90	22.4	0.25
120	23.1	0.19

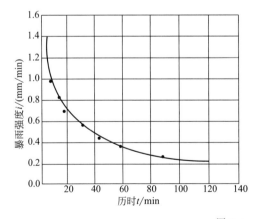

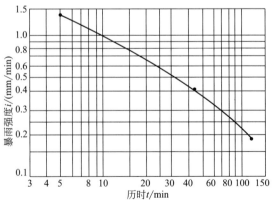

图 5-4　i-t 关系曲线

根据该水文站自记雨量计的记录，选出每场暴雨；规定的降雨历时有 5min、10min、15min、20min、30min、45min、60min、90min、120min 共九种历时（当集水面积较小时，可以不统计 90min、120min）。按这一标准摘录和统计雨量资料。一次降雨的中途，强度小于 0.1mm/min 的持续时间超过 120min 时，应作为两场降雨来统计。在历年整理出的各场暴雨 i-t 计算表基础上，整理出 i-t-T 关系计算表，具体步骤是：

① 按不同历时，将 i 按从大到小的顺序排列，各历时 i 的个数 $S=(3\sim5)n>40$ 个；

② 对各历时的 i 系列作频率计算，次频率 $P'=m/S(\%)$；

③ t 为参数，在同一张概率格纸上绘制各历时的 i-P' 曲线；

④ 作转换，次频率 $P' \to$ 年次频率 T，取 $T=0.25a$、$0.33a$、$0.5a$、$1a$、$2a$、$3a$、$5a$、$10a$ 等所对应不同历时的 i 值，制成 i-t-T 关系计算表（表 5-3），绘制出图 5-5。

表 5-3　i-t-T 关系计算表

T/a	t/min								
	5	10	15	20	30	45	60	90	120
	i/(mm/min)								
0.25	1.581	1.109	0.886	0.800	0.648	0.500	0.438	0.373	0.245
0.33	1.869	1.428	1.086	0.935	0.763	0.609	0.526	0.438	0.302
0.5	2.155	1.656	1.315	1.074	0.859	0.700	0.650	0.526	0.341
1	2.442	1.856	1.485	1.307	1.074	0.864	0.786	0.652	0.442
2	2.921	2.065	1.761	1.556	1.303	1.045	0.920	0.715	0.546
3	3.128	2.390	1.913	1.735	1.455	1.167	1.008	0.818	0.546
5	3.421	2.591	2.065	1.848	1.578	1.284	1.085	0.894	0.600
10	4.000	2.765	2.335	2.000	1.719	1.438	1.245	1.000	0.688
暴雨强度值总计$\sum i$	21.518	15.860	12.846	11.255	9.399	7.607	6.658	5.416	3.710
暴雨强度平均值$\bar{i}$	2.690	1.983	1.606	1.407	1.175	0.951	0.832	0.677	0.464

当设计重现期 $T_{设}$ 大于暴雨资料记录的年限 n 时，前三步同上；然后，依据经验点据，用第 3 章的适线法求出不同历时 t 的暴雨强度 i 和次频率 P' 的理论频率曲线；在该理论曲线上找出 $T=0.25a$、$0.33a$、$0.5a$、$1a$、$2a$、$3a$、$5a$、$10a$ 等所对应的不同历时的 i 值，同样可制成 i-t-T 关系计算表。

设有 n 年实测雨强资料，每年选择 $6\sim8$ 场暴雨数据，样本容量 $S=(3\sim5)n$，则次频率 $P'=\dfrac{m}{S}$（$m=1,2,\cdots,S$），次重现期 $T'=\dfrac{1}{P'}$。次重现期和年重现期的换算关系为：

$$T=\frac{n}{S}T'(a) \tag{5-3}$$

【例 5-1】　设有 20 年实测雨强资料，共取得 100 个最大雨强数据组成一个样本，求 $m=2$ 和 $m=50$ 时雨强的频率和重现期。

【解】　$n=20a$，$S=5n=5\times20=100(a)$。

① $m=2$ 时次频率：$P'=\dfrac{m}{S}=\dfrac{2}{100}=2\%$

$m=2$ 时次重现期：$T'=\dfrac{1}{P'}=\dfrac{1}{0.02}=50$（次）

$m=2$ 时年重现期：$T=\dfrac{n}{S}T'=\dfrac{20}{100}\times50=10$（a）

② $m=50$ 时次频率：$P'=\dfrac{m}{S}=\dfrac{50}{100}=50\%$

$m=50$ 时次重现期：$T'=\dfrac{1}{P'}=\dfrac{1}{0.5}=2$（次）

$m=50$ 时年重现期：$T=\dfrac{n}{S}T'=\dfrac{20}{100}\times2=0.4$（a）

5.2.2 暴雨强度公式

用曲线形式表示 i、t 和 T 的关系，应用时不是很方便，所以工程中一般给 $i\text{-}t\text{-}T$ 曲线族配一个函数形式。采用表 5-3 所列的数据，以重现期 T 为参数，在普通坐标上可绘出不同降雨历时 t-暴雨强度 i 的关系曲线（图 5-6）。图 5-5 和图 5-6 都显示出 i 随着 t 增加而递减的规律性。由于此种曲线基本上属于幂函数（power function），通常用以下公式表示。

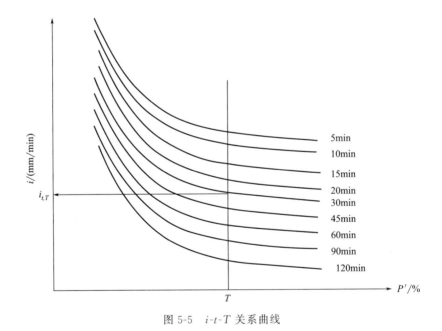

图 5-5　$i\text{-}t\text{-}T$ 关系曲线

（1）在双对数坐标系中，以 T 为参数，取 t 为横坐标、i 为纵坐标，若 $i\text{-}t$ 呈直线，如图 5-7 所示，则：

$$i=\frac{A}{t^{n}}\tag{5-4}$$

（2）在双对数坐标系中，以 T 为参数，取 t 为横坐标、i 为纵坐标，若 $i\text{-}t$ 呈曲线，则：

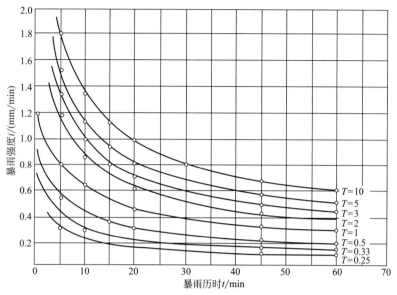

图 5-6　普通坐标中的降雨历时 t-暴雨强度 i-重现期 T 关系曲线

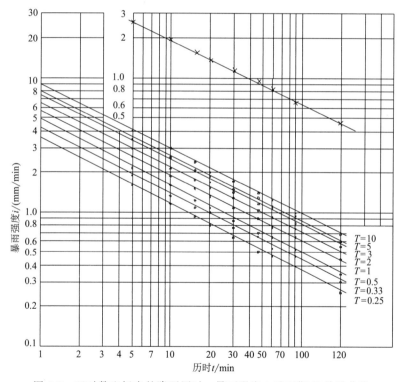

图 5-7　双对数坐标中的降雨历时 t-暴雨强度 i-重现期 T 关系曲线

$$i = \frac{A}{(t+b)^n} \tag{5-5}$$

式中，i 为时段 t 内的最大平均暴雨强度，mm/min；t 为降雨历时，min；n 为暴雨衰减指数；b 为时间参数；A 为一次暴雨过程中最大 1h 暴雨的平均强度，称其为雨力，mm/min

或 mm/h。

由整理点雨量资料的要求可知，上述公式算得的强度 i 应是任意时段 t 内的最大平均暴雨强度值，式(5-4) 为式(5-5) 中 $b=0$ 时的特殊情况。

雨力 A 与重现期 T 的关系有下列表达式：

$$A=A_1(1+C\lg T) \tag{5-6}$$

式中，A_1、C 为地方性参数。

于是式(5-4) 和式(5-5) 可分别写为：

$$i=\frac{A_1(1+C\lg T)}{t^n}$$

$$i=\frac{A_1(1+C\lg T)}{(t+b)^n}$$

5.2.3 暴雨强度公式参数求解

5.2.3.1 求解式（5-4）中的参数

（1）基本原理。对式(5-4) 两边取对数：

$$\lg i=\lg A-n\lg t \tag{5-7}$$

式(5-7) 表明在双对数坐标中 $\lg i$-$\lg t$ 呈直线，n 为直线的斜率，$\lg A$ 为 $t=1$ 时在纵轴上的截距。对式(5-6) 有：

$$A=A_1+A_1 C\lg T=A_1+B\lg T \tag{5-8}$$

式(5-8) 表明在取纵坐标 A 为普通分格、横坐标 T 为对数分格的单对数坐标系中，A-$\lg T$ 呈直线，B 为该直线的斜率，A_1 为 $T=1$ 时在纵轴上的截距。

利用式(5-7) 和式(5-8) 的直线关系，依据从历年自记雨量计记录中整理获得的 i-t-T 相互关系的资料（见表 5-3），常用图解法或最小二乘法求解式(5-4) 和式(5-8) 中的参数 n、A_1、C。

（2）图解法。以表 5-3 所列 i-t-T 关系数据为例，求解参数的具体步骤如下（见图 5-7）。

① 绘制 $\bar{i}$-t 参考线。在双对数坐标内点绘历时相同的各组 i 值的平均值 $\bar{i}$ 与降雨历时 t 关系曲线，此条线不具有重现期的意义，只作为参考线。

② 绘制 i-t 关系线。以 T 为参数，在双对数坐标内，点绘 i-t 关系点，共有九组数据，对每组点据绘出一条与其呈最佳拟合的直线，且均与参考线相平行。

③ 求解参数 n 值。求出相互平行的直线斜率 n，即 $n=0.52$。

④ 求解 A_T（T 时刻雨力 A 的大小）值。当 $t=1$ 时，即可得到各条直线在纵轴上的截距 A，T-A 关系见表 5-4。

表 5-4　T-A 关系

T/a	0.25	0.33	0.5	1	2	3	5	10
A/(mm/min)	3.62	4.1	4.91	5.75	6.52	7.35	8	9.05

⑤ 绘制 A-$\lg T$ 关系线。取半对数坐标，据表 5-4 中数值点绘 A-$\lg T$ 直线，如图 5-8 所示。

⑥ 求解参数 A_1、B、C 值。当 $T=1$a 时，$A=A_1$，即为该直线在纵轴上的截距，得 $A_1=5.75$mm/min。

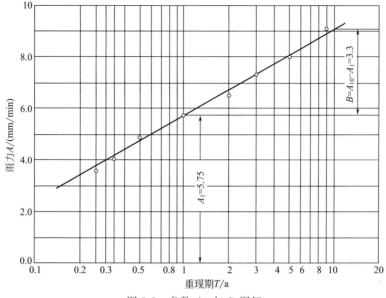

图 5-8　参数 A_1 与 B 图解

当 $T=10a$ 时，根据 $A_{10}=A_1+B$ 有 $B=A_{10}-A_1=9.05-5.75=3.3$（mm/min），则 $C=\dfrac{B}{A_1}=\dfrac{3.3}{5.75}=0.57$，故有：

$$A=5.75\times(1+0.571\lg T)$$

所以，由上述图解法求得的该地区暴雨强度公式为：

$$i=\frac{5.75\times(1+0.571\lg T)}{t^{0.52}}$$

图解法简单易行，但因完全由目估定线求参数，个人的经验对计算结果起着一定的作用，因而适用于点据分布趋势明显的情况。当点据分布规律性不强时，可依据最小二乘法原理求公式中的参数。

（3）最小二乘法。以表 5-3 所列 $i\text{-}t\text{-}T$ 关系数据为例，说明运用最小二乘法求解参数的具体步骤。

① 求解 n_T、A 的公式。对某种重现期 T 而言，可将 i 与 t 看作一组实际观测数据，设每组有 m_1 对 (i,t) 值。

设直线回归方程为：
$$\lg I=\lg A-n\lg t$$

取回归线自变量 t 与实际观测值 t 相等，倚变量即为实际观测值 $\lg i$，它并不一定等于回归线上值 $\lg I$，有：$\lg i-\lg I=\lg i-(\lg A-n\lg t)\neq 0$。

由最小二乘法可知，若要使求得的参数 A、n 为最佳值，实测值与其匹配的回归直线之间的误差平方和应为最小，令：

$$\sum_1^{m_1}(\lg i-\lg A+n\lg t)^2=Y$$

则有：
$$\frac{\partial Y}{\partial n}=2\frac{\partial Y}{\partial n}=2\sum_1^{m_1}(\lg i-\lg A+n\lg t)\lg t=0$$

由于就某一 T 而言，$\lg A$ 为定值，于是有：

$$\sum_{1}^{m_1}(\lg i \lg t) - \lg A \sum_{1}^{m_1}\lg t + n \sum_{1}^{m_1}(\lg t)^2 = 0 \tag{5-9}$$

又有：

$$\frac{\partial Y}{\partial \lg A} = -2\sum_{1}^{m_1}(\lg i - \lg A + n\lg t) = -2\left(\sum_{1}^{m_2}\lg i - m_1\lg A + n\sum_{1}^{m_1}t\right) = 0 \tag{5-10}$$

联立式(5-9) 和式(5-10)，消去 $\lg A$，得：

$$n = n_T = \frac{\displaystyle\sum_{1}^{m_1}\lg i \sum_{1}^{m_1}\lg t - m_1\sum_{1}^{m_1}(\lg i \times \lg t)}{\displaystyle m_1\sum_{1}^{m}\lg^2 t - \left(\sum_{1}^{m_1}\lg t\right)^2} \tag{5-11}$$

式(5-11) 所得的 n 仅与某一重现期 T 相对应，因而记作 n_T；对于不同的重现期，可得到多个略有差异的 n_T 值。

现以表 5-3 中的 $T=5$ 时的 i-t 对应值为例，此时 $m_1=9$，依据式(5-11) 计算，数据整理见表 5-5。

表 5-5　n、A 值计算用表

序号	t/min	$\lg t$	$(\lg t)^2$	i/(mm/min)	$\lg i$	$\lg i \lg t$
1	5	0.699	0.489	3.421	0.534	0.373
2	10	1.000	1.000	2.591	0.413	0.413
3	15	1.176	1.383	2.065	0.315	0.370
4	20	1.301	1.693	1.848	0.267	0.347
5	30	1.477	2.182	1.578	0.198	0.292
6	45	1.653	2.733	1.284	0.109	0.180
7	60	1.778	3.162	1.058	0.035	0.062
8	90	1.954	3.818	0.894	−0.049	−0.096
9	120	2.079	4.322	0.600	−0.222	−0.462
总计	—	13.117	20.780	—	1.600	1.482

将表 5-5 中的相应数据代入式(5-11) 中，得 $T=5a$ 时的暴雨衰减指数为：

$$n_{10} = \frac{1.6 \times 13.117 - 9 \times 1.482}{9 \times 20.780 - (13.117)^2} = 0.511$$

② 求解 n 值。设重现期 T 的总个数为 m_2 个，由式(5-11) 得 m_2 个 n_T 值，在一个暴雨公式中，取其平均值 $\overline{n}$ 作为最终的计算值，有：

$$\overline{n} = \frac{\displaystyle\sum_{1}^{m_2}n_T}{m_2} \tag{5-12}$$

式(5-10) 中的 n 即取此值 $\overline{n}$。

对表 5-3 中其他不同的重现期 n_T 值同样用式(5-11) 求解，依次求得的结果如表 5-6 所示。

表 5-6 n_T 计算结果

T/a	0.25	0.33	0.50	1	2	3	5	10
n_T	0.543	0.552	0.548	0.511	0.510	0.514	0.511	0.508

根据式(5-12) 得：

$$\bar{n} = \frac{0.543+0.552+0.548+0.511+0.510+0.514+0.511+0.508}{8} = 0.525$$

③ 求解 A 值。将根据式(5-12) 所得的 $\bar{n}$ 代入式(5-10) 中，即得到与某一重现期对应的 A 值，则：

$$\lg A = \frac{1}{m_1}\left(\sum_1^{m_1}\lg i + \bar{n}\sum_1^{m_1}\lg t\right) \tag{5-13}$$

将表 5-3 中的数据代入式(5-13) 中，此时，具体计算式为：

$$\lg A = \frac{1}{9}\left(\sum_1^9 \lg i + 0.525\sum_1^9 \lg t\right)$$

则 m_2 个 T 值可得 m_2 个 A_T 值，其结果列入表 5-7 中。

表 5-7 A_T 计算表

T/a	0.25	0.33	0.50	1	2	3	5	10
$A_T/(mm/min)$	3.69	4.44	5.19	6.30	7.34	8.07	8.77	9.81

④ 求解参数 A_1、B、C 值。同理，为求解参数 A_1、B、C 值，对式(5-8) 运用最小二乘法，可得：

$$A_1 = \frac{\sum_1^{m_2}\lg^2 T \sum_1^{m_2}A - \sum_1^{m_2}\lg T \sum_1^{m_2}A\lg T}{m_2\sum_1^{m_2}\lg^2 T - \left(\sum_1^{m_2}T\right)^2} \tag{5-14}$$

$$B = \frac{\sum_1^{m_2}A - m_2 A_1}{\sum_1^{m_2}\lg T} \tag{5-15}$$

则：
$$C = \frac{B}{A_1} \tag{5-16}$$

对表 5-3 所列的相关数据作处理，其结果见表 5-8，然后分别代入式(5-14)～式(5-16) 中，其计算结果为 $A_1 = 6.19$，$B = 3.736$，$C = 0.60$，于是有 $A = 6.19\times(1+0.6\lg T)$。

表 5-8 A、B 值计算用表

序号	T/a	$\lg T$	$\lg^2 T$	$A/(mm/min)$	$A\lg T$
1	0.25	−0.6012	0.3625	3.69	−2.2214
2	0.33	−0.4815	0.2318	4.44	−2.1401
3	0.5	−0.3010	0.0906	5.19	−1.5622
4	1	0.0000	0.0000	6.30	0.0000

序号	T/a	$\lg T$	$\lg^2 T$	$A/(\text{mm/min})$	$A\lg T$
5	2	0.301	0.0906	7.34	2.2093
6	3	0.4771	0.2276	8.07	3.8494
7	5	0.6990	0.4889	8.77	6.1302
8	10	1.0000	1.0000	9.81	9.8100
总计		1.0934	2.4920	53.61	16.0752

⑤ 求出暴雨强度公式。总结以上计算，根据表 5-3 数据，最终求得某地的暴雨强度公式为：

$$i = \frac{6.19 \times (1 + 0.61 \lg T)}{t^{0.525}}$$

将此计算结果与运用图解法计算的结果相比较，由于表 5-3 的点据分布趋势明显，且规律性强，因而两种方法的计算结果比较接近。

5.2.3.2 求解式（5-5）中的参数

（1）基本原理。式（5-5）中的参数包括 n、b、A_1 和 C。对式（5-5）两边取对数：

$$\lg i = \lg A - n \lg(t + b) \tag{5-17}$$

式（5-17）表明在双对数坐标中，若 $\lg i - \lg(t + b)$ 呈直线，n 为直线的斜率，A 为当 $t + b = 1$ 时在纵轴上的截距。问题是在双对数坐标内，当横坐标取 $\lg t$ 时，$i\text{-}t$ 关系线是呈曲线状的。但是可寻求用一种被称为试摆法的方法，将曲线变为直线，接下来就可以应用与求解式（5-4）相同的方法来求解式（5-5）中的参数。

（2）参数求解。具体求解参数的步骤如下。

① 用试摆法求解参数初值 b_T、n_T、A_T。试摆法就是将某一重现期 T 的呈曲线状的 $i\text{-}t$ 关系线变成直线。具体做法是：对于 $\lg i - \lg t$ 曲线，保持其纵坐标 $\lg i$ 不变，而在各个历时 t 上试加某一相同的 b 值，使横坐标 $\lg t$ 变成 $\lg(t + b)$，若各点连线呈直线，该试加的 b 值就是所求得的初值 b_T。

A_T 为此条直线当 $t + b = 1$ 时在纵轴上的截距，直线斜率为 n_T，且有：

$$n = n_T = \frac{\lg A - \lg i}{\lg(t + b)} \tag{5-18}$$

设重现期 T 的总个数为 m_2 个，于是可求得 m_2 个 b_T、n_T 和 A_T 值，从中求出 n 的初次平均值 $\bar{n}$，将其代入式（5-5）中，为再次调整 b 值所用。

② 再次调整参数，确定 b 值。将 $\bar{n}$ 代入式（5-5）中后，可变形为：

$$\frac{1}{i} = \frac{(t + b)^{\bar{n}}}{A} \tag{5-19}$$

两边同开 $\bar{n}$ 次方，有：

$$\left(\frac{1}{i}\right)^{\frac{1}{\bar{n}}} = \frac{t}{A^{\frac{1}{\bar{n}}}} + \frac{b}{A^{\frac{1}{\bar{n}}}} \tag{5-20}$$

由此式可知，在普通坐标中，取 $\left(\dfrac{1}{i}\right)^{\frac{1}{n}}$ 为纵坐标、t 为横坐标，点绘出的 $\left(\dfrac{1}{i}\right)^{\frac{1}{n}}\text{-}t$ 为直线。于是在经过资料整理已获得 $i\text{-}t\text{-}T$ 关系计算表的基础上，计算 $\left(\dfrac{1}{i}\right)^{\frac{1}{n}}$，可获得 $\left(\dfrac{1}{i}\right)^{\frac{1}{n}}\text{-}t\text{-}T$ 关系计算表，据此表数据可绘制 $\left(\dfrac{1}{i}\right)^{\frac{1}{n}}\text{-}t$ 关系直线。对某重现期 T 而言，当 $\left(\dfrac{1}{i}\right)^{\frac{1}{n}}=0$ 时，$b=-t$。

T 的总个数为 m_2 个，由 $\left(\dfrac{1}{i}\right)^{\frac{1}{n}}\text{-}t$ 关系直线可得 m_2 个 b_T 值，其平均值即为所求得的 b 值，有：

$$b = \bar{b} = \frac{1}{m_2}\sum_1^{m_2} b_T \tag{5-21}$$

③ 求解参数 n、A_1、B、C 值。运用式(5-11)、式(5-12)、式(5-14)~式(5-16)，可分别求得 n_T、n、A_1、B、C 值，这些公式中的 t 项改为 $(t+b)$ 代入即可。

由上述介绍的求解暴雨强度公式［式(5-5)］中的参数的方法可知，其运算工作量大，步骤繁杂，故计算速度及其计算精度受到了限制。目前，对于式(5-5)这类非线性求参问题，可用非线性最小二乘估计法，应用计算机编程进行求解。有关详情可查阅相关书籍。

5.2.3.3　缺乏自记雨量计资料情况下求解参数

在无自记雨量计的地区，或自记雨量计记录年限少于 5 年的地区，其暴雨强度公式的推求仍可采用水文比拟法，即参照有长时期自记雨量计记录并且气象条件相似地区的暴雨强度公式，同时依据本地区非自记雨量计记录及气象资料，求出本地区的暴雨强度公式中的参数。以下介绍的两种方法是在缺乏自记雨量计资料情况下常用的推求参数的方法。

(1) 等值线图法。利用等值线图法求解暴雨公式，就是用 n、A 等值线图求解暴雨公式中的参数。暴雨衰减指数 n 值反映地区暴雨特征，在不同气候区域内具有不同的数值。雨力 A 值不仅随着重现期不同而发生变化，还随着区域的不同而变化，重现期 T 越长，A 值也就越大。具体方法如下。

① 在双对数坐标中，若 $i\text{-}t$ 呈直线，对于式 $i=\dfrac{A}{t^n}$ 中参数的求解，可查阅各地刊印的水文手册。手册中一般都附有暴雨公式参数 A、n 的等值线图。已知工程所在地点，就可以在包含此地点的相应的等值线图上查得 A 和 n 值，其中雨力 A 值与暴雨频率或重现期有关，故常记作 A_P（或 A_T）等值线图。

② 在双对数坐标中，若 $i\text{-}t$ 呈曲线，在小流域暴雨计算时，根据对大量长期自记雨量计资料的分析结果说明，暴雨衰减指数 n 与降雨历时长短有关，大多数地区的 n 值通常在降雨历时 $t=1\text{h}$ 前后发生变化，于是将 n 值分属长、短两个历时来赋值，即将 $i\text{-}t$ 关系曲线转变为 $i\text{-}t$ 关系直线。若降雨历时 $t<1\text{h}$，取 $n=n_1$；若降雨历时 $t>1\text{h}$，取 $n=n_2$。计算时所需的 n_1 和 n_2 数值，可查阅各地方编制的 n_1、n_2 等值线图，且一般 $n_2>n_1$。我国水利水电科学研究院水文研究所对全国 8 个城市的较长时期的暴雨实测资料进行了分析研究，结果认为各地可采用统一形式的暴雨强度公式，即 $i=\dfrac{A}{t^n}$。

参数 A_P 值的获取，一是查阅当地绘制的 A_P 等值线图；二是用与 A_P 设计频率相同的年最大 24h 暴雨量（$H_{24,P}$）计算，即：

$$A_P = \frac{H_{24,P}}{24^{1-n}} = \frac{K_P \overline{H}_{24}}{24^{1-n}} \quad (5\text{-}22)$$

对式（5-22）推导如下。设水文样本资料由年最大 24h 暴雨量组成，该样本的均值记作 $\overline{H}_{24}$（据当地多年平均最大 24h 暴雨量等值线图可查阅此值），其模比系数记作 $K_P = \dfrac{H_{24,P}}{\overline{H}_{24}}$，则：

$$H_{24,P} = K_P \overline{H}_{24} \quad (5\text{-}23)$$

若已知设计频率 P、样本的变差系数 C_V（据当地多年平均最大 24h 暴雨量变差系数等值线图可查阅此值）及经验值 $C_S = 3.5 C_V$，又因为 $K_P = 1 + C_V \phi_P$，查本书附录 4 即可求出 K_P 值。

又设 24h 的暴雨强度为 i_P，有：

$$H_{24,P} = i_P t = \frac{A_P}{t^n} t = A_P t^{1-n} = A_P 24^{1-n}$$

即

$$A_P = \frac{H_{24,P}}{24^{1-n}} \quad (5\text{-}24)$$

于是，将式（5-23）代入式（5-24）中，即得式（5-22）。

（2）最大日降雨量法。我国《室外排水设计标准》推荐的暴雨强度 $q [\text{L}/(\text{s} \cdot \text{hm}^2)]$ 公式为：

$$q = \frac{(20+b)^n q_{20} (1 + C \lg T)}{(t+b)^n} \quad (5\text{-}25)$$

式中　　t——降雨历时，min；

　　　　T——设计重现期，a；

C、n、b——地方性参数，可参照邻近有自记雨量计资料且气象条件相似的地区进行推算，或依据实践经验推求；

　　　q_{20}——当 $T = 1a$、$t = 20\text{min}$ 时的本地区暴雨强度，$\text{L}/(\text{s} \cdot \text{hm}^2)$。

$$q_{20} = \alpha h_d^{\beta} \quad (5\text{-}26)$$

式中，α、β 为地区参数，见表 5-9；h_d 为多年平均最大日降雨量，mm。

表 5-9　α、β 数值

分区	范围	α	β
Ⅰ	东北及河北省东北部	4.47	0.294
Ⅱ	西北地区	7.51	0.627
Ⅲ	山西、河南、山东北部、河北西北部	3.66	0.867
Ⅳ、Ⅴ	东南沿海、江西、湖南、湖北及广西	16.8	0.525
Ⅵ	西南地区	24.8	0.442

采用式（5-26）求解计算简便，要求的资料简单，仅需有多年平均最大日降雨量一项即可。但是为保证计算结果的可靠性，资料年数不应短于 10 年。

5.2.4　降雨雨型

降雨雨型（或降雨过程线，hyetograph）是指在一次降雨事件中，降雨强度（或降雨量）

随时间的变化模式，可以反映出在特定时间段内降雨的分布情况，是水文学和水资源工程中用于模拟和分析降雨事件对流域径流影响的重要工具。对于洪水峰值计算，降雨雨型的应用具有重要意义，降雨雨型能够提供详细的输入数据，帮助更准确地模拟流域对降雨事件的响应，进而预测洪水峰值，有助于评估不同降雨情景下的洪水风险，为城市规划和洪水管理提供支持。通过合理应用降雨雨型，可以提高洪水预测的准确性和水利工程设计的可靠性。

5.2.4.1　设计降雨雨型

在暴雨洪水计算中，设计降雨雨型可按以下三种方法确定。

（1）历史典型降雨雨型。通过分析长期的降雨记录，识别出典型的降雨事件和其降雨强度随时间的变化模式，采用统计分析方法确定设计降雨过程。

（2）人工合成降雨雨型。结合城市暴雨强度公式编制的采样过程，收集降雨过程资料和雨峰位置，基于历史降雨数据构造设计降雨事件（如芝加哥雨型、美国 NRCS 的 SCS 雨型等），以代表特定重现期（如 100 年一遇）的降雨模式。

（3）水文气象模型。使用水文学或气象学模型，根据气候条件和地理因素模拟降雨事件，生成降雨雨型。

5.2.4.2　芝加哥雨型推求

芝加哥雨型是一种广泛应用于城市排水系统和防洪工程的设计降雨雨型，特点是降雨强度在短时间内迅速增加至峰值，然后逐渐减小，模拟了实际观测到的短历时强降雨事件的典型特征，适用于模拟短时强降雨事件。

目前我国大多数城市和地区尚未建立设计雨型，特别是缺乏对长历时降雨资料的总结。同倍比放大法和同频率放大法在我国的水利领域应用较广，目前北京等城市已据此建立了24h 设计雨型。根据《城镇内涝防治技术规范》（GB 51222—2017），当设计降雨历时较短（小于 3h）时，可参考当地的暴雨强度公式，通过下列方法人工合成芝加哥雨型。

（1）雨峰发生前（上升段）：

$$q_a = \frac{A_1(1-n)t_b/(r+b)}{[t_b/(r+b)]^{n+1}} \tag{5-27}$$

（2）雨峰发生后（下降段）：

$$q_b = \frac{A_1[(1-n)t_a/(1-r)+b]}{[t_a/(1-r)+b]^{n+1}} \tag{5-28}$$

式中，q_a 为某时刻上升段暴雨强度，mm/h；A_1、n、b 为暴雨强度公式 [式(5-36)] 中的参数；r 为雨峰位置参数，可取 $0.3 \sim 0.4$；t_a、t_b 分别为雨峰下降段和上升段的时间，min；q_b 为某时刻下降段暴雨强度，mm/h。

5.3　暴雨洪峰流量计算方法

5.3.1　流域出口断面流量的组成

流域汇流是指在流域各点产生的净雨，经过坡地和河网汇集到流域出口断面，形成径流的全过程。

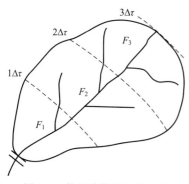

图 5-9　某流域等流时线示意

同一时刻在流域各处形成的净雨距流域出口断面远近、流速不相同，所以不可能全部在同一时刻到达流域出口断面。但是，不同时刻在流域内不同地点产生的净雨，却可以在同一时刻流达流域的出口断面，如图 5-9 所示。

5.3.1.1　基本概念及含义

流域汇流时间 τ_m：流域上最远点的净雨流到出口的历时。

汇流时间 τ：流域各点的地面净雨流达出口断面所经历的时间。

等流时面积 $dF(\tau)$：同一时刻产生且汇流时间相同的净雨所组成的面积。

5.3.1.2　流量成因公式及汇流曲线

流域出口断面 t 时刻的流量 $Q(t)$，是各种不同的等流时面积上在 t 时刻到达出口断面的流量之和，即：

$$Q(t) = \int_0^t dQ(t) = \int_0^t i(t-\tau) dF(\tau) \tag{5-29}$$

又因为等流时面积是汇流时间 τ 的函数，因此有 $dF(\tau) = \dfrac{\partial F(\tau)}{\partial \tau} d\tau$，则有流量成因公式：

$$Q(t) = \int_0^t i(t-\tau) \frac{\partial F(\tau)}{\partial \tau} d\tau \tag{5-30}$$

式中，$\dfrac{\partial F(\tau)}{\partial \tau} = u(\tau)$ 称为流域的汇流曲线，则有：

$$Q(t) = \int_0^t i(t-\tau) \frac{\partial F(\tau)}{\partial t} d\tau = \int_0^t i(t-\tau) u(\tau) d\tau = \int_0^t i(\tau) u(t-\tau) d\tau \tag{5-31}$$

式(5-30) 称为卷积公式。由此式可知，流域出口断面的流量过程取决于流域内的产流过程和汇流曲线。当已知流域内降雨形成的净雨过程时，汇流计算的关键就是确定流域的汇流曲线。

5.3.2　等流时线法

5.3.2.1　等流时线概念

等流时线法（isochrones method）是用于流域汇流计算的方法之一。该方法基于流域或小流域内不同部分产生的径流到达汇水点（如流域出口）所需时间的差异，通过将流域划分为若干个等流时区域，来估算整个流域的汇流过程。等流时线指的是流域内不同部分产生的径流到达某一特定点（通常是流域出口或某一测量点）所需时间相同的虚拟线，如图 5-9 所示，等流时线是流域上汇流时间 τ 相等点的连线，即标有 $1\Delta\tau$、$2\Delta\tau$、…的虚线（$\Delta\tau$ 为单位汇流时段长）。

等流时线将流域划分为若干个区域，这些区域内的任何一点产生的径流到达指定点的时间是相同的，等流时面积是指两条相邻等流时线间的面积。等流时线法的原理是假定流域内的径流会沿最快路径流向流域出口。通过等流时面积划分，可以简化汇流过程的计算，将复杂的流域汇流问题转化为几个单一流时区的汇流问题，通过考虑不同区域径流到达目标点的时间差异来模拟整个流域的径流过程，用于精确描述流域内的汇流过程。等流时线法主要应用于流域的汇流分析中，特别是在设计洪水计算、城市排水系统设计、河流洪水预报等领域。

等流时线主要用于描绘流域内径流汇集的空间分布和时间延迟，适用于考虑地形和土地利用情况对汇流影响较大的情况。

5.3.2.2 不同净雨历时下的流域汇流过程

等流时线的概念在许多水文模型中被用来获得汇流时间和流域出口处的洪水过程线。利用等流时线概念，分析图 5-9 流域上不同净雨情况下所形成的出口断面地面径流过程。为计算上的方便，取计算时段 Δt 等于汇流时段 $\Delta \tau$，分两种情况进行讨论。

（1）地面净雨历时等于一个汇流时段（$T_s = \Delta t = \Delta \tau$）。流域上一次均匀净雨，历时 $T_s = \Delta t = \Delta \tau$，净雨深 R_s，雨强 $i_s = R_s / \Delta t$。

净雨开始（$t = 0$）时，雨水尚未汇集到出口，此时流量为零，即 $Q_0 = 0$。

第 1 时段末 $t = 1\Delta \tau$ 时，最初降落在 $1\Delta \tau$ 线上的净雨在向下流动过程中，沿途不断地汇集 F_1 上持续的净雨，当它到达出口（$t = 1\Delta \tau$）时，正好汇集了 F_1 上沿途产生的地面净雨。此时的流量为：

$$Q_1 = \frac{R_s}{\Delta t} F_1 = i_s F_1$$

第 2 时段末 $t = 2\Delta \tau$ 时，最初降落在 $2\Delta \tau$ 线上的净雨在向下流动过程中，沿途不断地汇集 F_2 上持续的净雨，当它到达 $1\Delta \tau$ 线位置时，净雨停止，所以再继续向下运动中，将不继续汇集雨水。在第 2 时段末流量为：

$$Q_2 = \frac{R_s}{\Delta t} F_2 = i_s F_2$$

第 3 时段末 $t = 3\Delta \tau$ 时，与上面同样的道理，此时的流量为：

$$Q_3 = \frac{R_s}{\Delta t} F_3 = i_s F_3$$

第 4 时段末 $t = 4\Delta \tau$ 时，净雨最末时刻（$t = 1\Delta \tau$）降落在流域最远点的净雨，正好流过出口，故此时流量为零：

$$Q_4 = 0$$

（2）地面净雨历时多于一个汇流时段（$T_s \geq 2\Delta t$）。流域上净雨历时 $T_s = 3\Delta t$，雨强 $i_{s1} = \frac{R_{s1}}{\Delta t}$，$i_{s2} = \frac{R_{s2}}{\Delta t}$，$i_{s3} = \frac{R_{s3}}{\Delta t}$，它们各自在流域出口形成的地面径流流量过程，可用与上面完全相同的方法求得，如表 5-10 所列和图 5-10、图 5-11 所示。

表 5-10　按等流时线原理计算地面径流过程示例（$T_s = \tau_m$）

时间 $t(\Delta t)$	净雨 $R_{s,j}$	净雨强度 $i_{s,j}$	各时段净雨的地面径流过程			整个净雨在流域出口的地面径流过程 Q_t
			$R_{s,1}$	$R_{s,2}$	$R_{s,3}$	
（1）	（2）	（3）	（4）	（5）	（6）	（7）

时间 $t(\Delta t)$	净雨 $R_{s,j}$	净雨强度 $i_{s,j}$	各时段净雨的地面径流过程			整个净雨在流域出口的地面径流过程 Q_t
			$R_{s,1}$	$R_{s,2}$	$R_{s,3}$	
0			0			$Q_0=0$
1	$R_{s,1}$	$i_{s,1}$	$i_{s,1}F_1$	0		$Q_1=i_{s,1}F_1$
2	$R_{s,2}$	$i_{s,2}$	$i_{s,1}F_2$	$i_{s,2}F_1$	0	$Q_2=i_{s,1}F_2+i_{s,2}F_1$
3	$R_{s,3}$	$i_{s,3}$	$i_{s,1}F_3$	$i_{s,2}F_2$	$i_{s,3}F_1$	$Q_3=i_{s,1}F_3+i_{s,2}F_2+i_{s,3}F_1$
4			0	$i_{s,2}F_3$	$i_{s,3}F_2$	$Q_4=i_{s,2}F_3+i_{s,3}F_2$
5				0	$i_{s,3}F_3$	$Q_5=i_{s,3}F_3$
6					0	$Q_6=0$

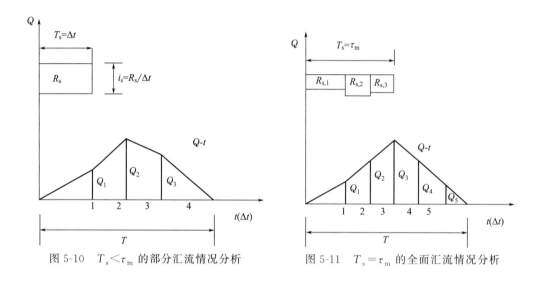

图 5-10　$T_s<\tau_m$ 的部分汇流情况分析　　　　图 5-11　$T_s=\tau_m$ 的全面汇流情况分析

5.3.2.3　等流时线法推求洪水峰值

不同净雨历时下的流域汇流过程，可以归纳为以下几种情况。

（1）一个时段的净雨在流域出口断面形成的地面径流过程，等于该净雨强度与各块等流时面积的乘积，即 $Q_i=i_sF_i$。多时段净雨在流域出口形成的地面径流过程，等于它们各自在出口形成的地面径流过程叠加。

（2）当净雨历时 T_s 小于流域汇流时间 τ_m 时，称为流域部分面积汇流造峰（部分汇流造峰），此时，流域出口暴雨洪峰流量计算公式为：

$$Q_s=q\psi F_p \tag{5-32}$$

式中　Q_s——设计暴雨峰值流量，L/s；

　　　q——设计暴雨强度，L/(s·hm^2)；

　　　ψ——径流系数；

　　　F_p——最大共时汇流面积，hm^2。

当净雨历时 T_s 大于或等于 τ_m 时，称为流域全面积汇流造峰（全面汇流造峰）。此时，流域出口暴雨洪峰流量计算公式为：

$$Q_s=q\psi F \tag{5-33}$$

式中　F——流域面积，hm^2。

（3）地面径流总历时 T 等于净雨历时 T_s 与流域汇流时间 τ_m 之和，即：

$$T = T_s + \tau_m \tag{5-34}$$

由此可见，当最大降雨强度发生在全面积汇流造峰时，流域出口的流量达到最高，即流量峰值。

5.3.3　推理公式法

5.3.3.1　推理公式法通式

推理公式法（rational method）是一种 19 世纪末建立的洪峰流量计算的简便方法，常用于小流域的径流峰值计算（流域面积通常小于 $2km^2$）。推理公式法从流域产流、汇流的基本理论出发，假定降雨强度、下渗强度在流域面积内均匀分布，假设流域的径流峰值发生在降雨强度等于流域汇流时间时刻，基于等流时线原理，推求得出净雨产生后流域出口断面的洪峰流量，其计算通式同式(5-33)。

5.3.3.2　推理公式法在城市排水工程中的应用

《室外排水设计标准》中，式(5-5)为设计暴雨强度计算标准公式。经过单位换算，将降雨强度 i（mm/min）换算为城市排水工程常用的降雨强度 $q[L/(s \cdot hm^2)]$，得到：

$$q = \frac{1000}{6}i = 167i \tag{5-35}$$

即：

$$q = \frac{167A_1(1 + C\lg T)}{(t + b)^n} \tag{5-36}$$

式中　　　　q——设计暴雨强度，$L/(s \cdot hm^2)$；

　　　　　　i——设计暴雨强度，mm/min；

　　　　　　t——暴雨历时，min；

　　　　　　T——设计重现期，a；

A_1、C、b、n——地方性参数，根据统计方法进行计算确定。

目前我国各地已积累了完整的自记雨量计记录资料，可采用数理统计法计算确定暴雨强度公式。《室外排水设计标准》对 A_1、C、b、n 地方性参数推求的要求如下：具有 20 年以上自记雨量计记录的地区，排水系统设计暴雨强度公式应采用年最大值法，并应按标准附录 B 的规定编制。我国大多数城市的暴雨强度公式编制已完成，可以参考各个省、区、市地方标准编制的公式。

在城市排水管渠设计中，《室外排水设计标准》规定：当采用推理公式法时，排水管渠的雨水设计流量应按式(5-33)计算。同时规定：当汇水面积大于 $2km^2$ 时，应考虑区域降雨和地面渗透性能的时空分布不均匀性和管网汇流过程等因素，采用数学模型法确定雨水设计流量。

在应用式(5-33)进行城市雨水管渠的设计过程中，设计重现期和降雨历时的选择和计算要注意以下问题。

（1）雨水管渠设计重现期 T，应根据汇水地区性质、城镇类型、地形特点和气候特征等因素，经技术经济比较后，按照《室外排水设计标准》或者地方标准的规定取值。同一排水系统可采用同一重现期或不同重现期；人口密集、内涝易发且经济条件较好的城镇，应采用规定的设计重现期上限；新建地区应按规定的设计重现期执行，既有地区应结合海绵城市建设、地区改建、道路建设等校核、更新雨水系统，并按规定设计重现期执行；同一雨水系统可采用不同的设计重现期；中心城区下穿立交道路的雨水管渠设计重现期应按表 5-11 中"中心城区地下通道和下沉式广场等"的规定执行，非中心城区下穿立交道路的雨水管渠设计重现期不应小于 10 年，高架道路雨水管渠设计重现期不应小于 5 年。

表 5-11 《室外排水设计标准》中规定的雨水管渠设计重现期　　　　　单位：a

城镇类型	城区类型			
	中心城区	非中心城区	中心城区的重要地区	中心城区地下通道和下沉式广场等
超大城市和特大城市	3～5	2～3	5～10	30～50
大城市	2～5	2～3	5～10	20～30
中等城市和小城市	2～3	2～3	3～5	10～20

注：1. 表中所列设计重现期适用于采用年最大值法确定的暴雨强度公式。

2. 雨水管渠按重力流、满管流计算。

3. 超大城市指城区常住人口在 1000 万人以上的城市；特大城市指城区常住人口在 500 万人以上、1000 万人以下的城市；大城市指城区常住人口在 100 万人以上、500 万人以下的城市；中等城市指城区常住人口在 50 万人以上、100 万人以下的城市；小城市指城区常住人口在 50 万人以下的城市（以上包括本数，以下不包括本数）。

（2）雨水管渠的降雨历时，应按下式计算：

$$t = t_1 + t_2 \tag{5-37}$$

式中　t——降雨历时，min；

　　　t_1——地面集水时间，min，应根据汇水距离、地形坡度和下垫面类型通过计算确定，宜采用 5～15min（在地面平坦、地面种类接近、降雨强度相差不大的情况下，地面集水距离是决定集水时间长短的主要因素，地面集水距离的合理范围是 50～150m）；

　　　t_2——管渠内雨水流行时间，min。

5.3.3.3　推理公式法的局限性

推理公式法因其简便易行而被广泛应用，特别是在初步设计和小型项目中，但它存在一些局限性。

（1）推理公式假设整个流域及其汇流过程中的降雨强度保持恒定，这与实际降雨事件的时空变异性不符。特别是在面积较大的流域中，降雨的时空分布通常是不均匀的。因此，对于具有时空分布不均匀的复杂降雨事件，推理公式法的准确性会受到限制。

（2）在式(5-32) 及式(5-33) 中，径流系数 ψ 是根据经验估计的，但它不仅受到流域土地覆盖和土壤类型的影响，还取决于降雨强度和持续时间。这种泛化方法忽略了局部条件对径流过程的具体影响。

（3）推理公式法没有充分考虑地形坡度、土壤渗透性和下垫面条件等流域特性，这些特性在空间上分布不均匀，并且对流域的汇流路径和时间产生显著影响。

因此，推理公式法主要适用于小型流域（通常不超过 2km²）。对于较大或结构复杂的流域，该方法的准确性会显著降低。在这些情况下，应采用降雨径流模型等更高级的方法进行分析。《室外排水设计标准》、《城镇内涝防治技术规范》均规定：当汇水面积大于 $2km^2$ 时，应考虑区域降雨和地面渗透性能的时空分布不均匀性以及管网汇流过程等因素，采用数学模型法确定雨水设计流量。

5.3.4　水文数学模型法

小流域的水文数学模型法计算如"4.4.2.2 水文数学模型法"所述。

5.3.5　地区经验公式法

小流域的地区经验公式法计算如"4.4.2.3 地区经验公式法"所述。

5.4　城市暴雨径流特征

城市暴雨径流特征受到城市化进程中地表覆盖和排水设施变化的显著影响，与自然流域相比，城市流域在暴雨期间表现出独特的径流响应特征。

5.4.1　城市化对暴雨流量过程线的影响

城市暴雨径流特征体现了城市化对水文循环的深刻影响，对城市排水和洪水管理提出了挑战，需要采用综合性的雨水管理措施和基础设施改进来应对。

5.4.1.1　暴雨径流总量增加

在自然环境中，土壤和植被的存在使得大部分降水得以吸收和渗透，仅有少量转化为地表径流。然而，随着城市化的进程，大量自然下垫面被混凝土和沥青等硬质材料替代，显著降低了雨水渗透能力。这一变化直接导致更多降水变成地表径流，从而增加了地表径流总量。在城市区域，暴雨产生的径流系数（即地表径流量与总降雨量的比率）明显高于自然状态下的流域。

5.4.1.2　暴雨峰现时间提前、峰值增加

城市地区的地表径流对降雨的响应迅速，一旦发生暴雨，地表径流几乎立即形成，并迅速达到峰值。这与自然流域形成鲜明对比。其中，城市化导致的不透水表面增加不仅提升了地表径流总量，还造成洪水峰值的提高和洪峰到达时间的提前。自然地表条件下，土壤和植被有助于减缓径流形成速度，延迟洪水峰值到达时间。然而，在城市环境中，不透水下垫面改变了地表的物理特性，如粗糙度和坡度，促进了雨水的快速汇集和传输，从而缩短了洪峰到达时间并增加了峰值流量。此外，城市排水系统的设计旨在快速排除地表雨水，降低积水和洪水风险，进一步缩短雨水从降落到地面到到达河流的时间，导致流量峰值的增加。

5.4.2　超标降雨对城市暴雨径流演进的影响

城市暴雨径流的演进特征受到多种因素影响，包括城市地形、土地利用类型、下垫面条件和排水系统设计等。特别是在超标降雨的情景下，地形复杂的城市对径流行为、流向和积水现象的影响尤为突出，引发的径流和风险的差异性显著增加。

5.4.2.1　客水入侵

超标降雨事件由于降雨强度的显著增加，可能导致原有的水流路径发生变化。在自然流

域中，雨水通常沿着地形较低的路径流动。超标降雨改变了城市地区雨水的排放路径，特别是在地形复杂或排水设施设计有限的地区，原有的排水系统无法处理突如其来的大量水流，导致水流溢出常规渠道，寻找新的流动路径，如改道穿过街道、公园或其他开放空间，甚至进入地下空间，这种非计划的水流改道导致下游的汇流面积急剧增大，从而增加了这些区域的客水流量，导致原本设计为安全区域的地方面临洪涝风险。在地形起伏明显的城市中，地形变化不仅影响雨水的汇集方向和速度，还可能在斜坡较大的地区导致径流量显著增加。特别是在极端降雨情况下，城市低洼区域和地下空间极易积水，增加了洪水发生的风险。然而，从另外一个角度来说，这些结构能够在一定程度上暂存雨水，并在之后将其缓慢释放到城市排水系统或自然水体中，可以减轻下游排水系统的负担。

5.4.2.2 径流路径复杂多变

城市的地形特征，包括由人造结构和自然地貌形成的变化，如道路、地下通道、地铁隧道以及地下建筑等，对自然地形产生了显著的改变。这些变化对地表水的流向和集聚有直接影响，进一步影响了城市降雨径流的生成和发展。例如，路缘石可以将水流引向排水设施，绿地和雨水花园则通过降低水流速度来促进雨水的渗透。管渠排放系统和地下空间的设计改变了水流的自然路径，这种改变增加了城市径流过程的复杂性。当降雨量超过城市排水系统的处理能力时，管道中的水可能溢出至街道，使得道路和管道共同构成了一个地面和地下相结合的双排水系统。在这个系统中，道路与管道通过检查井在垂直方向上交换流量，道路间则通过交叉口在水平方向上进行流量交换。雨水可能在街道上排放，通过检查井回流至管道内，或沿着街道网络流向其他区域。在整个双排水系统中，随着降雨的进行和下游边界条件的变化，洪水的流量负载在垂直和水平方向上动态分配，增加了洪水发生的不可预测性。

5.4.2.3 洪涝风险的时空突变

城市下穿道和地下空间这些洪涝脆弱区域通常设计有排水设施，但在超标降雨条件下，降雨量远远超出设计标准，导致排水能力迅速饱和，容易迅速积水。这些结构一旦溢出水或其排放遭到阻碍，就可能引起上游或周围地区水位的急剧上升，进而触发局部洪涝。因此，超标降雨事件下，这些区域积水可能在更短的时间内发生，加速了洪涝风险的累积。地下空间和下穿道的积水不仅局限于直接被水淹没的区域。通过地下连接，洪水可以迅速传播到其他地下空间，甚至通过入口、出口、通风井等结构影响到地面，导致更广泛区域的洪涝风险。由于地下空间的复杂性和相互连接性，超标降雨导致的洪涝可能出现在人们意料之外的地点。例如，一个区域的地下车库可能因为与其他地下结构的连接而受到另一区域降雨的影响。城市洪涝风险的时空突变增加了城市应对洪涝的复杂性，城市规划和基础设施设计需要考虑到超标降雨下地下空间洪涝风险的时空特性，采用更为灵活和韧性的策略来减轻洪涝风险。

 任务解决

根据多年平均雨量 $\bar{h}$、降雨历时 $\bar{t}$ 等，全国大体上可分为 5 个气候带，如下：

① 十分湿润带：$\bar{h} > 1600\text{mm}$、$\bar{t} > 160\text{d}$，分布在我国广东、海南、福建、台湾、浙江大部、广西东部、云南西南部、西藏东南部、江西和湖南山区、四川西部山区。

② 湿润带：$\bar{h} = 800 \sim 1600\text{mm}$、$\bar{t} = 120 \sim 160\text{d}$，分布在秦岭—淮河以南的长江中下游地

区、云南、贵州、四川和广西的大部分地区。

③ 半湿润带：$\bar{h}=400\sim800\text{mm}$、$\bar{t}=80\sim100\text{d}$，分布在华北平原、东北、山西、陕西大部、甘肃、青海东南部、新疆北部、四川西北和西藏东部。

④ 半干旱带：$\bar{h}=200\sim400\text{mm}$、$\bar{t}=60\sim80\text{d}$，分布在东北西部、内蒙古、宁夏、甘肃大部、新疆西部。

⑤ 干旱带：$\bar{h}<200\text{mm}$、$\bar{t}\leqslant60\text{d}$，分布在内蒙古、宁夏、甘肃沙漠区、青海柴达木盆地、新疆塔里木盆地和准噶尔盆地藏北羌塘地区。

 知识拓展

在德国慕尼黑，城市有容量很大的地下调蓄库，在洪水期有很强的调度水量能力。在2434km 的排水管网中，布置着 13 个地下储存水库，这些地下储存水库就好像是 13 个缓冲用的阀门，充当暴雨进入地下管道的中转站。当暴雨不期而至时，地下的储水库用自身 706000m^3 的容量，暂时储存雨水。这种大规模的城市地下蓄水构筑物，既保证汛期排水通畅，又实现了雨水的合理利用。德国同时推广的新型雨水处理系统即洼地-渗渠系统，是由各个就地设置的洼地、渗渠等组成的设施。这些设施与带有孔洞的排水管道连接，形成一个分散的雨水处理系统。通过雨水在低洼草地中短期储存和在渗渠中的长期储存，保证尽可能多的雨水得以下渗，不仅大大减少了雨洪暴雨径流，同时由于及时补充了地下水，可以防止地面沉降，从而使城市水文生态系统形成良性循环。

？ **思考与练习题**

1. 何谓小流域的流域面积范围？

2. 为什么要用暴雨资料推求设计洪水？

3. 怎样推求小流域的设计洪量和设计洪水过程线？试举一种方法说明。

4. 小流域设计暴雨的特点是什么？怎样建立暴雨强度公式？

5. 点雨量资料整理包括哪些具体步骤？

6. 什么是流域最大汇流时间、产流时间、降雨历时？三者有何关联？

7. 某工程设计暴雨的设计频率 $P=2\%$，试计算该工程连续 2 年发生超标准暴雨的可能性。

8. 流域面积分别为 $F_1=0.5\text{km}^2$、$F_2=1.5\text{km}^2$、$F_3=1.0\text{km}^2$，流域汇流历时为 3h，净雨历时为 4h，净雨深依次为 $R_1=30\text{mm}$、$R_2=20\text{mm}$、$R_3=R_4=10\text{mm}$，试求最大洪峰流量。

第6章

城市水文和水资源管理

《**学习目的**》 了解城市水文和水资源的有关概念，熟悉相关水资源管理理念、常用技术和常用分析工具。

《**学习重点**》 国内外经典的水资源管理理念、技术；常用的城市水文水资源分析工具的基本原理及适用场景。

《**学习难点**》 城市水文研究及水资源管理的意义；城市水资源管理的目标。

《**本章任务**》 分别使用简化估算方法和 SWMM 软件对以下城市海绵设施的水资源管理能力进行评估，未提供参数可查阅相关资料假定：雨水花箱，长×宽×高为 2m×0.5m×1m，表面蓄水高度为 0.2m，填料层使用中粗砂，厚度为 0.3m，饱和渗透系数约 0.3cm/min；排水层为砾石填料，厚度为 0.5m，穿孔排水管排水，但正常使用时出水阀门关闭。

《**学习情境**》 我国城市水资源问题的发生和治理是随着我国城镇化进程而逐步演变的。从中华人民共和国成立初期到 20 世纪 80 年代，主要是"以需定供"的保障式供水管理，一大批骨干供水工程得以修建，同时城市给排水网络也逐渐健全；改革开放以后，城市化快速发展，城市用水日趋紧张，城市水资源管理逐渐转变为面向高效利用的"需水管理"；随着城市化的不断发展，进入新时代，城市开始进行多维度的比较健全的综合管理。面向城市水问题治理实践的深入和高质量发展的需要，很多新的理念被提出，如海绵城市、韧性城市、生态城市等。

6.1　城市水资源循环与管理

6.1.1　水资源的概念

　　人类在不同的发展时期，对水资源的界定不同。在《英国大百科全书》中，水资源被定义为"全部自然界任何形态的水，包括气态水、液态水和固态水"。这个定义为水资源赋予了极其广泛的内涵，却忽略了资源的使用价值。在英国 1963 年的《水资源法》中，水资源又被定义为"具有足够数量的可利用水资源"，在这里则强调了水资源的可利用性特点。1988 年，在联合国教育、科学及文化组织（UNESCO）和世界气象组织（WMO）共同制定的《水资源评价活动——国家评价手册》中，水资源被更详细地定义为"可以利用或有可能被利用的水，具有足够数量和可用的质量，并在某一地点为满足某种用途而可被利用"。

在水文学背景下，狭义的水资源是指与生态环境保护和人类生存与发展密切相关的、可以利用的，而又逐年能够得到恢复和更新的淡水，其补给来源为大气降水。广义的水资源就是大气降水，地表水资源、土壤水资源和地下水资源是大气降水的三大主要组成部分。对于一个特定的范围来说，水资源主要有两种转化途径：一是降水形成地表径流、壤中流和地下径流并构成河川径流，通过水平方向排泄到区外；二是以蒸发和散发的形式通过垂直方向回归到大气中。因为河川径流与人类活动、城市发展的关系最为密切，因此这条转化途径以及城市发展对其的影响成为城市水文研究的主要内容。

6.1.2　人类活动对水资源转化过程的影响

水资源是一个天然的系统，其降水补给、产流、汇流、径流过程以及地表水与地下水转化等作用是按照自然规律进行的。但在人类活动影响作用下，人为改变了原有的水资源系统（包括水资源系统结构、径流过程以及作用机理等），使原来的水资源系统更加复杂。人类活动对水资源转化的影响主要表现在：①兴建蓄水、调水工程，改变水资源自然的流动特性和转化过程；②兴建引水、提水工程，开采地表水、地下水，增加水资源的使用量和消耗量的同时，改变了地下水参与降水循环的过程；③生活污水、工业废水、灌溉退水的排放，改变了天然水体的水质状况。图 6-1 展示了城市水资源转化过程。

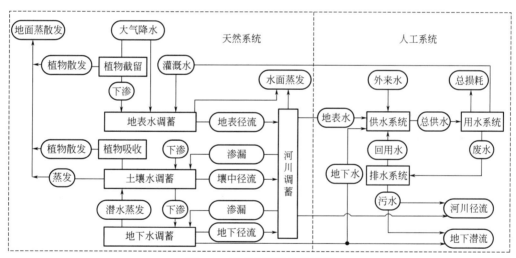

图 6-1　城市水资源转化过程

水资源的转化关系是分析和研究一个地区水资源平衡的科学基础和依据。随着城市人口的持续增长和经济的快速发展，人们对水资源的需求量越来越大，导致城市缺水问题日益严重。科学合理的水资源供需估算，对掌握研究区域供水、用水状况，进行水量平衡分析和需水量计算具有重要的意义。

6.1.3　城市水资源的特性

城市水资源是城市发展中不可缺少的一种特殊的自然资源，在城市水资源管理中主要考虑其以下特性。

（1）流动性。自然界中所有的水都是流动的，地表水、地下水、土壤水、大气水之间可以互相转化，这种转化是永无止境的，没有开始也没有结束。这一特性是由水资源自身的物理性质决定的。也正是由于这一固有特性，水资源才可以恢复和再生，这一特性为水资源的可持续管理奠定了物质基础。

（2）可再生性。水资源的可再生性是指水资源在水量上损失（如蒸发、流失、取用等）后和（或）水体被污染后，通过大气降水和水体自净（或其他途径）可以得到恢复和更新的一种自我调节能力。这也意味着城市水资源管理只需要尽可能发挥原有的自然调节机制便可以实现水资源的高效管理。

（3）多用途性。在城市中，水除了饮用外，还服务于工业生产、农业生产、水力发电、航运、水产养殖等多种用途。这种多用途性决定了城市不同环节对水资源的差异化需求，是水资源管理中必须考虑的因素之一。

（4）利害两重性。水能载舟亦能覆舟，虽然城市发展对水资源总量、质量的需求与日俱增，但是城市大气降水的增加反而会导致内涝、洪水等城市灾害的发生。在城市水资源管理中需要尽可能考虑通过适当的技术手段或者管理措施"趋利避害"。

（5）有限性。虽然水资源具有流动性和可再生性，但它同时又具有有限性。这里所说的"有限性"是指"在一定区域、一定时段内，水资源量是有限的，即不是无限可取的"。全球便于人类利用的水仅占地球总储存水量的 0.77%。对水资源有限性的忽视导致人类过去无序开发利用水资源，打破自然水循环，造成水资源短缺、水环境破坏等严重问题。

6.1.4 城市水问题

城市较为主要的水资源问题包括三个方面：干旱缺水（水少）、洪涝灾害（水多）和水环境恶化（水脏）。

（1）干旱缺水。一方面，由于自然因素的制约，如降水时空分布不均和自然条件差异等，某些地区降雨稀少、水资源紧缺，如南非、中东地区以及我国的西北干旱地区等；另一方面，随着人口的增长和经济的发展，人们对水资源的需求量也在不断增加，从而出现"水资源需大于供"的现象。近年我国提出了"节水优先"，把节水摆在空前高的位置，为推进城市节水和水资源综合管理提供了重要指引。2019 年，国家发展和改革委员会、水利部印发《国家节水行动方案》，规定到 2022 年和 2035 年，全国用水总量分别控制在 6700 亿立方米和 7000 亿立方米以内。

（2）洪涝灾害。由于水资源的时空分布不均，往往在某一时期，世界上许多地区干旱缺水的同时，在另一些地区又出现因突发性降水过多而形成洪涝灾害的现象，这也是地球整体水量平衡的一个反映。此外，全球气候变化加上人类活动对水资源作用的加剧，导致近 50 年来世界上洪涝灾害发生频率和强度在宏观上逐渐加强。可以肯定的是，随着越来越多的地区的城市化进程加快，城市洪灾对经济社会发展带来的负面影响和潜在威胁将日益加重和扩大。2006 年以来，我国每年受淹城市均在 100 座以上，2008～2010 年全国有 62% 的城市发生过内涝，内涝超过 3 次的有 137 座。

（3）水环境恶化，这是人类对水资源作用结果最直接的体现，也是三大水问题中影响面最广、历史最悠久、后果最严重的问题。随着城市的发展，排放到环境中的污水、废水量日益增多。据估计，2000 年前后世界每年有超过 420km^3 的污水排入江河海湖，污染了

$5500km^3$ 的淡水，约占全球径流总量的 14% 以上。并且随着今后的发展，这个数值还会增加。水环境恶化，一方面降低了水资源的质量，对人们身体健康和工农业用水带来不利影响；另一方面由于水资源被污染，原本可以被利用的水资源现在失去了使用价值，造成"水质型缺水"，加剧了水资源短缺的矛盾。

需要注意的是，以上三个问题并不完全独立，往往在一个问题出现时，也伴随着其他问题的产生。如我国西北地区石羊河流域，中上游地区对水资源的大量开发导致下游民勤盆地来水量锐减，继而引起当地对地下水资源的过度开采、重复利用，地下水的多次使用、转化导致水体矿化度增高、耕地盐碱化加重等水环境问题。

6.1.5 城市水资源管理

水资源管理是指以实现水资源的持续开发和永续利用为最终目的，运用技术、经济、法律、行政、教育和政策等手段组织开发利用水资源和防治水害。近年来，技术手段的应用提高了水资源管理的水平，水资源监测、模拟、预测、优化和控制技术的发展对水资源的调蓄、调度和保护起到了重要作用，为指导城市水资源管理逐步走向科学化奠定了基础。

在早期的城市水资源管理实践中，主要通过开源、节流和国民经济调整解决城市水资源供求矛盾。随着城市水资源问题的日益突出，基于水资源兼具自然属性和社会属性的特征，国内外学者提出了城市水资源管理的三条基本准则。

（1）可持续发展的概念强调应先查明水资源潜力或承受能力，而不是利用后期规划来降低（弥补）不良影响。即将水资源的合理开发利用提高到人口、经济、资源和环境协调发展的高度来认识，达到社会、经济的可持续发展和水资源的可持续利用。

（2）综合管理是持续发展的手段，其内涵十分丰富，它包括地表水和地下水、水质和水量的统一管理，环境和水资源的协同规划，水资源价格的合理制定，研究合理使用水资源的新方法，国际共享水资源，各经济部门间的协作与统一等，并最终凝练成一套系统的水资源综合管理模式。

（3）此外，在地下水资源管理中还要重视经济评价。水具有商品属性，因此必须运用价值规律和经济杠杆，制定合理的水价，调节水资源供求矛盾，对城市水资源开发利用方案要进行成本和效益分析。

城市水资源管理是融自然科学、社会科学、工程技术于一体的综合性学科，也是城市可持续发展的重要基础。

6.2 城市水资源管理基本思想与方法

目前，全球各个国家结合自身政治、经济、文化、生态环境条件，形成了多套城市水资源管理的理论体系。由于大气降水、河川径流是城市发展影响自然水文的主要途径，也是城市水资源管理的主要对象，目前各国的城市水资源管理体系都是以雨水管理为主，其中应用较为广泛的是美国的最佳管理实践（Best Management Practices，BMPs）、低影响开发（Low Impact Development，LID），澳大利亚的水敏感城市设计（Water Sensitive Urban Design，WSUD）和我国的海绵城市（Sponge City，SC）。

6.2.1 最佳管理实践

随着 20 世纪早期城市与工业的快速发展，水污染问题成为美国长期关注的环境问题之一。1977 年，美国《地表水水质标准》和水体污染物排放的基本法《清洁水法案》的第一次修正案中正式提出了最佳管理实践（BMPs）这一理念，并将其列为美国国家污染物排放削减体系（National Pollutant Discharge Elimination System，NPDES）中排放许可证授权审核的重要评估内容之一。1981 年，美国环保署（EPA）水务执法和许可证办公室发布了第一版的《最佳管理实践指南》（Best Management Practices Guidance Document），将 BMPs 定义为"防止或尽可能避免（工业厂区）有毒污染物或有害物质大量排入地表水体的措施或工艺"，并要求大中型城市及人口超过 10 万的县级城市、5 英亩（1 英亩 ≈ 4046.86m²）以上的建筑工地和十类典型污染工业企业需要取得许可证后才能将雨水径流排放入河，也正式开启了 BMPs 在城市水资源管理领域的应用和发展。随后在 1993 年这一制度延伸至所有工业企业，1999 年拓展至所有市政雨水设施和建筑工地。

从对象上来看，BMPs 主要针对城市水污染问题的控制，但既包含自然水循环过程中的地表径流污染管理，也包含人工水循环中城市运行、工业生产及城市水处理等各环节的污染源管理；从应用上来看，BMPs 并不强调具体的技术，而是强调由多种技术组合的 BMPs 方案从目标设定、技术选型、风险评估、效果监测、长期维护到人员培训的全过程管控。

6.2.2 低影响开发

低影响开发的概念于 20 世纪 70 年代在佛蒙特州的土地规划文件中由 Barlow 等人第一次提出，90 年代初马里兰州乔治王子郡环境资源署开展了早期的技术研发和应用。1999 年，美国环保署协同乔治王子郡对低影响开发的理论进行总结，发布了《低影响开发：设计策略》（Low Impact Development Design Strategies：An integrated Design Approach），将低影响开发定义为"结合场地的水文过程设计和污染预防措施应用，补偿土地开发对（自然）水文和水质的影响"，并详细阐述了低影响开发中场地规划、水文分析、LID 控制技术、腐蚀和沉积管理、公众推广等五方面的具体方法。由于低影响开发的主要目标是通过使用储存、渗透、蒸发和滞留径流的方式来还原开发前的地块水文，因此 LID 更侧重于相关技术对城市自然水文的恢复能力。

进入 21 世纪，随着美国各州推进 LID 相关指南/规范的研究和编制，各种雨洪管理概念与名词不断涌现，如华盛顿、得克萨斯、佛罗里达等地区仍沿用"低影响开发"，纽约、明尼苏达、马里兰等地区改用"雨洪管理"（stormwater management），而亚利桑那、西雅图等地区则引入了"绿色基础设施"（GI）这一新概念。为了避免歧义和概念混淆，美国环保署于 2012 年将 LID 划入城市面源污染控制相关理念中，以区别于 BMPs 所代表的点源污染控制理念。同时，LID 的定义也被修改为"通过尽可能靠近源头的管理措施，减少雨水径流和污染物负荷的管理方法与技术措施"。

6.2.3 水敏感城市设计

20 世纪 80 年代，澳大利亚西岸主要城市珀斯（Perth）快速发展，加之其夏季干旱的气候特点，城市的自然水质、水量平衡和供水安全受到长期、持续的负面影响。1989 年，

David Hedgcock 与 Mike Mouritz 提出了 "在郊区（居民区）建设中，避免过多地向地下管网系统排水、避免过多地向自然生态系统排水、避免过多地使用自来水和肥料来实现所谓的'绿色生活'"，形成了水敏感设计（water sensitive design，WSD）的雏形，也称为水敏型住区设计（water sensitive residential design，WSRD）。这一时期水敏型设计的主要思路是将水资源管理与环境管理结合，并融入不同空间和时间尺度的规划中，主要要素包括：①缩小独栋房屋的土地面积，降低草坪浇灌用水需求；②减小道路预留宽度，降低径流总量；③雨水就地管理/利用，降低排入管网系统的径流总量；④在保留原有休闲娱乐功能的基础上，增加公园和花园在排水系统中的滞蓄、渗透作用；⑤尽可能保留原有植被系统；⑥利用景观带去除径流中的营养物等。其主要目标是以景观设计为载体，平衡社区水循环，改善社区水环境，保障社区用水安全（水量）。

1992 年，联合国环境与发展会议首次讨论全球气候变暖及其有关问题，投票通过《21世纪议程》（Agenda21），制定了多项可持续发展（sustainable development）的目标，其中"促进人类住区的可持续发展""将环境与发展问题纳入决策进程""保护淡水资源的质量和供应；对水资源的开发、管理和利用采用综合性办法"等内容都与水敏感设计的思路不谋而合。1996 年，Mike Mouritz 将"水敏感住区设计"的理念拓展为"水敏感城市设计"，将其定义为一种"综合考虑城市发展、景观建设和区域水文，制定和实施可持续解决方案的机制"，其措施应当尽可能与自然系统结合、协同，并充分利用（本土）植被对径流进行渗透、缓滞。同时，Mike Mouritz 也对水敏感城市设计的目标进行了拓展：水循环方面，需要维持自然水体水量平衡、降低城市洪涝灾害风险、保障河道岸线健康；水环境方面，需要降低河道淤积、保护水生植物、削减入河/地下水污染物；水安全方面，需要降低灌溉用量、推动雨水和废水回用；环境及社会效益方面，需要提升滨水空间的环境价值、娱乐价值、文化价值。Mike Mouritz 也指出，水敏感城市设计及其目标的达成并非一蹴而就，需要结合实际，设定不同的短期（5 年以下）、中期（10～20 年）和长期（20～100 年）目标，并进行动态评估和调整。

2004 年，澳大利亚经历了连续三年的严重旱情（"千禧年干旱"，2001～2009 年，降雨总量仅为常年平均的 40%～60%），澳大利亚流域水文联合研究中心随即围绕雨水作为非常规水资源进行利用的可行性开展研究，结果表明：水敏感城市设计中的雨水收集及存储技术多为径流总量控制服务，以短时滞蓄为主，不能满足长期的存储需求；处理技术以径流污染控制为目标，处理后也不能满足回用水水质要求，也缺乏相关回用水的技术标准，因此只能局限于小尺度的简单示范，而无法有效推广。在当前环境下，雨水有望，但尚不足以成为非常规水资源。

2009 年，Tony Wong 和 Rebekah Brown 重新审视水敏感城市设计理念的发展历程和在澳大利亚的应用实践，提出了城市面临的主要问题是气候变化条件下带来的水资源不确定性，传统城市向水敏感城市的转变需要在水与社会关系的处理上进行重大变革。这种转变以城市发展中对水资源需求的不断扩大为驱动，通过各类工程措施及非工程手段的功能性、适应性提升，最终实现水敏感城市的三大愿景（图 6-2）：①水资源自给自足，即通过集中-分散组合的基础设施，形成多样化的水源；②生态系统健康平衡，即建成区与自然区都有平衡的生态系统和良好的环境；③公众意识觉醒，即公民对可持续发展与水敏感设计有普遍的、基本的认识，积极遵守相关行为准则并参与决策。

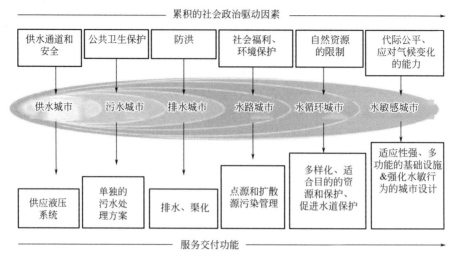

图 6-2　城市水资源管理转型框架（来源：Brown 等人，2009）

随着水敏感城市建设在澳大利亚全国性的推广，人们意识到真正发挥作用的水敏感城市项目既需要建筑、景观、土木等传统城建类专业提供建设方案，也需要环境、生态、经济、社会等专业提供建设目标和评估方法，更需要这些专业深度融合、交叉协作、优势互补。因此，澳大利亚于 2012 年成立了水敏感城市联合研究中心（Cooperative Research Centre for Water Sensitive Cities，CRCWSC），接替流域水文联合研究中心（CRCCH）专门开展水敏感城市相关创新研究工作。除了在本土开展研究应用外，CRCWSC 也尝试通过国际合作项目集思广益，促进水敏感城市设计理念的推广、碰撞和完善，先后参与了昆山城市森林公园、江苏省-维多利亚州海绵城市创新公园、昆山中环快速路三个项目的设计或评估，但由于水敏感城市设计的现有技术与中短期目标都是基于澳大利亚基本国情、客观需求与地区文化发展起来的，因此在国际项目中的适用性有限，这三个项目也成为 CRCWSC 仅有的三个成功的国际合作项目。

2021 年，由于水敏感城市在技术突破中遇到长期瓶颈，CRCWSC 正式解散，蒙纳士可持续发展研究所（Monash Sustainable Development Institute，MSDI）接替并继续开展相关研究工作，并将研究重点从水敏感城市设计转向了水敏感设计与循环经济等可持续发展目标结合，提出了"可持续城市水管理"（sustainable urban water management，SUWM）和"可持续韧性城市"（sustainable and resilient cities）两个新概念。

2022 年，MSDI 发布《城市水指南：可持续韧性城市建设指导》（Urban Water Guide：Aguide for Building Sustainable and Resilient Cities），提出可持续城市水管理旨在通过将不同水体、不同基础设施、不同机构或社区作为一个相互关联的、整体的系统进行考量，在解决洪涝、干旱、热岛、污染等传统城市问题的同时，服务于联合国可持续发展第 6 项（清洁饮水和卫生设施）和第 11 项（可持续城市和社区）目标，增加水的环境、生态、社会、经济价值，建设更具韧性和可持续性的城市。与水敏感城市设计理念相比，可持续城市水管理的理念是对城市所有水资源的系统性管理理念。

6.2.4　海绵城市

中国幅员辽阔，气候类型多样，水文规律复杂：东半部具有大范围的季风气候，夏季湿热多雨，台风、梅雨涝水及上游洪水常年带来水患，但局部地区（如鄱阳湖）也存在汛期反枯的现象；西北地区僻处内陆，具有西风带内陆干旱气候，较为缺水，但甘肃、内蒙古等地又常年面临冬季凌汛风险。

由于旱、汛、涝问题交织，中国古代的雨洪管理以防灾、保收为出发点，衍生出了"洪涝共防、旱涝同治"思想的雏形。流域尺度上，它山堰、郑国渠、灵渠、都江堰等古代大型水利设施都具备平时引水灌溉、汛期分流泄洪、旱时分流蓄水的功能；住区尺度上，江西赣州（福寿沟）、安徽寿县、北京紫禁城等集中居住区大多采用内部"地面透水＋沟渠疏水＋池塘蓄水"、外部"城墙挡水、水窗（止回阀）调节"的方式，既能抵御城外洪水，也能保障城内不涝。

清朝中后期，中国人口从 1764 年的约 2 亿人快速增长至 1911 年的约 4 亿人，加之 1840 年鸦片战争之后，西方工业技术快速流入中国，带动了工业发展，生活模式、产业模式发生了巨大变化，用地、用水、排水规律的系统性改变也使得各地区的水文循环受到冲击，1915 年珠江流域、1931 年全国、1932 年松花江流域、1933 年黄河流域、1935 年长江流域、1939 年海滦河流域洪水频发。

中华人民共和国成立后至 2000 年，人口再次翻倍，从 5.4 亿人增长至 12.7 亿人，城镇化率由 10.64％增长至 36.22％，在人口爆炸与快速城镇化的双重驱动下，人类活动对水文的干扰更为持续、集中。该时期，我国以"控制洪水"为主要防汛思路，在经历了 1954 年淮河洪水、1958 年黄河洪水、1963 年海河洪水、1975 年河南洪灾、1982 年北江洪水、1991 年华东洪灾、1998 年全国特大洪水等多场洪灾后，才逐渐向"管理洪水"转变，开始注重给洪水以出路，并实施洪水风险管理。2009 年，我国已形成了以水库、堤防、蓄滞洪区为主体的拦、排、蓄、分相结合的防洪工程体系，并建立了水雨情监测、山洪灾害和台风预报预警、大江大河主要河段洪水预报等洪水管理与科学决策支撑系统，形成了防洪法、蓄滞洪区运用补偿暂行办法等法规制度。

但随着气候变化带来的极端天气灾害性事件的增多，城市内涝灾害越发频繁。2010 年，住房和城乡建设部（简称住建部）对全国 351 个城市的调研显示，2008～2010 年其中 62％的城市发生内涝，积水深度超过 15cm 的达 90％，积水时间超过 0.5h 的占 78.9％。《2012 低碳城市与区域发展科技论坛》中，首次提出"海绵城市"的概念；2014 年，住建部印发《海绵城市建设技术指南——低影响开发雨水系统构建（试行）》，对"海绵城市"概念进行了定义，即城市能够像海绵一样，在适应环境变化和应对自然灾害等方面具有良好的"弹性"，下雨时吸水、蓄水、渗水、净水，需要时将蓄存的水"释放"并加以利用，提升城市生态系统功能、减少城市洪涝灾害的发生；2015～2016 年，全国性的海绵城市建设正式启动，两批共 30 个城市试点被选为试点城市，开展为期三年的探索实践。这一时期，海绵城市主要以美国低影响开发（LID）的基础理论和技术为参考，结合我国国情进行本土化实践，其主要目标是通过海绵城市建设，最大限度地减少城市开发建设对生态环境的影响，将70％的降雨就地消纳和利用。

2019 年，住建部正式实施《海绵城市建设评价标准》（GB/T 51345—2018），对海绵城市内涵进行了扩充，即"通过城市规划、建设的管控，从'源头减排、过程控制、系统治理'着手，综合采用'渗、滞、蓄、净、用、排'等技术措施，统筹协调水量与水质、生态与安全、分布与集中、绿色与灰色、景观与功能、岸上与岸下、地上与地下等关系，有效控制城市降雨径流，最大限度地减少城市开发建设行为对原有自然水文特征和水生态环境造成的破坏，使城市能够像'海绵'一样，在适应环境变化、抵御自然灾害等方面具有良好的弹性，实现自然积存、自然渗透、自然净化的城市发展方式，有利于达到修复城市水生态、涵养城市水资源、改善城市水环境、保障城市水安全、复兴城市水文化的多重目标"。

2021～2022 年，三部委选拔两批共 45 个城市开展"系统化全域推进海绵城市建设示范"，在海绵城市试点工作经验和成果的基础上，重点聚焦解决城市防洪排涝的难题，建立长效推进机制，为建设宜居、绿色、韧性、智慧、人文城市创造条件。2022 年，住建部发布《住房和城乡建设部办公厅关于进一步明确海绵城市建设工作有关要求的通知》（海绵二十条），对这一时期（目前）的"海绵城市"理念进行了系统性总结，即以"为水留空间、留出路"为基本原则，通过"多专业协同、多目标融合、全生命周期优化"的方式设计综合措施，保护和利用城市自然生态空间，发挥人工空间对雨水的吸纳和缓释作用，实现水的积存、渗透、净化，促进形成生态、安全、可持续的城市水循环；其目标是"使城市在适应气候变化、抵御暴雨灾害等方面具有良好'弹性'和'韧性'"。

6.3　城市水资源管理规划方法

本部分以海绵城市理念为例，介绍城市水资源管理方案的规划过程及相关方法。

6.3.1　管理目标

开展城市水资源管理的首要任务是要明确管理的目标，现阶段在实践中一般包括径流总量控制、径流峰值控制、径流污染控制、雨水资源化利用等（如图 6-3 所示）。应结合研究区域水环境现状、水文地质条件等特点，选择其中一项或多项目标作为规划控制目标，但径流总量控制一般是首要的、最常用的规划控制目标。

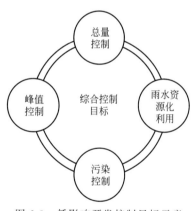

图 6-3　低影响开发控制目标示意

6.3.1.1　径流总量控制目标

（1）目标确定方法。径流总量控制一般采用年径流总量控制率作为控制目标。理想状态下，径流总量控制目标应以开发建设后径流排放量接近开发建设前自然地貌时的径流排放量为标准。自然地貌往往按照绿地考虑，一般情况下，绿地的年径流总量外排率为 15%～20%（相当于年雨量径流系数为 0.15～0.20），因此，借鉴发达国家实践经验，年径流总量控制率最佳为 80%～85%。这一目标主要通过控制频率较高的中、小降雨事件来实现。

实践中在确定年径流总量控制率时，需要综合考虑多方面因素。一方面，开发建设前的径流排放量与地表类型、土壤性质、地形地貌、植被覆盖率等因素有关，应通过分析综合确定开发前的径流排放量，并据此确定适宜的年径流总量控制率。另一方面，要考虑当地水资源禀赋情况、降雨规律、开发强度、低影响开发设施的利用效率以及经济发展水平等因素；具体到某个地块或建设项目的开发时，要结合本区域建筑密度、绿地率及土地利用布局等因素确定。

因此，在综合考虑以上因素的基础上，当不具备径流控制的空间条件或者经济成本过高时，可选择较低的年径流总量控制目标。同时，从维持区域水环境良性循环及经济合理性角度出发，径流总量控制目标也不是越高越好，雨水的过量收集、减排会导致原有水体的萎缩或影响水系统的良性循环；从经济性角度出发，当年径流总量控制率超过一定值时，投资效益会急剧下降，造成设施规模过大、投资浪费的问题。

（2）年径流总量控制率分区。我国地域辽阔，气候特征、土壤地质等天然条件和经济条件差异较大，径流总量控制目标也不同。在雨水资源化利用需求较大的西部干旱半干旱地区，以及有特殊排水防涝要求的区域，需要根据经济发展条件适当提高径流总量控制目标；对于广西、广东及海南等部分沿海地区，由于极端暴雨较多，故设计降雨量统计值偏差较大，导致投资效益及低影响开发设施利用效率不高，可适当降低径流总量控制目标。

我国现行海绵城市建设指南中将我国大陆地区大致分为五个区，并给出了各区年径流总量控制率 α 的最低和最高限值，即 Ⅰ 区（$85\% \leqslant \alpha \leqslant 90\%$）、Ⅱ 区（$80\% \leqslant \alpha \leqslant 85\%$）、Ⅲ 区（$75\% \leqslant \alpha \leqslant 85\%$）、Ⅳ 区（$70\% \leqslant \alpha \leqslant 85\%$）、Ⅴ 区（$60\% \leqslant \alpha \leqslant 85\%$）。

6.3.1.2　径流峰值控制目标

海绵设施受降雨频率与雨型、设施结构设计及运行维护等因素的影响，一般对中、小降雨事件的径流峰值削减效果较好，对特大暴雨事件，虽仍可起到一定的错峰、延峰作用，但其峰值削减幅度往往较低。因此，为保障城市安全，在低影响开发设施的建设区域，城市雨水管渠和泵站的设计重现期、径流系数等设计参数仍然应当按照《室外排水设计标准》（GB 50014—2021）中的相关标准执行。

同时，海绵系统是城市内涝防治系统的重要组成，应与城市雨水管渠系统及超标雨水径流排放系统相衔接，建立从源头到末端的全过程雨水控制与管理体系，共同实现城市水资源的系统管理。

6.3.1.3　径流污染控制目标

城市径流污染控制既要控制分流制径流污染物总量，也要控制合流制溢流的频次或污染物总量。城市径流污染物中，SS（固体悬浮物）往往与其他污染物指标具有一定的相关性，因此，一般可采用 SS 作为径流污染物控制指标，城市海绵系统的年 SS 总量去除率一般可达到 $40\% \sim 60\%$。年 SS 总量去除率可用下述方法进行计算：

年 SS 总量去除率＝年径流总量控制率×低影响开发设施对 SS 的平均去除率

城市或开发区域年 SS 总量去除率，可通过不同区域、地块的年 SS 总量去除率经年径流总量（年均降雨量×综合雨量径流系数×汇水面积）加权平均计算得出。考虑到径流污染物变化的随机性和复杂性，径流污染控制目标一般也通过径流总量控制来实现，并结合径流雨水中污染物的平均浓度和海绵设施的污染物去除率确定。

6.3.2　方案设计

6.3.2.1　建筑与小区

建筑屋面和小区路面径流雨水应通过有组织的汇流与转输，经截污等预处理后引入绿地内的以雨水渗透、储存、调节等为主要功能的海绵设施。因空间限制等原因不能满足控制目标的建筑与小区，径流雨水还可通过城市雨水管渠系统引入城市绿地与广场内的海绵设施

（见 6.3.2.3 部分）。海绵设施的选择应因地制宜、经济有效、方便易行，如结合小区绿地和景观水体优先设计生物滞留设施、渗井、湿塘和雨水湿地等。建筑与小区海绵系统典型流程如图 6-4 所示。

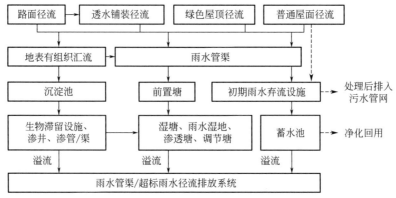

图 6-4　建筑与小区海绵系统典型流程

6.3.2.2　城市道路

城市道路径流雨水应通过有组织的汇流与转输，经截污等预处理后引入道路红线内、外绿地内，并通过设置在绿地内的以雨水渗透、储存、调节等为主要功能的海绵设施进行处理。海绵设施的选择应因地制宜、经济有效、方便易行，如结合道路绿化带和道路红线外绿地优先设计下沉式绿地、生物滞留带、雨水湿地等。城市道路海绵系统典型流程如图 6-5 所示。

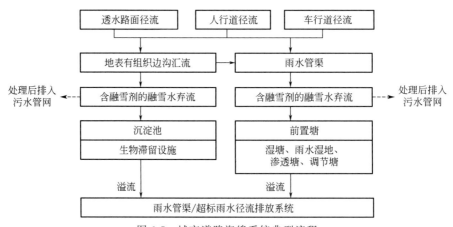

图 6-5　城市道路海绵系统典型流程

6.3.2.3　城市绿地与广场

城市绿地、广场及周边区域径流雨水应通过有组织的汇流与转输，经截污等预处理后引入城市绿地内以雨水渗透、储存、调节等为主要功能的海绵设施，消纳自身及周边区域径流雨水，并衔接区域内的雨水管渠系统和超标雨水径流排放系统，提高区域内涝防治能力。海绵设施的选择应因地制宜、经济有效、方便易行，如湿地公园和有景观水体的城市绿地与广场宜设计雨水湿地、湿塘等。城市绿地与广场海绵系统典型流程如图 6-6 所示。

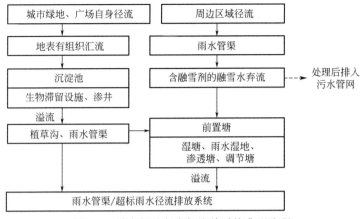

图 6-6 城市绿地与广场海绵系统典型流程

6.3.2.4 城市水系

城市水系在城市排水、防涝、防洪及改善城市生态环境中发挥着重要作用,是城市水循环过程中的重要环节,湿塘、雨水湿地等低影响开发末端调蓄设施也是城市水系的重要组成部分,同时城市水系也是超标雨水径流排放系统的重要组成部分。城市水系设计应根据其功能定位、水体现状、岸线利用现状及滨水区现状等,进行合理保护、利用和改造,在满足雨洪行泄等功能条件下,实现相关规划提出的低影响开发控制目标及指标要求,并与城市雨水管渠系统和超标雨水径流排放系统有效衔接。城市水系海绵系统典型流程如图 6-7 所示。

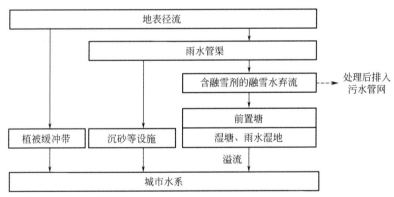

图 6-7 城市水系海绵系统典型流程

6.3.3 技术选型

6.3.3.1 透水铺装

透水铺装按照面层材料不同可分为透水砖铺装、透水水泥混凝土铺装和透水沥青混凝土铺装,嵌草砖、园林铺装中的鹅卵石、碎石铺装等也属于渗透铺装。适用性透水砖铺装和透水水泥混凝土铺装主要适用于广场、停车场、人行道以及车流量和荷载较小的道路,如建筑与小区道路、市政道路的非机动车道等,透水沥青混凝土路面还可用于机动车道。

透水铺装使用时应考虑路段对路基强度和稳定性的要求,土地透水能力有限时,应在透水铺装的透水基层内设置排水管或排水板。当透水铺装设置在地下室顶板上时，顶板覆土厚度不应小于 600mm，并应设置排水层。透水砖铺装典型结构如图 6-8 所示。

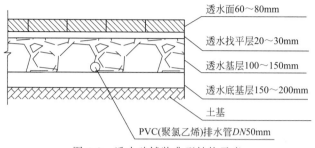

透水面 60～80mm
透水找平层 20～30mm
透水基层 100～150mm
透水底基层 150～200mm
土基
PVC(聚氯乙烯)排水管 DN50mm

图 6-8　透水砖铺装典型结构示意

透水铺装适用区域广、施工方便，可补充地下水并具有一定的峰值流量削减和雨水净化作用，但易堵塞，寒冷地区有被冻融破坏的风险。

6.3.3.2　绿色屋顶

绿色屋顶也称种植屋面、屋顶绿化等，根据种植基质深度和景观复杂程度，绿色屋顶又分为简单式和花园式。基质深度根据植物需求及屋顶荷载确定，简单式绿色屋顶的基质深度一般不大于 150mm，花园式绿色屋顶在种植乔木时基质深度可超过 600mm。绿色屋顶适用于符合屋顶荷载、防水等条件的平屋顶建筑和坡度≤15°的坡屋顶建筑。绿色屋顶的典型构造如图 6-9 所示。

绿色屋顶可有效减少屋面径流总量和径流污染负荷，具有节能减排的作用，但对屋顶荷载、防水、坡度、空间条件等有严格要求。

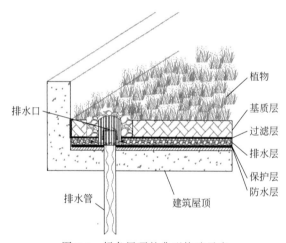

排水口
植物
基质层
过滤层
排水层
保护层
防水层
排水管
建筑屋顶

图 6-9　绿色屋顶的典型构造示意

6.3.3.3　下沉式绿地

下沉式绿地具有狭义和广义之分，狭义的下沉式绿地指低于周边铺砌地面或道路在 200mm 以内的绿地；广义的下沉式绿地泛指具有一定的调蓄容积（在以径流总量控制为目标进行目标分解或设计计算时，不包括调节容积），且可用于调蓄和净化径流雨水的绿地，包括生物滞留设施、渗透塘、湿塘、雨水湿地、调节塘等。狭义的下沉式绿地典型构造如图 6-10 所示。

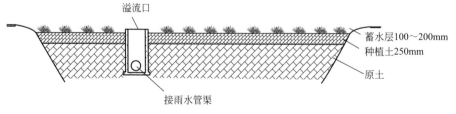

溢流口
蓄水层 100～200mm
种植土 250mm
原土
接雨水管渠

图 6-10　狭义的下沉式绿地典型构造示意

下沉式绿地可广泛应用于城市建筑与小区、道路、绿地和广场内。狭义的下沉式绿地适用区域广，其建设费用和维护费用均较低，但大面积应用时，易受地形等条件的影响，实际调蓄容积较小。

6.3.3.4　生物滞留设施

生物滞留设施指在地势较低的区域，通过植物、土壤和微生物系统蓄渗、净化径流雨水的设施。生物滞留设施分为简易型生物滞留设施和复杂型生物滞留设施，按应用位置不同又称作雨水花园、生物滞留带、高位花坛、生态树池等。简易型和复杂型生物滞留设施典型构造分别如图 6-11 和图 6-12 所示。

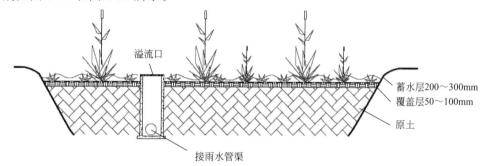

图 6-11　简易型生物滞留设施典型构造示意

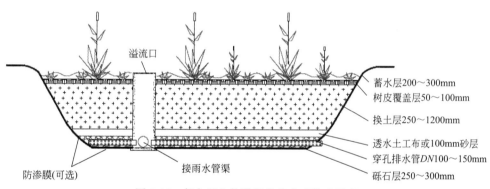

图 6-12　复杂型生物滞留设施典型构造示意

生物滞留设施主要适用于建筑与小区内建筑、道路及停车场的周边绿地，以及城市道路绿化带等城市绿地内。生物滞留设施形式多样，适用区域广，易与景观结合，径流控制效果好，建设费用与维护费用较低；但地下水位与岩石层较高，土壤渗透性能差，地形较陡的地区应采取必要的换土、防渗、设置阶梯等措施避免次生灾害的发生，将增加建设费用。

6.3.3.5　渗井

渗井指通过井壁和井底进行雨水下渗的设施，为增大渗透效果，可在渗井周围设置水平渗排管，并在渗排管周围铺设砾（碎）石。辐射渗井构造如图 6-13 所示。

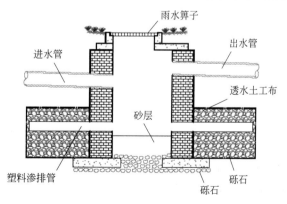

图 6-13　辐射渗井构造示意

渗井主要适用于建筑与小区内建筑、道路及停车场的周边绿地内。渗井占地面积小，建设和维护费用较低，但其水质和水量控制作用有限。

6.3.3.6 雨水湿地

雨水湿地利用物理、水生植物及微生物等作用净化雨水，是一种高效的径流污染控制设施。雨水湿地分为雨水表流湿地和雨水潜流湿地，一般设计成防渗型以便维持雨水湿地植物所需要的水量。雨水湿地典型构造如图 6-14 所示。

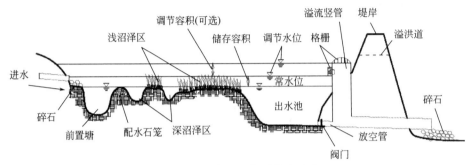

图 6-14　雨水湿地典型构造示意

雨水湿地适用于具有一定空间条件的建筑与小区、城市道路、城市绿地、滨水带等区域。雨水湿地可有效削减污染物，并具有一定的径流总量和峰值流量控制效果，但建设及维护费用较高。

6.3.3.7 雨水罐

雨水罐也称雨水桶，为地上或地下封闭式的简易雨水集蓄利用设施，可用塑料、玻璃钢或金属等材料制成，适用于单体建筑屋面雨水的收集利用。雨水罐多为成型产品，施工安装方便，便于维护，但其储存容积较小，雨水净化能力有限。

6.3.3.8 植草沟

植草沟指种有植被的地表沟渠，可收集、输送和排放径流雨水，并具有一定的雨水净化作用，可用于衔接其他各单项设施、城市雨水管渠系统和超标雨水径流排放系统。除转输型植草沟外，还包括渗透型的干式植草沟及常有水的湿式植草沟，可分别提高径流总量和径流污染控制效果。转输型三角形断面植草沟典型构造如图 6-15 所示。

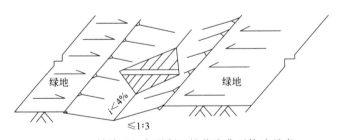

图 6-15　转输型三角形断面植草沟典型构造示意

植草沟适用于建筑与小区内道路，广场、停车场等不透水面的周边，城市道路及城市绿地等区域，也可作为生物滞留设施、湿塘等低影响开发设施的预处理设施。植草沟也可与雨水管渠联合应用，场地竖向允许且不影响安全的情况下也可代替雨水管渠。植草沟具有建设及维护费用低、易与景观结合的优点，但已建城区及开发强度较大的新建城区等区域易受场地条件制约。

6.4 水资源管理的数值模拟

6.4.1 设施的规模估算

6.4.1.1 容积法

海绵设施以径流总量和径流污染为控制目标进行设计时，设施具有的调蓄容积一般应满足单位面积控制容积的指标要求。设计调蓄容积一般采用容积法进行计算，如式（6-1）所示：

$$V = 10H\varphi F \tag{6-1}$$

式中，V 为设计调蓄容积，m^3；H 为设计降雨量，mm；φ 为综合雨量径流系数，见表 6-1；F 为汇水面积，hm^2。

表 6-1 综合雨量、流量径流系数

汇水面种类	雨量径流系数 φ	流量径流系数 ψ
绿化屋面（绿色屋顶，基质层厚度≥300mm）	0.30～0.40	0.40
硬屋面、未铺石子的平屋面、沥青屋面	0.80～0.90	0.85～0.95
铺石子的平屋面	0.60～0.70	0.80
混凝土或沥青路面及广场	0.80～0.90	0.85～0.95
大块石等铺砌路面及广场	0.50～0.60	0.55～0.65
沥青表面处理的碎石路面及广场	0.45～0.55	0.55～0.65
级配碎石路面及广场	0.40	0.40～0.50
干砌砖石或碎石路面及广场	0.40	0.35～0.40
非铺砌的土路面	0.30	0.25～0.35
绿地	0.15	0.10～0.20
水面	1.00	1.00
地下建筑覆土绿地（覆土厚度≥500mm）	0.15	0.25
地下建筑覆土绿地（覆土厚度<500mm）	0.30～0.40	0.40
透水铺装地面	0.08～0.45	0.08～0.45
下沉广场（50 年及以上一遇）	—	0.85～1.00

注：以上数据参照《室外排水设计规范》和《海绵城市雨水控制与利用工程设计规范》（DB 11/685—2021）。

6.4.1.2 流量法

植草沟等转输设施，其设计目标通常为排除一定设计重现期下的雨水流量，可通过推理公式来计算一定重现期下的雨水流量，如式（6-2）所示：

$$Q = \psi q F \tag{6-2}$$

式中，Q 为雨水设计流量，L/s；ψ 为流量径流系数，可参见表 6-1；q 为设计暴雨强度，$L/(s \cdot hm^2)$；F 为汇水面积，hm^2。

6.4.1.3 水量平衡法

水量平衡法主要用于雨水湿地等设施储存容积的计算。设施储存容积应首先按照6.4.1.1 容积法进行计算，同时为保证设施正常运行（如保持设计常水位），再通过水量平衡法计算设施每月雨水补水水量、外排水量、水量差、水位变化等相关参数，最后通过经济分析确定设施设计容积的合理性并进行调整。水量平衡计算过程可参照表 6-2。

表 6-2 水量平衡计算表

项目	汇流雨水量/(m³/月)	补水量/(m³/月)	蒸发量/(m³/月)	用水量/(m³/月)	渗透量/(m³/月)	水量差/(m³/月)	水体水深/m	剩余调蓄高度/m	外排水量/(m³/月)	额外补水量/(m³/月)
编号	[1]	[2]	[3]	[4]	[5]	[6]	[7]	[8]	[9]	[10]
1月										
2月										
…										
11月										
12月										
合计										

6.4.2 方案的数值模拟

6.4.1 部分中提供了海绵设施规模及调蓄能力的简化、快速估算方法，适用于大部分规划设计场景。当需要对海绵设施的作用过程进行更为深入的研究分析时，可采用水文水动力模拟的方法。目前，国内外大多数水文水动力模拟软件均支持海绵设施的模拟，以SWMM5.2 为例，支持的设施包括生物滞留池、雨水花园、绿色屋顶、渗渠、透水混凝土路面、透水砖路面、雨水罐、植草沟等。

6.4.2.1 生物滞留池

生物滞留池可以通过分层进行模拟。表面层接受来自汇水区内的降雨径流，径流可通过下渗进入下层土壤，也可以受地面蒸发蒸腾作用进入大气，还可以通过溢流方式离开该设施。中间层（土壤层）可以从表面层接受下渗径流，通过植被吸收及蒸发蒸腾作用，或向下层渗透失去水分。蓄水层从其上的土壤层接受渗水，通过下渗排入自然土壤，或通过穿孔管排水排入市政系统。

在生物滞留池的数值模拟中，为了简化计算，一般做如下假设：①池体各深度断面形状一致；②水流渗透过程是竖向一维的，不做横向扩散；③径流进入表面层时，在表面层均匀分布；④土壤层的含水率始终均匀分布；⑤将蓄水层视为简单水库，自下而上蓄水。

通过上述假设，生物滞留池的水文过程可以通过求解流量连续性方程组进行模拟。每个方程描述了特定层含水量随时间的变化：

表面层：

$$\varphi_1 \frac{\partial d_1}{\partial t} = i + q_0 - e_1 - f_1 - q_1 \tag{6-3}$$

式中，φ_1 为表面空间的空隙比（即没有植被的地表占比）；d_1 为地表蓄水深度；i 为表面层直接降落的降水速率；q_0 为其他面积通过捕获径流得到的表面层进流量；e_1 为表面蒸发蒸散速率；f_1 为地表水进入土壤层的下渗速率；q_1 为表面层径流或溢流速率。

土壤层：

$$D_2 \frac{\partial \theta_2}{\partial t} = f_1 - e_2 - f_2 \tag{6-4}$$

式中，D_2 为土壤层厚度；θ_2 为土壤层含水率（水容积/总土壤容积）；e_2 为土壤层蒸发蒸散速率；f_2 为通过土壤层进入蓄水层的穿透水速率。

蓄水层：

$$\varphi_3 \frac{\partial d_3}{\partial t} = f_2 - e_3 - f_3 - q_3 \tag{6-5}$$

式中，φ_3 为蓄水层孔隙率；d_3 为蓄水层中水深；e_3 为蓄水层蒸发蒸散速率；f_3 为蓄水层进入本地土壤的渗出水速率；q_3 为蓄水层暗渠出流量。

上述方程中的通量项（q、e 和 f）为各层中当前含水率（d_1、θ_2 和 d_3）和特定场地、土壤特征的函数。该耦合方程组可以在每一径流时间步长内进行数值求解，将生物滞留池单元（$i+q_0$）的进流量过程线转换为地表径流（q_1）、排水管出流量（q_3）和渗出到周围本地土壤（f_3）的流量过程线，计算方法如下。

(1) 表面进流量（$i+q_0$）。表面层的进流量来自直接降雨（i）和相连的集水区不渗透面积径流汇流（q_0）。每一径流时间步长内，这些数值通过 SWMM 的径流计算求得。

(2) 表面下渗（f_1）。表面水下渗到土壤层 f_1，可以结合 Green-Ampt 公式模拟：

$$f_1 = K_{2S} \left[1 + \frac{(\varphi_2 - \theta_{20})(d_1 + \psi_2)}{F} \right] \tag{6-6}$$

式中，f_1 为下渗速率；K_{2S} 为土壤饱和导水率；φ_2 为土壤层的孔隙率；θ_{20} 为土壤层顶部的含水率；ψ_2 为土壤中形成的下渗湿润锋处吸水头；F 为暴雨事件中单位面积的累积下渗容积。

该公式仅在土壤层顶部饱和后使用。在到达饱和前，所有进流量（$i+q_0$）下渗至土壤层。干燥土壤的 θ_{20} 初始值将为它的田间持水率或者凋萎含水率。

(3) 蒸发蒸腾作用（e）。生物滞留池内蓄水的蒸发蒸腾作用使用每日潜在蒸散速率计算，在任意时刻 t：

$$e_1 = \min \left[E_0(t), d_1 / \Delta t \right] \tag{6-7}$$

$$e_2 = \min \left[E_0(t) - e_1, (\theta_2 - \theta_{WP}) D_2 / \Delta t \right] \tag{6-8}$$

$$e_3 = \begin{cases} \min \left[E_0(t) - e_1 - e_2, \varphi_3 d_3 / \Delta t \right] & \theta_2 < \varphi_2 \\ 0 & \theta_2 \geq \varphi_2 \end{cases} \tag{6-9}$$

式中，$E_0(t)$ 为时刻 t 的潜在蒸散速率；Δt 为计算时间步长；θ_{WP} 为凋萎含水率。

凋萎含水率是指低于该值时，植物可能不再从土壤中吸收水。所以当土壤湿度 θ_2 达到凋萎含水率时，土壤层便不再有蒸发蒸腾作用。

(4) 土壤下渗（f_2）。水通过土壤层进入其下蓄水层的渗透速率（f_2），通过 Darcy 公式计算：

$$f_2 = \begin{cases} K_{2S} \exp \left[-\mathrm{HCO}(\varphi_2 - \theta_2) \right] & \theta_2 > \theta_{FC} \\ 0 & \theta_2 \leq \theta_{FC} \end{cases} \tag{6-10}$$

式中，K_{2S} 为土壤饱和渗透系数；HCO 为根据含水率曲线数据推导的衰减常数；θ_{FC} 为土壤田间持水率。

当含水率 θ_2 低于田间持水率 θ_{FC} 时，则渗透速率变为 0。

（5）底部渗出（f_3）。从蓄水层底部进入原位土壤的渗透速率，通常取决于蓄水深度和生物滞留池下方土壤的湿度分布。因为后者一般情况下难以测得，所以 SWMM 假设渗透速率 f_3 为本地土壤的饱和渗透速率 K_{3S}。当生物滞留池底部设计为不可渗透时，可设置 K_{3S} 为零。

（6）排水管出流量（q_3）。由于穿孔排水管的水力特性很复杂，SWMM 采用简化的幂指数经验方程进行计算：

$$q_3 = C_{3D} A (h_3) \eta_{3D} \tag{6-11}$$

式中，h_3 为排水管水头；A 为排水管开孔总面积；C_{3D} 为排水管流量系数，参见小孔流量系数，一般由试验确定；η_{3D} 为排水管流量指数，一般取 0.5。

排水管水头 h_3 随管内水深变化，计算公式为：

$d_3 \leqslant D_{3D}$ 时	$h_3 = 0$
$D_{3D} < d_3 < D_3$ 时	$h_3 = d_3 - D_{3D}$
$d_3 = D_3$ 且 $\theta_{FC} < \theta_2 < \varphi_2$ 时	$h_3 = (D_3 - D_{3D}) + (\theta_2 - \theta_{FC})/(\varphi_2 - \theta_{FC}) D_2$
$d_3 = D_3$ 且 $\theta_2 = \varphi_2$ 时	$h_3 = (D_3 - D_{3D}) + D_2 + d_1$

式中，D_3 为蓄水层厚度；D_{3D} 为蓄水层底部以上管渠开孔高度。

（7）地表径流（q_1）。假设超过最大超高（或洼地蓄水）高度 D_1 的任何地表积水将立即溢流，即：

$$q_1 = \max [(d_1 - D_1)/\Delta t , 0] \tag{6-12}$$

式中，D_1 为地表积水的超高。

基于上述方程，即可开展对生物滞留池的数值模拟。其他海绵设施的控制方程与生物滞留池类似，但根据其结构不同要略微调整。

6.4.2.2 雨水花园

SWMM 将雨水花园定义为没有蓄水层的生物滞留池，因此它的控制方程为：

表面层：

$$\varphi_1 \frac{\partial d_1}{\partial t} = i + q_0 - e_1 - f_1 - q_1 \tag{6-13}$$

土壤层：

$$D_2 \frac{\partial \theta_2}{\partial t} = f_1 - e_2 - f_2 \tag{6-14}$$

由于没有蓄水层，雨水花园的土壤渗透速率 f_2 根据式（6-10）计算。

6.4.2.3 绿色屋顶

SWMM 的绿色屋顶整体控制方程也与生物滞留池类似，但绿色屋顶的蓄水层一般采用塑料排水垫而非砂石填料且屋顶需要进行防水处理，因此绿色屋顶相当于具有不渗透底部（$K_{3S} = 0$）且设有排水管的生物滞留池，其控制方程为：

表面层：

$$\varphi_1 \frac{\partial d_1}{\partial t} = i - e_1 - f_1 - q_1 \tag{6-15}$$

土壤层：

$$D_2 \frac{\partial \theta_2}{\partial t} = f_1 - e_2 - f_2 \tag{6-16}$$

排水垫层：

$$\varphi_3 \frac{\partial d_3}{\partial t} = f_2 - e_3 - q_3 \tag{6-17}$$

由于仅接受屋面直接降雨，因此式（6-15）与式（6-3）相比减少了集水区汇流水量 q_0。由于屋面防水设计，式（6-17）中也没有蓄水层下渗项 f_3。

绿色屋顶表面层表面的径流量（q_1）可视为均匀地表漫流，采用曼宁公式进行计算，假设过流面积宽度大于水深：

$$q_1 = \frac{1.49}{n_1} \sqrt{S_1} (W_1/A_1) \varphi_1 (d_1 - D_1)^{5/3} \tag{6-18}$$

式中，q_1 为径流量，$\mathrm{m^3/s}$；n_1 为表面粗糙系数；S_1 为表面坡度；W_1 为沿着屋顶收集径流的边缘总长度，m；A_1 为屋顶表面积，$\mathrm{m^2}$；D_1 为表面坑洼存水深度，m。

依据绿色屋顶排水层结构，式（6-17）中的排水流量 q_3 一般采用均匀明渠流计算公式：

$$q_3 = \frac{1.49}{n_3} \sqrt{S_1} (W_1/A_1) \varphi_3 d_3^{5/3} \tag{6-19}$$

式中，n_3 为垫子的粗糙系数。

6.4.2.4　透水路面

透水路面一般包含表面层、渗透混凝土或沥青铺装层、可选的中层砂滤层（见图 6-16），以及底部的砂砾蓄水层。透水铺装层通过厚度（D_4）、孔隙率（φ_4）和渗透性（K_4）构建模拟模型。当透水铺装采用的是砖块时，需要额外加入表示不透水砖块占比的参数（F_4），同时在对孔隙率和渗透性取值时考虑砖块缝隙的影响。

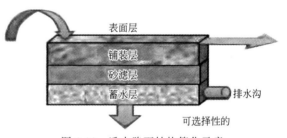

图 6-16　透水路面结构简化示意

结合砂层的渗透路面控制方程有：

表面层：

$$\frac{\partial d_1}{\partial t} = i + q_0 - e_1 - f_1 - q_1 \tag{6-20}$$

铺装层：

$$D_4 (1 - F_4) \frac{\partial \theta_4}{\partial t} = f_1 - e_4 - f_4 \tag{6-21}$$

砂滤层：

$$D_2 \frac{\partial \theta_2}{\partial t} = f_4 - e_2 - f_2 \tag{6-22}$$

蓄水层：

$$\varphi_3 \frac{\partial d_3}{\partial t} = f_2 - e_3 - f_3 - q_3 \tag{6-23}$$

式中，θ_4 为透水铺装层的含水量；f_4 为透水铺装的排水速率。

当没有砂率层时，略去式(6-22)，用 f_4 替换式(6-23)中的 f_2。此外，如果铺装表面没有植被，表面层公式中可不出现表面孔隙分数 φ_1。

6.4.2.5 植草沟

转输植草沟（图 6-17）可以看作带植被的沟渠，在转输过程中也发生下渗。因此，一般通过单一表面层进行模拟：

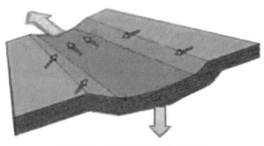

$$A_1 \frac{\partial d_1}{\partial t} = (i + q_0)A - (e_1 + f_1)A_1 - q_1 A \tag{6-24}$$

式中，A_1 为水深 d_1 的表面积；A 为植草沟的总面积。

与其他海绵设施不同，植草沟的模拟中认为表面积是随沟内水深变化而变化的。

图 6-17　植草沟结构简化示意

表面积 A_1 和水深 d_1 之间的关系为：

$$A_1 = \frac{a}{W_1}[W_1 - 2S_X(D_1 - d_1)] \tag{6-25}$$

式中，D_1 为植草沟的总高度；W_1 为总高度 D_1 处植草沟的宽度；S_X 为梯形边坡坡度。

植草沟的容量 V_1 为纵向长度 A/W_1 乘以湿润断面积 A_X：

$$V_1 = (A/W_1)A_X \tag{6-26}$$

湿润断面积为：

$$A_X = d_1(W_X + d_1 S_X)\varphi_1 \tag{6-27}$$

式中，W_X 为植草沟断面底部的宽度，$W_X = W_1 - 2S_X D_1$；φ_1 为由植被占据的容积比。

利用曼宁公式计算洼地容积出流量 $q_1 A$：

$$q_1 A = \frac{1.49}{n_1}\sqrt{S_1}A_X R_X^{2/3} \tag{6-28}$$

$$R_X = \frac{A_X}{(W_X + 2d_1\sqrt{1 + S_X^2})} \tag{6-29}$$

式中，n_1 为植草沟表面的粗糙度；S_1 为沿流向方向的坡度；R_X 为水力半径。

 任务解决

1. 比较通过简化估算和数值模拟得到的结果的差异，思考不同计算方法的适用场景。

2. 通过不同自定义参数的调整，观察结果变化，分析造成结果不同的原因，辨识对计算结果影响较大的因素。

知识拓展

城市水资源的管理时空跨度广、实施过程复杂、资金投入较大，需要在结合问题的类型、复杂度，考虑城市的地域、特征等基础上，进行通盘考虑，主要遵循以下原则。

1. 适度超前原则

适度超前就是要求规划者要用发展的眼光看待城市水资源管理的相关规划。世界城市化发展的规律表明，一个国家在城市化率为 30%～70% 之间时是城市化发展最快的时期，当前，我国的城市化率为 60% 左右，这表明我国的城市化正处于一个快速发展的时期。随着"十四五"规划的实施和国家向 2035 年远景目标迈进，城镇化和城市更新改造都将进入一个新的战略机遇期，这要求当前城市水问题治理规划要充分考虑城市发展的前瞻性，更多地以规划引领城市发展，而不仅仅是满足城市基本需求。

2. 分类施策原则

我国有十大水资源一级区，在地理上有三大阶梯，气候上有五大分区，地级以上的城市有 300 多个。也就是说，我国的城市类型是多样化的，从地域上分有平原型、滨海型、滨江型、山地型和高原型等；从产业上分有创新型、旅游型和资源型等；还有超大城市、省会城市、地级市和县级城市等多种行政层级。多样的地理气候条件和城市类型，使得我国城市水资源管理没有一定之规，而是要在遵循科学规律和地域特征的基础上分类施策。

3. 系统谋划原则

系统思维是城市水资源管理规划中的一种重要思维方式，正是由于城市水资源管理自身的复杂性和解决城市水问题的迫切性，要求城市水资源管理规划一定要秉承系统思维，进行系统谋划。要从解决问题的角度、水文循环的角度、历史演替的角度系统谋划。

4. 集中与分散相结合原则

城市水资源管理不仅需要经济、文化和制度等方面的非工程措施，而且需要大量的工程措施，如雨水排水系统、污水排水系统等，长期以来通常采用的是大集中、大系统模式，需要大量的基建投入。对于城市水资源管理而言，要在城市水问题系统诊断基础上，建设集中与分散相结合的工程设施体系，以支撑系统的高效建设与运行，发挥系统的最大效能。

？ 思考与练习题

1. 人类活动对自然水循环的影响主要发生在哪条水资源转化途径上？

2. 城市水资源管理主要是为了解决哪些水问题？

3. 城市水资源管理主要是管理哪一部分水？在转化途径上处于什么位置？

4. 最佳管理实践和低影响开发都源于美国，二者有何区别？

5. 水敏型城市设计与低影响开发在管理目标上有何差异？

6. 我国可以分为几个年径流总量控制率目标区？

7. 常见的海绵设施有哪些？

8. SWMM 对海绵设施模拟的基本原理是什么？

第2篇

水文地质学

第 7 章

地质基本知识

《 **学习目的** 》 本章主要介绍了地球的构造，地壳运动及地球演化历史，矿物的特性和岩石的分类，地质构造以及一般地质图的阅读等基本内容，通过学习本章可掌握一定的地学基础理论与基本知识。

《 **学习重点** 》 地球的圈层结构、地壳运动及常见的地质构造、三大岩石分类及组成矿物的主要物理性质。

《 **学习难点** 》 地壳运动及地质构造。

《 **本章任务** 》 地球是人类社会赖以生存的环境和持续发展的物质来源，认识了解地球组成、运动、演化发展历史是现代科学发展的必然。中国地质学会对世界地学形势的分析中指出地学研究的热点领域包括：全球"大地质计划"；地球早期生命演化及生物多样性；气候变化中的人为因素；全球地质灾害态势及防治趋势；水与人类健康和环境的关系；非能源固体矿床研究；世界能源多元化及其竞争趋势；比较行星学及撞击构造研究。我国"十四五"期间更是将地球与行星观测的新理论、新技术和新方法；地球和行星宜居性及演化；围绕地球内部圈层之间的相互作用机理，研究全球及典型区域深部物质、结构和运动特征以及地球深部过程及演变对资源环境的控制机制及区域效应；研究碳氮循环过程对未来的地球表层过程、生物多样性、资源环境及环境变化趋势的影响等列入优先发展领域，对地球科学系统的各项基础研究成果，都会给人类带来巨大的社会效益和经济利益。如研究地壳运动和地质构造，可以探测石油、天然气、地下水、地热、煤炭及各种金属矿藏分布状况，研究地质构造运动尤其是活动断裂对地震与火山活动的影响，避免地质灾害，减少对工程构筑物的破坏等。

《 **学习情境** 》 2023 年 12 月 18 日 23 时 59 分在甘肃临夏州积石山县（北纬 35.70°，东经 102.79°）发生 6.2 级地震，震源深度 10km。中国地震台网中心组织专家对甘肃积石山附近地震活动进行研究分析，此次地震距离最近的断层拉脊山北缘断裂约 3km，初步震源机制解析结果显示此次地震为逆冲型破裂。 2008 年 5 月 12 日 14 时 28 分 4 秒，我国四川汶川发生里氏 8.0 级地震，震中位于四川省汶川县映秀镇（北纬 31.01°，东经 103.40°），震源深度 14km，地震烈度最大 11 度，超过 1976 年的唐山大地震，这是中华人民共和国成立以来破坏性最强、波及范围最大的一次地震。此次地震重创约 50 万平方公里的中国大地，其中以四川、陕西、甘肃三省震情最为严重，造成 692727 人遇难，374643 人受伤，17923 人失踪，可谓山河移位，满目疮痍，直接经济损失高达 8451 亿元。

7.1 地球概述

7.1.1 地球的形状与表面形态特征

7.1.1.1 地球的大小与形状

人类认识地球的形状有一个过程。从天圆地方到不规则的椭球体是人类对地球系统认知的科学进步。通常所说的地球形状就是大地水准面（geoid）所圈闭的形状。大地水准面是指平均海平面构成的平滑封闭曲面。赤道半径为 6378km，两极半径为 6354km，比赤道半径小 24km，近几十年来，通过卫星观测及大地水准面的精确研究，北极凸出，南极凹进；地球表面积为 $5.101 \times 10^8 km^2$，体积为 $1.083 \times 10^{12} km^3$，质量为 $5.97 \times 10^{24} kg$，平均密度为 $5.52g/cm^3$，而地球表面岩石的平均密度为 $2.8552g/cm^3$。

由此可以看出，地球是一个南北极不对称的非均质扁球体，其中心密度比地表岩石的密度大得多。

7.1.1.2 地球的表面形态特征

地球表面可分为陆地与海洋两大地形单元，陆地与海洋面积之比为 1：2.5，约 65% 的陆地集中在北半球，仅有 35% 的陆地分布在南半球，故北半球有陆半球之称，南半球有水半球之称，显然陆地与海洋在地球表面分布不均匀。

陆地的最高点在珠穆朗玛峰，海拔高度 8848.13m；最低点是约旦境内的死海，海拔高度 -392.0m。海洋最深处位于西太平洋的马里亚纳海沟，深度在海平面以下 11033m。陆地平均海拔高度约 875m，海洋平均深度约 3729m。

此外，陆地的轮廓具有一定的相似性，除南极洲外，陆块之间具有可拼性，如美洲板块东岸与欧亚板块、非洲板块西部的海岸线形态相似，可以拼合，这种现象被解释为陆地漂移的结果。

（1）陆地地形特征。根据起伏特征和高程变化，陆地地形可分为山地、丘陵、高原、平原、盆地等地形单元，见表 7-1。

表 7-1　陆地地形单元划分

地形单元	海拔高程	地形特征	示例
山地	>500m	隆起地形，有明显的山峰、山坡和山麓，可组成山脉、山系	阿尔卑斯山脉-喜马拉雅山脉、环太平洋山系等
高原	一般>500m	面积较广、地面起伏较小	非洲高原、青藏高原(>4000m)
丘陵	<500m，或相对高差 200m 以下	顶部浑圆、坡度平缓、坡脚不明显的低矮山丘群	我国丘陵分布较广，如东南丘陵、山东丘陵、辽东丘陵
平原	<200m	面积宽广、地势平坦或略有起伏	亚马孙平原、长江中下游平原
盆地		中间低、四周高的盆状地形	塔里木盆地、四川盆地

（2）海底地形特征。根据起伏多变的特征，海底地形可以分为大陆边缘、大洋盆地及洋

中脊（大洋中脊）三大单元，同时针对不同单元，还可以划分出次一级地形单元，见图 7-1和图 7-2。

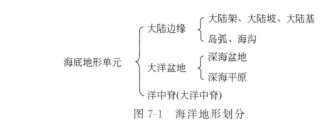

图 7-1　海洋地形划分

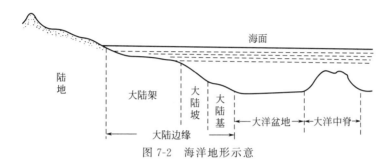

图 7-2　海洋地形示意

① 大陆边缘。大陆边缘（continental margin）指大陆与海洋连接的边缘地带，包括大陆架、大陆坡、大陆基、岛弧与海沟。

a. 大陆架（continental shelf）。陆海直接接壤的浅海平台，坡度平缓，一般小于 0.1°，海水深浅不一，平均水深 133m，平均宽度 75km。大陆架的地壳结构与陆地相同，也可视为海水淹没的陆地部分。

b. 大陆坡（continental slope）。大陆架外缘海底地形突然变陡的地带，坡度较大，平均4.3°，最大可达 20°以上，大陆坡的宽度一般为 20～100km，水深从 200m 到 3000m 不等。

c. 大陆基（continental base）。大陆坡与大洋盆地之间的缓倾斜坡地带，平均水深3700m，主要由沉积物堆积而成，并向大洋盆地的方向倾斜、逐渐变薄。大陆基在太平洋不发育，但岛弧与海沟发育，阿留申群岛、千岛群岛、日本群岛、琉球群岛、菲律宾群岛呈弧形分布于太平洋北部、西部，称为岛弧（island arc）。海沟为岛弧靠大洋一侧狭长而深渊的洼地，可绵延几百千米到几千千米。大洋板块向下俯冲，形成岛弧与海沟，这是地壳活动最为剧烈的地区，常伴有强烈的火山与地震活动，也可视为陆壳与洋壳的分界面。

② 大洋盆地。大洋中脊两侧较为平坦的地带，是海洋的主体部分，约占海洋面积的44.9%，一般水深 4000～6000m，其地势平坦区域为深海平原，在大洋中脊附近发育深海丘陵。

③ 洋中脊（大洋中脊）。海底山脉统称海岭，其中呈线状分布，延伸于大洋盆地的海底"山脉"为洋中脊。洋中脊由火山岩组成，被系列横向断裂错开，轴部发育巨大中央裂谷，谷深可达 1000～2000km，谷宽甚至数百千米，一般认为是地球地幔物质上涌通道，上涌熔岩遇水冷却凝固，形成新的地壳，又被后来涌出的岩浆挤向两边，逐渐缓慢地向大陆边缘或大洋边缘移动或运动，并且在大陆边缘处重新俯冲回到地幔中，故火山、地震活动频繁。

7.1.2　地质年代

根据放射性同位素测年法测算，地球的年龄约为 46 亿年。地球自形成以来，经历了长期的发展演化，发生了许多地质事件。地学上表示地质年代有两种方法：其一是相对地质年代；其二是绝对地质年龄。

相对地质年代主要依据岩层的沉积顺序、生物发展演化，借以展示地质历史不同发展阶段岩石的先后顺序和新老关系，不表示各时代单位的长短。绝对地质年龄也称同位素地质年龄，即利用岩石中放射性元素的蜕变速度，以"年"为单位测算岩石的形成年龄。

在世界范围内，通过对重要地区地层剖面的划分、对比研究，以及对各时代岩石进行同位素年龄的测定，建立了统一的地质年代表，揭示地球的发展演化历史，见表 7-2。

表 7-2　地质年代表

地质时代、地层单位及其代号				同位素年龄/Ma		构造阶段		生物演化阶段	
宙(字)	代(界)	纪(系)	世(统)	时代间距	距今年龄	大阶段	阶段	动物	植物
显生宙 PH	新生代 Cz	第四纪 Q	全新世 Qh(Q4)	0.01	0.01	喜马拉雅阶段	新阿尔卑斯阶段	人类出现	被子植物繁盛
			更新世 Qp(Q1、Q2、Q3)	2.59	2.6			哺乳动物繁盛	
		第三纪 R	新近纪 N	上新世 N₂	2.7	5.3				
			中新世 N₁	18	23.3				
		古近纪 E	渐新世 E₃	8.7	32	联合古陆解体			
			始新世 E₂	23.5	56.5				
			古新世 E₁	8.5	65				
	中生代 Mz	白垩纪 K	晚白垩世 K₂	31	96	燕山阶段	老阿尔卑斯阶段	爬行动物繁盛	裸子植物繁盛
			早白垩世 K₁	41	137				
		侏罗纪 J	晚侏罗世 J₃	58	205				
			中侏罗世 J₂						
			早侏罗世 J₁						
		三叠纪 T	晚三叠世 T₃	22	227		印支阶段		
			中三叠世 T₂	14	241				
			早三叠世 T₁	9	250	联合古陆形成			
	古生代 Pz	晚古生代 Pz₂	二叠纪 P	晚二叠世 P₃	7	257	海西—印支阶段	两栖动物繁盛	蕨类植物繁盛
			中二叠世 P₂	20	277				
			早二叠世 P₁	18	295				
		石炭纪 C	晚石炭世 C₂	25	320		海西阶段		
			早石炭世 C₁	34	354				
		泥盆纪 D	晚泥盆世 D₃	18	372			鱼类繁盛	裸蕨植物繁盛
			中泥盆世 D₂	16	386				
			早泥盆世 D₁	24	410				

续表

地质时代、地层单位及其代号				同位素年龄/Ma	构造阶段		生物演化阶段
显生宙 PH	古生代 Pz	早古生代 Pz₁ 志留纪 S	末志留世 S₄		联合古陆形成	加里东阶段	海生无脊椎动物繁盛
			晚志留世 S₃	28			
			中志留世 S₂				
			早志留世 S₁				
				438			
		奥陶纪 O	晚奥陶世 O₃				
			中奥陶世 O₂	52			藻类及菌类繁盛
			早奥陶世 O₁				
				490			
		寒武纪 E	晚寒武世 E₃	10			
				500			
			中寒武世 E₂	13		硬壳动物	
				513			
			早寒武世 E₁	30			
				543			
元古宙 PT	新元古代 Pt₃	震旦纪 Z	晚震旦世 Z₂	87		裸露动物出现	
				630			
			早震旦世 Z₁	50			
				680			
		南华纪 Nh	晚南华世 Nh₂		地台形成	晋宁运动	
			早南华世 Nh₁	120			
				800			
		青白口纪 Qb	晚青白口世 Qb₂	100			
				900			
			早青白口世 Qb₁	100			
				1000			
	中元古代 Pt₂	蓟县纪 Jx	晚蓟县世 Jx₂	200			
				1200			
			早蓟县世 Jx₁	200			
				1400			真核生物出现
		长城纪 Ch	晚长城世 Ch₂	200			
				1600			(绿藻)
			早长城世 Ch₁	200			
				1800			
	古元古代 Pt₁	滹沱纪 Ht		500		吕梁运动	
				2300			
				200			
				2500			
太古宙 AR	新太古代			300	陆核形成		原核生物出现
				2800			
	中太古代			400			
				3200			
	古太古代			400			
				3600			
	始太古代						生命现象开始出现
				3800			
冥古宙 HD							
				4600			

7.1.3　地球的圈层结构

7.1.3.1　地球的外部圈层结构

地球表面以上的部分，根据组成物质成分、物态及其运动规律的不同，可划分为大气圈、水圈、生物圈。它们包围着地球外部空间，构成连续完整的外部圈层结构。

▲
地球的圈层结构

（1）大气圈。大气圈（atmosphere）是地球上大气分布的范围，即地球的最外圈。成分以干洁空气为主，含有大量水分、固体悬浮物和有机体。其下界为地球的表面，其上界由于受地心引力较小，逐渐过渡到外层空间，或为宇宙气体。一般认为大气圈的原始起源是火山喷发，据推测主要是二氧化碳（CO_2）、氨（NH_3）、氮（N_2）、二氧化硫（SO_2）、甲烷（CH_4）、氢（H_2）和水蒸气（H_2O），这些气体在地球冷却前飞向空中，等到地球冷却，逃出的气体因重力而覆盖地球形成最原始的大气。随着地球的演化，大气层成分也相应地发生着变化，主要成分转为由 N_2、氧（O_2）、氩（Ar）、CO_2，以及 H_2、氦（He）、氖（Ne）等微量气体组成的混合气体，即空气。大约在距今 40 亿年前后，出现了游离态的氧，为生命的出现与演化准备了条件。

（2）水圈。地球上的各类水体（海洋、湖泊、河流、冰川、地下水、大气水）分布的范围称为水圈（hydrosphere），主要分布于地表，地表 70% 的面积被海洋占据。与大气层的成因一样，水圈的形成也与火山喷发有关，地球表面冷却后形成的原始海洋，由于大气中富含 CO_2，可能呈酸性，而且溶解了大气层中有毒有害的成分。大约在 40 亿年前后，才有了溶解氧，并且在出现了简单的有机生命分子后，海洋中首次出现了原始生命活动。

（3）生物圈。地球上生物分布及其生命活动的范围称为生物圈（ecosphere）。在大气圈和水圈的滋养庇护下绿色植物的出现，为生命最终登上陆地创造了前提条件。它们在陆地上开始了伟大的演化，植物从陆生孢子植物，进一步演化为陆生裸子植物，直至被子植物；动物也从简单的水生动物向两栖动物、爬行动物、哺乳动物进化，形成不断演变发展的生物圈。生物圈的活动范围主要在地表，以及深度 200m 以内的浅海地区。钻井资料表明，在地表以下 3000m 左右深度的岩石中仍然有生物活动，只不过生物活动在各个层次上均与地表显著不同。最早的生物化石出现在距今 38 亿年的岩石中，说明 38 亿年以前生命活动就已开始。

7.1.3.2　地球的内部圈层结构

我们无法直接观察地表以下的物质及其属性，但通过地球物理学的方法能获得地球内部更为详细的信息，即通过分析地震波在地球内部传播速度的变化，来划分地球内部的圈层结构。地震波传播速度的急剧变化，说明传播区域的物质及其属性也不同。

地球内部有两个主要的波速突变界面。第一界面为莫霍面，该界面在大洋处分布较浅，平均 8km，最浅也不足 5km，在大陆下分布较深，平均 33km，最深处可达 60km 以上，由南斯拉夫学者莫洛霍维奇于 1909 年发现。第二界面为古登堡面，位于地下约 2900km，由美国学者古登堡于 1914 年发现。这两个著名的界面将地球内部圈层分为地壳、地幔、地核三大圈层，见图 7-3。

（1）地壳。地壳（crust）指莫霍面以上至地表的固体地球部分。地壳由固体岩石组成，其下界（莫霍面）起伏较大。地壳的厚度变化也很大，大陆地壳（地壳的陆地部分）较厚，平均厚度为 40km 左右，最后超过 70km（青藏高原）；大洋地壳（海洋下的地壳部分）较薄，平均厚度为 6km，最薄不足 5km；地壳的平均厚度为 16km。

大陆地壳由两层组成，上层为硅铝层，下层

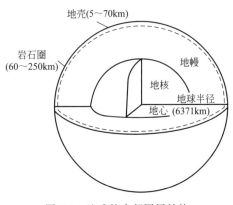

图 7-3　地球的内部圈层结构

为硅镁层，此次一级分层界面称为康拉德面。硅铝层平均密度在 $2.7g/cm^3$ 左右，硅镁层平均密度在 $3.1g/cm^3$ 左右。大洋地壳只有硅镁层，没有硅铝层，不具有双层结构。地壳的双层结构见图7-4。

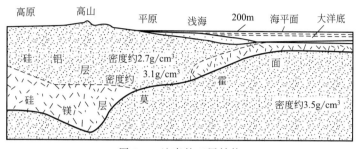

图 7-4 地壳的双层结构

（2）地幔。地幔（earth's mantle）是介于莫霍面以下古登堡面之上的熔融态部分。以硅镁铁为主，平均密度在 $5.5g/cm^3$ 左右，厚度达 2865km，是地球的主要组成部分。可以分为上地幔（upper mantle）和下地幔（lower mantle）。上地幔与地壳的接触层是固态的，其下为软流圈（asthenosphere）。软流圈是地壳运动、板块漂移、地质构造等的根由。

（3）地核。地核（earth's core）是古登堡面以下至地心的部分，主要为铁、钴、镍等元素，平均密度在 $10g/cm^3$ 以上。按地震波波速又可以分为内核（inner core）、过渡带（transition zone）和外核（outer core）。由于巨大的压力和温度，推测地核中的物质为已经汽化或电离了的液态和气态的物质，一般认为外核呈熔融态，而内核呈固态。

7.1.3.3 地壳的物质组成

组成地壳的化学元素很多，几乎囊括了元素周期表中的所有元素，但是各种元素在地壳中的分布和分配很不均匀，如地壳上部以氧、硅、铝为主，其次是钙、钠、钾，而地壳下部虽然仍以氧、硅为主，但镁、铁相应增多。地壳中元素的分布规律不仅与元素本身的特点有关，而且与它们在地壳中所处的物理、化学条件有关。分布最多的元素有十几种，它们的总质量占地壳总质量的 99.96%，其余众多元素的质量总和不及地壳总质量的 0.04%。通常将元素在地壳中的相对平均质量分数称为克拉克值。地壳主要元素的克拉克值见表7-3。

表 7-3 地壳主要元素的克拉克值（质量分数）

元素名称	质量分数/%	元素名称	质量分数/%
氧（O）	46.60	镁（Mg）	2.09
硅（Si）	27.72	钛（Ti）	0.44
铝（Al）	8.13	氢（H）	0.14
铁（Fe）	5.00	磷（P）	0.12
钙（Ca）	3.63	锰（Mn）	0.10
钠（Na）	2.83	硫（S）	0.05
钾（K）	2.59	碳（C）	0.03

化学元素在地壳中的分布，除个别元素（如自然金）外，绝大多数是以各种化合物的形式出现的，尤其以氧化物最多，如地壳的主要成分硅、铝氧化物，就占总质量的 74.5%。

元素是组成地壳的物质基础，元素组成矿物，矿物组成岩石，在地壳的演化过程中，元素进行长途迁移、不断循环，从而使地壳组成物质不断发生变化。

7.2 矿物与岩石

7.2.1 矿物

7.2.1.1 矿物的概念

矿物（mineral）是地壳中各种地质作用的自然产物，具有特定化学成分、物理性质和内部结构，是构成岩石的基本单元。相对惰性的化学元素以单质的形式稳定地存在于自然界，大部分化学元素化学活性明显，以化合物的形式存在。无论是单质还是化合物，都是矿物。自然界中单质矿物为数极少，而化合物构成的矿物占绝大多数，除少数矿物呈气态或液态外，绝大多数矿物均呈固态。如自然金（Au）、石英（SiO_2）、黄铜矿（$CuFeS_2$）就呈固态，自然汞（Hg）、石油等呈液态，而硫化氢（H_2S）呈气态。

矿物在地壳中分布极为广泛，目前在自然界中发现的矿物有 3000 多种，而且经常有发现新矿物的报道。但新矿物发现的数量和速度都在明显地降低，说明自然界的矿物是有限的。

7.2.1.2 矿物的形成

自然界的地质作用根据作用的性质和能量来源分为内生作用、外生作用和变质作用三种。内生作用的能量源自地球内部，如火山作用、岩浆作用；外生作用为太阳能、水、大气和生物所产生的作用（包括风化、沉积作用）；变质作用指已形成的矿物在一定的温度、压力下发生改变的作用。在这三方面作用条件下，矿物形成的方式有以下四种。

（1）气体凝华作用。一种由气态变为固态的形成方式。如火山喷发时喷出大量硫蒸气或 H_2S 气体，硫蒸气因温度骤降可直接升华成自然硫；H_2S 气体与大气中的 O_2 发生化学反应形成自然硫。我国台湾大屯火山群和龟山岛就有这种方式形成的自然硫。

（2）液体或熔融体直接结晶作用。一种由液态变为固态的形成方式，可分为以下两种形式。

① 从溶液中蒸发结晶。我国青海柴达木盆地，由于盐湖水长期蒸发，故盐湖水不断浓缩而达到饱和，从中结晶出石盐等许多盐类矿物。

② 从溶液中降温结晶。地壳下面的岩浆熔体是一种成分极其复杂的高温硅酸盐熔融体，岩浆在上升过程中温度不断降低，当温度低于某种矿物的熔点时就会结晶形成该种矿物。

（3）胶体凝固作用。由胶体凝聚作用形成的矿物称为胶体矿物。例如河水能携带大量胶体，在出口处与海水相遇，由于海水中含有大量电解质，故河水中的胶体产生胶凝作用，形成胶体矿物，滨海地区的鲕状赤铁矿就是这样形成的。

（4）固体再结晶作用。一种由固态变为固态的形式。主要是由非晶质体变成晶质体。火山喷发出的熔岩流迅速冷却，来不及形成结晶态的矿物，却固结成非晶质的火山玻璃，经过长时间后，这些非晶质体可逐渐转变成各种结晶态的矿物。

总之，矿物只能在与其形成环境相近的条件下才能保持其稳定性，当外界条件变化后，如从形成环境中转移到地表环境中时，原来的矿物可变化形成另一种新矿物，形成相应的次生矿物。如黄铁矿在地表经过水和大气的作用后，可形成褐铁矿。

7.2.1.3 矿物的化学成分

大多数矿物都具有一定的化学成分，矿物根据化学元素相互结合的基本形式可分为单质和化合物两种类型。

（1）单质。同种元素自相结合的自然元素形成的自然元素矿物称为单质矿物（single substance mineral），如自然金（Au）、自然铜（Cu）、金刚石（C）等。一种单质元素还可以组成不同的单质矿物，如碳（C）元素可组成石墨和金刚石两种单质矿物。

（2）化合物。由两种或两种以上不同元素的离子或络阴离子等组成的矿物，称为化合物矿物（compound mineral）。化合物按其组成特点又分为三种。

① 简单化合物。由一种阳离子和一种阴离子化合而成，如方铅矿（PbS）、磁铁矿（Fe_3O_4）、食盐（NaCl）、黄铁矿（FeS）等。

② 络合物。由一种阳离子和一种络阴离子（酸根）组成的化合物，这种类型的矿物最多。各种含氧盐一般都是络合物，如方解石（$CaCO_3$）、重晶石（$BaSO_4$）等。

③ 复化合物。由两种或两种以上的阳离子与阴离子或络阴离子组成的化合物，如黄铜矿（$CuFeS_2$）、白云石[$CaMg(CO_3)_2$]、绿柱石（$BeAlSi_6O_{18}$）等。

7.2.1.4 矿物的物理性质

矿物的物理性质主要取决于它的内部结构和化学成分。其物理性质包括矿物的形态、光学性质、力学性质及其他方面的性质。矿物的物理性质是鉴别矿物的主要依据。

（1）矿物的形态。矿物的形态是指矿物的外貌特征。矿物的外表形态取决于其化学组成和内部结构，同时也受生成环境的影响。同种矿物在不同的条件下可以形成不同的外表形态。因此，矿物的形态不仅是鉴定矿物的重要标志，而且具有成因意义。

自然界中的矿物可分为结晶质矿物（crystalline mineral）和非结晶质矿物（amorphous mineral），其中结晶质矿物占多数。结晶质矿物由于内部质点（原子、离子或分子）作有规律的排列（格子状构造），外表常呈一定形态。而非结晶质矿物由于内部质点不具有格子状构造，一般无一定的集合外形，如沥青、琥珀、火山玻璃等。

矿物的形态一般分为单体（monomer）和集合体（aggregation）两类。

单体是指单个晶型的外形。矿物的单体形态有一向的柱状或针状，两向延伸的板状和片状，三向等长的立方体、八面体等。如磁铁矿是八面体，钠盐是立方体，石榴子石是菱形十二面体，云母呈薄片状。

集合体是指矿物群体形状。自然界的矿物大多数以集合体形式产出。矿物的集合体形态有纤维状、毛发状、鳞片状、粒状和块状。坚实集合体称为致密块状，疏松的则称为土状。放射状、簇状、鲕状、豆状、钟乳状、葡萄状、肾状和结核状等都是特殊形态的集合体。如：若干晶体丛生在一起的石英晶簇，大小略等且不具备一定规律的晶粒集合在一起的粒状橄榄石，细小粉末状集合的土状高岭土，若干柱状或针状矿物排列成自中心向四面放射状的红柱石等。

（2）矿物的光学性质。矿物的光学性质是指矿物对自然光吸收、反射和折射后所表现出的各种性质，包括颜色、条痕、光泽和透明度。

① 颜色。颜色（color）指矿物对可见光中不同波长选择性吸收和反射后映入人眼的色彩。对自然界中各种光波选择性吸收和反射，使矿物呈现出各种各样的颜色。它是矿物最明显、最直观的物理性质，在鉴定矿物方面，具有重要的实际意义。观察颜色时，应选择矿物的新鲜面。

由矿物成分中所含的色素离子引起的颜色对矿物具有重要的鉴定意义，见表 7-4。

表 7-4　色素离子与矿物颜色示例

离子	Pb^{2+}	Cu^{2+}	Ni^{2+}	Fe^{3+}	Fe^{2+}、Fe^{3+}	Mn^{2+}
颜色	灰	绿	绿	红	黑	玫瑰色
矿物	方铅矿	孔雀石	镍华	赤铁矿	磁铁矿	菱锰矿
化学成分	PbS	$Cu_2(CO_3)(OH)$	$Ni_3(AsO_4)_n(OH)$	Fe_2O_3	Fe_3O_4	$MnCO_3$

② 条痕。条痕（striation）是矿物粉末的颜色，一般指矿物在白色无釉瓷板（简称为条痕板）上擦划时所留下的矿物粉末痕迹。有些矿物能有几种颜色，但条痕色比其他表面颜色更为固定，据此认识矿物更为可靠。如黄铁矿为绿黑色的细条痕；黄铜矿为绿黑色中显铜粉末的粗条痕；赤铁矿不论外观为何色，条痕均为樱红色。

③ 光泽。光泽（lustre）表示矿物新鲜表面反射光线的能力。根据矿物表面对光反射能力的强弱，光泽可分为四级：金属光泽、半金属光泽、非金属光泽以及其他光泽。绝大多数矿物呈非金属光泽，常见的种类有金刚光泽和玻璃光泽，还有一些特殊的光泽如油脂光泽、珍珠光泽、丝绢光泽、蜡状光泽、土状光泽等。矿物遭风化后，光泽强度就会有不同程度的降低，如玻璃光泽变成油脂光泽等。

如黄铁矿因其浅黄铜的颜色和明亮的金属光泽，常被误认为是黄金，故又称为"愚人金"；金刚石反射光的能力较强，呈现灿烂的金刚光泽；像石英、萤石等由于反射光的能力较弱，呈现出如同玻璃表面的光泽；石棉、纤维石膏是具有平行纤维状的矿物，由于反射光互相干涉产生绢丝一样的光泽。

④ 透明度。透明度（transparency）是指矿物透过可见光的能力，即光线透过矿物的程度。在矿物学中，一般以 1cm 厚的矿物的透光度为标准，将矿物的透明度分为三级。

a. 透明。可以透过绝大部分光线，隔着矿物能清楚地看见另一侧物体的轮廓。一般为非金属矿物所有，如水晶、冰洲石、云母片等。

b. 半透明。只能透过部分光线，隔着矿物能看见另一侧物体的模糊轮廓，如蛋白石、辰砂等。

c. 不透明。基本上不透光，隔着矿物完全看不见另一侧物体的轮廓，一般为金属矿物所有，如磁铁矿、方铅矿等。

（3）矿物的力学性质。矿物的力学性质是指矿物在受力后所表现的物理性质，包括硬度、解理、断口及其他力学性质。

① 硬度。硬度（hardness）是矿物抵抗刻划、压入、研磨的能力。一般测试硬度的方法有以下两种。

a. 用两种矿物互相刻划（摩氏硬度计）。根据硬度大的矿物能划动硬度小的矿物的原理。一般用肉眼鉴定时，通常以已知硬度的矿物去刻划被测定的矿物，以此鉴定其相对硬度。通常选用 10 种硬度不同的已知矿物作为标准，国际上称为摩氏硬度计〔1824 年德国矿物学家腓特列·摩斯（Frederich Mohs）首先提出〕。摩氏硬度计从低到高可分为 10 级，摩氏矿物硬度表见表 7-5。

表 7-5　摩氏矿物硬度表

摩氏硬度计			矿物硬度简易鉴定方法		
硬度等级	矿物	主要化学成分	代用硬度	相对硬度测定	硬度等级
1	滑石	$Mg_3[Si_4O_{10}](OH)_2$	指甲(2.5)	指甲容易刻出	低硬度
2	石膏	$CaSO_4 \cdot 2H_2O$		指甲能刻出	
3	方解石	$CaCO_3$	铁刀(5～5.5)	小刀很容易刻划	中硬度
4	萤石	CaF_2		小刀能刻出	
5	磷灰石	$Ca_5[PO_4]_3(F,Cl,OH)$		铅笔刀刻有明显划痕	
6	正长石	$KAlSi_3O_8$	玻璃(5.5～6)	玻璃小刀不易刻划,钢刀可留划痕	
7	石英	SiO_2	钢刀(6～7)	钢刀不易刻划	高硬度
8	黄玉	$Al_2SiO_4(F,OH)$		能在玻璃上刻下明显划痕	
9	刚玉	Al_2O_3		能刻划石英	极高硬度
10	金刚石	C		能刻划石英	

b. 用小刀、指甲等刻划（简易鉴定方法）。一般指甲可以刻动硬度 2.5 以下的矿物，小刀可以刻动硬度 2.5～5.5 之间的矿物。野外鉴别矿物硬度时，常采用此简易鉴定方法来测试其相对硬度。利用指甲、铁刀（铅笔刀）、玻璃刀和钢刀刻划矿物，一般不标明具体数值，只判断低、中、高三个硬度等级（见表 7-5）。

应当注意，试硬度时，应在矿物单体新鲜表面刻划，如在松散或粒状集合体以及风化面上刻划，硬度则会降低。

② 解理与断口。矿物受外力作用后，矿物晶体沿一定方向裂开，形成的光滑平面称为解理（cleavage）。解理是造岩矿物的另一个鉴定特性。解理的产生主要与矿物的晶体结构有关，非晶质矿物因不具有晶体结构，则不具有这种性质。根据解理发生的难易及完全程度，可将解理分为极完全解理、完全解理、中等解理、不完全解理、极不完全解理（此时已经发育为断口）。

矿物受外力作用后裂开，形成不具方向性的不规则破裂面，称为断口（fracture）。矿物的断口形状往往具有一定的特点，可作为鉴定矿物的辅助标志。根据形状，断口又可分为以下五种类型：贝壳状断口，如不具解理只显示贝壳状断口的石英；参差状断口，如磷灰石；锯齿状断口，如自然铜；平坦状断口，如块状高岭土；阶梯状断口，如长石。

矿物解理的完全程度和断口是相互消长的，解理完全时则不显示断口；反之，解理不完全或无解理时，则断口发育。

③ 其他力学性质。如脆性、延展性、弹性、挠性等，这些力学性质在矿物鉴别中具有次要意义，但对于某些矿物而言，却是显著特征。如方铅矿受力易碎（脆性）；自然金可锤击成薄片（延展性）；云母受力可变形除去外力，又可恢复原状（弹性）；绿泥石受力弯曲而不折断，除去外力却无法恢复原状（挠性）。

（4）矿物的其他性质。有些矿物还具有独特的性质，如磁性、电性、发光性、放射性等。这些性质是矿物在外界电流、磁场、热源及其他形式作用下所表现出来的性质，仅为部分矿物所有，大部分需要特定的仪器才能得到可靠数据，在此不做介绍。

（5）主要的造岩矿物。矿物是构成岩石的基本单元，虽说目前自然界已发现的矿物有3000多种，但构成岩石的矿物仅有30余种。我们常把构成岩石的主要矿物称为造岩矿物。常见的造岩矿物如下。

① 石英（SiO_2）。石英为白色透明，含杂质时呈其他颜色。石英硬度大，化学性质稳定，不易风化，风化后形成砂粒。石英是最主要的造岩矿物，分布最广，为酸性岩浆的主要成分，在沉积岩和变质岩中也常见。

② 正长石（$KAlSi_3O_8$）。正长石在岩石中呈晶粒，长方形的小板状，板面具有玻璃光泽。易于风化，完全风化后形成高岭石、绢云母、铝土矿等次生矿物，可为土壤提供含 K 养分。

③ 斜长石[$Na(AlSi_3O_8) \cdot Ca(Al_2Si_2O_8)$]。斜长石在岩石中多呈晶粒，长方形板状，白色或灰白色，玻璃光泽。斜长石比正长石容易风化，风化产物主要是黏土矿物，能为土壤提供 K、Na、Ca 等矿物养分。斜长石是构成岩浆岩最主要的矿物。

④ 黑云母 [$KH_2(Mg,Fe)_3AlSi_3O_{12}$]。黑云母主要分布在花岗岩、片麻岩和结晶片岩中，伴生矿物是石英、正长石等。黑云母较白云母易于风化，风化物为碎片状。广泛分布于岩浆岩和变质岩中。

⑤ 白云母（$KH_2Al_3Si_3O_{12}$）。白云母为无色透明或浅色（浅黄、浅绿）透明，极完全解理，薄片具有弹性，珍珠光泽，较难风化，风化产物为细小的鳞片状，强烈风化后能形成高岭石等黏土矿物。

⑥ 普通角闪石 [$Ca(Mg，Fe)_3Si_4O_{12}$]。普通角闪石呈长柱状、针状，暗绿至黑色，玻璃光泽，硬度高，半透明，中等解理，较易风化，风化后可形成黏土矿物、碳酸盐及褐铁矿等。多产于中性岩浆岩和某些变质岩中。

⑦ 辉石 [$Ca(Mg，Fe)Si_2O_6$]。辉石呈短柱状、致密块状，棕至暗黑色，条痕灰色，中等解理，较易风化，风化物为黏土矿物，富含 Fe。多产于基性或超基性岩浆岩中。

⑧ 橄榄石[$(Mg,Fe)_2SiO_4$]。橄榄石呈粒状集合体，橄榄绿色，玻璃光泽，透明、高硬度，断口呈贝壳状。易风化，风化产物有蛇纹石、滑石等。为超基性岩的主要组成矿物。

⑨ 方解石（$CaCO_3$）。方解石为无色或乳白色，含杂质时呈灰色、黄色、红色等，玻璃光泽，与稀盐酸会发生起泡反应。方解石是大理岩、石灰岩的主要矿物。方解石的风化主要是受含 CO_2 的水的溶解作用，形成重碳酸盐随水流失，石灰岩地区的溶洞就是这样形成的。

⑩ 白云石（$CaCO_3 \cdot MgCO_3$）。白云石为菱面体，集合体呈块状，性质与方解石相似，但较稳定，遇热稀盐酸时微弱起泡，这是与方解石的主要区别。风化物是土壤 Ca、Mg 养分的主要来源。

⑪ 石膏（$CaSO_4 \cdot 2H_2O_8$）。石膏呈板状、块状，无色或白色，玻璃光泽或丝绢光泽，是干旱炎热气候条件下的盐湖沉积，常作土壤改良剂。

⑫ 石榴子石（一种宝石）。石榴子石晶体为菱形十二面体或粒状，颜色随成分而异，玻璃光泽，硬度高，半透明，无条痕，无解理，主要用作研磨材料。

⑬ 绿泥石。绿泥石的集合体为隐晶质土状或片状，浅绿到深绿色，玻璃光泽，半透明，

硬度低，强度较低，在变质岩中分布最多。

⑭ 蛇纹石。蛇纹石的集合体呈致密块状，颜色黄绿，蜡状光泽，硬度中，半透明，断口平坦，可作室内装饰材料。为富镁质超基性岩变质后形成的主要变质矿物，常与石棉共生。

⑮ 黏土矿物

a. 高岭石。高岭石常呈致密块状、土状，白色，土状光泽，硬度低，平坦状断口。透水性差，干燥时黏舌，易捏成粉末，润湿后具有可塑性。

b. 蒙脱石。蒙脱石呈土状、块状，白色，土状光泽，透明，硬度低，平坦状断口。吸水性很强，透水性差，吸水后体积可膨胀几倍至十几倍，具有很强的吸附力和阳离子交换性能。

7.2.2 岩石

7.2.2.1 岩石的概念、种类及其分布

岩石（rock）是在各种地质作用下产生的、具有一定结构构造的矿物天然集合体。岩石是构成地壳岩石圈的最基本物质，由一种或多种矿物组成。如纯净的大理岩就是由方解石单一矿物组成，花岗岩则是由石英、斜长石、正长石、云母等多种矿物组成。

自然界岩石种类繁多，但按其成因可将地壳的岩石分为沉积岩（igneous rock）、岩浆岩（sedimentary rock）、变质岩（metamorphic rock）三大类。沉积岩在地球表面分布广泛，据统计，地表约 75％ 的面积被沉积岩覆盖；岩浆岩约占地壳总质量的 80％，整个大洋壳几乎全部由岩浆岩组成；变质岩在世界各地分布较为广泛，前寒武纪的地层绝大多数是由变质岩组成。就体积而论，在地壳 16km 厚度范围内，95％ 以上为岩浆岩和变质岩，沉积岩仅占 5％。

地壳中的三大类岩石具有不同的形成环境和条件，一旦这些形成环境和条件由于地质作用发生改变，三大类岩石之间可以相互转化。因此在地质历史中，由于地质作用的复杂性、多期性与漫长性，总有一些岩石消亡，一些岩石形成。如岩浆岩通过风化、剥蚀，其产物经过搬运、堆积形成沉积岩；沉积岩或变质岩受到高温作用熔融，冷凝后转变为岩浆岩；岩浆岩和沉积岩在遭受变质作用后，转而形成变质岩。

7.2.2.2 岩浆岩

（1）岩浆岩的形成。岩浆岩是地球内部岩浆侵入地壳或喷出地表冷凝结晶后形成的岩石，也称火成岩。岩浆岩按其生成环境可分为喷出岩和侵入岩。岩浆喷出地表，在常压下迅速冷凝而成的岩石称为喷出岩，也称火山岩（volcanic rock），常见的喷出岩有玄武岩、安山岩等。岩浆侵入地壳以下不同部位冷凝而成的岩石称为侵入岩。侵入地壳深处冷凝而成的岩石称为深成岩（plutonic rock），如橄榄岩、花岗岩等；侵入地壳较浅处冷凝而成的岩石称为浅成岩，如花岗斑岩等。

（2）岩浆岩的化学成分。岩浆岩的化学成分十分复杂，几乎囊括了地壳中所有的元素，以 O、Si、Al、Fe、Ca、Na、K、Mg 元素为主，其次是 Ti、P、Mn、Ba 元素，通常把这 12 种元素称为"主要造岩元素"。若以氧化物计，主要是 SiO_2、Al_2O_3、MgO、FeO、CaO、K_2O 等。其中 SiO_2 的含量最多，因此岩浆岩实际上是一种硅酸盐岩石。根据 SiO_2 的含量，可将岩浆岩分为 4 类，见表 7-6。

表 7-6　岩浆岩按 SiO_2 含量分类

岩类	超基性岩	基性岩	中性岩	酸性岩
SiO_2 含量	$<45\%$	$45\%\sim52\%$	$52\%\sim65\%$	$>65\%$
颜色	深——→浅			
主要矿物	橄榄石、辉石	辉石、钙斜长石	角闪石、长石	长石、石英、云母
代表岩石	橄榄岩	辉长岩、玄武岩	闪长岩、安山岩	花岗岩、流纹岩

（3）岩浆岩的矿物成分。岩浆岩中的矿物成分繁多，常见矿物有 20 多种，其中橄榄石、辉石、角闪石、黑云母、斜长石、钾长石、石英 7 种矿物最为重要。

岩浆岩中的矿物可分为两类：一类是颜色较浅、密度较轻的浅色矿物，如长石、石英等硅酸盐类矿物；另一类是颜色较深、密度较大的暗色矿物，如橄榄石、辉石、角闪石、黑云母等含铁、镁硅酸盐类。两类岩石在岩石中所占比例的多少，决定着岩石颜色的深浅，同时也反映出化学成分的变化。一般而言，从超基性岩到酸性岩，颜色由深到浅；基性岩暗色矿物多而 SiO_2 含量较低，酸性岩浅色矿物多而 SiO_2 含量较高。

（4）岩浆岩的结构与构造

① 岩浆岩的结构。岩浆岩的结构是指组成矿物的结晶程度、晶粒大小、结晶形态与结合方式。按照结晶程度、晶粒大小，常见的结构有如下几种。

a. 全晶等粒结构。岩石中矿物晶粒在肉眼或放大镜下可见，且晶粒大小一致，如花岗岩。

b. 隐晶质结构。岩石中矿物全为结晶质，但晶粒很小，肉眼或放大镜看不出晶粒。

c. 非晶质结构（玻璃质结构）。组成岩石的所有物质均为非结晶的玻璃物质，无论是肉眼还是显微镜都难以辨别。

d. 斑状结构。岩石中矿物颗粒大小不等，有粗大的晶粒和细小的晶粒或隐晶质甚至玻璃质（非晶质）者称斑状结构。大晶粒为斑晶，其余的称石基，如花岗斑岩。

② 岩浆岩的构造。指岩石各组成矿物的排列方式和填充方式所赋予岩石的外貌特征。构造特征取决于岩浆性质、产出条件、凝固过程中物质成分的空间运行状态等。岩浆岩常见的构造有如下几种。

a. 气孔构造。当熔岩喷出时，由于温度和压力骤然降低，岩浆中大量挥发性气体被包裹于冷凝的玻璃质中，气体逐渐逸出，形成各种大小和数量不同的圆形或椭圆形、个别呈管状的孔洞，称为气孔构造。

b. 杏仁构造。岩石上的气孔被外来的矿物部分或全部填充，形如杏仁，则称为杏仁构造，如玄武岩、安山岩、浮岩等。

c. 流纹状构造。岩石中有拉长的条纹和拉长的气孔，表现出熔岩流动的状态，如流纹岩。

d. 块状构造。矿物在岩石中排列无一定次序、无一定方向，不具任何特殊形象的均匀块体。大部分侵入岩都具有这种构造，如花岗岩、辉长岩、闪长岩等。

（5）常见岩浆岩

① 深成岩

a. 橄榄岩。主要矿物为橄榄石和辉石，暗绿色或黑色，中粗粒结构、块状构造。

b. 花岗岩。主要组成矿物有石英、正长石、角闪石；全晶质等粒结构，块状构造；多呈肉红色、灰白色。花岗岩分布广泛，抗压强度大，质地均匀坚实，颜色美观，是优质的建材。

c. 正长岩。主要组成矿物为正长石、角闪石；全晶质等粒结构，块状构造；呈肉红色、浅灰色；较易风化，极少单独产出，主要与花岗岩等共生。

d. 闪长岩。主要组成矿物为斜长石、角闪石；全晶质等粒结构，块状构造；呈灰色或浅绿灰色。闪长岩结构致密强度高，具有较高的韧性和抗风化能力，是优质的建筑地基材料。

② 浅成岩

a. 花岗斑岩。主要矿物成分与花岗岩相似，斑状结构，斑晶主要有钾长石、石英或斜长石，块状构造。多为棕红色、黄色。

b. 闪长玢岩。主要矿物成分为斜长石、角闪石，斑状结构，斑晶为中性斜长石，有时为角闪石，块状构造。常为灰色，如有次生变化，则多为灰绿色，工程性质较好。

③ 喷出岩

a. 玄武岩。主要矿物为辉石和斜长石，呈灰黑色、黑色，隐晶质结构或斑状结构，斑晶为橄榄石、辉石或斜长石，常见气孔状构造、杏仁状构造。玄武岩致密坚硬，性脆，强度较高，但是多孔时强度较低，较易风化。

b. 流纹岩。呈灰白色、紫红色，以斑状结构为主，斑晶多为斜长石或石英，流纹状构造，抗压强度略低于花岗岩。工程性质较好，也是良好的建筑地基材料。

c. 安山岩。呈灰绿色、灰紫色，斑状结构，斑晶为角闪石或基性斜长石，块状构造，有时为气孔构造或杏仁构造，是分布较广的中性喷出岩，岩块致密，强度稍低于闪长石。

7.2.2.3 沉积岩

(1) 沉积岩的形成。沉积岩是地壳表面早期形成的岩石，经风化、剥蚀、溶蚀等外动力地质作用而遭到破坏，其松散物、碎屑、浮悬物、溶解物被搬运到适宜的地带沉积下来，再经压固、胶结形成的层状岩石。沉积岩广泛分布于地壳表层，占陆地面积的 75%。沉积岩各处的厚度不一，最厚可达 10km，薄者只有数十米。沉积岩是地表常见的岩石，在沉积岩中蕴藏着大量的沉积岩矿产，比如煤、石油、天然气等。

(2) 沉积岩的化学成分。沉积岩和火成岩的化学成分十分接近，因为沉积岩的物质成分主要来自火成岩，但也存在不同点：沉积岩中 $Fe_2O_3 > FeO$，而火成岩中相反；沉积岩中 $K_2O > Na_2O$，而火成岩中两者含量近似；沉积岩中常富含大量的 H_2O、CO_2 和有机质，而这些物质在火成岩中几乎没有；除此之外，沉积岩中 Al、K、Na、Ca 是相互分离的，且 Al > (K+Na+Ca)，而火成岩恰与其相反，且 Al、K、Na、Ca 与 SiO_2 组成铝硅酸盐矿物。

(3) 沉积岩的矿物成分。沉积岩的矿物成分十分复杂，与产生碎屑的母岩有直接的关系。沉积岩中已知矿物有大约 160 多种，比较常见的矿物有近 20 种，约占沉积岩矿物组成的 99%，这些常见矿物多为氧化物、硅酸盐、碳酸盐和硫酸盐类矿物，如石英、斜长石、白云母、黏土矿物、白云石、方解石等。

总的来说，沉积岩的矿物成分可分为五种类型即碎屑矿物、黏土矿物、化学沉积矿物、胶结物（其强度取决于胶结物成分如硅质、铁质、钙质、泥质）、有机质及生物残骸。其中，由生物作用形成的有机物质是沉积岩特有的物质。

（4）沉积岩的结构与构造

① 结构。沉积岩的结构是指沉积物颗粒（碎屑、晶粒）的大小、形状及结晶程度。常见的结构类型有碎屑结构、泥质结构、化学结晶结构、生物结构。

a. 碎屑结构。碎屑物被胶结物胶结而成的结构，即岩石或矿物碎屑被硅质、钙质、黏土质等胶结在一起。沉积碎屑岩类如砾岩、砂岩等都具有这种结构。

b. 泥质结构。又称黏土结构，由泥质物质形成，是泥岩和页岩的主要结构。

c. 化学结晶结构。由化学作用形成的结晶岩石所具有的结晶结构，如石灰岩、白云岩等。

d. 生物结构。岩石是以大部或全部生物遗体或生物碎片所组成的结构。岩石中所含的生物遗体或碎屑含量达 30% 以上，为灰岩和硅质岩的常见结构。

② 构造。沉积岩的构造是指岩石各组成部分的空间分布及其相互间的排列方式所呈现的宏观特征。沉积岩最主要的构造有层理构造、层间构造、层面构造、化石和结核等。

a. 层理构造。沉积岩的成层性，即沉积岩的成分、颜色、颗粒大小等沿垂直于岩层的方向变化、交替。这种构造是在沉积过程中形成的。

b. 层间构造。不同厚度、不同岩性的层状岩石之间层位上的变化现象。性质不同的岩石之间的接触面，称为层面（bedding plane）。上、下两层面间，成分基本一致的岩石，称岩层（terrane）。岩层厚度是指上、下岩层之间的垂直距离。

c. 层面构造。在沉积面上保留的自然作用产生的痕迹。如动物的遗迹、雨、波浪、泥裂、虫痕等，在成岩过程中保留下来。这种情况比较少见。层面就是一个层的顶面。

d. 化石和结核。化石和结核也是沉积岩所特有的构造现象，化石是岩层中，保存着石化了的各种古生物遗骸和遗迹，有化石存在是沉积岩最大的特性。结核是与岩层主要成分有区别的胶体物，是经凝聚呈团块状散布于岩层中的块体。

大部分沉积岩形成于广阔平坦的沉积盆地中，其原始状态多呈水平或近水平，并且老的岩层先形成在下面，新的岩层后形成在上部，这种老的在下面、新的在上部的层位，称为正常层位，但由于构造运动常使岩层层位发生改变，形成倾斜、直立岩层，甚至倒转。

（5）沉积岩的类型及常见的沉积岩。沉积岩的形成过程比较复杂，目前对沉积岩的分类方法尚不统一。但通常主要是依据岩石的成因、成分、结构、构造等方面的特征，将沉积岩分为三类。

① 碎屑岩类。本类岩石主要由母岩机械破碎形成的碎屑物质组成。

a. 砾岩、角砾岩。这类岩石具有一种砾状结构，主要由砾石级碎屑基质充填胶结而成，基质较粗，胶结物多为硅质、钙质、铁质等化学物质。

b. 砂岩。具有砂状结构的碎屑岩。砂岩的分类复杂，一般根据粒径的大小，可以进一步分为粗砂岩、中砂岩、细砂岩等，砂岩是良好的储油气岩层，在目前世界上发现的油气田中，半数以上的聚集层是砂岩。

② 黏土岩类。本类岩石主要由母岩化学风化作用形成的黏土矿物组成。

黏土岩。指具有黏土结构，主要由高岭石、蒙皂石、绿泥石、水云母等黏土矿物组成的一类岩石。黏土岩在强氧化环境中应含 Fe^{3+} 而呈红色；在还原环境中应富含有机质及低价硫而呈黑色、灰色等。这类岩石，固结微弱、质地疏松的称为黏土；固结成岩、具有块状结构的为泥岩；呈现出页状层理构造的为页岩。

③ 化学岩和生物化学岩类。本类岩石是由母岩化学分解所形成的溶解物质或胶体溶液经过搬运后,通过化学作用及生物直接或间接作用沉积下来的岩石。

a. 石灰岩。简称灰岩,主要由方解石组成的碳酸岩类,岩石为白色、灰色或灰黑色,含有机质及杂质则色深。化学结晶或生物化学结晶结构,块状构造。石灰岩致密、性脆,遇盐酸起泡,是一种可溶性岩石,在地下水的作用下易形成裂痕和溶洞。

b. 白云岩。主要由白云石和方解石组成,遇冷盐酸不起泡,颜色灰白,略带淡黄、淡红色,岩石风化面上有刀砍状沟纹。化学结晶结构,块状构造,可作高级耐火材料和建筑石料。

(6) 松散岩石。沉积岩中还有一类近代形成的未经压固、胶结的碎屑堆积物,我们将之称为松散岩石(loose rock)或第四纪松散堆积物(Quaternary loose deposits),如漂石、卵石、砾石、砂、粉土、黏土及其混合堆积物砂砾石等。第四纪松散堆积物广泛覆盖于地壳的表面,与地下水的形成、储存有着直接的关系。

7.2.2.4 变质岩

(1) 变质岩的形成。变质岩是由于地壳运动、岩浆活动的地质作用,早期形成的原岩(岩浆岩、沉积岩和早期的变质岩)因物理化学条件(温度、压力、化学活动性流体化学反应等)变化,岩石的矿物成分、结构、构造发生变化而形成的岩石。

由岩浆岩变质而成的岩石叫正变质岩。由沉积岩变质而成的岩石叫副变质岩。变质岩就是原岩经变质作用后所形成的新岩石。它们的岩性特征一方面受原岩的控制,具有一定的继承性,仍残留有原岩中的某些矿物,如石英、长石类等;另一方面由于受到变质作用的改造又具有自身的特点,出现某些具有自身特性的变质矿物和独特的定向构造等。

(2) 变质矿物。原岩成分与变质作用的复杂性,决定了变质岩的矿物成分较岩浆岩、沉积岩复杂得多。一类是在变质作用中保存下来的矿物,如石英、长石、云母、角闪石和辉石等;另一类是在变质作用中形成的新变质矿物,如石墨、滑石、红柱石、石榴石、蛇纹石、绿泥石、硅灰石等。

这些变质矿物是变质岩中独有的矿物,它们的大量出现是岩石发生变质作用的有力证据,也是区别于岩浆岩、沉积岩的主要标志。

(3) 变质岩的结构与构造

① 变质岩结构。根据岩石特点和结构成因,可将变质岩结构分为变晶结构、变余结构、碎裂结构。

a. 变晶结构(metacryst texture)。原岩在固态条件下,岩石中的各种矿物同时发生重结晶作用形成的结晶质结构,如白云母石英片岩、花岗片麻岩等都属于这种结构。这是变质岩中最常见的结构。

b. 变余结构(palimpsest texture)。又称"残留结构",由于重结晶作用不彻底,原岩的矿物成分和结构特征仍被保留下来。如黑色板岩、千枚岩等属变余砾状、变余砂状、变余粉砂状及变质泥质状等结构。

c. 碎裂结构(cataclastic texture)。岩石受定向压力后,岩石中矿物颗粒发生破裂、断开、移动甚至研磨等现象。部分矿物保留原形,但出现裂痕;部分矿物被研磨成细小的碎屑或岩粉,出现定向排列的重结晶现象,此时呈糜棱结构。

② 变质岩的构造。变质岩的构造是指在岩石中矿物在空间排列关系上的外貌特征。变

质岩的构造特征常见的有如下几种。

a. 片状构造（sheet structure）。它是变质类区别于沉积岩和岩浆岩的重要特征。岩石中的片状、针状、柱状或板状矿物受定向压力作用后，重新组合，平行排列，出现叶片状的片理现象。顺着矿物定向排列方向的裂开面，称为片理。如云母、角闪石、绿泥石等。

b. 板状构造（platy structure）。黏土岩等柔性岩石在温度不高而以压力为主的变质作用下，沿一定方向裂成平整板状，如黑色板岩。

c. 千枚状构造（phyllitic structure）。是一种薄片状片理，片理面上因有绢云母、绿泥石而呈丝绢光泽，如千枚岩。

d. 片麻状构造（gneissic structure）。岩石中暗色矿物和浅色矿物相间，且平行排列成条带状，如花岗片麻岩。

e. 块状构造（massive structure）。岩石中的矿物成分和结构都很均匀，不具定向排列，如大理岩、石英岩。

f. 变余构造（palimpsest structure）。一般变质作用不彻底时，岩石中会残留原岩的结构特征。沉积岩变质后会保留变余层理、斜层理、泥裂、波痕等构造；岩浆岩变质后则可能保留变余气孔、杏仁状构造、流纹构造等。

（4）常见的变质岩

① 片理状岩类

a. 片麻岩。岩石中的柱状和粒状矿物分别呈定向排列，具有片麻构造，等粒状变晶结构。矿物种类有石英、正长石、云母、角闪石。

b. 片岩。可由各种岩石变质形成，片状构造，鳞片状变晶结构。主要由片状或柱状矿物如云母、滑石、角闪石定向排列而成。片岩强度低，抗风化能力差，极易风化剥落，甚至沿片理面发生滑塌。

c. 板岩。变质程度低，由页岩、粉砂岩等变质而来，板状构造或变余构造，有微弱光泽。较一般黏土岩致密、坚硬，且易开成薄石状，是较好的建筑材料。

d. 千枚岩。常由黏土岩变质而成，具有千枚结构。千枚岩质地松软，强度低，易风化剥落，沿节理面发生滑塌。

② 块状岩类

a. 大理岩。因产于云南的大理而得名。由石灰岩和白云岩等碳酸盐类变质而来，粒状变晶结构。块状构造。大理岩强度中等，易于开采，是良好的建筑装饰材料。

b. 石英岩。由石英砂岩变质而来，块状构造，等粒状变晶结构，矿物组成为石英，纯石英岩多为乳白色，具脂肪光泽。石英岩强度高，抗风化能力强，工程性质好，可作为良好的路基材料，在山区可形成较陡的边坡。

7.3 地质构造

7.3.1 地壳运动简介

7.3.1.1 地壳运动的概念

地壳运动（crustal movement 或 diastrophism）是指地壳或岩石圈在地球的内能作用

下，发生的地壳的变形、变位以及洋底的增生、消亡过程。地壳运动形成了山脉、盆地，岩层发生变形、断裂甚至破碎，形成褶皱、断裂等各种地质构造。所以，地壳运动又称为构造运动（tectogenesis，tectonic movement）。

地壳运动可以引起海啸、地震、岩浆活动、变质作用、海陆轮廓的变化、地壳的隆起与拗陷、山脉与海沟的形成，决定地壳外貌（地貌）的总体特征。

人们常常将晚第三纪以来发生的地壳运动称为新构造运动；将晚第三纪以前发生的地壳运动称为古构造运动；将人类历史时期到现在所发生的新构造运动称为现代构造运动。

7.3.1.2　地壳运动的基本方式

按照地壳运动的特点，可将其简单归纳为两种类型：垂直运动（vertical motion）和水平运动（horizontal motion）。

（1）垂直运动。地壳或岩石圈垂直于地表，即沿地球半径方向的运动为垂直运动。表现为大面积的上升运动和下降运动，故又称为升降运动。垂直运动常形成大型的隆起和坳陷，造成地壳上地势高低起伏和海陆变迁，产生海侵和海退现象。

如新疆吐鲁番盆地与相邻的博格达山就是一个地区下降坳陷，相邻地块上升隆起。在对珠穆朗玛峰（简称珠峰）的科学考察中，发现珠峰地层中含有丰富的浅海古生物化石，如三叶虫、海百合、珊瑚等，表明珠峰在较长的地质时期被海水淹没，直到第三纪后期（距今3000万年）才从海底隆起，1000万年前才跃出水面，成为世界第一高峰。

（2）水平运动。地壳或岩石圈大致沿地球表面切线方向的运动为水平运动。简言之，这是一种大致平行于地球表面的运动。水平运动表现为岩石圈的水平挤压或水平拉张，因而引起岩层的褶皱和断裂，以及形成巨大的褶皱山系或巨大的地堑、裂谷。因此，水平运动又称造山运动。我国的昆仑山、祁连山、秦岭、喜马拉雅山等山脉，都是遭受水平方向的挤压而褶皱隆起的。

相对地壳的垂直运动而言，水平运动难以观察，现代地质和地壳物理资料表明：大规模的水平运动普遍存在，经大地水准测量或卫星监测，美国西海岸旧金山附近的圣安德列斯断层，水平错开达480km，仅在1906年旧金山7.8级大地震前的16年中位移就达7m；我国东部的郯城-庐江（郯庐）大断裂，断层的东西两侧平错了740km。

7.3.2　岩层产状、要素及分类

7.3.2.1　岩层产状、要素

岩层（rock formation）是指具有平行或接近平行的顶、底面的层状岩石。岩层的产状是指成层岩体（层）的空间产出状态。它们的几何状态是以其空间的延伸方位、倾斜程度来确定的，即取决于岩石层面的走向、倾向、倾角，通常它们为产状要素，见图7-5。

（1）走向。岩层的层面与水平面的交线称为走向线，见图7-5中线段 AB，走向线两端的延伸方向即为走向，表示岩层在水平面上的延展方向。岩层的走向用走向线的方位角表示，

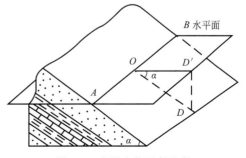

图 7-5　岩层产状要素示意

在方位角上有两个方向，两者相差180°。

（2）倾向。岩层层面上与走向垂直并指向下方的直线为倾斜线，见图7-5中线段 OD。倾斜线在水平面上的投影所指的方向称为倾向，见图7-5中线段 OD'。岩层的倾向只有一个方向，用方位角表示，与走向垂直。

（3）倾角。岩层层面上的倾斜线与其在水平面上的投影线之间的夹角为倾角（dip angle），见图7-5中 α。它表示岩层层面与水平面之间的最大夹角。

野外常用地质罗盘测量岩层的产状，并用规定的文字记录或符号标注在图上。如某岩层的产状为 SE120°∠40°，表示倾向为南东方向120°，倾角为40°。

7.3.2.2　岩层的分类

根据岩层的倾斜程度，可以将岩层分为水平岩层、倾斜岩层和直立岩层。

（1）水平岩层。岩层未发生明显的变形称为水平岩层（horizontal stratum），常出现于受构造运动影响比较轻微的地区，或大范围内均匀抬升或下降的地区。水平岩层的特征是：在正常的地层层序下，较新的岩层总是位于较老的岩层之上。在平坦地区，地表仅能观察到水平岩层最上部岩层的顶面；在岩层受侵蚀切割、地形起伏的地区，构成水平岩层的不同岩层会出露在斜坡上。老岩层出露在河谷低洼地区，新岩层出露于较高的地方。

（2）倾斜岩层。岩层层面与水平面之间存在一定夹角时称为倾斜岩层（inclined stratum）。构造运动改变了岩层的原始状态，形成的倾斜岩层分布广泛，是一种基本的构造类型。如倾斜岩层常常是褶皱的一翼或断层的一盘；也可以是大区域内不均匀抬升或下降所形成的。不论在平坦地区，还是在岩层受侵蚀切割、地形起伏的地区，在地表均能观察到倾斜构造的各个岩层。地层层序正常时，沿岩层的倾斜方向，地层由老到新排列。

（3）直立岩层。岩层面与水平面相互垂直，倾角近90°的岩层称直立岩层（vertical stratum）。直立岩层是强烈的构造变形的结果。它的地表出露宽度就是岩层的厚度。

7.3.3　褶皱构造

褶皱构造是地壳上最常见的最基本的地质构造形态，是地壳运动最引人注目的地质现象，在层理发育的沉积岩中表现尤为明显。在地壳水平方向挤压力的作用下，岩层受力变形产生的一系列连续的弯曲称为褶皱（drape），岩层只发生一个弯曲时称为褶曲（fold）。

▲
褶皱构造

7.3.3.1　褶曲与褶曲要素

（1）褶曲。褶曲是褶皱的基本单位，按其形态可分为背斜和向斜两种类型，见图7-6。

① 背斜。岩层向上拱起弯曲，中心部分（核部）的岩层较老（D_3），两侧岩层依次变新（C_2）。

② 向斜。岩层向下凹陷弯曲，中心部分（核部）的岩层较新（C_1），两侧岩层依次变老（D_2）。

岩层变形后，向斜成谷、背斜成山是地形构造变动的直观反映，但经过较长时间的风化剥蚀，地形也可能出现背斜成谷、向斜成山的地形倒置现象，见图7-7。因此，判别背斜、向斜不能仅仅靠岩层下凹或上拱形态，更要根据自核心向两翼岩层相对年龄的新老以及地表出露情况进行。

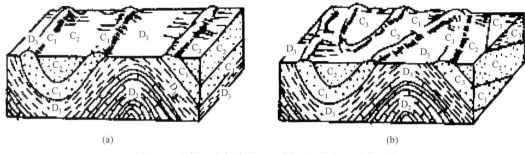

图 7-6　背斜和向斜在平面、剖面上的出露形态示意

(a) 向斜；(b) 背斜

（2）褶曲要素。褶曲的几何形态千姿百态，习惯上将确定褶曲空间位置的几何要素称为褶曲要素，即核、翼、轴面、轴、轴线等，见图 7-8。其中：核泛指褶皱中心部分的岩层（A）；翼指褶皱核部两侧对称出露的岩层（E）；轴面指平分褶皱的一个假想面（$ABCD$ 面）；轴指轴面与岩层面的交线（BC）；轴线指轴面与地面的交线（AD）。

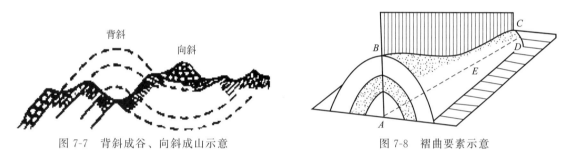

图 7-7　背斜成谷、向斜成山示意

图 7-8　褶曲要素示意

7.3.3.2　褶皱的类型

褶皱的类型多种多样，划分的方法也各不相同，根据褶皱轴面产状可分为直立褶皱、倾斜褶皱、倒转褶皱、平卧褶皱四种，见图 7-9。

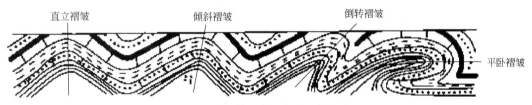

图 7-9　根据轴面产状划分的褶皱类型

此外，可根据褶曲在平面图上长宽比（枢纽方向与垂直枢纽方向的长度比）将褶皱划分为线状褶皱、短轴褶皱、穹隆和盆地构造。

褶皱作为构造运动的产物，其规模有大有小，小的需在显微镜下才可以观测到，大的可形成一系列高大的山系，世界上大部分山系是由褶皱造山运动形成的，如天山、乌拉尔山、阿尔卑斯山、喜马拉雅山等。从矿藏角度出发，褶皱是探矿工作的重点。褶皱构造与油气的储藏密切相关，特别是在背斜构造中常储藏丰富的石油和天然气资源；而向斜多为储存地下水的良好构造。

7.3.4 断裂构造

断裂构造

地壳中的岩石在受力后发生变形，当所受的力超过岩石本身强度极限时，岩石的连续性和完整性就会破坏，产生破裂面，形成断裂构造。如果断裂面两侧的岩石或岩体沿断裂面没有发生明显的位移，称为节理（joint）；若沿断裂面产生了明显的相对位移，此时称为断层（fault）。节理和断层是断裂构造的两种基本形式。

7.3.4.1 节理

节理是指岩块（层）受力后没有发生显著位移的断裂，即岩石中的裂隙。节理的规模大小不一，疏密不等，在岩石中往往成群出现。节理的两壁（断裂面）称为节理面，节理面可以是平面，也可以是曲面或参差不齐。一般来说，在脆性岩层里，节理裂缝较大，发育较疏；在软弱岩层里，节理裂缝较小，发育致密。在构造复杂区域，岩层强烈变形，岩石破碎，节理特别发育；相反，在构造简单区域，岩层变形程度浅，节理发育较差。

按成因不同可将节理分为原生节理和次生节理两类。原生节理是在岩石形成过程中产生的节理，如玄武岩中的柱状节理、细粒沉积岩中的泥裂等。次生节理是岩石形成后，经次生变化才形成的节理，可分为构造节理、非构造节理。构造节理主要是由构造运动产生的节理，分布具有一定的规律，往往与褶皱、断层相伴，发育范围和深度较大；非构造节理是由风化作用、滑坡等形成的节理，由于和构造运动无规律性联系，其发育范围和深度均有限。

构造节理根据力学成因不同，可分为张节理（tension joint）和剪节理（shear joint）。

（1）张节理。岩石受（拉）张应力作用，形成的节理，节理走向平行于挤压力方向，节理面粗糙、凹凸不平，节理中常有矿脉填充；产状不稳定，大多延伸不远，常出现在褶曲的核部和脆性岩石中，见图 7-10。

（2）剪节理。岩石受挤压力或剪切力作用，形成的节理，常呈 X 形。节理面多光滑且呈闭合状，常有擦痕；分布较平直，延伸较远，见图 7-10。

此外，节理对岩石的风化、剥蚀有着重要的控制意义，节理发育密集的岩石易于风化，在适宜的条件下可形成奇特的地形，成就优美风景；同时，节理也是地下水循环的通道、矿脉赋存的空间。由于节理切割削弱了岩石的整体性、坚固性，对工程建设有重大影响。

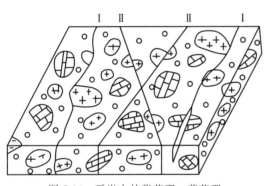

图 7-10 砾岩中的张节理、剪节理
Ⅰ—张节理；Ⅱ—剪节理

7.3.4.2 断层

断层是指断裂面两侧的岩块（层）发生显著位移的断裂构造。断层发育广泛、规模不等，大者可切穿岩石圈成为深大断裂，小断层可在手标本或露头范围内观察，是地壳中重要的地质构造之一。断层活动是地震发生的起源，对各种工程建设影响极大，断层研究对找矿和寻找地下水等具有指导意义。

（1）断层要素。断层的几何要素包括断层面以及被它分隔的两个断块（见图 7-11）。

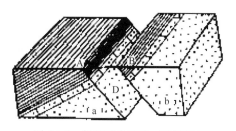

图 7-11　断层要素示意（正断层）

a—断盘-下盘；b—断盘-上盘；

D—断层面；AB—断距

① 断层面。断层面（fault plane）指断裂两侧的岩层（块）沿之滑动的破裂（断裂）面。断层面可以是产状稳定的平直面，也可以是产状发生变化的曲面。断裂面可以是一个面，也可以是由许多断裂面构成的断裂带。

② 断盘。断盘（fault wall）指断裂带（面）两侧的岩层（块）。位于断层面上面的一盘称为上盘，位于断层面下面的一盘称为下盘。

③ 断距。断距是断层面两侧岩块相对滑动的距离。

（2）断层的主要类型。断层的分类方法较多，根据断层两盘相对运动的方向，分为正断层、逆断层及平移断层三种。

① 正断层。正断层（normal fault）是上盘相对下降、下盘相对上升的断层。断层面倾角较陡，通常在 45°以上，主要由张应力和重力作用形成，见图 7-12(a)。

② 逆断层。逆断层（reverse fault）是上盘相对上升、下盘相对下降的断层，主要由水平挤压作用形成。断层面倾角小于 45°的逆断层称为逆掩断层。如果断层面的倾角非常平缓，规模十分巨大，则称为碾掩构造，见图 7-12(b)。

③ 平移断层。平移断层（translational fault）是断盘沿断层面走向方向相对错动的断层，断层面近于直立，主要由水平剪切作用形成，见图 7-12(c)。

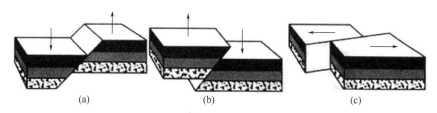

(a)　　　　　　　　　(b)　　　　　　　　　(c)

图 7-12　断层的基本类型示意

(a) 正断层；(b) 逆断层；(c) 平移断层（箭头为断盘运动方向）

（3）断层常见的组合类型。断层很少单独出现，常由多条呈带状组合在一起，形成断层带，并且常同褶皱带伴生，可组成叠瓦状断层、阶梯状断层、地堑和地垒，见图 7-13。

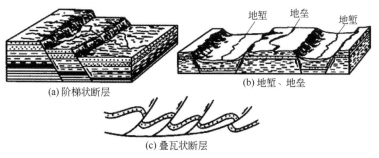

(a)阶梯状断层

(b)地堑、地垒

地堑　地垒　地堑

(c)叠瓦状断层

图 7-13　常见的断层组合类型

① 叠瓦状断层。叠瓦状断层是成群出现的逆断层或逆冲断层平行排列组合成倾向一致的构造。其上盘依次向上逆冲，断层面呈叠瓦式组合。

② 阶梯状断层。阶梯状断层由两条或两条以上的倾向相同、相互平行的正断层组合而成，其上盘依次下降呈阶梯状排列组合。

③ 地堑。地堑是由两条走向大致平行、性质相同的断层组合而成的中间断块下降、两侧断块相对上升的构造。

④ 地垒。地垒是由两条走向大致平行、性质相同的断层组合而成的中间断块上升、两侧断块相对下降的构造。

7.3.5 地层的接触关系

地层之间的沉积接触关系，是古构造运动和地质历史的记录，基本上可以分为整合接触关系和不整合接触关系两大类型。

7.3.5.1 整合接触

整合接触（conformable contact）指相邻新老地层产状一致且相互平行，时代连续，没有沉积间断，表明上下新老地层是在构造运动持续下降或上升而未中断沉积的情况下形成的。沉积物连续堆积而无地层缺失，反映出一个地区长期处于构造运动相对稳定均衡的环境中，见图 7-14(a)。

7.3.5.2 不整合接触

不整合接触（unconformable contact）指上下两套地层时代不连续，存在明显的地层缺失的接触关系，包括平行不整合（disconformity）和角度不整合（angular unconformity）两种。

(1) 平行不整合，又称假整合。指两相邻地层产状平行但时代不连续。它表明某地区曾发生上升运动，致使沉积作用一度中断，缺失的地层或者根本没有沉积过，或者形成后又被剥蚀，而后地壳下沉，堆积了上覆新地层，见图 7-14(b)。平行不整合代表地壳运动下降堆积、上升剥蚀、再下降堆积的一个总过程。

(2) 角度不整合。指上下两地层产状既不一致，时代也不连续，其间有地层缺失。表明老地层沉积后曾发生褶皱与隆升，沉积一度中断而后再下沉接受新沉积。这样两者间就具有了斜交接触关系，有几个角度不整合，就代表有过几次构造运动，见图 7-14(c)。

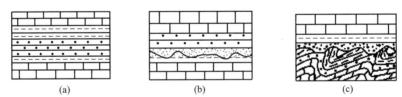

图 7-14 地层整合、不整合接触剖面示意
(a) 整合接触；(b) 平行不整合；(c) 角度不整合

7.3.6 地质图

7.3.6.1 地质图的概念、类型

将一定范围内地壳的地质内容，按一定的比例，投影到平面图（及地形图）上，用规定

的符号、色谱、花纹表示的图件称为地质图（geological map），见图 7-15。从地质图上可以全面了解一个地区的地层顺序及时代、岩性特征、地质构造（褶皱、断层等）、矿产分布、区域地质特征等内容。根据地质图的内容，地质图包括普通地质图和专题地质图两种类型。

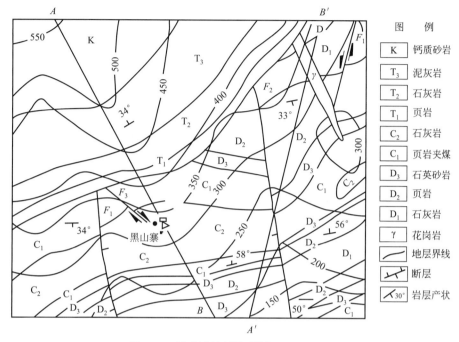

图 7-15 黑山寨地区地质图（1∶10000）

普通地质图是以一定比例尺的地形图为底图，反映一个地区的地形、地层岩性、地质构造、地壳运动及地质发展历史等的基本图件，简称地质图。此外，在普通地质图的基础上，可根据生产或研究的需要，制成专题的地质图，如水文地质图、工程地质图、第四纪地质图、矿产分布图、构造纲要图、大地构造图等。

7.3.6.2 地质图的内容

一幅完整的地质图，通常包括四部分内容平面图、剖面图、柱状图及图例与说明。

（1）平面图。平面图为地质图的主体，通过实地勘测，直接将各种地质信息填绘在地形图（底图）中编制而成。平面地质图又称为主图，是地质图的主体部分，主要包括地理概况及地质现象，如地理位置、主要居民点、地形、地貌特征等地理概况。地质现象包括地层、岩性、产状、断层、崩塌、滑坡等。平面图中应标记出图名、图例、比例尺、编制单位与编制日期。

（2）剖面图。剖面图为反映地质平面图中代表性横断面上的地质信息（地形、岩层、地质构造）的图件。可以通过实地测绘，也可以根据地形地质图在室内编绘。一般是在地质平面图上选择一条或数条有代表性的直线（见图 7-15 中 A—B 与 A′—B′）作为图切剖面，以此表示岩性、断层、褶皱等的空间展布形态、产状、地貌特征等，编绘时注意水平比例尺与平面图的要相同，垂直比例尺可比平面图的适当大些。四川彭县逆冲推覆构造见图 7-16。

（3）柱状图。柱状图也称综合地层柱状剖面图。它是以柱状剖面的形式，将一个地区全部出露的地层，按照时代顺序、接触关系、厚度、岩性、化石以及其他地质特征编绘而成。

其比例尺可以根据实际情况制定。黑山寨地区综合地质柱状图见图 7-17。

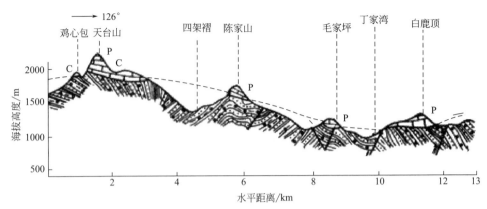

图 7-16　四川彭县逆冲推覆构造

地层单位			代号	柱状图	厚度/m	地层岩性描述
界	系	统				
新生界	第三系		R		30	砂岩为主，局部为砂页岩互层
						———— 角 度 不 整 合 ————
中生界	白垩系		K		250	燕山运动，褶皱上升缺失老第三系 钙质砂岩夹页岩
						———— 平 行 不 整 合 ————
	三叠系	上	T₁		222	缺失侏罗纪地层上部为泥灰岩夹钙质页岩中部为厚层灰岩夹泥灰岩下部为页岩夹泥灰岩
		中	T₂			
		下	T₃			———— 角 度 不 整 合 ————
古生界	石炭系	中	C₂		103	海西运动，缺失上石炭系及二叠系地层 中：中厚层灰岩夹薄层页岩下：页岩夹煤层，岩性软弱
		下	C₁			
						———— 平 行 不 整 合 ————
	泥盆系	上	D₁		205	上：厚层石英砂岩坚硬，抗压强度高
		中	D₂			中：页岩，层理发育岩性软弱
		下	D₃			下：中厚层灰岩局部有溶洞

图 7-17　黑山寨地区综合地质柱状图

（4）图例与说明。图例与说明表示地质信息的规定的颜色、代号、符号、线条等，是阅读地质图的重要信息。

7.3.6.3　阅读地质图

（1）阅读图名、比例尺、图例。通过对图名、比例尺的阅读，可以了解图幅的图的类型、地理位置、范围大小和制图精度。通过对图例的阅读，可以了解图中地质信息，如地层时代、岩石类型、岩性特点、地层接触关系等，对地质图幅有一总体的概念。

（2）地质图的通读。在熟悉各种图例的基础上，即可转向图面观察，即通读地质图。在通读时，先根据地形入手，了解本区的地形特点、山脉、水系分布状况，然后观察地层、岩性等，通过对地质构造的判读，如主要褶皱和断层构造的分布方向、岩浆岩体的分布和产状等，查明本区总的地质构造轮廓。

（3）综合归纳。地质图中的地质构造不是孤立的东西。这些地质现象是这个地区历史演变发展的结果，实质上说是这个地区所经受的各种地质作用的结果。因此，它们之间是有着密切联系的。通过对地质现象逐一的分析之后，应该进一步找出这些地质现象之间的内在联系。根据地层和构造之间的关系，分析它们演变发展的历史；关注地质构造与地貌发育之间的关系等。

作为给排水工程的专业人员，应熟悉这些基础地质图件，掌握一定的地学基础理论基本知识。

 任务解决

中国地质调查局对汶川地震成因进行分析时指出：此次地震的区域构造背景是由于印度板块向亚洲板块俯冲，故青藏高原快速隆升。高原物质向东缓慢流动，在高原东缘沿龙门山构造带向东挤压，遇到四川盆地之下刚性地块的顽强阻挡，造成构造应力能量的长期积累，最终在龙门山北川—映秀地区突然释放，为一构造地震。

汶川的强震构造为龙门山构造带中央断裂带，即北川—映秀断裂，在挤压应力作用下，由南西向北东逆冲运动，为逆冲、右旋、挤压型断层。破裂带由南西向北东迁移，属于单向破裂地震。此次强震为浅源地震，中国国家数字地震台网确定的震源深度为 10km，因此破坏性巨大。

 知识拓展

地球的内部能量（简称内能）主要来源于地球形成过程的核转变能，地球内能具有随时间的推移呈半衰期衰减的特征，并在衰变过程中产生热能，地壳内部热能易于从构造薄弱地带（如环太平洋带、地中海—喜马拉雅带）富集或传到地表，地下水在一定地质条件下，因受地球内部热能影响，可形成温度从几十摄氏度到几百摄氏度不等的地下热水（或蒸汽）。地下热水沿着岩层裂隙或断裂构造上涌溢出地表，便形成温泉、喷泉或间歇喷泉。如我国台湾大屯火山区地下热水温度达 293℃；美国塞罗普里埃托温度高达 388℃；西藏拉萨西北著名的羊八井，钻井深度 30m 处，热水温度就高达 130℃，喷出高度 30 多米。地下热水已经作为地热能开发利用的主要手段，广泛用于地热发电、地热采暖等领域，作为一种清洁能源，它的开发利用对改变能源结构具有重要意义。

? 思考与练习题

1. 组成地壳的主要元素有哪些？

2. 地球的表面形态分为哪几类？

3. 地球的内部圈层结构如何划分？划分的主要依据是什么？

4. 什么是矿物？分为几大类？常见的造岩矿物有哪些？

5. 组成岩石圈的岩石按成因可分为哪几大类？各有什么主要特征？

6. 何谓地壳运动？有几种基本形式？

7. 何谓岩层产状要素？根据岩层的倾斜程度，岩层分为哪几类？

8. 褶皱的基本类型有哪些？各具何特征？

9. 断层的基本类型有哪些？各具何特征？

10. 地层之间的接触关系有哪几种？如何理解角度不整合形成过程及意义？

11. 如何理解地壳运动与地质构造之间的关系？

第 **8** 章
地下水的储存与循环

《 学习目的 》 通过本章的学习，使学生熟悉和掌握地下水的形成、储存条件和常见类型地下水的特征及运移规律等。

《 学习重点 》 地下水的储存条件及分类；含水层、隔水层概念的理解；泉的研究意义。

《 学习难点 》 潜水、承压水的埋藏特征及对水文地质的意义；地下水补给与排泄方式。

《 本章任务 》 调查我国近年来在地下水利用过程中出现的灾难性事件，并分别分析这些事件发生地的地下水储存情况和发生灾难性事件的起因，并提出有效的预防和解决方案。

《 学习情境 》 由于过量开采地下水，河北省目前已形成 23 个地下水降落漏斗，已基本上连成一个特大的地下水降落区。地下水面下降导致地面沉降，河北地面沉降面积正以每年 1800km^2 的速度增加，这个数字是惊人的。且地下水漏斗与地面沉降造成地下水污染。目前，河北地下水污染面积占该省平原总面积的 41%。

地球上水以气、液、固三种形态存在于大气圈、水圈和岩石圈中。大气圈中的水降落至地面称为大气降水；地表上的江、河、湖、海中的水称为地表水；埋藏在地表以下岩石孔隙、裂隙及溶隙中的水称为地下水。显然地下水与地表水在性质上与动力学条件上存在显著差异，其主要原因不仅在于两者在地球上空间位置的不同，更重要的是两者的储存条件、流动通道的重大差异性。地壳中的岩石是地下水储存、运动的重要介质，而构成地壳岩石的三大类型——沉积岩、岩浆岩和变质岩，不同程度地存在一定的空隙，这就为地下水的形成、储存与循环提供了必要的空间条件。因此，研究地下水储存空间的分布及其特征就成为研究地下水行为特征的重要基础。

8.1 地下水的储存与岩石的水理性质

8.1.1 岩石的空隙特征和地下水储存

8.1.1.1 岩石中的空隙

按矿物学家维尔纳茨基的形象说法，"地壳表层就好像是饱含着水的海绵"。在水文地质学中岩石（rock）包括坚硬的岩石（基岩）及松散的土层。空隙（void）是指岩石中未被固体颗粒占据的空间。自然界中构成地壳的岩石都具有多少不等、大小不一、形状各异的空隙，没有空隙的岩石是不存在的，即使十分致密坚硬的花岗岩，其裂隙率也达 0.02%～1.9%。

　　岩石空隙是地下水的储存场所（places）和运移通道（conduits），即地下水得以储存和运动的空间所在。空隙的多少、大小、形状、连通情况及分布规律对地下水的分布和运移具有重要影响。

　　根据岩石性质及其所受作用力的不同，其空隙的形状、多少及其连通与分布情况存在很大的差别，如图8-1所示。另外，我们在将岩石空隙作为地下水储存场所和运移通道研究时，一般将空隙分为三类：松散岩石中的孔隙、坚硬岩石中的裂隙和可溶岩石中的溶隙（又称溶穴）。

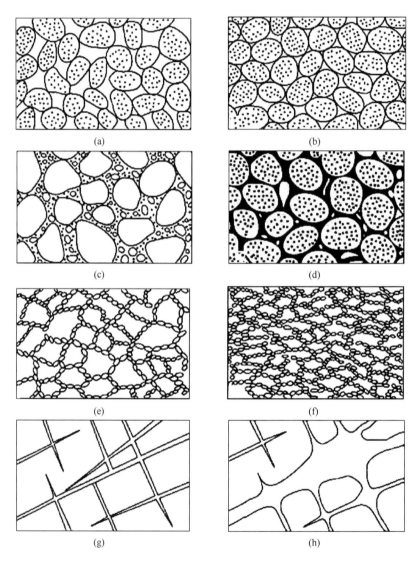

图 8-1　岩石中的各种空隙

(a) 分选良好、排列疏松的砂；(b) 分选良好、排列紧密的砂；(c) 分选较差，含泥、砂的砾石；

(d) 经过部分胶结的砂岩；(e) 具有结构性孔隙的黏土；(f) 经过压缩的黏土；

(g) 具有裂隙的基岩；(h) 具有溶隙的可溶岩

（1）孔隙。组成松散岩石的物质颗粒或其集合体之间的空间，称为孔隙（pore），如图 8-1(a)～(f) 所示。岩石孔隙的多少是影响储容地下水能力大小的重要因素，孔隙体积的多少可以用孔隙率来表示。孔隙率（porosity）指某一体积岩石（包括孔隙在内）中孔隙体积所占总体积的比例。用 n 表示岩石的孔隙率，用 V_n 表示岩石孔隙的体积，用 V 表示包括孔隙在内的岩石的体积，则：

$$m = \frac{V_n}{V} \times 100\% \tag{8-1}$$

例如，图 8-2(a) 所示的立方体排列的孔隙率 $n = \dfrac{2^3 - \frac{4}{3} \times \pi \times 1^3}{2^3} \times 100\% = 47.64\%$。

孔隙率 n 的大小与下列几个因素有关。

① 岩石的密实程度。岩石越松散，孔隙率越大。但松散与密实只是表面现象，其实质是组成岩石的颗粒的排列方式不同。如图 8-2 所示，当等粒圆球状的颗粒呈立方体排列时，其孔隙率最大，为 47.64%；呈四面体排列时孔隙率最小，为 25.95%（因此四面体排列又称最密实排列）；自然界中均匀颗粒的普遍排列方式是介于二者之间，其孔隙率介于两者之间，大都在 30%～35% 之间。

② 颗粒的均匀性。自然界中并不存在完全等粒的松散岩石，分选程度越差，颗粒大小越悬殊，孔隙率便越小，这是由于大的孔隙被小的颗粒所填充，见图 8-1(c)。颗粒的均匀性常常是影响孔隙率的主要因素。比如较均匀的砾石的孔隙率可达 35%～40%；而砾石和砂混合后，其孔隙率减小至 25%～30%；当砂砾中还混有黏土时，其孔隙率尚不足 20%。

③ 颗粒的形状。一般松散岩石颗粒的浑圆度越好，其孔隙率越小。如黏土颗粒多为棱角状，其孔隙率可达 40%～50%，而颗粒接近圆形的砂，其孔隙率一般为 30%～35%。

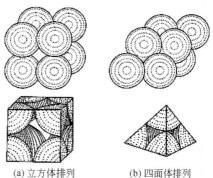

(a) 立方体排列　　　　(b) 四面体排列

图 8-2　颗粒的排列形式（参照格雷通）

④ 颗粒的胶结程度。当松散岩石被泥质或其他物质胶结时，其孔隙率就大大降低。

综上所述，松散岩石的孔隙率是受多种因素影响的，只有当岩石越松散、分选越好、浑圆度及胶结程度越差时，孔隙率才越大；反之，孔隙率则越小。

黏性土通常是指土体粒径＜0.005mm 的颗粒含量较高的土。黏性土的沉积特征：由于颗粒细小，比表面积大，联结力强，黏性土沉积时互相接触而联结起来构成黏粒团（也称集合体），黏粒是以集合体形式沉积形成黏性土，可形成直径比颗粒还大的结构孔隙（structural pore）。黏性土的孔隙率往往可以超过上述理论上的最大孔隙率值。另外，黏性土中往往还发育有虫孔、根孔、干裂缝等次生空隙（secondary void），使孔隙率增大。显然，对于黏性土，决定其孔隙率大小的不仅是颗粒大小、形状及排列方式，结构孔隙及次生空隙的影响也是不容忽视的。

表 8-1 中列出了自然界中主要松散岩石孔隙率的参考数值。

表 8-1 松散岩石孔隙率的参考数值（据 R. A. Freeze）

岩石类型	砾石	砂	粉砂	黏土
孔隙率范围	0.2～0.4	0.2～0.5	0.3～0.5	0.3～0.7

对地下水运动而言，影响最大的并不是孔隙率的大小，而是空隙的大小，尤其是空隙通道中最细小的部分。

（2）裂隙。固结的坚硬岩石（沉积岩、岩浆岩和变质岩）在各种应力（主要是地壳运动及其他内外地质应力）作用下破裂变形从而产生的空隙，称为裂隙（fracture）。

裂隙的特征是：空间形态是两向延伸长、横向延伸短的"薄饼式"展布，单个裂隙往往是孤立的。裂隙必须是多组发育，构成裂隙网络，才有水文地质意义。

裂隙按成因分为成岩裂隙、构造裂隙和风化裂隙。成岩裂隙是岩石在成岩过程中由于冷凝收缩（岩浆岩）或固结（沉积岩）而产生的，岩浆岩中成岩裂隙比较发育，尤以玄武岩中柱状节理最有意义；构造裂隙是岩石在应力作用下产生的裂隙，具有方向性，大小悬殊（由隐蔽的节理到大断层），分布不均一；风化裂隙是风化营力作用下，岩石破坏产生的裂隙。

岩石的裂隙一般呈裂缝状，其长度、宽度、数量、分布及连通性等在空间上的分布有很大差异；与孔隙相比，裂隙具有明显的不均匀性。裂隙的多少用裂隙率（cranny ratio）来表示。裂隙率（K_r）是岩石中裂隙体积（V_r）与包含裂隙体积在内的岩石体积（V）的比值，即：

$$K_r = \frac{V_r}{V} \times 100\%$$

(8-2)

式中，K_r 为体积裂隙率，也可用面积裂隙率或线裂隙率来表示。一定面积或长度的裂隙岩层中裂隙面积或长度与所测岩层总面积或长度之比，分别称为面积裂隙率和线裂隙率。

（3）溶隙。可溶的沉积岩（如岩盐、石膏、石灰岩、白云岩等）中的各种裂隙在地下水溶蚀作用下所产生的各种形态的空隙（空洞），称为溶隙（solution crack），又称溶穴（cavity）。这种现象称为岩溶或喀斯特（karst）。溶隙的空隙性在数量上用岩溶率（karst ratio）来表示。溶穴的体积（V_k）与包含溶穴在内的岩石体积（V）的比值即为岩溶率（K_k），即：

$$K_k = \frac{V_k}{V} \times 100\%$$

(8-3)

在地下水的长期作用下，溶蚀裂隙可发展为溶洞、暗河、落水洞等多种形式。因此，溶隙与裂隙相比在形状、大小等方面显得更加千变万化。细小的溶蚀裂隙常与体积达数百立方米、乃至数十万立方米的巨大地下水库或暗河纵横交错在一起，它们有的相互穿插、连通性好，有的相互隔离、各自"孤立"；溶隙的另一个特点是岩溶率的变化范围很大，由小于1%到百分之几十，有时在相邻很近处岩溶的发育程度却完全不同，而且在同一地点的不同深度上也有极大变化。

自然界中的岩石空隙的发育远比上面所描述的复杂得多。松散岩石以孔隙为主，但某些黏性土干缩固结也可产生裂隙；固结程度不高的沉积岩往往既有孔隙又有裂隙；可溶性岩石由于溶蚀不均一，有的部分发育成溶穴，而有的部分发育成裂隙，甚至还保留有原生的孔隙和裂隙。因此，在研究岩石空隙的过程中，必须加强观察，多收集实际资料，在事实的基础上分析空隙形成的原因及其控制因素，并查明其发育规律，确切掌握岩石空隙的发育与空间分布规律。

　　岩石中的空隙必须以一定的方式连接起来构成空隙网络，才能成为地下水有效的储容空间和运移通道。自然界中，松散岩石、坚硬岩石和可溶岩中的空隙网络具有不同的特点。赋存于不同岩层中的地下水，即孔隙水（pore water）、裂隙水（fissure water）和岩溶水（karst water），具有不同的分布与运动特点。

　　松散岩石中的孔隙分布于颗粒之间，连通良好，分布均匀；在不同方向上，孔隙通道的大小和多少均较接近，赋存于其中的地下水分布与流动均较均匀。

　　坚硬岩石的裂隙宽窄不等，长度有限的线状裂隙，往往具有一定的方向性，只有当不同方向的裂隙相互穿插、相互切割、相互连通时，才在某一范围内构成彼此连通的裂隙网络。相比较而言，裂隙的连通性远比孔隙差。因此，储存在裂隙基岩中的地下水相互联系较差，分布和流动往往是不均匀的。

　　可溶岩石的溶隙是一部分原有裂隙与原生孔缝溶蚀扩大而成的，空隙大小悬殊，分布极不均匀，赋存于可溶岩石中的地下水分布与流动也极不均匀。

　　因此，在研究岩石空隙时，必须注意观察，收集实际资料，在事实的基础上分析空隙的形成原因及控制因素，查明其发育规律。

8.1.1.2　岩石中水的存在形式

　　如果把岩石与空隙分开来看，则地壳岩石中的水可分为两大类：作为岩石组成成分之一存在于岩石矿物结晶内部及其间的水，也就是岩石"骨架"中的水；存在于岩石与岩石之间的空隙中的水。

　　岩石"骨架"中的水，又称为矿物结合水，其主要形式有沸石水、结晶水和结构水。结构水（化合水）又称为化学结合水，是以 H^+ 和 OH^- 的形式存在于矿物结晶格架某一位置上的水；结晶水是矿物结晶构造中的水，是以 H_2O 形式存在于矿物结晶格架固定位置上的水；方沸石（$Na_2Al_2Si_4O_{12} \cdot nH_2O$）中含有沸石水，这种水加热时可以从矿物中分离出去。

　　岩石空隙中的水又有结合水（吸着水、薄膜水）、重力水、毛细水、固态水和气态水等形式。

　　从供水的角度出发，岩石"骨架"中的水是不能被有效利用的，而岩石空隙中的水才是供水水文地质的重点研究内容。下面对岩石空隙中各种形式的地下水进行详细的分析。

　　（1）结合水。结合水（hydration water）是指受固相表面的引力大于水分子自身重力的那部分水，即被岩土颗粒的分子引力和静电引力吸附在颗粒表面的水。只要有固相表面就存在结合水，结合水存在范围广，但其量很小，结合水膜很薄，当孔隙直径小于 2 倍结合水厚度时，孔隙中只存在不能运动的结合水（此时的孔隙被视为无效空间）。根据结合水与颗粒间的引力强弱，又可分为吸着水和薄膜水。

　　① 吸着水。由于分子引力及静电引力的作用，岩石的颗粒表面具有表面能，而水分子是偶极体，因而水分子能被牢固地吸附在颗粒表面，并在颗粒周围形成极薄的一层水膜，称为吸着水（hygroscopic water）。这种水在颗粒表面结合得非常紧密，其所受引力相当于一万个大气压，因此，也称它为强结合水，见图 8-3。在一般情况下很难用机械方法把它与颗粒分开，只有当空气的饱和差很大或温度高达 105℃时，蒸发时的分子扩散力才可使吸着水离开颗粒表面。其含量，在黏性土中为 48%，在砂土中为 0.5%。

　　由于吸着水在颗粒表面吸附得非常牢固，故它不同于一般的液态水而近于固态水，因此具有以下特点：不受重力支配，只有当其变为水汽时才可移动；冰点低（－78℃以下）；密度大（平均值为 2.0g/L）；无溶解能力，无导电性，不能传递静水压力；具有极大的黏滞性和弹性。吸着水水量很小，不能取出也不能被植物吸收。

②薄膜水。在吸着水层的外面，还有很多水分子也受到颗粒静电引力的影响，吸附着第二层水膜，这层水膜称为薄膜水（pellicular water）。随着吸附水层的加厚，水分子距离颗粒表面渐远，使吸引力大大减弱，因而薄膜水又称为弱结合水，见图 8-3。其含量，在黏性土中为 48%，在砂土中为 0.2%。

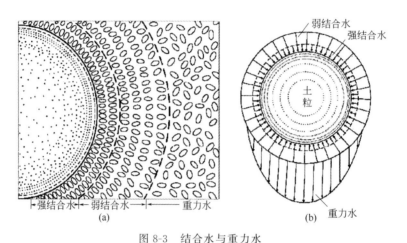

图 8-3　结合水与重力水

注：图（a）中，椭圆形小粒子代表水分子，结合水部分的水分子带正电荷一端朝向颗粒；
图（b）中，箭头代表水分子所受合力方向

薄膜水可以在空气的相对湿度达到饱和状态时形成，也可以由滴状液态水退去以后形成。其特点是：黏滞性仍然较大；有较低的溶解盐的能力；不受重力影响；有一定的运动能力，可以由薄膜厚的地方向薄处转移；在饱水带中能传递静水压力。薄膜水的厚度可达几千个水分子直径，其外层可被植物吸收。

（2）重力水。距离固体表面更远的那部分水分子，重力对它的影响大于固体表面对它的吸引力，因而能在自身重力影响下在包气带的非毛细管孔隙中形成能自由向下流动的水运动，这部分水就是重力水（gravitational water），见图 8-3。靠近固体表面的那一部分，仍然受到固体引力的影响，水分子的排列较为整齐。这部分水在流动时呈层流状态，而不做紊流运动。远离固体表面的重力水，不受固体引力的影响，只受重力控制。这部分水在流速较大时容易转为紊流运动。重力水只受重力作用的影响，可以传递静水压力，有冲刷、侵蚀作用，能溶解岩石。井、泉所取的均为重力水，因此重力水是水文地质学和地下水水文学的主要研究对象。

（3）毛细水。毛细水（capillary water）是储存于岩石的毛细管孔隙和细小裂隙之中，基本上不受颗粒静电引力场作用的水。这种水同时受表面张力和重力作用，因此也称为半自由水，当两力作用达到平衡时便按一定高度停留在毛细管孔隙或小裂隙中。这种水只能垂直运动，可以传递静水压力。如图 8-4 所示，毛细水有三种存在形式：支持毛细水（sustained capillary water）是在地下水面以上由毛细作用所形成的毛细带中的水；悬挂毛细水（suspended capillary water）是细粒层次与粗粒层次交互成层时，在一定条件下，由于上、下弯液面毛细力的作用，在细粒层中会保留与地下水面不连接的毛细水；孔角毛细水（corner water, contiguity water）是在包气带中颗粒接触点上或许多孔角的狭窄处呈点滴状态的水，在重力作用下也不移动，因为它与孔壁形成弯液面，结合紧密，将水滞留在孔角上。

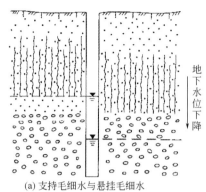

(a) 支持毛细水与悬挂毛细水

(井左侧表示高水位时砂层中支持毛细水；右侧表示水位降低后砂层中的悬挂毛细水；砾石层中孔隙直径已经超过了毛细管直径，故不存在支持毛细水)

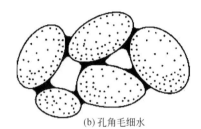

(b) 孔角毛细水

图 8-4　毛细水

（4）气态水。气态水储存和运动于未饱和的岩石空隙之中，可以随空气的流动而运动，即便是空气不运动时，气态水本身也可以发生迁移，由绝对湿度大的地方向绝对湿度小的地方迁移。当岩石空隙内水汽增多而达饱和时，或是当周围温度降低而达露点时，水汽将凝结成液态水而补给地下水。由于气态水的凝结不一定发生在蒸发地点，因此会影响地下水的重新分布，但气态水本身不能直接开发利用，也不能被植物吸收。

（5）固态水。当岩石的温度低于 0℃时，储存于岩石空隙中的液态水会冻结成冰，从而成为固态水。在高纬度地区和中低纬度的高海拔地区，由于气候寒冷，地下都存在着多年冻土，其冻结层上部有地下冰，冰层厚度由几十厘米到三五米不等。有一部分岩石中，赋存于其中的地下水多年保持固态，这就是所谓的多年冻土，如我国北方常形成的冻土现象。但在我国黑龙江及青藏高原的某些地区，地下水终年以固态的形式存在。

以上各种形态的水在地壳中的分布是有一定规律的。比如在挖井时，我们会发现最上部的岩石比较干燥，但实际上已有气态水和结合水存在；再往下挖，会发现岩石颜色变暗，并有潮湿感，不过井内并无水滴，说明已控至毛细水带（capillary water zone）；继续下挖就会出现渗水现象，并逐渐在井内形成一个水面，这就是重力水带。在重力水面以上，岩石的空隙未被水饱和，通常称为包气带（aerated zone, unsaturated zone），以下则称为饱水带（saturation zone），毛细管带实际上为两者的过渡带。

8.1.2　岩石的水理性质

空隙大小和数量不同的岩石与水接触后所表现出的有关性质，即与水分储容和运移有关的性质称作岩石的水理性质，包括岩石的容水性、持水性、给水性和透水性。

8.1.2.1　容水性

容水性是岩石空隙中能够容纳若干水量的性能，在数量上以容水度

岩石的水理性质

（water capacity）来衡量。容水度（W_n）为岩石空隙能够容纳水量的体积（V_n）占岩石体积（V）的百分数，即：

$$W_n = \frac{V_n}{V} \times 100\%$$ （8-4）

由定义可知，如果岩石的全部空隙被水所充满，则容水度在数值上与空隙度相等。但实际上由于岩石中可能存在一些密闭空隙，或当岩石充水时，有的空气不能逸出，形成气泡，所以一般容水度的值小于空隙度。但是对于具有膨胀性的黏土来说，因充水后体积扩大，容水度会大于空隙度。

8.1.2.2 持水性

饱和岩土在重力排水后，岩土依靠分子力和毛细力在岩石空隙中能保持一定水分的能力，称为岩石的持水性。持水性在数量上用持水度（specific retention）来衡量。持水度（W_r）为饱和岩石经重力排水后所保持水的体积（V_r）占岩石体积（V）的百分数，即：

$$W_r = \frac{V_r}{V} \times 100\%$$ （8-5）

所保持的水不受重力支配，多为结合水和悬挂毛细水。岩石的持水量多少主要取决于岩石的颗粒直径和空隙直径的大小，即岩石颗粒越细，空隙越小，则持水度越大。

8.1.2.3 给水性

饱和岩土在重力作用下能够自由排出若干水量的性能称为岩石的给水性。给水性在数量上用给水度（specific yield）来衡量。给水度（μ）是饱和岩石在重力作用下能排出水的体积（V_g）占岩石总体积（V）的百分数，即：

$$\mu = \frac{V_g}{V} \times 100\%$$ （8-6）

给水度（μ）、持水度（W_r）与孔隙率（n）之间的相互关系式为：

$$\mu + W_r = n$$ （8-7）

对于均质岩石，给水度的大小与岩性、初始地下水位埋藏深度以及地下水位下降的速度等因素有关。

岩性对给水度的影响主要表现为空隙的大小和多少。对于颗粒粗大的松散岩石、裂隙比较宽大的坚硬岩石以及具有溶穴的可溶性岩石，若空隙宽大，重力释水时滞留于岩石空隙中的结合水与孔角毛细水较少，理想条件下给水度的值接近孔隙率、裂隙率或岩溶率；若空隙细小，重力释水时大部分水以结合水与悬挂毛细水形式滞留于空隙中，给水度往往较小。地下水位埋深小于最大毛细上升高度时，地下水位下降后，一部分重力水将转化为支持毛细水保留于地下水面以上，从而使给水度偏小，见图8-4。

有试验表明，当地下水位下降速度较大时，给水度偏小。其可能的原因是重力释水并非瞬间完成，而往往滞后于水位下降；此外，迅速释水时大小孔道释水不同步，大孔道优先释水，小孔道中形成悬挂毛细水而不能释出，因此，抽水降速过大时给水度偏小，降速较小时给水度较稳定。

给水度是水文地质计算和水资源评价中很重要的参数，表8-2给出了几种常见松散岩石的给水度。

表 8-2　常见松散岩石的给水度

岩石名称	给水度/%	岩石名称	给水度/%
黏土	0	中砂	20～25
粉质黏土	接近 0	粗砂	25～30
粉土	8～14	砾石	20～35
粉砂	10～15	砂砾石	20～30
细砂	15～20	卵砾石	20～30

8.1.2.4　透水性

岩石的透水性（hydraulic permeability）是指岩石允许重力水透过的能力。岩石能透水是因为具有相互连通的空隙网络，自然界中各种不同的岩石具有不同的透水性能，卵砾石的透水性较好，而黏性土的透水性很弱。

影响岩石透水性强弱最重要的因素是岩石的空隙直径大小，空隙直径越小，水流在流动过程中所受阻力越大，结合水占据的无效空间越大，透水性就越小，甚至可以完全不透水；相反，空隙直径越大，水流所受阻力越小，岩石就表现出较强的透水性。例如黏性土的孔隙率可达 50%，但其具有的微细孔隙均被结合水所充滞，稍大的孔隙也被毛细水占据，因此水在黏土中运动时受到的阻力非常大，一般均认为黏性土是不透水的隔水层；砾石、砂的孔隙率虽然只有 30% 左右，但由于其孔隙直径较大，通常都是良好的透水层。另外，松散岩石的透水性也与颗粒的分选程度有关，颗粒愈大，分选性愈好，透水性就愈强。此外，孔隙通道的曲折变化程度也会影响岩石的透水性，通道越曲折，水质点实际流程就越长，需要消耗的能量也越多，渗透性也越差。

衡量岩石透水性能强弱的参数是渗透系数 K，它是含水层最重要的水文地质参数之一。渗透系数越大，岩石的透水能力越强；反之，渗透系数越小，岩石的透水能力越弱。其值的具体确定将在第 9 章详述。

8.2　地下水层特性与分类

8.2.1　包气带与饱水带

包气带与饱水带

如图 8-5 所示，地下一定深度岩石中的空隙被重力水所充满，形成一个自由水面，称为地下水面（groundwater table），以海拔高度表示时称为地下水位（groundwater level）。地下水面以上部分，包括毛细水带（capillary water zone）、中间带（intermediate zone）和土壤水带（soil water zone），岩石中的空隙未被水充满，称为包气带。地下水面以下部分，岩石中的空隙被水充满，称为饱水带。

包气带（又称非饱和带或充气带）含有空气和以各种形式存在的水，其储存和运移受毛细作用和重力的共同影响，确切地说是受土壤水分势能的影响。包气带含水量及其水盐运移受气象因素的影响极其显著。包气带是饱水带中地下水参与水文循环的一个重要通道。重力水通过包气带获得降水、地表水的入渗补给（补充），部分水又通过包气带将水分传输、蒸发、消耗出去。研究包气带水盐的形成及其运动规律对阐明饱水带水的形成具有重要意义。

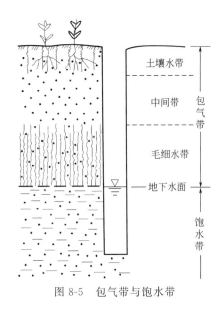

图 8-5　包气带与饱水带

包气带下面是饱水带，其中所有互相连通的空间充满了水。在饱水带中储存的水就是地下水。地下水在饱水带中分布连续，可传递静水压力，在水头差作用下可连续运动，其中的重力水是开发利用或者排除的主要对象，是水文地质学研究的重点。

8.2.2　含水层、隔水层与弱透水层

根据岩层渗透性的强弱和透水能力的大小，岩层通常可划分为含水层、隔水层和弱透水层。

含水层和隔水层

8.2.2.1　含水层

含水层（aquifer）是指能够透过并给出相当数量水的岩层。含水层的构成由以下 3 种因素所决定。

（1）岩层需具有储存重力水的空隙。岩层要构成含水层，首先要有能储存地下水的空间，也就是说应当具有孔隙、裂隙或溶隙等空间。当有这些空隙存在时，外部的水才有可能进入岩层形成含水层。然而有空隙存在并不一定就能构成含水层，如前所述的黏土层，虽其孔隙率达 50% 以上，但其空隙几乎全被结合水或毛细水所占据，重力水非常少，所以黏土层仍然是不透水的隔水层。也就是说岩石的空隙性是构成含水层的必要而不充分条件。

（2）有储存和聚集地下水的地质条件。含水层的构成还必须具有一定的地质条件，才能使具有空隙的岩层含水，并将其储存起来。有利于储存和聚集地下水的地质条件包括：空隙岩层下方有隔水层，使水不能向下漏失；水平方向有隔水层阻挡，以免水全部流空。只有这样才能使运移在岩层空隙中的地下水长期储存下来。如果岩层只具有空隙而无有利于储存的构造条件，这样的岩层就只能作为过水通道，从而构成透水层。

（3）具有充足的补给来源。当岩层空隙性好，且具有有利于储存的地质条件时，还必须要有充足的补给，才能使岩层充满重力水从而构成含水层。地下水补给量的变化，可使含水层与透水层之间相互转化。在补给不足且消耗量大的枯水季，地下水在含水层中可能被疏干，含水层就变为了透水层；而在补给充足的丰水季，岩层的空隙又被地下水充满，重新构成含水层。

以上三个因素对于含水层来说是缺一不可的，其中有利于储水的地质构造是最重要的。

8.2.2.2　隔水层

隔水层（aquifuge）是不能透过并给出水或者透过与给出水的水量微不足道的岩层，以含有结合水为主。

含水层与隔水层之间并不存在截然的界限或绝对的定量指标，从某种意义上讲，二者是相对的。岩性相同、渗透性完全一样的岩层，很可能在有些地方被当作含水层，在另一些地方被当作隔水层。比如，粗砂层中的泥质粉砂夹层，由于粗砂的透水和给水能力比泥质粉砂强得多，相对而言，后者可视为隔水层；若同样的泥质粉砂岩夹在黏土层中，由于其透水和

给水能力均比黏土强，就应视其为含水层了。由此可见，同一岩层在不同的条件下具有不同的水文地质意义。

8.2.2.3　弱透水层

弱透水层（aquitard）是指透水性相当差，但在水头差作用下通过越流可交换较大水量的岩层。严格来说，自然界中没绝对不发生渗透的岩层，只不过某些岩层渗透性特别低而已。

美国学者斯蒂芬·P. 诺伊曼（Stephen P. Neuman）与保罗·A. 威瑟斯庞（Paul A. Witherspoon）曾经指出，如图 8-6 所示，有 5 个含水层（1～5）被 4 个弱透水层（①～④）所阻隔。当在含水层 3 中抽水时，短期内相邻的含水层 2 与 4 的水位均未变动，图 8-6 中所示 a 的范围构成一个有水力联系的单元。但当抽水持续时，最终影响将波及图 8-6 中 b 所示范围，这时 5 个含水层与 4 个弱透水层构成一个发生统一水力联系的单元。这个例子虽然涉及的是弱透水层，但对典型的隔水层同样适用。

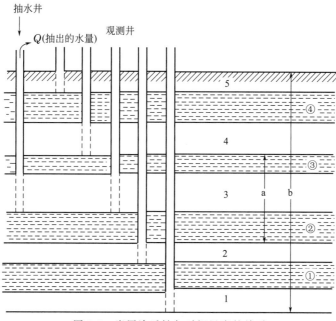

图 8-6　岩层渗透性与时间尺度的关系

8.3　地下水分类

地下水存在于各种自然条件下，其聚集、运移的过程各不相同，因此在埋藏条件、分布规律、水动力特征等方面均具有不同的特点，其中对其影响最大的是埋藏条件和含水介质类型。

所谓埋藏条件是指含水岩层在地质剖面中所处的部位及受隔水层（弱透水层）限制的情况。据此可以把地下水划分为包气带水（包括土壤水、上层滞水、毛细水及过路重力水）、潜水和承压水 3 类（图 8-7），其中潜水和承压水是供水水文地质的主要研究对象。根据含水层空隙性质即含水介质的不同，可将地下水划分为孔隙水、裂隙水和岩溶水 3 类。按这两种分类方式，可以组合成九种不同类型的地下水，见表 8-3。

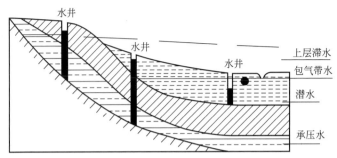

图 8-7　地下水埋藏示意

表 8-3　地下水分类

按埋藏条件分类	按含水介质类型分类		
	孔隙水	裂隙水	岩溶水
包气带水	土壤水——土壤中悬浮未饱和的水；上层滞水——局部隔水层以上的饱和水	出露地表的裂隙岩石中季节性存在的水	垂直渗入带中的水
潜水	各种松散堆积物中的水	基岩上部裂隙中的水，沉积岩层间裂隙水	裸露岩溶化岩层中的水
承压水	松散堆积物构成的承压盆地和承压斜地中的水	构造盆地、向斜及单斜中裂隙岩层中的水	构造盆地、向斜及单斜中岩溶化岩层中的水

松散岩石中的孔隙连通性好，分布均匀，其中地下水分布与流动比较均匀，赋存于其中的地下水称为孔隙水；坚硬基岩中的裂隙，宽窄不等，多具有方向性，连通性较差，分布不均匀，其中的地下水相互关联性差，分布流动不均匀，称为裂隙水；可溶岩石中的溶穴是一部分原有裂隙与原生孔隙溶蚀而成，大小悬殊，分布不均，其中的地下水分布与流动极不均匀，称为岩溶水。

8.3.1　包气带水

包气带（vadose zone）是指位于地球表面以下、潜水面以上的地质介质，也称非饱和带，是大气水和地表水同地下水发生联系并进行水分交换的地带，它是岩土颗粒、水、空气三者同时存在的一个复杂系统。包气带

包气带水

水（vadose water）是指埋藏于包气带中的地下水，主要包括土壤水、上层滞水、沼泽水、沙漠及滨海沙丘中的水以及基岩风化壳（黏土裂隙）中季节性存在的水等。一般水量较小，且易受污染，故一般不作为工农业生产的供水水源。但对于缺水地区，水量有限的上层滞水（perched aquifer）也会成为该地区不可或缺的小型的或暂时性的供水水源。

上层滞水是包气带中局部隔水层之上具有自由水面的重力水，它是大气降水或地表水下渗时受包气带中局部隔水层的阻托滞留聚集而成。上层滞水埋藏的共同特点是透水性较好的岩层中夹有不透水岩层。在下列条件下常常形成上层滞水。

（1）在较厚的砂层或砂砾石层中夹有黏土或粉质黏土透镜体时，降水或其他方式补给的地下水在向深处渗透的过程中，因受相对隔水层的阻挡而滞留和聚集于隔水层之上，便形成上层滞水。

（2）在裂隙发育、透水性好的基岩中有顺层侵入的岩床、岩盘时，由于岩床、岩盘的裂

隙发育程度较差，也起到相对隔水层的作用，从而形成上层滞水。

（3）在岩溶发育的岩层中夹有局部非岩溶的岩层时，如果局部非岩溶的岩层具有相当的厚度，则可能在上下两层岩溶化岩层中各自发育一套溶隙网络，上层的岩溶水则具有上层滞水的性质。

（4）在黄土中夹有钙质板层时，常常形成上层滞水。我国黄土高原地下水埋藏一般较深，有时甚至超过 100m，但有些地区在地下不太深的地方有一层钙质板层（俗称礓石层），可成为上层滞水的局部隔水层。这种上层滞水往往是缺水的黄土高原地区宝贵的生活水源。

（5）在寒冷地区有永冻层时，夏季地表解冻后永冻层就起到了局部隔水的作用，从而在上部形成上层滞水。如在大、小兴安岭等地，一些林业、铁路的中小型供水就以此作为季节性水源。

上层滞水的形成除了受岩层组合控制外，还受岩层倾角、分布范围等因素影响。上层滞水因完全靠大气降水或地表水体直接渗入补给，水量受季节控制非常显著；另外，由于接近地表，上层滞水水质极易被污染，因此作为饮用水水源时必须加以注意。

8.3.2　潜水

潜水（unconfined aquifer）是指饱水带中第一个具有自由表面的含水层中的水，即地表以下、第一个稳定隔水层以上、具有自由水面的地下水。其上部没有连续完整的隔水顶板，潜水的液面为自由液面，称为潜水面（water table）；从潜水面到隔水底板的距离称为含水层厚度；从潜水面到地面的距离称为潜水埋藏深度；潜水含水层的厚度与潜水层埋藏深度随着潜水面的变化而发生相应的变化；含水层底部的隔水层被称为隔水底板，潜水面上任意一点的高程是潜水位（water level）。潜水埋藏如图 8-8 所示。

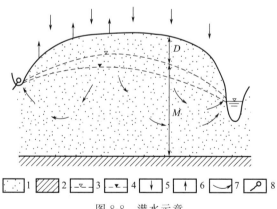

图 8-8　潜水示意

1—潜水含水层；2—隔水层；3，4—潜水面；5—大气降水入渗；6—蒸发；

7—流向；8—泉；D—潜水埋藏深度；M—含水层厚度

8.3.2.1　潜水的特征

（1）由于潜水面之上一般不存在稳定的隔水层，因此具有自由表面。有时潜水面上有局部的隔水顶板，且潜水充满在隔水顶板与隔水底板之间，在此范围内的地下水将承受静水压力，而呈现局部的承压现象。

（2）潜水在重力作用下，由潜水位较高处向潜水位较低处流动，其流动的快慢取决于含水层的渗透性和水力坡度。潜水向排泄处流动时，其水位逐渐下降，形成曲线形自由表面。

（3）潜水通过包气带与地表相连通，大气降水、凝结水、地表水通过包气带的空隙通道直接渗入补给潜水，所以在一般情况下，潜水的分布区与补给区是一致的。

（4）潜水的水位、流量和化学成分都随着地区和时间的不同而变化。

潜水在自然界中分布非常广泛，由于受到大气降水和地形起伏的影响，其埋藏深度和含水层厚度的变化范围也较大。山区地形强烈切割，潜水埋藏深度较大，一般可达几十米甚至百余米；平原地区地形平坦，其埋深一般仅有几米，有些地区甚至出露地表形成沼泽。潜水含水层的埋深及厚度不仅因地而异，即使同一地区也会因时而变：在雨季降水较多，潜水补给水量增大，潜水面抬高，因而含水层厚度加大，埋藏深度变小；旱季则相反。

8.3.2.2 潜水研究基本方法

潜水等水位线图是由某时刻潜水位相等的各点连线组成的图件（某时刻潜水面的等高线图）。潜水等水位线图可以揭示出一个地区的许多水文地质信息，如潜水面的形状、潜水流向、潜水水力梯度、潜水埋藏深度、潜水与地表水的关系、潜水含水层厚度与渗透性等，如图 8-9 所示。潜水流向即垂直等水位线由高到低的方向。潜水面坡度即相邻两条等水位线的水位差除以其水平距离。当潜水面坡度不大时，即可视为潜水水力梯度。

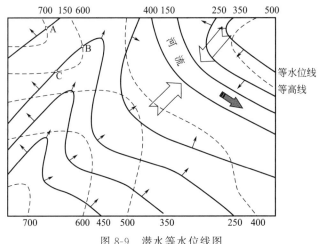

图 8-9　潜水等水位线图

由于潜水在重力作用下由高处向低处流动，一般情况下，潜水面不水平，是一个向排泄区微微倾斜的曲面。该曲面往往与地表面一致，但起伏比较平缓。潜水面首先受地表水文网密度和切割深度的控制。在地形切割强烈地区，地下水补给河水，潜水面向河道倾斜；在河流的下游，河床往往高于地面，河水位高于潜水位，河水补给潜水，则潜水面向河流外侧倾斜。潜水面形状还受含水层岩性及过水断面大小影响。含水介质透水性越强，其中潜水水面越缓；介质透水性越差，潜水水面越陡。在均质的介质中，当潜水流经较大的过水断面时，其水力坡度变缓。

承压水

8.3.3 承压水

承压水（confined aquifer）是指充满两个隔水层（或弱透水层）之间

的含水层中具有承压性质的重力水，如图 8-10 所示。

承压水的主要特点是具有稳定的隔水顶板，没有自由水面，水体承受静水压力。承压水的上部隔水层称为隔水顶板，下部隔水层称为隔水底板；两隔水层之间的含水层称为承压含水层；隔水顶板到隔水底板之间的垂直距离称为含水层厚度（M）。钻井时，在隔水顶板未被凿穿之前见不到承压水，当钻孔凿穿隔水顶板之后，由于承压含水层中的水承受大气压强以外的压强，钻孔中的水位将上升到含水层顶板以

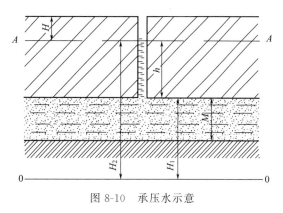

图 8-10　承压水示意

上一定高度才能稳定下来。隔水顶板底面的高程，即为该点承压水的初见水位（H_1）；承压水沿钻孔上升最后稳定的高程，即为该点的承压水位或称测压水位（H_2）；地面至承压水位的距离称为承压水位的埋深（H）；钻孔中承压水位到承压含水层顶面之间的距离，即从静止水位到承压含水层顶面的垂直距离称为承压高度（h），也是作用于隔水顶板的以水柱高度表示的附加压强，又称为承压水头。显然，对于承压井来讲 $H_2 = H_1 + h$。在地形条件适合时，H_2 若高于地面高程，承压水就可喷出地表而成为自流水。

8.3.3.1　承压水的特征

承压含水层因受上部隔水层的影响，与大气圈、地表水圈的联系较差，不易受水文、气象等因素的影响或影响相对较小，水循环缓慢，水资源不易恢复补充。因为上部分布有完整的隔水层，承压水水质不易受污染，如一旦污染便很难治理。原生水质取决于埋藏条件及其与外界联系的程度：与外界联系好，水中含盐量就少，承压水参与水循环越积极，水质就越接近入渗的大气降水；与外界联系差，大量保留沉积物沉积时的水，导致水中的含盐量会相对较大。

8.3.3.2　承压含水层补给与排泄特点

承压水由于埋深较大，且具有稳定的隔水顶板和隔水底板，因而与外界的联系较差，与地表的直接联系大部分被隔绝，所以其分布区与补给区不一致。承压水可以接受降水入渗补给、地表水的入渗补给等。当顶板的隔水性能良好时，主要通过含水层出露于地表的补给区接受补给，在承压区也可接受潜水的越流补给。承压水的排泄也有很多方式，它可通过标高较低的含水层出露区或断裂带排泄到地表水、潜水含水层或者另外的承压含水层，也可直接排泄到地表成为上升泉。

所以承压含水层接受其他水体补给必须同时具备两个条件：①其他水体（地表水、潜水或其他承压含水层）的水位必须高出承压含水层的测压水位；②其他水体与该含水层之间必须有联系通道。

当承压含水层的测压水位高于其他水体水位且与其他水体有联系通道时，承压水就会向其他水体排泄。

8.3.3.3 承压水研究基本方法

承压水位标高相同点的连线，便是承压水等水压线。平面图上的等水压线图可以反映承压水（位）面的起伏情况。承压水（位）面和潜水面不同，潜水面是一个实际存在的地下水面，即含水层的顶面，而承压水（位）面是一个势面，这个面可以与地形极不吻合，甚至高出地面，只有当钻孔打穿上覆隔水层至含水层顶面时才能测到。因此，承压水等水压线图通常要附以含水层顶板等高线。

承压水等水压线图的绘制方法，与潜水等水位线图相似。在某一承压含水层内，将一定数量的钻孔、井、泉（上升泉）等的初见水位（或含水层顶板的高程）和稳定水位（即承压水位）等资料，绘在一定比例尺的地形图上，用内插法将承压水位等高的点相连，即得等水压线图，如图 8-11 所示。

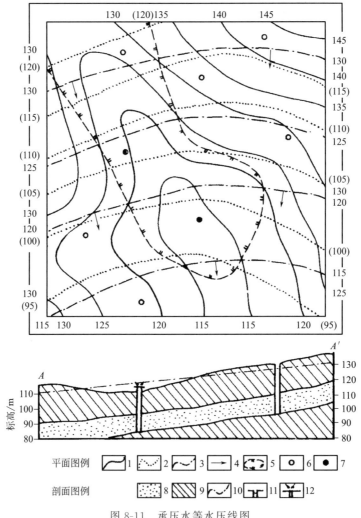

图 8-11　承压水等水压线图

1—地形等高线；2—含水层顶板等高线；3—等水压线（m）；4—地下水流向；5—承压水自溢区；
6—钻孔（平面图）；7—自喷钻孔（平面图）；8—含水层；9—隔水层；
10—承压水位线；11—钻孔（剖面图）；12—自喷钻孔（剖面图）

根据等水压线图，可以分析确定以下几个问题。

（1）确定承压水的流向。承压水的流向应垂直等水压线，常用箭头表示，箭头指向较低的等水压线。

（2）计算承压水某地段的水力坡度，也就是确定承压水（位）面坡度。在流向方向上，取任意两点的承压水位差，除以两点间的距离，即得该地段的平均水力坡度。

（3）确定承压水位距地表的深度，可由地面高程减去承压水位得到。这个数字越小，开采利用越方便；该值是负值时，表示水会自溢于地表。据此可选定开采承压水的地点。

（4）确定承压含水层的埋藏深度，用地面高程减去含水层顶板高程即得。

（5）确定承压水头值的大小。承压水位与含水层顶板高程之差，即为承压水头值。据此，可以预测开挖基坑和洞室时的水压力。

8.4 地下水的物化性质

8.4.1 地下水的物理性质

地下水的物理性质包括颜色、透明度、气味、味道、温度、密度、导电性和放射性等。

（1）颜色。地下水一般是无色的，但由于化学成分的含量不同以及悬浮杂质的存在而常常呈现出各种颜色（见表 8-4）。

表 8-4 地下水的颜色与水中存在物质的关系

项目	存在物质					
	硬水	低铁	高铁	H_2S	锰的化合物	腐殖酸盐
颜色	浅蓝	淡灰	锈色	翠绿	暗红	暗黄或灰黑

（2）透明度。常见的地下水多是透明的，但其中如含有一些固体和胶体悬浮物时，则地下水的透明度有所改变。为了测定透明度可将水样倒入一高 60cm 带有放水嘴和刻度的玻璃管中，把管底放在四号铅字（专用铅字）的上面，打开放水嘴放水，一直到能清楚地看到管底的铅字为止，读出管底到水面的高度。根据这种观测方法可以把水的透明度划为四级（见表 8-5）。

表 8-5 地下水透明度分级

分级	野外鉴别特征
透明的	无悬浮物及胶体,60cm 水深可见 3mm 的粗线
微浊的	有少量悬浮物,30～60cm 水深可见 3mm 的粗线
浑浊的	有较多的悬浮物,半透明状,小于 30cm 深可见 3mm 的粗线
极浊的	有大量悬浮物或胶体,似乳状,水深很浅也不能清楚地看见 3mm 的粗线

（3）气味。一般地下水是无味的，当其中含有某种气体成分和有机物质时，产生一定的气味。如地下水中含有 H_2S 气体时有臭鸡蛋味；有机物质使地下水有鱼腥味。

（4）味道。地下水的味道取决于它的化学成分及溶解的气体（见表 8-6）。

表 8-6　地下水味道与所含物质的关系

项目	存在物质							
	NaCl	Na_2SO_4	$MgCl_2$ 及 $MgSO_4$	大量有机物	铁盐	腐殖质	H_2S 与碳酸气同时存在	CO_2、$Ca(HCO_3)_2$ 和 $Mg(HCO_3)_2$
味道	咸味	涩味	苦味	甜味	墨水味	沼泽味	酸味	可口

（5）温度。地下水的埋藏深度不同，温度变化规律也不同。近地表的地下水水温受气温的影响，具有周期性变化的特征。在常温层以上，水温产生季节性变化；在常温层中，地下水的温度变化很小，一般不超过 0.1℃；在常温层以下，地下水的温度则随深度的增加而逐渐升高。其变化规律取决于一个地区的地热增温级。地热增温级是指在常温层以下，温度每升高 1.0℃所需增加的深度。地热增温级一般为 3℃/100m。在不同地区，地下水的温度差异很大。地下水的温度分级见表 8-7。

表 8-7　地下水温度分级

项目	分级						
	非常冷的水	极冷的水	冷水	温水	热水	极热水	沸腾水
温度/℃	<0	0～4	4～20	20～37	37～42	42～100	>100

一般情况下，鲁西北平原地区的常温层在地表下 14～16m，其温度相当于常年平均气温。通常情况下，20～200m 的井水温度在 17～20℃之间。

8.4.2　地下水的化学组成与性质

8.4.2.1　地下水的化学组成

地下水中溶解的化学成分，常以离子、化合物、分子以及游离气体状态存在。地下水中常见的化学成分有以下几种。

① 离子成分中阳离子有氢（H^+）、钾（K^+）、钠（Na^+）、镁（Mg^{2+}）、钙（Ca^{2+}）、铵根（NH_4^+）、二价铁（Fe^{2+}）、三价铁（Fe^{3+}）、锰（Mn^{2+}）等；阴离子有氢氧根（OH^-）、氯根（Cl^-）、硫酸根（SO_4^{2-}）、亚硝酸根（NO_2^-）、硝酸根（NO_3^-）、重碳酸根（HCO_3^-）、碳酸根（CO_3^{2-}）、硅酸根（SiO_3^{2-}）及磷酸根（PO_4^{3-}）等。

② 以未解离的化合物分子状态存在的有三氧化二铁（Fe_2O_3）、三氧化二铝（Al_2O_3）及硅酸（H_2SiO_3）等。

③ 溶解的气体有二氧化碳（CO_2）、氧（O_2）、氮（N_2）、甲烷（CH_4）、硫化氢（H_2S）及氡（Rn）等。

上述组分中以 Cl^-、SO_4^{2-}、HCO_3^-、K^+、Na^+、Ca^{2+}、Mg^{2+} 最常见、含量最多。

此外，地下水中可能出现各种微量元素。在不同地区由于基岩、土壤成分、地下水补给、径流关系的差异，微量元素的种类和数量分布不尽相同。

（1）氯离子（Cl^-）。Cl^- 几乎存在于所有地下水中。其含量的变化范围很大，由每升水中数毫克至数百克不等。Cl^- 的主要来源有两大类，即无机来源和有机来源。无机来源包括岩盐矿床和其他氯化沉积物的溶解，以及海相沉积物中埋藏的海水。另外，氯在火山喷溢时亦被带到地表。有机来源包括生活和工农业废水、动物及人类排泄物等。除上述来源外，含

Cl⁻ 的大气降水也是 Cl⁻ 的一个重要来源。

Cl⁻ 具有很强的迁移性能，它不形成难溶的矿物，不被胶体吸附，也不被生物聚集。氯化钠、氯化镁、氯化钙的溶解度很大，因而地下水中 Cl⁻ 的分布很广。

（2）硫酸根离子（SO_4^{2-}）。SO_4^{2-} 同样具有很好的迁移性，仅次于 Cl⁻。天然水中 SO_4^{2-} 的含量由于 Ca^{2+} 的存在而受到限制，因为它们能形成溶解度很小的 $CaSO_4$ 沉淀。当水中的 Ca^{2+} 不多时，每升水中的 SO_4^{2-} 可达数十克。SO_4^{2-} 是天然水中的重要离子，地表水和浅层地下水中均含有 SO_4^{2-}。在中等矿化度的地下水中 SO_4^{2-} 往往占主导地位。在缺氧条件下，不稳定的 SO_4^{2-} 被还原成 H_2S。

地下水中 SO_4^{2-} 的主要来源是石膏及含硫酸盐矿物的溶解。在地壳中广泛分布的硫化物和天然硫的氧化对 SO_4^{2-} 的富集也起了重要作用。此外，SO_4^{2-} 也来自有机物的分解。因此，居民点附近地下水中 SO_4^{2-} 的存在常与污染有关。在火山喷发时，有相当数量的硫化物和 H_2S 气体喷出，并被氧化成 SO_4^{2-}。雨水中也经常有少量的 SO_4^{2-}。在沙漠条件下，潜水和地表水中因溶滤含盐岩、石膏（$CaSO_4 \cdot 2H_2O$）和芒硝（$Na_2SO_4 \cdot 10H_2O$）的盐土而富含 SO_4^{2-}。

（3）重碳酸根（HCO_3^-）和碳酸根离子（CO_3^{2-}）。HCO_3^- 和 CO_3^{2-} 是天然水中很重要的组成部分，在水中与 H_2CO_3 之间存在一定数量的转换关系：

$$H_2CO_3 \Longleftrightarrow H^+ + HCO_3^- \Longleftrightarrow 2H^+ + CO_3^{2-}$$

平衡式中任何一项的变化，都会引起其他项数量的变化。H_2CO_3 平衡要素之间的关系取决于水的 pH 值。在酸性水中，H_2CO_3 或 CO_2 占主导地位。在 pH<5 时 HCO_3^- 的浓度实际上等于零。在中性或碱性水中 HCO_3^- 占主导地位。在 pH>8 时 CO_3^{2-} 才出现，在强碱性水中它才成为占优势的成分。

除了酸性水之外，HCO_3^- 均可在地下水中出现，它是低矿化水和中矿化水中的主要成分。当水中存在 Ca^{2+} 时，HCO_3^- 和 Ca^{2+} 形成弱溶解盐，使水中 HCO_3^- 的积累受到限制。

由于重碳酸钙、重碳酸镁在水中的溶解度随温度的上升而降低，水温达到 100℃ 时它们的溶解度为零，所以 HCO_3^- 随水深的增加而降低。

天然水中 CO_3^{2-} 比较少见。碳酸钙、碳酸镁的溶解度很低，CO_3^{2-} 在每升水中的含量不超过几毫克。

地下水中 HCO_3^- 和 CO_3^{2-} 的主要来源是各种碳酸盐类（石灰岩、白云岩等）的溶解。其溶解按下式进行：

$$CaCO_3 + CO_2 + H_2O \Longleftrightarrow Ca^{2+} + 2HCO_3^-$$
$$MgCO_3 + CO_2 + H_2O \Longleftrightarrow Mg^{2+} + 2HCO_3^-$$

虽然 HCO_3^- 广泛地存在于地下水中，但其含量不高，一般在 1000mg/L 以内。在低矿化度的地下水中，通常以 HCO_3^- 为主要离子成分。

（4）钠离子（Na^+）。地下水中 Na^+ 的分布很广，且含量变化范围很大，由每升数毫克至数十克不等。在阳离子中，Na^+ 的含量居首位。钠的所有盐类均具有很高的溶解性，因此其迁移能力极强。在这方面它仅次于氯，因为 Na^+ 易被胶体吸附而从溶液中析出，所以在矿化度的增长中，有时 Na^+ 的增长会落后于 Cl⁻。大部分 Na^+ 与 Cl⁻ 平衡，形成活动性很强的盐。较少一部分钠以硫酸盐的形式迁移。

Na^+ 的来源主要是含钠盐的海相沉积物和岩盐矿床的溶解。其次是火成岩的风化产物。此外，土壤吸附体中的 Na^+ 被水中的 Ca^{2+}、Mg^{2+} 所置换也是地下水中 Na^+ 富集的原因之一。

（5）钾离子（K^+）。钾的化学性质及其在地壳中的含量与钠相似。钾与钠一样，与主要阴离子形成可溶化合物（KCl、K_2SO_4、K_2CO_3），但钾在地下水中含量却很少，一般只有钠含量的 $4\%\sim10\%$，其最大的含量见于低矿化度的水中。这种现象是由钾的生物活性所决定的弱迁移性引起的，因为动植物可以在水中吸收钾。由于 K^+ 在地下水中的含量少，且其性质与 Na^+ 相近，所以一般研究地下水化学成分时，将 K^+ 归于 Na^+ 之中不另区分。

（6）钙离子（Ca^{2+}）。Ca^{2+} 是低矿化度水中的主要阳离子，重碳酸钙水是低矿化度水的普遍特征。随着矿化度的增高，Ca^{2+} 的相对含量迅速减少，同时从溶液中不断析出 $CaSO_4$ 和 $CaCO_3$。因此，在天然水中 Ca^{2+} 的含量一般很少超过 $1000mg/L$。

地下水中 Ca^{2+} 的来源主要是石灰岩的溶解。此外，阳离子交替和大气降水也是地下水中 Ca^{2+} 的重要来源。

（7）镁离子（Mg^{2+}）。虽然 Mg^{2+} 在所有地下水中都存在，但是较少遇到镁占优势的水。在低矿化度水中通常钙占优势，而在高矿化度水中钠占优势。这是由于地壳组成中 Mg^{2+} 比较少且易被岩土吸附，以及被植物摄取。

镁的来源主要为白云岩、泥灰岩、基性岩、超基性岩的风化、溶解。

8.4.2.2 地下水化学性质的特征指标

（1）pH 值。pH 值为水中 H^+ 浓度的负对数值。当温度为 $22℃$ 时，1000 万（10^7）个水分子中，有一个离解而生成一个 H^+ 与 OH^-。此时离子浓度的乘积为 10^{14}。在纯水中 H^+ 浓度与 OH^- 浓度相等时，水呈中性。地下水按 pH 值的分类见表 8-8。

表 8-8　地下水按 pH 值的分类

水的类别	pH 值	水的类别	pH 值	水的类别	pH 值
强酸性水	<5	中性水	7	强碱性水	>9
弱酸性水	5~7	弱碱性水	7~9		

（2）矿化度。地下水的矿化度是指地下水中所含盐分的总量。通常是指在 $105\sim110℃$ 将水蒸干所得到的固体残余物的数量。也可以将分析得到的阴、阳离子含量相加求得理论干涸残余物值。因为在蒸干时有 $1/2$ 的 HCO_3^- 分解为 CO_2 和 H_2O 而逸出，因此在离子含量相加时，HCO_3^- 仅取理论质量的 $1/2$。地下水按矿化度的分类见表 8-9。

表 8-9　地下水按矿化度的分类

水的类别	矿化度/(g/L)	水的类别	矿化度/(g/L)
淡水	<1	半咸水（中等矿化水）	4~10
微咸水（低矿化水）	1~3	咸水（高矿化水）	>10

（3）硬度。地下水的硬度可分为总硬度、暂时硬度和永久硬度。总硬度是指水中所含钙、镁盐类的总量，如 $Ca(HCO_3)_2$、$Mg(HCO_3)_2$、$CaSO_4$、$MgSO_4$、$CaCl_2$、$MgCl_2$ 等。暂时硬度又称重碳酸盐硬度，是指当水煮沸时，重碳酸盐分解破坏而析出的 $Ca(HCO_3)_2$ 或

$Mg(HCO_3)_2$ 的含量。而当水煮沸时，仍旧存在于水中的钙盐和镁盐（主要是硫酸盐和氯化物）的含量称为永久硬度，又称非重碳酸盐硬度。

雨水属软水。地表水的硬度随地区等因素而异，一般地表水的硬度不会过高，地下水的硬度往往比地表水高。

（4）溶解氧。溶解于水中的氧称为溶解氧。氧在水中有比较大的溶解度，其溶解度与水的矿化度、埋藏深度、温度、大气压力及空气中氧的分压有关。

清洁的地面水在正常情况时所含溶解氧接近饱和状态，当水中含有藻类植物时，由于植物的光合作用而放出氧，就可能使水中含过饱和的溶解氧。

若水源被易于氧化的有机物质所污染，则水中所含溶解氧降低。当氧化进行得太快而水源不能从空气中吸收充足的氧来补充氧的消耗时，水中的溶解氧会不断减少，甚至接近零。在这种情况下，厌氧菌繁殖并活跃起来，有机物发生腐败作用，会使水发出臭味。地下水中通常含有少量溶解氧，主要原因是地下水在渗透过程中，其中的溶解氧与土壤中的有机物发生氧化作用而被消耗。

8.4.3　地下水运移过程中的物理、化学作用

地下水运移过程中的物理、化学作用主要有溶滤作用、浓缩作用、混合作用、阳离子交替吸附作用、沉淀和溶解作用、脱硫酸作用、脱碳酸作用和机械过滤作用等。从环境评价工作角度来看，尤以地表水由包气带进入地下水过程中的各种作用更重要，这些作用在一定程度上反映了包气带的环境功能，亦即对地下水污染的防护能力。因此，环境评价工作中应认真研究这些作用。

8.4.3.1　溶滤作用

在水的作用下，岩石中某些组分进入水中的作用称为溶滤作用。溶滤作用是形成地下水原始化学成分的主要作用。对矿物而言，溶滤是指在保留原来矿物结晶格架的情况下，使部分元素转入水中的作用。矿物中所有元素按比例全部溶于水中的作用叫溶解作用。

岩石和矿物在天然水中的溶解度，取决于组成这些矿物的离子半径、离子价、化学键类型及其他物理、化学性质，同时，也与水的温度、压力、浓度、酸度和氧化还原电位等存在密切关系（见表 8-10）。溶滤作用主要发生在侵蚀基准面以上地带。由于浅部地下水径流条件良好，水交替强烈，一般溶滤作用形成的地下水为低矿化度的重碳酸盐型水。溶滤作用形成的地下水化学成分与含水介质岩性十分密切。

表 8-10　常温常压条件下不同矿物（盐）的溶解度

项目	矿物（盐）								
	$MgCl_2$	$MgCO_3$	$MgSO_4$	KCl	NaCl	Na_2SO_4	Na_2CO_3	$CaSO_4$	$CaCO_3$
溶解度 /(g/L)	343	25.79	354.3	329.5	320.6	168.3	193.9	2.2	0.063

8.4.3.2　浓缩作用

当水分蒸发时，水中盐分含量不减，致使其浓度（即矿化度）相对增大，这种作用称为浓缩作用。浓缩作用的结果，除矿化度增加外，其化学成分也可能随之变化。这是因为当水

中盐分浓度增大时，溶解度小的盐先沉淀。因此，水中各种成分的比例也就发生变化。以 HCO_3^- 为主要成分的低矿化度水，在浓缩后会变为以 SO_4^{2-} 为主的水，进一步浓缩会变为以 Cl^- 为主的高矿化度水。

浓缩作用主要发生在干旱、半干旱地区的潜水中。其直接影响深度一般不超过常温带的深度。

8.4.3.3 混合作用

当两种以上化学成分或矿化度不同的地下水相遇时，所形成的地下水在化学成分或矿化度上都与混合前有所不同，这种作用称为混合作用。如海岸、湖岸、河岸、深部卤水、热水、矿泉出露的地方，都可以发生水的混合作用。

混合作用有简单混合作用与反应混合作用两种。简单混合作用是指混合后其矿化度或化学组分按混合量成简单的比例关系。反应混合作用是指混合后发生化学元素之间的平衡反应，产生新的反应产物，从而使原来的化学成分发生明显变化。

8.4.3.4 阳离子交替吸附作用

岩石颗粒表面常带有负电荷，能吸附某些阳离子。一定条件下，岩石颗粒将吸附地下水中的某些阳离子，而将其原来吸附的阳离子转入水中，成为地下水的化学组分，这种交换称为阳离子的交替吸附作用。

岩石对离子的吸附能力取决于岩石比表面积及参与吸附的离子本身的理化性质。岩石的颗粒越细，比表面积越大，则吸附能力越强；在其他条件相同的情况下，阳离子的电价越高，则被吸附性越强。此外，吸附能力与离子在水溶液中的浓度成正比，浓度大的离子比浓度小的离子易被吸附。

阳离子交替吸附作用最易在细颗粒岩石，特别是在黏土、亚黏土中发生。

8.4.3.5 沉淀和溶解作用

溶解在水中的某些离子，由于外界物理或化学条件的变化，浓度超过其饱和浓度时，则该离子将以某种盐的形式沉淀下来。沉淀作用将导致地下水中所能携带的离子量大为减少，降低了其在地下水中的迁移速率。反之，若地下水中某种离子浓度减小或条件变化，可以重新溶解已沉淀的盐分，使之进入地下水中，增大地下水中该离子的含量。

8.4.3.6 脱硫酸作用

在还原环境中，水中的 SO_4^{2-} 在有机物存在时，因微生物的作用还原成 H_2S，使水中的 SO_4^{2-} 减少甚至消失，而 H_2S 和 HCO_3^- 的含量增大，这种作用称为脱硫酸作用。

脱硫酸作用一般发生在封闭缺氧并有有机物存在的地质构造环境中，如储油构造。油田水中 H_2S 含量较高，而 SO_4^{2-} 含量很少即是脱硫酸作用所致。

8.4.3.7 脱碳酸作用

碳酸盐类，在水中的溶解度取决于水中所含 CO_2 的数量。当温度升高或压力减小时，水中 CO_2 含量就会减少，这时水中的 HCO_3^- 便会与 Ca^{2+}、Mg^{2+} 结合产生沉淀。这种使水中 HCO_3^- 含量减少的作用称为脱碳酸作用。

岩溶地区溶洞内常见的石钟乳、石笋、泉华等现象都是这种作用的结果。

8.4.3.8　机械过滤作用

由于土壤颗粒较细，水中的悬浮物、细菌等颗粒较大的物质，在通过表层土壤时，可以被土体截留。在松散的地表土层中，悬浮物一般在 1m 土层深度内即被滤掉。但在裂隙岩层中，对悬浮物的过滤微弱。砂层一般对细菌没有过滤作用；而在黏性土层中，机械过滤对悬浮物是有效的，但对病毒无效或效果很差。

8.5　地下水循环

自然界中水以气、液、固三相分布于地球的大气圈、水圈和岩石圈中，各相应的圈中的水分别被称为大气水、地表水和地下水。地球上总水量约为 14 亿立方千米，其分布形态见表 8-11。

表 8-11　地球上各类水体的分布

水体分类	体积/km^3	体积分数/%
海水	1.37×10^9	97.2
冰川水	2.92×10^7	2.13
地下水	8.35×10^6	0.59
淡水湖	1.25×10^5	0.0089
咸水湖和内陆海	1.04×10^5	0.0074
土壤滞留水	6.7×10^4	0.00475
大气水分	1.3×10^4	0.00092
河水	1.25×10^3	0.00009
总计	1.41×10^9	100.0

地球中以各种形态存在的水分，在太阳辐射能及地球引力的作用下，总是在沿着复杂的途径不断地变化、运动和循环。如图 8-12 所示，从海洋蒸发的水凝结降落到陆地，再经过径流或蒸发重新返回海洋，这称为水的外循环（又称大循环）；而从海洋或陆地蒸发的水分依旧降落到海洋或陆地的循环方式称为水的内循环（又称小循环）。由此可见，地下水的运移既是自然界水分大循环的一个重要的组成部分，同时又独立地参与自身的补给、径流、排泄的小循环。

地下水含水层或含水系统通过积极地参与自然界的水循环，与外界交换水量、能量、热量和盐量。补给、径流与排泄决定着地下水水量和水质的时空分布；同时，这种补给、径流、排泄的无限往复也构成了地下水循环。地下水循环位置可分为补给区、径流区和排泄区。

8.5.1　地下水的补给

地下水补给通常可看作"在地下水位处或附近进入地下水系统的入流"，是指含水层或含水系统从外界获得水量的过程。地下水补给来源主要有大气降水、地表水、凝结水、相邻含水层之间的补给以及与人类活动有关的地下水补给。地下水补给区是含水层出露或接近地表接受大气降水和地表水等入渗补给的地区。

地下水的补给

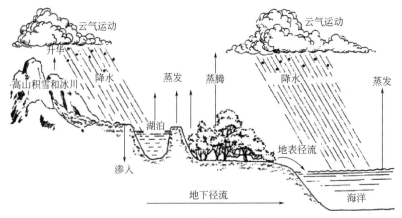

图 8-12　自然界水分循环示意

8.5.1.1　大气降水对地下水的补给

大气降水包括雨、雪、雹等形式，当大气降水降落到地表后，一部分形成地表径流，一部分蒸发重新返回大气圈，还有一部分会渗入地下。后者中相当一部分滞留于包气带中，构成土壤水；补足包气带水分亏损后其余部分的水才能下渗补给含水层，称为补给地下水的入渗补给量。大多数的地下水补给是在潮湿的季节发生的，那时的土壤是湿润的，多余的水分即可渗透下去。美国本土平均 25% 左右的年降水量会变成地下水补给。然而降水量中变成补给的比例在地区间差异明显。

影响大气降水补给地下水数量的因素较复杂，其中主要的有降水特征、包气带的岩性及厚度、地下水的埋深、地形条件、植被覆盖情况等。一般当降水量大、降水持续时间长、地形平坦、植被繁茂、上部岩层渗透性好、地下水埋藏深度不大时，大气降水才能大量下渗补给地下水。这些影响因素中起主导作用的常常是包气带的岩性，但各因素之间也是相互制约、互为条件的。如强岩溶化地区，即使地形陡峻，地下水位埋深达数百米，由于包气带渗透性强，连续集中的暴雨也可以大部分被吸收。

大气降水入渗补给的方式有两种：一种是活塞式下渗，指入渗水的湿润锋面整体向下推进，犹如活塞式的运移，其特点是降水入渗全部补充包气带水分亏缺后，其余的入渗水才能补给含水层，入渗补给过程中新水推动老水，老水先到达潜水面；另一种是捷径式入渗，指降水强度较大时，由于岩土多呈非均质，粒间孔隙、集合体间孔隙、根孔、虫孔及裂隙中的细小孔隙来不及吸收全部水分时，一部分入渗的雨水就沿着渗透性良好的大孔道优先快速下渗，且其水分沿下渗通道向周围的细小孔隙扩散，其特点是新水可超越老水向下运移，不必全部补充包气带水分亏损。砂砾质土中以活塞式下渗为主，黏性土中两者同时发生。

8.5.1.2　地表水对地下水的补给

地表水包括江、河、湖、海、水库、池塘、水田等与地下水之间有着密切的水力联系。地表水对地下系统的入流是一种补给，但地表水位的变化会影响地表水入流，在某些情形下会转变为地下水的出流情况（8.5.3 地下水的排泄），如图 8-13（b）所示。

地表水补给地下水常见于某些大河流的下游和河流中上游的洪水期，此种情形［如图 8-13（a）所示］地表水水位往往高于岸边的地下水水位。

在干旱地区，降水量非常小，地表水的渗漏常常是地下水的主要或唯一补给源。如河西走廊的武威地区，与地下水有关联的河流有 6 条，这些河流流经几公里的砂砾石层河床之后，分别有约 8%～30% 的河水被漏失，来自河水的补给占该地区地下水径流量的 99%。

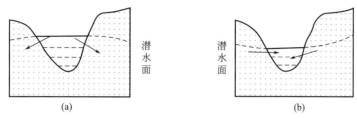

图 8-13　地表水补给地下水示意

地表水对地下水的补给强度主要受岩层透水性的影响，同时也取决于地表水水位与地下水水位的相对高差，以及洪水的延续时间、河水流量、河水的含泥砂量、地表水体与地下水联系范围的大小等因素。

8.5.1.3　凝结水的补给

凝结作用是指气温下降到一定程度时，气态水分子转化为液态水分子的过程。凝结水是一种特殊的降水，在水分平衡中起着一定的补充作用。凝结水来源于空气中的水汽和深部土壤水分，凝结作用基本发生在温度较低的晚上至次日凌晨时段。影响凝结水产生的主要因素为近地面大气温度与地表土壤温差、空气相对湿度、冻结期等，土壤的高含盐量也有利于凝结水的生成。一般情况下，凝结形成的地下水相当有限，但对于广大的沙漠地区来说，大气降水和地表水体的渗入补给量都很少，凝结水往往是其主要的补给来源。

8.5.1.4　含水层之间的补给

两个含水层存在水头差且有联系的通路时，水头较高的含水层会补给水头较低的含水层，见图 8-14、图 8-15。

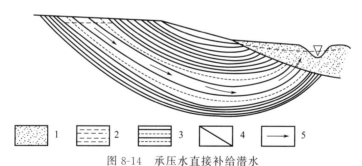

| | 1 | | 2 | | 3 | | 4 | | 5 |

图 8-14　承压水直接补给潜水

1—砂砾石层；2—页岩；3—砂岩；4—断层；5—地下水流向

在松散沉积物中，隔水层分布不连续，在其缺失部位的相邻含水层之间便通过"天窗"发生水力联系（图 8-16）。

基岩构成的隔水层也可能有"天窗"。但在一般情况下，基岩隔水层比较稳定，隔水性能较好，因此，切穿隔水层的导水断层，往往是其主要补给通路（图 8-16）。断层的导水能力越强（透水性好、宽度大、延伸远），含水层之间水头差越大，而距离越近，则补给量越大。

另外，穿过数个含水层的采水孔，可以人为地使水头较高的含水层补给给水头较低的一层（图 8-17）。

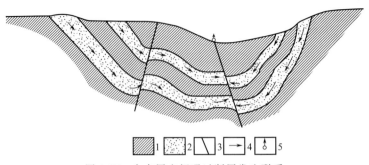

图 8-15　含水层之间通过断层发生联系

1—隔水层；2—含水层；3—导水断面；4—地下水流向；5—泉

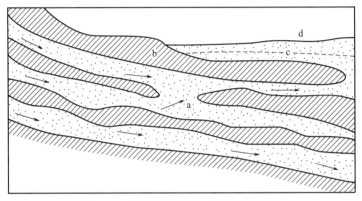

图 8-16　承压水通过"天窗"补给潜水

a—承压含水层；b—隔水层；c—潜水含水层；d—潜水面

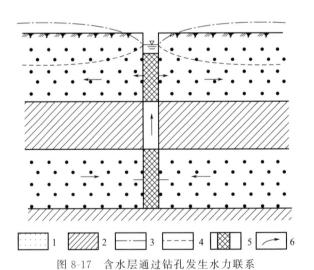

图 8-17　含水层通过钻孔发生水力联系

1—含水层；2—隔水层；3—承压水测压水位；4—潜水位；5—滤水管；6—水流方向

　　含水层之间的另一种补给方式是越流。松散沉积物含水层之间的黏性土层，并不完全隔水，而具有弱透水性。有一定水头差的相邻含水层，通过弱透水层发生的渗透，称为越流。显然，隔水层越薄，隔水性越差，相邻含水层之间的水头差越大，则越流补给量越大。

查明含水层之间的补给关系及其联系程度，是很有实际意义的。为供水目的利用某一含水层时，如果该含水层可以从其他含水层获得补给，则可开发利用的水量将有所增加；对此含水层排水时，如果不考虑这种联系，可能会做出错误的排水设计，从而达不到预期的排水效果。

8.5.1.5 地下水的人工补给

地下水的人工补给包括人类某些生产活动（此类活动不是专门为补给地下水而进行的，如修建水库、农业灌溉等）引起的对地下水的补给以及有意识地专门修建一些工程、采取一些措施，使地表水自流或在压力下进入含水层，或使大气降水和地表水的入渗量增加等形式（图 8-18）。

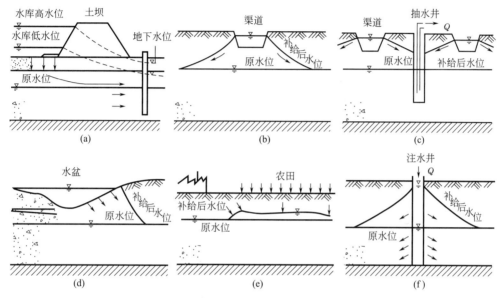

图 8-18 人工补给地下水方式示意

（a）水库补给；（b）渠道补给；（c）渠道旁诱导补给；（d）水盆地补给；（e）灌溉补给；（f）大井灌注补给

人工补给地下水具有占地少、造价低、易管理、蒸发少等优点，不仅可增加地下水资源，而且可以改善地下水的水质，调节地下水的温度，阻拦海水倒灌，减小地面沉降等。从发展的观点来看，人工补给地下水势必越来越成为地下水的重要补给源之一，尤其是在一些集中开采和过度开采地下水的地区。

8.5.2 地下水的径流

地下水的径流

含水层中的地下水由补给区向排泄区流动的过程称为径流。径流是连接补给和排泄的中间环节。除了某些构造封闭的自流盆地外，地下水一直处于不断的径流过程中。地下水不断汇集水量、溶滤含水介质、积累盐分，并将水量和盐分最终输送到排泄区。径流的强弱影响着含水层水量与水质的形成过程及其时空分布。因而，地下水的补给、径流和排泄是地下水形成过程中一个统一的不可分割的循环过程。研究地下水径流，包括径流方向、径流强度、径流量及影响径流的因素等。

8.5.2.1 地下水径流方向

地下水的排泄区总是分布于地形相对低下的地方，因此，地形的高低对其影响很大，总体上讲地下水是从高处流向低处，尤其是潜水，天然情况下其径流受地形控制明显。

在很长一段时期，一直把地下水的径流，尤其是潜水的径流看成平面流动，认为垂直方向的运动是可以忽略的。但是在实际工作中，用平面流动分析水文地质现象时，往往会遇到一些无法解释的矛盾。

实际上，地下水径流是相当复杂的，很少具有单一的径流方向。以我国华北平原为例，在总的地势控制下，由山前向滨海的地下水做纵向流动，同时，山前下降的地下水流在平原中某些部位上升。在局部地形的控制下，浅层地下水由地上河及地上古河道下降，越流补给深层地下水，而在河间洼地由深部向浅层做上升越流运动。

在大规模开采与排出地下水等人类活动影响下，含水系统的水头重新分布，径流方向随之改变，会形成新的径流系统，甚至原来的补给区与排泄区也会相互易位。

8.5.2.2　地下水径流强度与水质

地下水的径流强度通常用单位时间通过单位过水断面的流量即渗透速度来表征。因此，根据达西定律，径流强度与含水层的透水性、补给区至排泄区之间的水头差成正比，而与流动距离成反比。

对于潜水而言，含水层透水性愈好，地形切割愈强烈且相对高差愈大，补给愈丰富，则地下水径流发育愈好。处于湿润山区的潜水为典型的渗入-径流型循环，其径流强烈，入渗补给的水在径流过程中溶滤岩土，最终水、盐共同在排泄区排出，使整个含水层在不断的循环过程中趋于淡化，其中侵蚀基准面以上潜水径流最为强烈，水的矿化度很低；相反，在干旱地区细土堆积平原的潜水，径流缓慢，水分及盐分输送到排泄区后，水分蒸发耗失，盐分就地积聚，土壤发生盐渍化。

含水层透水性的差异可以导致径流分配的差异。在水力坡度相同的情况下，透水性越好的地方，径流越通畅，径流强度越大，径流量也相对集中。因此，在大河的下游堆积平原中，在河流边岸附近及古河床分布地段，冲积物颗粒较粗，透水性较好，潜水径流条件也较好，是地下径流相对集中的地段，在这样的地段常常可以找到水量丰富、水质较好的水源。

由上可知，潜水的径流速度不仅关系着地下水的水量，同时对水质也有深远的影响。因此，径流强度的不同往往表现为水质的变化；反之，根据水质情况也可以分析径流强度。

较之于潜水，承压水也属于渗入-径流型循环，但其径流条件更多地受地质构造因素控制。对于基岩地区的承压水来说，赋存水的地质构造规模愈小，后期的构造与侵蚀破坏愈强烈，补给愈丰富，含水层透水性愈好，则径流愈强烈，水的矿化度愈低。

断块构造盆地中的承压含水层，其径流条件在很大程度上取决于断层的导水性。当断层带导水良好时，构成排泄通路，地下水由含水层出露地表部分的补给区流向断层带排泄区；断层带阻水时，排泄区位于含水层出露的地形最低点，与补给区相邻，承压区则在另一侧，地下会沿含水层底侧向下流动，到一定深度后，再折返向上，此时，浅部径流强度大，向深部变弱，水的矿化度相应向深处变高。

8.5.2.3　地下水径流量

地下水的径流量就是地下水流经某过水断面的流量，常用地下径流率 M 来表示，其意义为 $1km^2$ 含水层分布面积上的地下水径流量 $[m^3/(s \cdot km^2)]$，也称为地下径流模数。年平均地下径流率可用下式计算：

$$M = \frac{Q}{365 \times 86400 F} \tag{8-8}$$

地下径流率是反映地下径流量的一种特征值，其大小取决于含水层厚度和地下水的补给排泄条件。补给量越大，其径流量也越大。在山区，地下径流畅通，以水平排泄为主，因此其径流量、补给量、排泄量三者几乎相等，可以通过确定潜水排泄量（泉的总流量与潜水向河流排泄量的总和）来确定潜水的径流量。

8.5.3　地下水的排泄

地下水的排泄

地下水的排泄是指含水层或含水层系统失去水量的过程。在排泄过程中，地下水的水量、水质及水位都会随之发生改变。排泄方式有点状、线状和面状，包括泉向江河泄流、蒸发、蒸腾、径流及人工开采（井、渠、坑等）。含水层中的地下水向外部排泄的范围称为排泄区。

8.5.3.1　泉

泉是地下水的天然露头，是地下含水层或含水通道呈点状出露地表的地下水涌出现象，为地下水集中排泄形式。地下水只要在地形、地质和水文地质条件适当的地方，均可以泉水的形式涌出地表。

（1）泉的形成与分类。泉的形成主要是由于地形受到侵蚀，含水层暴露于地表；其次是由于地下水在运动过程中岩石透水性变弱或受到局部隔水层阻挡，地下水位抬高溢出地表。如承压含水层被断层切割，且断层又导水，则地下水沿断层上升至地表即可形成泉。

泉水多出露在山区与丘陵的沟谷和坡角、山前地带、河流两岸、洪积扇的边缘和断层带附近，这是因为此类地段受侵蚀强烈，岩层多次受褶皱、断裂、侵入作用，形成了有利于地下水向地表排泄的通道；而平原区一般都堆积了较厚的第四纪松散岩石，地形切割微弱，地下水很少有条件直接排向地表，所以泉在平原区较少见。

泉水根据出露性质可分为下降泉和上升泉。

① 下降泉是地下水受重力作用自由流出地表的泉，由潜水含水层或上层滞水补给（图 8-19）。由上层滞水补给的下降泉，泉水流量变化大，枯水季节水量很小，甚至枯干，水质也往往不好，一般不作为供水水源；由潜水排泄补给的下降泉的水量较上层滞水泉的稳定，水质一般较好，但季节性变化仍然显著。

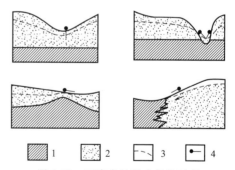

图 8-19　下降泉的形成条件示意
1—隔水层；2—含水层；3—地下水水位；4—泉

② 上升泉是承压水的天然露头，是地下水在静水压力作用下上升并溢出地表的泉（图 8-20），又称为自流泉。此种泉水水量稳定，水质也较好，若有足够的水量则是理想的供水水源。

泉水根据出露原因可分为侵蚀泉、接触泉、溢出泉和断层泉。

① 侵蚀泉。当河流、冲沟切割到潜水含水层时，潜水即排出地表形成泉水，这种泉称为侵蚀下降泉；若承压含水层顶板被切割穿，承压水便喷涌成泉，称为侵蚀上升泉。

② 接触泉。地形被切割到含水层下面的隔水层，地下水被迫自两者接触处涌出地表，

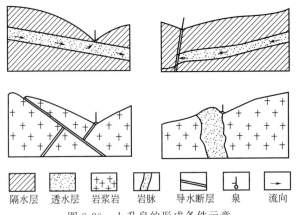

隔水层　透水层　岩浆岩　岩脉　导水断层　泉　流向

图 8-20　上升泉的形成条件示意

形成接触下降泉；在岩脉或侵入体与围岩接触处，因冷凝收缩而产生裂隙，地下水便沿裂缝涌出地表，形成接触上升泉。

③ 溢出泉。岩石透水性变弱或隔水层隆起，以及阻水断层阻隔等因素使潜水流动受阻而涌出地表形成的泉，称为溢出泉或回水泉。

④ 断层泉。承压含水层被导水的断层切割时，地下水便沿断层上升流出地表成为断层泉。

此外，泉还有其他的类型。例如，间歇泉是周期性间断地喷发热水和蒸汽的泉；多潮泉是在岩溶地区的岩溶通道中由于虹吸作用具有一定规律的周期性流出的泉；水下泉是地表水体以下岩石中流出的泉；矿泉是矿水的天然露头；冷泉是水温低于年平均气温的泉；温泉是水温超过当地年平均气温而低于沸点的泉；沸泉是温度约等于当地沸点的地热流体露头等。关于泉的分类，从不同角度出发会有不同的名目，十分复杂，在此不再赘述。

（2）泉的意义。由于泉水是在地形、地质及水文地质条件适当结合的情况下才排出地表的，因此泉的出露及其特点可以反映出有关岩石富水性、地下水类型，以及地下水补给、径流、排泄及其动态均衡等方面的一系列特征。

① 通过岩层中泉的出露及涌水量大小，可以确定岩石的含水性和含水层的富水程度。

② 泉的分布反映了含水层或含水通道的分布，以及其补给区和排泄区的位置。

③ 通过对泉的运动性质和动态的研究，可以判断地下水的类型。如下降泉一般来自潜水的排泄，动态变化较大；而上升泉一般来自承压水的排泄，其动态较为稳定。

④ 泉的标高可以反映该处地下水位的标高。

⑤ 泉水的化学成分、物理性质与气体成分，可以反映该处地下水的水质特点及储水构造特点。

⑥ 泉的水温反映了地下水的埋藏条件。如水温接近气温，说明含水层埋藏较浅，补给源不远；如果是温泉，一般来自地下深处。

⑦ 泉的研究有助于判断地质构造。由于许多泉常出露于不同岩层的接触带或构造断裂带上，因此当在地面上见到与这些地层界线或构造带有关的泉时，则可判断被掩盖的构造位置。

8.5.3.2　向地表水的排泄

当地下水位高于地表水位时，地下水直接向地表水体排泄，特别是切割含水层的山区河流，往往成为排泄中心。地表水接受地下水排泄的方式有两种：一种是散流形式，这种排泄是逐渐进行的，其排泄量通过测定上下游断面的河流流量可计算出来；另一种是比较集中地排入河中，岩溶区的暗河出口就代表了这种排泄。

另外，人工抽水、矿山排水、农田排水等方式也起到把地下水排泄到地表的作用。且在许多地区，人工开采地下水已经成为地下水的主要排泄途径，进而导致地下水循环发生了巨大变化。

8.5.3.3　蒸发排泄

蒸发是水由液态变为气态的过程。地下水，特别是潜水可通过土壤蒸发、植物蒸腾而消耗，成为地下水的一种重要排泄方式，这种排泄方式也称为垂直排泄。

影响地下水蒸发排泄的因素很多，也是决定土壤与地下水盐化程度的因素，主要有温度、湿度、风速等自然条件，同时也受地下水的埋深和包气带岩性等因素的控制。气候越干燥、相对湿度越小，地下水蒸发就越强烈；潜水埋藏深度越小，蒸发就越强烈；包气带岩性决定土的毛细上升高度和潜水蒸发速度，一般粉质亚黏土、粉砂等毛细上升高度大，毛细上升速度较快，潜水蒸发较为强烈；地下水流动系统中干旱、半干旱地区的低洼排泄区是潜水蒸发最为强烈的地方。在干旱内陆地区，地下水蒸发排泄非常强烈，常常是地下水排泄的主要形式。如在新疆的极端干旱地区，不仅 3～5m 内的潜水有强烈的蒸发，而且 7～8m 甚至更大的深度内都受到强烈蒸发作用的影响。

蒸发排泄的强度不同，使各地潜水性质有很大差别。如我国南方地区，蒸发量较小，则潜水矿化度普遍不高；而北方大多是干旱或半干旱地区，埋藏较浅的潜水矿化度一般较高。由于潜水不断蒸发，水中盐分在土壤中逐渐聚集起来，这是造成苏北、华北东部、河西走廊等地大面积土壤盐碱化的主要原因。

8.5.3.4　不同类型含水层之间的排泄作用

潜水和承压水虽然是两种不同类型的地下水，但它们之间常有着极为密切的联系，往往相互转化和相互补给。如果潜水分布在承压水排泄区，而承压水位又比潜水位高，承压水则成为潜水的补给源；反之，潜水成为承压水的一个排泄出路。当承压含水层的补给区位于潜水含水层之下时，潜水可直接向承压水排泄。

如果潜水含水层与下部的承压含水层之间存在导水的断层，则切断隔水层的断层将成为两个含水层的过水通道，潜水位高于承压水位时，潜水将向承压水排泄，而承压水相应获得潜水补给；反之，承压水将向潜水排泄（图 8-21）。

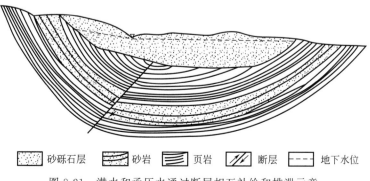

砂砾石层　　砂岩　　页岩　　断层　　地下水位

图 8-21　潜水和承压水通过断层相互补给和排泄示意

从以上的论述中可以看出，两个相邻的含水层之间之所以能产生排泄作用，是由于两含水层之间有水流通道和水头差。此外，在生产实践中可以人为地使某一含水层向另一含水层排泄，以达到工程的目的。如在一些地区的地下建筑施工中，为了防潮和不使建筑物浸泡在水中，可采用人工排水的方法来降低潜水位，即将高水位的潜水以钻孔（管井）作为通道排入下部的承压含水层中。

 任务解决

松散沉积层的地下水被过量开采，水位大幅度下降后，静水压力减小，黏性土层压密释水，导致地面沉降。为防止此类事件的发生，应合理利用地下水，对于高度依赖地下水的地区，应加大人工补给地下水的力度。

 知识拓展

海陆交界带的水文系统是全球水循环的一个重要组成部分。地下水向海岸地带的排泄对海水的营养物和溶质平衡有重要作用。海陆交界带正在成为区域水文地质研究的一个热点。

 思考与练习题

1. 某基岩含水层中的两个水井间隔 15m，一个产水，另一个却不产水，什么原因可能导致这样的区别？

2. 简述空隙、孔隙、裂隙、溶穴的基本概念。

3. 简述结合水、重力水、毛细水、气态水的基本概念及其特点。

4. 论述岩石水理性质的主要影响因素。

5. 简述包气带、饱水带、含水层、隔水层、弱透水层的基本概念。

6. 简述地下水的分类依据。

7. 简述包气带水、潜水、承压水的概念及其埋藏条件和水力特点。

8. 承压含水层在储水与释水时，含水层厚度是不变的，承压含水层的储水与释水是如何进行的？

9. 人工开采对地下水循环有什么影响？

10. 为何在沙漠地区特别重视对凝结水的研究？

11. 简述地下水径流的补给及排泄的途径。

第 **9** 章

地下水的渗流运动

《 **学习目的** 》　系统掌握地下水运动的基本理论，并能初步运用这些基本理论分析水文地质问题；掌握各种条件下地下水流向取水构筑物的稳定流和非稳定流理论，深刻理解其适用条件，并能应用这些理论和方法解决实际问题。

《 **学习重点** 》　渗流基本概念及地下水运动的基本定律；地下水流向完整井的稳定流理论和非稳定流理论的推导，利用相关理论计算典型取水构筑物的取水量。

《 **学习难点** 》　地下水流向完整井的稳定流理论和非稳定流理论的推导及应用。

《 **本章任务** 》　某矿设计竖井涌水量预测。该设计竖井 116m，井径 2m，根据勘测资料自上而下揭穿煤系地层 30m，岩溶灰岩 86m，为了预测涌水量，在勘测阶段曾于建井位置布置一个水文地质孔（孔径为 0.055m），进行分层抽水试验。抽水结果表明：煤系地层含水微弱，在评价涌水量时可忽略不计。根据试验资料预测该竖井的涌水量。

《 **学习情境** 》　上海某一引水工程，设计要求基坑深度 9m，需采用井点降水。但由于施工单位对工程场地地层资料及水文地质条件不甚清楚，就盲目施工，没有采取井点降水，并以 1∶1.75 的坡度直接下挖。在距地表 5m 处发现一层粉质黏土层。当时因雨停工，天晴后，采用三班制抢工浇筑混凝土，由于粉质黏土层地下水渗出，大半个篮球场面积的土坡从 4m 以上的高度塌下，造成 10 人被埋在土中、3 人死亡的重大事故。

流体在孔隙介质中的流动称为渗流（seepage flow）。地下水运动是最常见的渗流实例。在土建、水利、石油、采矿、地质等许多部门，都涉及有关地下水渗流的问题。

（1）土建工程中的渗流问题。若建筑物的地基是透水的，如砂砾石、岩石地基等都不同程度地可以透水，当水通过地基渗透时，不仅导致水量损失，同样也可以导致地基丧失稳定性。由于渗流的动水压力作用，在建筑物底部产生向上的扬压力，这对建筑物的稳定也有不利影响。

（2）水利、给排水工程中的渗流问题。在灌溉或工业与民用给水中，常用井和廊道等集水构筑物。在土壤改良及建筑施工中，为降低地下水位，也常用集水井或集水廊道将地下水集中排走。只有掌握地下水的流动规律，才能正确选择集水构筑物的尺寸，计算集水构筑物的供水能力。

（3）采矿工程中的渗流问题。矿业开发一般多为地下作业。在井巷的开拓和回采的过程中，不可避免地要接近或揭露到某些含水层，当井巷或其作业面处于含水体附近或承压水位以下时，水体中的水就会因此失去原来的平衡，在矿山压力和水压力作用下，沿着围岩的薄弱环节，以各种形式向井巷涌水。如果是突然涌水，通常会形成水害，影响矿山的开采速度，有时会造成人员伤亡。

（4）与渗流有关的环境问题。地震引起的沙土液化，水库蓄水诱发的地震，大量抽取地下水或开采液体引起的地面沉降。

从以上各类工程和环境中的大量渗流问题可以看出，渗流是工程设计、施工以及安全使用的重要因素，也是评价工程的社会效益、经济效益和环境效益的重要内容。

解决各类工程中诸多的渗流问题和渗流引起的环境问题必须依据渗流的基本理论和方法，本章的任务就是研究地下水渗流运动的基本规律及地下水向井流动的基本理论，为解决实际工程中的渗流问题提供理论基础。

9.1 地下水运动的特征及其基本定律

地下水在多孔介质中运动，由于多孔介质中孔隙和裂隙的大小和多少、形状和分布很复杂，地下水质点在其中运动毫无规律，有些地方甚至不连续，无论理论分析还是试验手段都很难确定在某一具体位置的真实运动速度，从工程应用的角度来说也没有这样的必要。对于解决实际工程问题，最重要的是了解在某一范围内宏观渗流的平均效果，即忽略个别质点的运动，研究具有平均性质的运动规律。

从宏观角度研究，其实就是采用一种假想渗流代替在多孔介质中运动着的实际渗流，以通过对假想渗流的研究，从而达到了解真实渗流平均运动规律的目的。我们把这种假想的渗流称为理想渗流（ideal seepage flow）。理想渗流应具备以下特点：①连续地充满整个介质空间（包括空隙空间和骨架占据的空间）；②通过过水断面的流量和真实水流通过该断面的流量相同；③在断面上的水头及压力与真实水流的水头和压力相等，在多孔介质中运动时所受的阻力等于真实水流所受的阻力。

具备了这些特点，研究水力学和流体力学的概念和方法，就可以引伸到研究渗流中来；水力学和流体力学的规律也同样可以适用于地下水的渗流运动。

后续提到的渗流均指理想渗流。我们把渗流所占据的空间称为渗流场（seepage field），描述渗流的参数称为渗流运动要素，如压力 p、速度 v 及水头 H 等。

9.1.1 地下水运动的基本特征

9.1.1.1 地下水运动的基本概念

（1）过水断面和渗流速度。在含水层中垂直于渗流方向的岩石截面称为过水断面（cross-sectional area）。该断面并不是实际过水断面的面积，而是整个岩石截面，包括空隙面积和固体颗粒所占据的面积。过水断面的形状和大小随渗流方向的变化而变化，当渗流平行流动时过水断面为平面，当渗流弯曲流动时过水断面为曲面，如图 9-1 所示。

单位时间内通过某一过水断面的液体体积称为渗流量（seepage discharge）。设通过某过水断面（面积为 A）有一个渗流量 Q，则渗流速度（specific discharge/seepage velocity）定义为：

$$v = \frac{Q}{A} \tag{9-1}$$

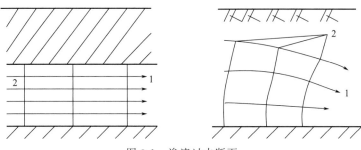

图 9-1　渗流过水断面

1—渗流方向；2—过水断面

渗流速度 v 代表渗流在过水断面上的平均速度，它并不是一个真实的水流速度，而是一种假想的水流速度。该假想认为水流充满整个过水断面，地下水就以这种速度流动。实际上，地下水仅仅在空隙中流动，假设地下水在空隙中运动的实际平均流速为 $\bar{u}$，则：

$$\bar{u} = \frac{Q}{nA} \tag{9-2}$$

式中，n 为含水层的空隙率。

因此，渗流速度 v 和地下水的实际平均流速 $\bar{u}$ 存在下列关系：

$$v = n\bar{u} \tag{9-3}$$

（2）渗流水头和水力坡度。水头（hydraulic head）是指过水断面上单位重力液体所具有的机械能。渗流水头是指水流中空间上某点所具有的总势能。根据水力学的知识可知，水流中任意点测压管水头可表示为：

$$H_n = z + \frac{p}{\gamma} \tag{9-4}$$

式中，H_n 为测压管水头；z 为位置水头；p 为压强，Pa；γ 为水的重度，N/m^3；$\frac{p}{\gamma}$ 为压强水头，表示单位重量液体所具有的压强势能。

总水头为测压管水头和流速水头之和，即：

$$H = H_n + \frac{\alpha v^2}{2g} \tag{9-5}$$

式中，H 为总水头；α 为动能修正系数；v 为流体在该点的流速，m/s；g 为重力加速度，m/s^2；$\frac{\alpha v^2}{2g}$ 为速度水头。

但是地下水的运动非常慢，流速水头 $\frac{\alpha v^2}{2g}$ 也很小，远远小于测压管水头 $z + \frac{p}{\gamma}$，通常忽略不计。例如当地下水流速为 1cm/s 时，这对地下水来说已经是很快的速度了，此时的流速水头仅为 0.0005cm 左右，比测压管水头少几个数量级，所以可以忽略不计。因此，在渗流计算中，通常认为总水头和测压管水头相等，即：

$$H = H_n = z + \frac{p}{\gamma} \tag{9-6}$$

在后续计算中，对两者不再加以区别，统称为水头，用 H 来表示。

位置水头 z 随所取基准面的变化而变化。选取的基准面不同，位置水头不同，测压管水头和总水头也就不同。但是，在实际的渗流计算中，我们一般只关心不同空间位置的水头差值，该差值与选取的基准面无关，因而基准面可以任意选取。为计算方面，常选取水平隔水底板作为基准面。

渗流具有黏滞性。由水力学可知，水流在流动过程中，为了克服介质的阻力不断做功，能量不断消耗，表现为水头沿流程降低。在地下水渗流运动中，把沿渗流途径的水头损失（降低值）与相应的渗流长度之比称为水力坡度（hydraulic gradient），用 J 来表示：

$$J = \frac{H_1 - H_2}{L} = \frac{\Delta H}{L} \tag{9-7}$$

式中，H_1、H_2 分别为渗流途径上两点的水头，m；L 为这两点之间的渗流长度，m；ΔH 为水头损失，m。

根据伯努利方程 $H = z + \frac{p}{\gamma} + \frac{\alpha v^2}{2g}$，同时忽略速度水头，则有：

$$J = \frac{H_1 - H_2}{L} = \frac{\left(z_1 + \frac{p_1}{\gamma_1}\right) - \left(z_2 + \frac{p_2}{\gamma_2}\right)}{L} \tag{9-8}$$

式中，J 为水力坡度；z_1、z_2、p_1、p_2、γ_1、γ_2 分别代表渗流途径上位置水头（m）、压强（Pa）和液体的重度（N/m³）。其他符号意义同上。

由于地下水一般是沿着曲线运动，也就是说水力坡度是沿程不断变化的，因此要想准确地描述水力坡度，通常用微分形式来表示，即在渗流场中任取一点，此时水头为 $H = H(x, y, z, t)$，经过 $\mathrm{d}t$ 时间，水头损失为 $\mathrm{d}H$，渗流长度变化量为 $\mathrm{d}s$，则水力坡度可表示成微分形式：

$$J = -\frac{\mathrm{d}H}{\mathrm{d}s} \tag{9-9}$$

矢量 J 在笛卡尔坐标系中的三个分量为：

$$J_x = -\frac{\partial H}{\partial x}, J_y = -\frac{\partial H}{\partial y}, J_z = -\frac{\partial H}{\partial Z} \tag{9-10}$$

因为水力坡度 J 为正值，而沿水流方向的变化量为负值，为保证水力坡度 J 为正值，在前面加负号。

（3）流线、迹线、等水头线和流网。流线（streamline）是指某一时刻渗流场中的一条曲线，这条线上的各个水质点速度方向都与之相切，也可以说是某时刻各点流向的连线。迹线是指水质点在渗流场中某一段时间内的运动轨迹。一般情况下，流线和迹线不重合，在稳定流条件下，流线和迹线重合。

由于流体具有黏滞性，因而渗流场中各点的水头并不相同。我们把渗流场内水头值相同的各点连成一条线，称为等水头线（groundwater contour）。流网（flow net）是由一系列等水头线与流线组成的网格，通常有平面流网和剖面流网两种。图 9-2 所示分别是平面流网和剖面流网。

流网具有以下特点。①在各向同性介质中，构成流网的等水头线与流线垂直（正交）；

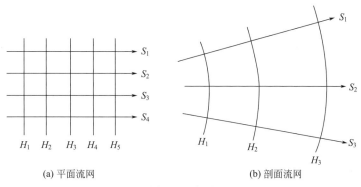

(a) 平面流网	(b) 剖面流网

图 9-2 流网

在各向异性介质中，等水头线与流线斜交。②相邻两条等水头线间的势差为常量，相邻两条流线间的单宽流量也为常量。③等水头线与流线不是两个独立问题，知道一方就可根据正交原则推求另一方。

（4）各向同性介质和各向异性介质。如果介质中各点的渗透性能都相同，称为均质介质（homogeneous medium）；如果渗透性能随各点位置而变化，称为非均质介质（heterogeneous media）。如果土壤渗透性能不随渗流方向而变化（即各点各方向的渗透性能都相同），称为各向同性介质；反之，称为各向异性介质。

9.1.1.2 地下水运动的分类

在自然因素和人为因素的影响下，地下水的运动要素总是随着时间和空间发生变化，且变化的幅度也不尽相同。为研究方便，现对地下水的运动进行如下分类。

（1）层流和紊流。地下水在岩石孔隙中渗流时，水流质点有秩序的、互不掺杂的流动称为层流（laminar flow）；反之，水流质点无秩序的、互相掺杂的流动称为紊流（turbulent flow）。

地下水的流动通常为层流，只有在较大孔隙（如岩溶管道宽大裂隙）中才做紊流流动。

（2）稳定流和非稳定流。按运动要素随时间的变化，地下水的渗流运动可以分为稳定流（steady flow）和非稳定流（unsteady flow）。渗流场中任何空间点上所有的水流运动要素均不随时间改变的流动称为稳定流。也就是说，在稳定流情况下，任一空间点上，无论哪个液体质点通过，其运动要素都是不变的，运动要素仅仅是空间坐标的连续函数，而与时间无关。例如对流速而言：

$$\left.\begin{array}{l} u_x = u_x(x,y,z) \\ u_y = u_y(x,y,z) \\ u_z = u_z(x,y,z) \end{array}\right\} \tag{9-11}$$

因此，所有运动要素对时间的偏导数应等于零：

$$\frac{\partial u_x}{\partial t} = \frac{\partial u_y}{\partial t} = \frac{\partial u_z}{\partial t} = 0 \tag{9-12}$$

如果渗流场中任何空间点上有一个水流运动要素随时间而改变，则称为非稳定流。地下水的运动普遍为非稳定流，稳定流是其特殊情况。

（3）一维流、二维流、三维流。按运动要素与空间坐标的关系，地下水的渗流运动可以

241

分为一维流（one-dimensional flow）、二维流（two-dimensional flow）和三维流（three-dimensional flow）。凡水流中任一点的运动要素只与一个空间自变量有关，称为一维流。如果在水流中任取一过水断面，断面上任一点流速，除了随断面位置变化外，还和另一个空间中坐标变量有关，此水流称为二维流。若水流中任一点流速，与三个空间位置变量有关，这种水流称为三维流。

严格地说，任何实际地下水的运动都是三维流。但用三维流来分析，需要考虑运动要素在三个空间坐标方向的变化，问题非常复杂。所以在地下水的渗流运动中，常采用简化的方法，把水流看作一维流或二维流，用断面平均流速的概念去代替实际流速，由此产生的误差用修正系数加以修正。

（4）单向流、平面流、空间流。按运动要素在空间的表现形式，地下水的渗流运动可以分为单向流（unidirectional flow）、平面流（planar flow）、空间流（spatial flow）。单向流是指渗流只沿一个方向运动。平面流是指渗流平行于一个垂直平面或水平平面运动。空间流指的是渗流方向不与任意直线或平面平行，是最复杂的渗流运动。

单向流肯定是一维流；平面流通常是二维流，但在某些条件下进行坐标变换，可将二维流转变为一维流；而空间流通常为三维流，同理也可将其转变为一维流。

（5）缓变流与急变流。当地下水流的流线为相互平行的直线时，称为均匀流（uniform flow）。若水流的流线不是相互平行的直线，称为非均匀流（non-uniform flow）。水流的流线不是相互平行的直线可以分为两种情况：一种是流线虽然相互平行但不是直线；另一种是流线虽为直线但不互相平行。

根据流线不平行和弯曲的程度，可将非均匀流分为急变流和缓变流。当水流的流线虽然不是相互平行的直线，但几乎近于平行直线时称为缓变流。如果水流流线之间的夹角很小，或流线曲率半径很大，可将其视为缓变流。若水流的流线夹角很大或流线的曲率半径很小，称为急变流。

天然状态下，地下水一般为缓变流。

9.1.1.3 地下水运动的基本特征

地下水的运动具有以下特征。

（1）曲折复杂的渗流通道，所以水流运动途径也是曲折复杂的。

（2）水流受孔隙介质控制，流速的大小和方向频繁变化。

（3）孔隙通道狭窄，水流所受阻力很大，流速极其缓慢。渗透性很好的砾石层中水的平均流速仅为每天几米、几十米。

（4）水流的运动要素常常不是空间的连续函数，绝大多数渗流为非稳定流，极少数为稳定流。

（5）天然条件下，一般均认为呈缓变流动，有时为非缓变流动。

地下水运动属于三维问题，研究起来较为复杂，一般通过缓变流动的假设，把地下水运动的三维问题转化为二维问题来研究。

9.1.2 地下水运动的基本定律

9.1.2.1 达西定律——线性渗透定律

关于渗流的基本规律，早在1852～1855年首先由法国工程师达西（H. Darcy）通过试验研究总结出来，后人称之为达西定律（Darcy's Law）。达西的试验研究是在均质砂土中液体做均匀流动的情况下进行的，但是这个研究成果已被后来的学者推广到整个渗流计算中去，达西定律成为最基本、最重要的公式。

（1）达西试验装置。达西试验装置如图 9-3 所示。装置的上面是一个开口的直立圆筒，
其中装有均质砂土，圆筒上部有进水管及溢水设备，
作用是保持圆筒中的水位恒定，管的右侧壁装有两
根测压管，分别设置在相距为 L 的两个过水断面
1—1 和 2—2 上，用来测定两个过水断面的水头，水
从圆筒的上部经过砂土渗透，由底部的滤水网排出，
渗流流量由计量器量出。当圆筒的上部水面保持恒
定时，通过砂土的渗流即为恒定流，测压管中的水
面也恒定不变。试验中达西观察到，安装在不同过
水断面上的测压管的水面高度不同。2—2 断面的测
压管水面低于 1—1 断面的测压管水面，也就是说，
水经过砂土渗流时有水头损失。水在砂土中的渗流
为均匀流，由于流速水头极小，忽略不计，所以测
压管水头等于总水头，测压管水头差即为两端面间

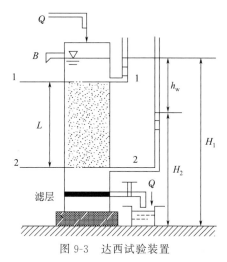

图 9-3　达西试验装置

的水头损失。设 1—1 和 2—2 两个断面的测压管水头差为 h_w，总水头损失为 ΔH，则有
$\Delta H = h_w$，所以在 L 流程上的渗流水头损失为 ΔH。

达西发现，在不同尺寸的圆筒和不同类型土的渗流中所通过的渗透流量 Q 与圆筒的横断面积 A 和水力坡度 J 成正比，并与土壤的渗透性有关。可由下式表示：

$$Q = KAJ = KA\frac{H_1 - H_2}{L} = KA\frac{h_w}{L} = KA\frac{\Delta H}{L} \tag{9-13}$$

或者

$$v = \frac{Q}{A} = \frac{KAJ}{A} = KJ \tag{9-14}$$

式中，Q 为渗流量，m^3/s；v 为渗流断面平均渗透速度即渗透速度，m/s；A 为过水断面面积，m^2；J 为水力坡度；K 为反映土的透水性质的比例系数，称为渗透系数，即水力梯度为 1 时的渗透速度，m/s 或 cm/s。

上述两式即为达西定律。它表明在均质孔隙介质中渗流速度与水力坡度成线性关系，故又称为线性渗透定律（Linear Seepage Flow Law）。

在达西试验中，地下水做一维的均匀流动，即渗流速度和水力坡度的大小、方向沿流程不变。我们可以把达西定律推广到一般的三维流情况，渗流的水力坡度 J 以微分形式表示，即 $J = -\dfrac{dH}{ds}$，则达西定律的微分形式为：

$$v = KJ = -K\frac{dH}{ds} \tag{9-15}$$

式中，s 为沿水流路径的线段或距离。

我们把渗流速度在笛卡尔坐标系中沿 x、y、z 三个分量分别表示为 v_x、v_y、v_z，当流动发生在均质各向同性介质中时 K 不变，则有：

$$v_x = -K\frac{\partial H}{\partial x}; \quad v_y = -K\frac{\partial H}{\partial y}; \quad v_z = -K\frac{\partial H}{\partial z} \tag{9-16}$$

（2）达西定律的适用范围。达西定律指出，渗流速度与水力坡度成线性关系，但是许多学者的研究证明，随着渗流速度的增大，这种线性关系便不再存在，如图 9-4 所示，也就是说达西定律有一定的适用范围。

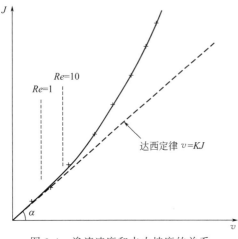

图 9-4　渗流速度和水力坡度的关系

要想满足渗流速度与水力坡度成一次方关系，液体必须做层流运动，由此可见达西定律只能适用于层流渗流。在实际工程中，除了大孔隙介质中的渗流为紊流之外，绝大多数渗流均属于层流范围，达西定律都适用。

关于达西定律的适用界限，大多数学者认为以雷诺数（Re）表示更为恰当，但是不同学者所用雷诺数的表达形式不一样，因而得出的临界值也各不相同。多数研究表明，只有雷诺数 Re 在 $1 \sim 10$ 之间时，地下水的运动速度较慢，才符合达西定律。随着雷诺数的增大，渗流速度增大，地下水的运动由层流向紊流转变，所以存在一个临界雷诺数 Re_k，当实际雷诺数 $Re < Re_k$ 时，地下水的运动为层流，符合达西定律；当实际雷诺数 $Re > Re_k$ 时，地下水的运动为紊流，不符合达西定律。雷诺数 Re 可由下式计算：

$$Re = \frac{1}{0.75n + 0.23} \times \frac{vd}{\nu} \tag{9-17}$$

式中，Re 为雷诺数；n 为土壤的孔隙率；d 为土的有效粒径，通常用 d_{10} 来代表有效粒径，m；v 为渗流速度，m/s；ν 为水的运动黏滞系数，m^2/s。

层流运动的 Re_k 一般为 $7 \sim 9$。

【例 9-1】 用测定达西定律的试验装置（图 9-3）测定土壤的渗透系数，已知圆筒直径为 30cm，水头差为 80cm，6h 渗透量为 85L，两测压管距离为 40cm，试求土壤的渗透系数。

【解】 先计算渗流流量：

$$Q = \frac{V}{t} = \frac{85 \times 10^{-3}}{6 \times 3600} = 3.94 \times 10^{-6}(m^3/s)$$

根据达西定律 $Q = KAJ$，所以：

$$K = \frac{Q}{AJ} = \frac{4Q}{\pi d^2} \times \frac{L}{\Delta H} = \frac{4 \times 3.94 \times 10^{-6} \times 0.4}{3.14 \times 0.3^2 \times 0.8} = 2.79 \times 10^{-5}(m/s)$$

9.1.2.2　非达西流动

超出达西定律范围的流动称为非达西流，即雷诺数大于 10。对于非层流渗流，通常用以下两个公式来表达其流动规律。

① 哲才公式：

$$v = K\sqrt{J} \tag{9-18}$$

该式适合用完全紊流渗流。

② 斯姆莱盖尔公式：

$$v = K\sqrt[m]{J} \tag{9-19}$$

上式中当 $m=1$ 时，为层流渗流；当 $m=2$ 时，则为完全紊流渗流；当 $1<m<2$ 时，为层流到紊流的过渡区。

天然条件下地下水的渗流速度通常很缓慢，绝大部分为层流运动，一般可用线性定律描述其运动规律。

9.1.2.3 渗透系数、渗透率和导水系数

（1）渗透系数。渗透系数（permeability coefficient）也称水力传导系数（hydraulic conductivity coefficient），是一个重要的水文地质参数，是表征岩石渗透特性的一个综合指标，常用单位是 cm/s 或 m/d。渗透系数越大，岩石的透水能力越强；反之，渗透系数越小，岩石的透水能力越弱。渗透系数的大小取决于很多因素，如颗粒排列、粒度成分、渗流液体的重度（也被称为容重或单位体积重量，是指单位体积流体的重量。它反映了流体所受重力作用的大小）和黏滞性等，但主要因素是土的颗粒形状、大小、不均匀系数及水温，要精确地确定其数值是比较困难的，一般确定渗透系数常用以下几种方法。

① 经验法。当进行初步估算时，由于没有可靠的实际资料，可参照有关规范和已有工程的资料来选定 K 值。这种方法只适用于粗略估算。各种土的渗透系数参考值见表 9-1。

表 9-1 各种土的渗透系数参考值

土名	渗透系数 K		土名	渗透系数 K	
	m/d	cm/s		m/d	cm/s
黏土	<0.005	$<6\times10^{-6}$	细砂	$1\sim5$	$1\times10^{-3}\sim6\times10^{-3}$
亚黏土	$0.005\sim0.1$	$6\times10^{-6}\sim1\times10^{-4}$	中砂	$5\sim20$	$2\times10^{-3}\sim6\times10^{-3}$
亚砂土	$0.1\sim0.5$	$1\times10^{-4}\sim6\times10^{-4}$	粗砂	$20\sim50$	$2\times10^{-3}\sim6\times10^{-2}$
黄土	$0.25\sim0.5$	$3\times10^{-4}\sim6\times10^{-4}$	砾石	$50\sim100$	$6\times10^{-2}\sim1\times10^{-1}$
粉砂	$0.5\sim1.0$	$6\times10^{-4}\sim1\times10^{-3}$	卵石	$100\sim500$	$1\times10^{-1}\sim6\times10^{-1}$

② 室内测定法。为了能较真实地反映土的透水性质，可将天然土取若干土样，在实验室测定其渗透系数，达西试验装置就是常用的一种。将有关数据代入达西公式，便可求出渗透系数：

$$K = \frac{QL}{A\Delta H} \tag{9-20}$$

由于天然土样并非完全均质的土壤，所以该法也不可能完全反映真实情况，但该法是从实际出发，且设备简单，费用少。

③ 野外测定法。野外测定法即在所研究的渗流区域内进行现场实测。该法可获得较为符合实际的大面积的平均渗透系数，在研究大型工程渗流的问题时，多用此法。

（2）渗透率。前面所述影响渗透系数的因素包括土的性质和液体的性质，从这两层来分析，达西定律可表示为如下形式：

$$v = KJ = -\frac{k\rho g}{\mu} \times \frac{\mathrm{d}H}{\mathrm{d}s} \tag{9-21}$$

即：
$$K = \frac{k\rho g}{\mu} \tag{9-22}$$

式中，ρ 为液体的密度；g 为重力加速度；μ 为动力黏滞系数；k 为表征土壤渗透能力的常数，称为渗透率，仅与土的结构特性有关。

渗透率（permeability）k 的量纲为 $[\mathrm{L}^2]$：

$$k = \frac{K\mu}{\rho g} = \frac{K\nu}{g} = \frac{[\mathrm{LT}^{-1}][\mathrm{L}^2\mathrm{T}^{-1}]}{[\mathrm{LT}^{-2}]} = [\mathrm{L}^2]$$

渗透率的常用单位是 cm^2 或 darcy（$1\,\mathrm{darcy} = 9.87 \times 10^{-9}\,\mathrm{cm}^2$）。

（3）导水系数。渗透系数 K 虽然能说明土壤的透水性，但它不能单独说明含水层的出水能力。为此，我们引出导水系数（transmissivity coefficient）的概念。

对于二维均质含水层，其厚度为 M，定义导水系数 T 为：

$$T = KM \tag{9-23}$$

导水系数反映整个含水层的输水能力，表示水头下降 1m 时整个含水层的单位宽度的流量值。量纲是 $[\mathrm{L}^2\mathrm{T}^{-1}]$，常用单位为 m^2/d。

9.2 地下水流向井的稳定流理论

在供水和排水工程中，为了开采和疏干地下水，需要应用井、钻孔、排水沟渠等构筑物来揭露地下水，这些构筑物称为取水构筑物。井是最常用的取水构筑物。井在含水层中抽水时，井周围的地下水水头就开始下降，形成水头降落漏斗。在抽水过程中，地下水也有稳定运动和不稳定运动。在工作初期，降落漏斗迅速扩大，井中的水位和附近的地下水头也随时间有明显的变化，这时地下水处于不稳定状态，称为不稳定井流（unsteady well flow）。经过一定长时间以后，漏斗扩展速度减小，最后趋于零，形成一种稳定的工作状态，地下水头也相应地在某一高度上稳定下来，此时称为稳定井流（steady well flow）。最后，当井停止工作时，地下水头将逐渐上升直至恢复到原位，这时，井流又由稳定流转变为不稳定流。本部分和 9.2.2 部分就地下水流向井的稳定流理论和非稳定流理论做相关介绍。

9.2.1 取水构筑物的类型

由于地下水类型、埋藏深度、含水层性质、开采和集取地下水的方式以及取水构筑物形式等各不相同，取水构筑物也有不同的分类方法。

按照取水方式的不同，取水构筑物分为水平取水构筑物和垂直取水构筑物两类。水平取水构筑物的设置方向与地表大体相平行，主要有排水沟、集水管、排水廊道等，见图 9-5（A），广泛应用于降低地下水位，防止城市和工程建设受地下水浸没等方面，有时也用于供水。垂直取水构筑物的设置方向与地表相垂直，通常指钻孔、水井等，见图 9-5（B），主要用于供水或排泄地下水。

按揭露含水层的程度和进水条件不同，取水构筑物分为完整取水构筑物和不完整取水构筑物。完整取水构筑物是指揭穿整个含水层，并在整个含水层厚度上都有进水，见图 9-5（B）中的 1 和 2。不完整取水构筑物是指未揭穿整个含水层，或者虽然揭穿了整个含水层，但仅在部分厚度上有进水，见图 9-5(B) 中的 3 和 4。在实践中，当含水层较薄或埋藏较浅时，常使用完整取水构筑物；在厚度及埋深较大的含水层中，常使用不完整取水构筑物。

按揭穿地下水的类型不同，取水构筑物分为潜水取水构筑物和承压水取水构筑物。前者是指揭露潜水含水层，后者是指揭露承压水含水层，见图 9-5(B)。

井中的管井和筒井是最常见的取水构筑物，如图 9-5(B) 中的 1 和 3 所示为管井，2 和 4 所示为筒井。管井和筒井是按照井径大小和开凿方法的不同而分的。管井直径一般在 50～1000mm，深井可达 1000mm 以上，常见的管井直径大多小于 500mm。管井用于开采深层地下水，深度一般在 200m 以内，通常用凿井机械开凿。筒井广泛用于集取浅层地下水，直径大于 0.5m 甚至数米，一般为 5～8m，最大不超过 10m，井深一般在 15m 以内。筒井多用于开采埋深小于 12m、含水层厚度在 5～20m 之内的地下水。施工方法常用大开槽法和沉井法。

不论是管井还是筒井，都有完整式和不完整式两种，如图 9-5(B) 所示。

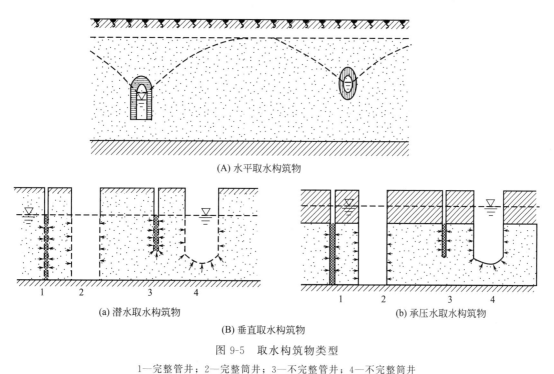

(A) 水平取水构筑物

(a) 潜水取水构筑物　　　　　　　　　　　(b) 承压水取水构筑物

(B) 垂直取水构筑物

图 9-5　取水构筑物类型

1—完整管井；2—完整筒井；3—不完整管井；4—不完整筒井

9.2.2　地下水流向承压水完整井的稳定流

9.2.2.1　稳定流基本方程式

设地下水和固体骨架都是不可压缩的（储水率 μ_s 为零，液体的密度 ρ 为零），即不可压缩的液体在刚性介质中运动，渗流的连续性方程为：

$$\frac{\partial v_x}{\partial x} + \frac{\partial v_y}{\partial y} + \frac{\partial v_z}{\partial z} = 0 \tag{9-24}$$

把达西定律的微分形式 $\left(v_x = -K\dfrac{\partial H}{\partial x}; v_y = -K\dfrac{\partial H}{\partial y}; v_z = -K\dfrac{\partial H}{\partial z}\right)$ 代入式（9-24）中，

可得：

$$\frac{\partial}{\partial x}\left(K_x\frac{\partial H}{\partial x}\right) + \frac{\partial}{\partial y}\left(K_y\frac{\partial H}{\partial y}\right) + \frac{\partial}{\partial z}\left(K_z\frac{\partial H}{\partial z}\right) = 0 \tag{9-25}$$

上式即为稳定渗流基本方程式。

当地下水的渗流发生在均质、各向同性介质中时，即 K 不变，由式（9-25）得：

$$\frac{\partial}{\partial x}\left(K\frac{\partial H}{\partial x}\right) + \frac{\partial}{\partial y}\left(K\frac{\partial H}{\partial y}\right) + \frac{\partial}{\partial z}\left(K\frac{\partial H}{\partial z}\right) = 0$$

即：

$$\frac{\partial^2 H}{\partial x^2} + \frac{\partial^2 H}{\partial y^2} + \frac{\partial^2 H}{\partial z^2} = 0 \tag{9-26}$$

上式通常称为拉普拉斯（Laplace）方程。

式（9-26）的右端为零，也就是说同一时间内流入单元体的水量和流出的水量相等。这个结论虽然是在承压含水层中得出的，但同样适用于潜水含水层。

9.2.2.2 承压水完整井稳定流

裘布依（Dupuit）早在1863年就提出完整井流的计算公式。现在这些公式仍有理论意义和广泛的使用价值。

（1）裘布依假设

① 含水层为均质、各向同性，产状水平、厚度不变，分布面积很大，可视为无限延伸。

② 含水层底板、顶板为隔水层。

③ 抽水前承压水水头的分布在水平方向上是均匀、稳定的。

④ 含水层中水的运动服从达西定律，并在水头下降的瞬间将水释放出来，可忽略弱透水层的弹性释水。

⑤ 抽水井是完整井，抽水过程中流量连续、稳定。

⑥ 在距井轴一定距离 R 处的圆周上，保持常水头，降深值等于零，即四周有定水头补给。

⑦ 忽略水流的垂直分速度，认为水流为平面径向流，流线为指向井轴的径向直线，等水头面是以井为共轴的圆柱面，并和过水断面一致，通过各过水断面的流量相等并等于井的流量。

在这些假设下，抽水井的降落漏斗是一个规则的旋转曲面，旋转轴为井轴，降落漏斗是关于井轴对称的。

（2）裘布依公式的推导。在隔水底板水平的承压含水层中，现取径向方向为 r 轴，向外为正，取井轴为 H 轴，向上为正，见图9-6。

根据上述假设，可建立承压水完整井的稳定流方程。当地下水为稳定流时，满足式（9-26），把其改写成柱坐标方程为：

$$\frac{1}{r} \times \frac{\partial}{\partial r}\left(r\frac{\partial H}{\partial r}\right) + \frac{1}{r^2} \times \frac{\partial^2 H}{\partial \theta^2} + \frac{\partial^2 H}{\partial z^2} = 0 \tag{9-27}$$

因为水流是水平的，故 $\dfrac{\partial^2 H}{\partial z^2} = 0$；同时，该函数对井轴是对称的，所以 $\dfrac{\partial H}{\partial \theta} = 0$。则上式

可变为：

$$\frac{\mathrm{d}}{\mathrm{d}r}\left(r\,\frac{\mathrm{d}H}{\mathrm{d}r}\right)=0 \tag{9-28}$$

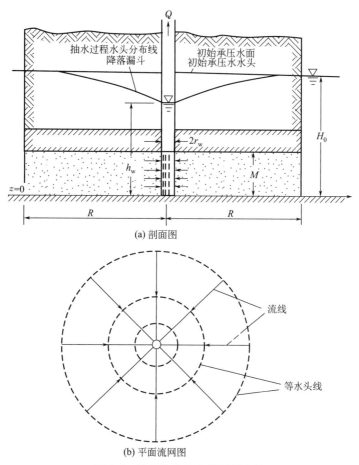

图 9-6　位于岛屿中心的承压水井

此时，边界条件有：

$$\begin{cases} H=H_0,\text{此时 } r=R \\ H=h_{\mathrm w},\text{此时 } r=r_{\mathrm w} \end{cases} \tag{9-29}$$

式中，H_0 为抽水前初始水位（承压水含水层水头），m；$h_{\mathrm w}$ 为抽水井内稳定水位，m；R 为井径距补给边界距离，又称影响半径，m；$r_{\mathrm w}$ 为井的半径，m。

对式（9-28）积分得：

$$r\,\frac{\mathrm{d}H}{\mathrm{d}r}=C_1 \tag{9-30}$$

式中，C_1 为积分常数。

因为水流服从达西定律，且不同过水断面的流量相等，并等于井的流量，则有：

$$Q_{\mathrm r}=KAJ=2\pi KMr\,\frac{\mathrm{d}H}{\mathrm{d}r}=Q$$

$$A=2\pi rM$$

式中，A 为过水断面面积，m^2。

由上式可求出积分常数 $C_1 = \dfrac{Q}{2\pi KM}$，即有 $r\dfrac{\mathrm{d}H}{\mathrm{d}r} = \dfrac{Q}{2\pi KM}$，对 $r\dfrac{\mathrm{d}H}{\mathrm{d}r} = \dfrac{Q}{2\pi KM}$ 再进行积分得：

$$H = \frac{Q}{2\pi KM}\ln r + C_2 \tag{9-31}$$

式中，C_2 也为积分常数。

把边界条件式（9-29）代入式（9-31），消去 C_2 得承压水完整井流量公式：

$$Q = \frac{2\pi KM(H_0 - h_w)}{\ln\dfrac{R}{r_w}} \tag{9-32}$$

或

$$H_0 - h_w = s_w = \frac{Q}{2\pi KM}\ln\frac{R}{r_w} \tag{9-33}$$

式中，Q 为井的抽水量，m^3/d；s_w 为井中水位降深，即井中初始水位到稳定水位的距离，m；M 为含水层厚度，m；K 为渗透系数，m/d。其他符号意义同上。

这就是承压水完整井流公式，也称为裘布依（Dupuit）公式。若把上式中的自然对数改为常用对数，式（9-33）变为：

$$Q = 2.73\frac{KMs_w}{\lg\dfrac{R}{r_w}} \tag{9-34}$$

裘布依公式是在一系列假设条件下得出的。按照上述假设，当一口井布置在均质、各向同性的圆形岛屿中心时才能得到满足，这种条件在实际工程中是很少的。为了应用上述公式，计算时可以分两种情况考虑。一种情况是当含水层侧向的补给不是圆形时，但经过一段时间抽水后，水头稳定了。也可将地下水的运动看成是稳定流。此时，可以把非圆的含水层概化成一个圆形，用一个引用影响半径 R_0 代替公式中的 R，则有：

$$Q = 2.73\frac{KMs_w}{\lg\dfrac{R_0}{r_w}} \tag{9-35}$$

另一种情况是，抽水井离补给边界很远，但在抽水井附近有一个或两个观测孔。

若距离抽水井中心 r 处有一个观测孔，其对应水位为 H，再把井径 r_w 及对应井中水深 h_w 代入式（9-31），可得：

$$H = \frac{Q}{2\pi KM}\ln r + C_2$$

$$h_w = \frac{Q}{2\pi KM}\ln r_w + C_2$$

两式相减得：

$$H - h_w = s_w - s = \frac{Q}{2\pi KM}\ln\frac{r}{r_w} \tag{9-36}$$

若距离抽水井中心为 r_1 和 r_2 处有两个观测孔，其对应水位分别为 H_1 和 H_2，相应的

水位降深分别是 s_1 和 s_2，同样可得出：

$$H_1 = \frac{Q}{2\pi KM}\ln r_1 + C_2$$

$$H_2 = \frac{Q}{2\pi KM}\ln r_2 + C_2$$

两式相减得：

$$H_2 - H_1 = s_1 - s_2 = \frac{Q}{2\pi KM}\ln\frac{r_2}{r_1} \tag{9-37}$$

上述两式也称为齐姆（Thiem）公式。它与非稳定井流长时间抽水时的近似公式完全一致。这表明，在无限承压含水层中的抽水井附近，确实存在似稳定流区。

【例 9-2】　一承压含水层隔水底板水平，均质，各向同性，延伸范围很广，初始的含水层厚度为 100m，渗透系数为 5m/d，有一半径为 1m 的完整井 A，井中水位 120m，在离该井 100m 的地点有一水位为 125m 的观测井 B，求井 A 的稳定日出水量。

【解】　由式（9-36）可直接求井 A 的出水量，代入数据：

$$125 - 120 = \frac{Q}{2\pi \times 5 \times 100}\ln\frac{100}{1}$$

得 $Q = 3409.2(\text{m}^3/\text{d})$，即井 A 的稳定日出水量为 3409.2m³。

【例 9-3】　已知承压含水层厚度为 6m，在其上打一直径为 $d = 200\text{mm}$ 的承压完整井，在距井轴 15m 处钻一观测孔。当抽水至井内恒定水位时，井中水位降深 $s_\text{w} = 3\text{m}$，观测孔中水位降深 $s = 1\text{m}$，试求该井的影响半径 R。

【解】　由式（9-36）得：

$$3 - 1 = \frac{Q}{2\pi KM}\ln\frac{r}{r_\text{w}}$$

由式（9-33）得：

$$3 = \frac{Q}{2\pi KM}\ln\frac{R}{r_\text{w}}$$

两式相比得出：

$$\frac{2}{3} = \frac{\ln\dfrac{r}{r_\text{w}}}{\ln\dfrac{R}{r_\text{w}}} = \frac{\ln r - \ln r_\text{w}}{\ln R - \ln r_\text{w}} = \frac{\ln 15 - \ln 0.1}{\ln R - \ln 0.1}$$

$$\ln R = 5.1974$$
$$R = 181(\text{m})$$

即井的影响半径 $R = 181\text{m}$。

【例 9-4】　在厚度为 27.50m 的承压含水层中有一口抽水井和两个观测孔。已知渗透系数为 34m/d，抽水时，距抽水井 50m 处观测孔的水位降深为 0.30m，110m 处观测孔的水位降深为 0.16m，试求抽水井的流量。

【解】　由式（9-37）可直接求出。代入数据有：

$$0.30 - 0.16 = \frac{Q}{2\pi \times 34 \times 27.50}\ln\frac{110}{50}$$

所以 $Q=1042.6(\mathrm{m}^3/\mathrm{d})$，即抽水井的流量为 $1042.6\mathrm{m}^3/\mathrm{d}$。

9.2.3　地下水流向潜水完整井的稳定流

图 9-7 所示为无限分布的潜水含水层中的完整井，该含水层均质、各向同性，经长时间定流量抽水后，在井附近形成一个相对稳定的降落漏斗，最上部称为浸润曲面。在抽水井附近，流线弯曲度较大，等水头面不是圆柱面，水流为空间径向流；远离抽水井时，流线弯曲度较小，等水头面近似为一个圆柱面。在这种情况下渗透速度不仅有水平分量，而且还有垂直分量，所以给计算带来很大困难。由于在远离抽水井地段时（大约 $r>1.5H$），等水头面为近似圆柱面，渗流的垂直速度很小，这样，我们可以用上面的裘布依假设，忽略垂直分速度，把原来的三维流转化为二维流，把空间流转化为平面流来研究。

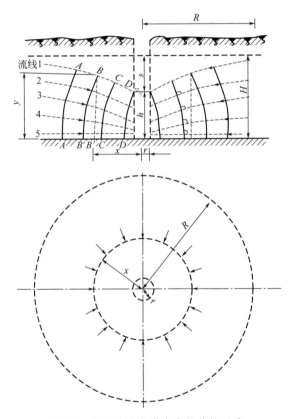

图 9-7　地下水流向潜水完整井的运动

R—井的影响半径；r—井至某点的水平距离；H—地下水初始埋深（未抽水时）；
h—抽水时某点的水位埋深；s—该点的降深，$s=H-h$；x,y—图中局部剖面中用于描述水平位置的坐标变量

在隔水底板水平的潜水含水层中，以隔水底板作为基准面，设潜水含水层厚度为 h，此时 $h=H$。在远离抽水井地段，稳定潜水流服从布森内斯克（Boussinesq）方程，即：

$$\frac{\partial}{\partial x}\left(h\,\frac{\partial H}{\partial x}\right)+\frac{\partial}{\partial y}\left(h\,\frac{\partial H}{\partial y}\right)=0 \tag{9-38}$$

当 $h=H$ 时，上式变为：

$$\frac{\partial}{\partial x}\left(h\,\frac{\partial h}{\partial x}\right)+\frac{\partial}{\partial y}\left(h\,\frac{\partial h}{\partial y}\right)=0 \qquad (9\text{-}39)$$

同样写出柱坐标的简化形式如下：

$$\frac{1}{r}\times\frac{\mathrm{d}}{\mathrm{d}r}\left(r\,\frac{\mathrm{d}h^2}{\mathrm{d}r}\right)=0$$

上式两端同时乘以 r，变为：

$$\frac{\mathrm{d}}{\mathrm{d}r}\left(r\,\frac{\mathrm{d}h^2}{\mathrm{d}r}\right)=0 \qquad (9\text{-}40)$$

对式（9-40）进行积分得：

$$r\,\frac{\mathrm{d}(h^2)}{\mathrm{d}r}=C_1 \qquad (9\text{-}41)$$

因水流服从达西定律，且不同过水断面的流量相等，并等于井的流量，即：

$$Q=Q_r=KAJ=2\pi Khr\,\frac{\mathrm{d}h}{\mathrm{d}r}=\pi rK\,\frac{\mathrm{d}(h^2)}{\mathrm{d}r}$$

由该式得出积分常数 $C_1=\dfrac{Q}{\pi K}$，即 $r\,\dfrac{\mathrm{d}(h^2)}{\mathrm{d}r}=\dfrac{Q}{\pi K}$，对 $r\,\dfrac{\mathrm{d}(h^2)}{\mathrm{d}r}=\dfrac{Q}{\pi K}$ 再积分，得出：

$$h^2=\frac{Q}{\pi K}\ln r+C_2 \qquad (9\text{-}42)$$

并把边界条件 $\begin{cases}h=H_0,\ \text{此时}\ r=R\\ h=h_w,\ \text{此时}\ r=r_w\end{cases}$ 代入，消去积分常数 C_2，可得：

$$H_0^2-h_w^2=\frac{Q}{\pi K}\ln\frac{R}{r_w} \qquad (9\text{-}43)$$

或

$$(2H_0-s_w)s_w=\frac{Q}{\pi K}\ln\frac{R}{r_w} \qquad (9\text{-}44)$$

把式（9-44）写成常用对数，变为：

$$Q=\frac{1.366K(2H_0-s_w)s_w}{\lg\dfrac{R}{r_w}} \qquad (9\text{-}45)$$

式中，各符号的意义与承压水井的相同。

上述两式称为潜水井的裘布依公式。

【例 9-5】 一潜水含水层隔水底板水平，均质，各向同性，延伸范围很广，初始的含水层厚度为 10m，渗透系数为 10m/d，有一半径为 1m 的完整井 A，井中水位 6m，在离该井 100m 的地点有一水位为 8m 的观测井 B，试计算井 A 的影响半径。

【解】 由公式 $h^2-h_w^2=\dfrac{Q}{\pi K}\ln\dfrac{r}{r_w}$ 先求井 A 的出水量，代入数据得：

$$8^2-6^2=\frac{Q}{\pi K}\ln\frac{100}{1}$$

即：

$$Q=\frac{28\pi K}{\ln 100}(\mathrm{m}^3/\mathrm{d})$$

接下来根据式（9-43）求影响半径 R，代入数据得：

$$10^2-6^2=\frac{28\pi K}{\ln 100}\times\frac{1}{\pi K}\ln\frac{R}{1}$$

求得：
$$R = 37272.09(\mathrm{m}) \approx 37.3\mathrm{km}$$

所以井 A 的影响半径为 37.3km。

9.2.4 完整抽水井稳定流公式的讨论

9.2.4.1 井径与流量的关系

按裘布依公式，井径对流量的影响不太大，因为井径 r_w 以对数形式出现在公式中。例如，井径增大 1 倍，流量只增大 10% 左右；井径增大 10 倍，流量仅增大 40% 左右。然而实际证明，在一定的范围内，井径对流量有较大的影响。例如有关单位曾在北京进行过井径与流量关系的对比试验，试验采用的井径为 100mm、150mm、200mm 三种，从所得的 Q-s_w 曲线中可以看出，当降深 s_w 为 1m 和 2m 时，井径由 100mm 增加到 150mm 时，流量分别由 17L/s 和 23L/s 增加到 33L/s 和 47L/s，增加量约 1 倍，远比裘布依公式计算的数据大得多。

许多单位根据大量实际工作和试验研究，得出如下认识：①当降深相同时，井径增加同样的幅度，强透水层中的井流量增加的比弱透水层中的井流量多；②井流量随井径增加的幅度，强透水层比弱透水层的大，流量随井径增加的比例，大降深比小降深增加得快；③流量的增长率随井径的增加而逐渐减弱，小井径时，由井径增大所引起的流量增加率很大，中等井径时流量的增加率减小，当井径继续增大时，流量的增加率就越发地不太明显了。出现这种现象，解释不一，有些学者认为这是由于井附近水流流态变化的影响。也有人认为，一口井的出水能力应考虑含水层的出水能力和井管的过水能力两方面因素的制约。如果仅考虑含水层的出水能力，裘布依公式中井径和流量的关系是正确的。当含水层的透水性较好或水位降深较大时，含水层能提供较大的流量，但由于井管的过水能力所限，井径增加时，流量明显增加。这对小口径井特别明显。但当井径已经足够大或含水层的透水性质较差时，井管的过水能力对流量的影响已退居次要地位，此时，井径和流量的关系比较符合裘布依公式。

9.2.4.2 降深与流量的关系

（1）降深与流量关系的理论曲线。降深与流量的关系常用 Q-s_w 曲线表示。

① 对承压水完整井有：
$$Q = 2.73 \frac{KMs_w}{\lg \dfrac{R}{r_w}}$$

令
$$2.73 \frac{KM}{\lg \dfrac{R}{r_w}} = q$$

则
$$Q = qs_w \tag{9-46}$$

其中，q 为待定系数。式(9-46) 所示为线性方程，是一条通过圆点的直线，见图 9-8。

② 对潜水完整井有：
$$Q = \frac{1.366K(2H_0 - s_w)s_w}{\lg \dfrac{R}{r_w}} = 1.366 \frac{2KH_0}{\lg \dfrac{R}{r_w}} s_w - \frac{1.366K}{\lg \dfrac{R}{r_w}} s_w^2$$

令
$$1.366\frac{2KH_0}{\lg\dfrac{R}{r_\text{w}}}=b,\quad\frac{1.366K}{\lg\dfrac{R}{r_\text{w}}}=c$$

则
$$Q=-cs_\text{w}^2+bs_\text{w}\qquad\qquad(9\text{-}47)$$

式(9-47) 所示方程为一条通过原点且开口向下的抛物线，见图9-9。

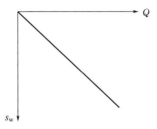
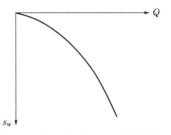

图 9-8　承压水井的 Q-s_w 关系曲线　　　图 9-9　潜水井的 Q-s_w 关系曲线

图 9-8 和图 9-9 是根据裴布依公式绘制的承压水井和潜水井的 Q-s_w 理论关系曲线。从图上可以看出，井的流量 Q 随井深 s_w 的增大而增大，两者成正比关系。也就是说，按裴布依公式计算的降深 s_w，表示地下水流克服含水层的摩擦阻力所消耗的水头，或水流以流量 Q 经含水层流到滤水管外壁的水头损失。但在实际抽水过程中，很多情况并不符合上述规律，两者也非线性关系。这是因为实际抽水所测得的降深，不仅是克服含水层的摩擦阻力而消耗的水头损失，还是多种原因造成的水头损失的叠加。常见的 Q-s_w 曲线类型及经验公式见二维码。

这些水头损失主要包括以下几部分。

① 地下水在含水层中向井流动所产生的水头损失，按裴布依公式计算的降深就是指这一部分水头损失。这部分水头损失常称为含水层水头损失。

② 打井施工时泥浆等堵塞井周围的含水层，增加了水流阻力所造成的水头损失。

降深与流量关系
的经验公式

③ 水流通过过滤器孔眼时所产生的水头损失。

④ 水流在滤水管内流动所产生的水头损失。

⑤ 水流在井管内向上流至水泵吸水口所产生的水头损失。

陈雨荪先生在 20 世纪 70 年代就井附近的水头损失问题做过详细研究，得出井的降深随滤水管在井中位置的变化而变化，井的实际井深包括两部分：一部分是含水层水头损失，即由裴布依公式表示的降深；另一部分水头损失称为井损，与 Q^2 成正比，由于井损的存在，井内水位不一致。关于井损的计算，将在下面介绍。

(2) 井损。前面谈到，实际测得的抽水井中的降深是含水层水头损失和井损两部分的叠加。上面公式中计算的降深，仅仅是由含水层水头损失造成的，下面介绍有关井损的计算。

C. E. Jacob 认为，井损值和抽水井流量 Q 的二次方成正比，用 Δs 表示井损，则有 $\Delta s=CQ^2$，C 称为井损常数。因此，总降深 $s_\text{t,w}$ 可表示为：

$$s_\text{t,w}=s_\text{w}+\Delta s=BQ+CQ^2\qquad\qquad(9\text{-}48)$$

式中，B 为系数，稳定流时按裴布依公式有：

$$B = \frac{R/r_w}{2\pi T} \tag{9-49}$$

M. I. Rorabangh 认为，在井附近和井内可能出现紊流，井损值和 Q^n 成正比，n 可能不等于 2。于是式(9-49) 可表示为更一般的形式：

$$s_{t,w} = BQ + CQ^n \tag{9-50}$$

稳定流时，井内的总降深和井损值随抽水井流量变化的曲线见图 9-10。

迄今为止，我们都假定井半径 r_w 的大小对抽水井的降深影响不大，这主要是指 B 值，对 C 值是有相当影响的。因为水在井内的流速与井管截面积大小有关，而截面又与井半径的平方成正比，所以井半径对井损有较大的影响。

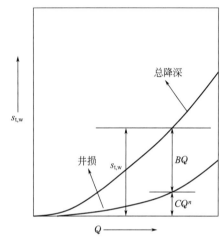

图 9-10　当 B 为常数时总降深和井损随流量的变化关系

从图 9-10 中可以看出，当流量较小时，井损很小，实际上可以忽略。但当流量变大时，井损在总降深中就占有相当大的比例。

井损值一般可由抽水试验资料确定。

对于多次降深的稳定流抽水试验，若有三次以上的降深和观测孔资料，且 $n=2$ 时，将式(9-48) 改写为：

$$\frac{s_{t,w}}{Q} = B + CQ \tag{9-51}$$

由上式可以看出，如以 $\frac{s_{t,w}}{Q}$ 为纵坐标，以 Q 为横坐标，将三次以上稳定降深的抽水资料点绘在方格纸上，可绘出最佳的拟合直线。直线的斜率为 C，直线在纵坐标上的截距为 B。于是可求得井损：

$$\Delta s = CQ^2 \tag{9-52}$$

如果认为 $n \neq 2$，式(9-50) 可变形为：

$$\frac{s_{t,w}}{Q} = B + CQ^{n-1} \tag{9-53}$$

式(9-53) 中含有三个待定常数 B、C 和 n，通常用试算法确定，再由式(9-52) 求出井损值。

如果抽水试验资料为阶梯降深抽水试验，则需用叠加法求井损。

【例 9-6】　在某承压含水层中做不同降深的稳定流抽水试验，观测资料见表 9-2。已知含水层厚度为 38m，影响半径为 1000m，当抽水井以流量 $5028\text{m}^3/\text{d}$ 抽水时，距抽水井 100m 处观测孔的稳定水位降深为 0.30m。试确定井损值。

表 9-2　稳定流抽水观测资料

水位降深次数	$Q/(\text{m}^3/\text{d})$	$s_{t,w}/\text{m}$	$\dfrac{s_{t,w}}{Q}/(\text{d}/\text{m}^2)$
1	1684	0.48	2.85×10^{-4}
2	2860	1.08	3.78×10^{-4}
3	3790	1.83	4.82×10^{-4}
4	5028	2.90	5.77×10^{-4}

【解】 首先依据表9-2中资料在直角坐标系中绘制$\frac{s_{t,w}}{Q}$-Q曲线，并通过大多数点将其拟合成一条直线，见图9-11。

接下来求直线的斜率C和截距B：

$$C = \Delta \frac{\left(\dfrac{s_{t,w}}{Q}\right)}{\Delta Q} = \frac{1.60 \times 10^{-4}}{2 \times 10^3} = 8 \times 10^{-8}$$

$$B = 1.70 \times 10^{-4}$$

计算最大流量抽水时的井损值：

$$CQ^2 = 8 \times 10^{-8} \times (5028)^2 = 2.02\,(\text{m})$$

即该抽水井的井损为2.02m。

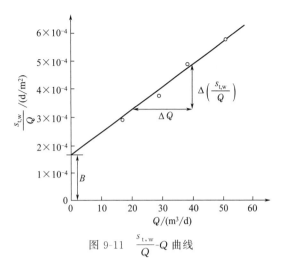

图 9-11 $\frac{s_{t,w}}{Q}$-Q 曲线

9.2.4.3 水跃（渗出面）及其对裴布依公式计算结果的影响

在裴布依公式的推导过程中，我们认为潜水面是一个水平面。但在实际的渗流过程中，潜水面通常不是水平的，潜水面上不同位置处存在水位差，在潜水的出口处一般都存在渗出面，也称水跃。当潜水流入井中时，也存在水跃，即井壁的水位h_s高于井内的水位h_w，井内外的水位差称为水跃值（Δh），见图9-12。

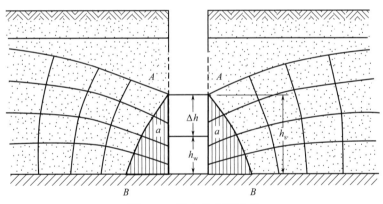

图 9-12 潜水井水跃示意

渗出面的存在有两个作用：①井附近的流线是曲线，等水头面是曲面，只有当井壁和井中存在水头差时，图9-12中阴影部分的水才能进入井内；②渗出面的存在，保持了适当高度的过水断面，以保证把流量Q输入井内。如果不存在渗出面，则当井中水位降到隔水底板时，井壁处的过水断面将等于零，就无法通过水了。早期某些国外学者认为潜水井的水位只能降到含水层的一半，并认为此时井的流量最大，这种看法没有考虑渗出面的存在，是片面的。

既然裴布依公式没有考虑渗出面的存在，计算公式中用的是井内水位h_w。那么，计算结果是否正确？要不要用井壁水位h_s代替井内水位h_w？下面分别从浸润曲线的计算和流量两方面来分析。

因渗出面的存在，按裴布依公式计算出的浸润曲线（以下简称裴布依曲线）在井附近低于实际的浸润曲线。杨式德（1949）曾对一潜水井的例子用张弛法求得精确解，表明当 $r > \frac{9}{10}H_0$ 时，裘布依曲线与精确解算得的曲线完全一致。当 $r < \frac{9}{10}H_0$ 时，二者开始偏离，到井壁处，实际的浸润曲线高悬于井内动水位之上。一般来说，当 $r \leqslant H_0$ 时，用裘布依公式计算潜水井的浸润曲线是不准确的。

但是用裘布依公式计算的流量却是精确的。为此，曾做过严格的数学证明。因此，用裘布依公式计算流量时，用井内水位 h_w 是正确的。如果用井壁水位 h_s 代替井内水位 h_w，反而不正确了。

完整井抽水时水跃值的大小可用下式计算：

$$\Delta h = \sqrt{\overline{Q} + 0.73 \lg(\frac{\sqrt{\overline{Q}}}{r_w} - 0.51) + h_w^2} - h_w^2 \tag{9-54}$$

式中，Δh 为水跃值或渗出面高度，m；h_w 为井内水位，m；$\overline{Q}$ 为引用流量，$\overline{Q} = Q/K$，m^2；r_w 为井径，m。

有时也应用阿勃拉莫夫经验公式计算：

$$\Delta h = \alpha \sqrt{\frac{Q s_w}{KF}} \tag{9-55}$$

式中，F 为过滤器的表面积，m^2；α 为与过滤器构造有关的经验系数（对于完整井的包网和填砾过滤器，$\alpha = 0.15 \sim 0.25$；条孔和缠丝过滤器，$\alpha = 0.06 \sim 0.08$。对于非完整井，通常可按井的不完整程度由上式求得的数值增加 $28\% \sim 50\%$）。其他符号意义同上。

9.2.4.4　井的最大流量问题

从潜水完整井的裘布依公式可以看出，当 $s_w = H_0$（即 $h_w = 0$）时，井的流量应达到最大值。但是当 $h_w = 0$ 时，即井壁处的过水断面为零，水无法通过，这是自相矛盾的。

出现上述矛盾是因为在推导裘布依公式时忽略了渗流速度的垂直分量（假设为平面流）。当水位降落值不大时，渗流速度的垂直分量很小，忽略不计对实际结果影响不大。随着地下水位降落值的增大，渗流速度的垂直分量也相应增大，此时，如果继续忽略不计，和实际结果会有很大的出入。所以，裘布依公式只有在水位降落值和含水层厚度相比不大的情况下，才有较高的准确性，它不能用来做最大流量的理论分析。

承压水完整井和潜水完整井的情况有所不同，在动水位没有降到含水层顶板以前，水流运动是平面流，不会出现上述矛盾；当动水位继续降到含水层顶板以下，此时，承压水完整井转变为承压-潜水井，也会出现上述矛盾。

9.2.5　干扰井

在规模较大的供水或排水工程中，常有很多井同时工作，组成一个井群系统。如果在一个含水层中有两口或多口井共同工作，它们之间就会相互影响，我们通常把这种影响称为干扰。多井系统又称为干扰井。

井群的相互影响或井群的干扰有两种情况：①在井中水位降深相同的条件下，共同工作时各井的流量小于各井单独工作时的流量；②在各井流量相等的条件下，共同工作时各井的水位降深大于各井单独工作时的水位降深。

产生这种现象的原因，实质上是由于井群互相影响使各井出水能力降低。在多井系统中，各井干扰的程度与井距，布置方式，含水层的岩性、厚度、储量、补给条件以及井的流量等有关。井群干扰计算的目的，主要是确定处于互相影响下的井距、各井流量及井的数量，同时为合理布置井群进行技术经济比较提供依据。

由于井群布置方式很多，而且水文地质情况不一，故井群干扰计算公式很多，下面仅介绍以水位叠加原理为基础的理论公式。

9.2.5.1　叠加原理

对于由线性偏微分方程和线性定解条件组成的定解问题，可以运用叠加原理，它对求干扰井问题和边界附近的井流问题用处很大。因此，有必要先对它进行简单介绍。叠加原理可表述为：如 $H_1, H_2, \cdots, H_n$ 是关于水头 H 的线性偏微分方程的特解，$C_1, C_2, \cdots, C_n$ 为任意常数，则这些特解的线性组合为

$$H = \sum_{i=1}^{n} C_i H_i \tag{9-56}$$

式(9-56)仍是原方程的解。常数 $C_1, C_2, \cdots, C_n$ 要根据 H 所满足的边界条件来确定。如方程是非齐次的，并设 H_0 为该非齐次方程的一个特解，H_1 和 H_2 为相应的齐次方程的两个解，则：

$$H = H_0 + C_1 H_1 + C_2 H_2 \tag{9-57}$$

式(9-57)也是该非齐次方程的解。常数 C_1 和 C_2 要根据 H 所满足的边界条件来确定。

9.2.5.2　干扰井的理论公式

(1) 公式的推导。设在无限水平含水层中有 n 口任意布置的完整抽水井，且相互干扰。各井到计算点 A 的距离分别用 $r_1, r_2, \cdots, r_n$ 表示，各井的干扰出水量为 $Q_1', Q_2', \cdots, Q_n'$。

承压水井各井单独工作时，A 点的水位高度按式(9-31)计算；潜水井各井单独工作时，A 点的水位高度按式(9-42)计算。n 口井同时抽水时，A 点的水位高度按叠加原理计算如下。

承压水井系统

$$H = \sum_{i=1}^{n} H_i = \frac{Q_1'}{2\pi KM}\ln r_1 + \frac{Q_2'}{2\pi KM}\ln r_2 + \cdots + \frac{Q_n'}{2\pi KM}\ln r_n + C \tag{9-58}$$

潜水井系统

$$h^2 = \sum_{i=1}^{n} h_i^2 = \frac{Q_1'}{\pi K}\ln r_1 + \frac{Q_2'}{\pi K}\ln r_2 + \cdots + \frac{Q_n'}{\pi K}\ln r_n + C \tag{9-59}$$

当井群抽水持续较长时间时，会形成一个相对稳定的区域降落漏斗。该区域漏斗通常是不规则的形状，所以各井的影响半径也不等，但如果各井分布比较集中，则区域降落漏斗也接近圆形，各井的影响半径也认为相同，而且等于区域的影响半径 R，即 $R_1 = R_2 = \cdots = R_n$。则在补给边界上的水位高度计算如下。

承压水井系统

$$H_0 = \sum_{i=1}^{n} H_{i0} = \frac{Q_1'}{2\pi KM}\ln R_1 + \frac{Q_2'}{2\pi KM}\ln R_2 + \cdots + \frac{Q_n'}{2\pi KM}\ln R_n + C \tag{9-60}$$

潜水井系统

$$H_0^2 = \sum_{i=1}^{n} H_{0i}^2 = \frac{Q_1'}{\pi K} \ln R_1 + \frac{Q_2^1}{\pi K} \ln R_2 + \cdots + \frac{Q_n'}{\pi K} \ln R_n + C \tag{9-61}$$

分别取式（9-60）和式（9-58）之差及式（9-61）和式（9-59）之差，消去常数 C 可得：

承压水井系统

$$H_0 - H = \frac{1}{2\pi KM} \sum_{i=1}^{n} Q'_i \ln \frac{R}{r_i} \tag{9-62}$$

潜水井系统

$$H_0^2 - h^2 = \frac{1}{\pi K} \sum_{i=1}^{n} Q'_i \ln \frac{R}{r_i} \tag{9-63}$$

如果各干扰井的出水量相等，即 $Q_1' = Q_2' = \cdots = Q_n^i = Q'$，则上面两式可简化，得出降深公式为：

承压水井

$$s = \frac{Q'}{2\pi KM} \ln \frac{R^n}{r_1 r_2 \cdots r_n} \tag{9-64}$$

潜水井

$$s = H_0 - \sqrt{H_0 - \frac{Q'}{\pi K} \ln \frac{R^n}{r_1 r_2 \cdots r_n}} \tag{9-65}$$

流量公式为：

承压水井

$$Q' = \frac{2\pi KM(H_0 - H)}{\ln \frac{R^n}{r_1 r_2 \cdots r_n}} \tag{9-66}$$

潜水井

$$Q' = \frac{\pi K(H_0^2 - h^2)}{\ln \frac{R^n}{r_1 r_2 \cdots r_n}} \tag{9-67}$$

（2）规则布井的干扰井公式

① 相距为 L，流量、降深及影响半径均相同的两口井。若将上述计算点 A 取到 1 号井的井壁，则有 $r_1 = r_w$、$r_2 = L$，将其代入式（9-66）和式（9-67）中有：

承压水井

$$Q_1' = Q_2' = \frac{2\pi KM(H_0 - h_w)}{\ln \frac{R^2}{r_w L}} \tag{9-68}$$

潜水井

$$Q_1' = Q_2' = \frac{\pi K(H_0^2 - h_w^2)}{\ln \frac{R^2}{r_w L}} \tag{9-69}$$

总流量为：

承压水井

$$Q_{\text{总}}' = Q_1' + Q_2' = \frac{2\pi KM(H_0 - h_w)}{\ln \frac{R}{\sqrt{r_w L}}} \tag{9-70}$$

潜水井
$$Q'_总 = Q'_1 + Q'_2 = \frac{\pi K (H_0^2 - h^2)}{\ln \dfrac{\sqrt{R}}{\sqrt{r_w L}}} \tag{9-71}$$

对比式(9-70)与单井流量公式式(9-32)（承压水井）、式(9-71)与单井流量公式式(9-43)（潜水井）可以看出，干扰井群的总流量 Q' 相当于半径为 $\sqrt{r_w L}$ 的单井流量。但因 $\sqrt{r_w L} \gg r_w$，在技术上打两口直径较小的井比打一口直径很大的井容易些。

② 布置在边长为 L 的正方形顶点且流量、降深及影响半径均相同的四口井。同样，若将上述计算点 A 取到 1 号井的井壁，则有 $r_1 = r_w$、$r_2 = r_3 = L$，将其代入式(9-66)和式(9-67)有：

承压水井
$$Q'_1 = Q'_2 = Q'_3 = Q'_4 = \frac{2\pi KM(H_0 - h_w)}{\ln \dfrac{R^4}{r_w L L \sqrt{2} L}} = \frac{2\pi KM(H_0 - h_w)}{\ln \dfrac{R^4}{\sqrt{2} r_w L^3}} \tag{9-72}$$

潜水井
$$Q'_1 = Q'_2 = Q'_3 = Q'_4 = \frac{\pi K(H_0^2 - h_w^2)}{\ln \dfrac{R^4}{\sqrt{2} r_w L^3}} \tag{9-73}$$

③ 按半径为 r 的圆周均匀布置 n 口井。图 9-13 为按半径为 r 的圆周均匀布置 n 口井，若将上述计算点 A 取到 1 号井的井壁，有 $r_1 = r_w, r_2 = r_{2,1}, \cdots, r_n = r_{n,1}$，由几何关系可知： $r_1 r_2 \cdots r_n = r_1 r_{2,1} \cdots r_{n,1} = n r_w r^{n-1}$，代入式(9-66)和式(9-67)中有：

承压水井
$$Q' = \frac{2\pi KM(H_0 - h_w)}{\ln \dfrac{R^n}{n r_w r^{n-1}}} \tag{9-74}$$

潜水井
$$Q' = \frac{\pi K(H_0^2 - h_w^2)}{\ln \dfrac{R^n}{n r_w r^{n-1}}} \tag{9-75}$$

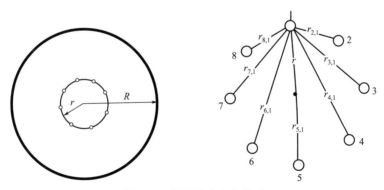

图 9-13　沿圆周分布的井群

当井数无限多，即 $n \to \infty$ 时，各井将连成一个半径为 R_0 的环状水渠，如同一口大井。大井的流量用 Q_Σ 表示，则 Q_Σ 可由下式计算：

$$Q_\Sigma = \lim_{n \to \infty} (nQ')$$

将式(9-56)和式(9-57)代入上式并取极限，得：

承压水井
$$Q_\Sigma = \frac{2\pi KM(H_0 - h_w)}{\ln \dfrac{R}{R_0}}$$
(9-76)

潜水井
$$Q_\Sigma = \frac{\pi K(H_0^2 - h_w^2)}{\ln \dfrac{R}{R_0}}$$
(9-77)

式中，R_0 为引用半径。当沿圆周布井时，它是圆的半径；如按其他形状或不规则布井时可按下式计算：

$$R_0 = \sqrt{\frac{F}{\pi}} = 0.565\sqrt{F}$$
(9-78)

式中，F 为井所围的图形的面积。

④ 补给边界对称分布的无限井排。如图 9-14 所示，设井的间距为 σ，等距分布，井排距两侧补给边界的距离相等。

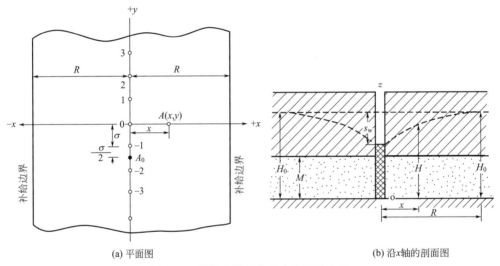

(a) 平面图 (b) 沿 x 轴的剖面图

图 9-14　补给边界对称分布的无限井排

流量按下式计算：

承压水井
$$Q' = 2.73 \frac{KM(H_0 - h_w)}{\lg \dfrac{\sigma}{\pi r_w} + \lg\left(sh \dfrac{\pi R}{\sigma}\right)}$$
(9-79)

潜水井
$$Q' = 1.366 \frac{KM(H_0^2 - h_w^2)}{\lg \dfrac{\sigma}{\pi r_w} + \lg\left(sh \dfrac{\pi R}{\sigma}\right)}$$
(9-80)

9.2.6　非完整井的稳定渗流运动

非完整井是指未揭穿整个含水层，或者虽然揭穿了整个含水层，但仅在部分厚度上有进水的井，或者说是过滤器的长度（进水部分长度）小于整个含水层厚度的井。按过滤器在含水层中的进水部分不同，非完整井可以分为井底进水、井壁进水和井底井壁同时进水三种。

地下水向非完整井运动时，由于流线弯曲度大，阻力加大，水头损失加大，其流量比完整井的流量小。

通过试验发现，当与井轴的距离 r 在 $1.5\sim2\mathrm{m}$ 之间时，愈靠近井轴，弯曲愈厉害，形成三维流区。当 $r\geqslant1.5\sim2\mathrm{m}$ 时，流线基本上近于平行直线，垂直分速度很小，不完整程度的影响可以忽略。因此，研究地下水向非完整井运动规律的重点是井附近的三维流区。

非完整井在实际中经常用到，如当含水层的厚度很大，不需要把水位降到含水层底板时常打成非完整井。非完整井的运动特点与完整井的不同。地下水向非完整井运动，由于井的不完整性影响，流线在井附近的弯曲度较大，此时渗流速度的垂直分量不可忽略。因此，相对于完整井的平面流，非完整井流是轴对称的三维流。

当井刚刚穿过厚度很大的承压含水层顶板时，就可近似地认为该含水层是以顶部隔水层为边界的半无限区域，流向井的水流可看成是径向直线，等势面为同心球面，在球坐标中为一维渗流。这种情况可以用空间一个汇点来描述。

汇点是指在均质含水层中，如果渗流是以一定强度从各个方面沿径向流向一点，并被该点吸收，则称该点为汇点。反之，渗流由一点沿径向流出，则称该点为源点。空间汇点，可以理解为直径无限小的球形过滤器，渗流沿半径方向流向球形过滤器并被吸收。

设离汇点距离为 ρ 的任意点 A 的降深为 s，点 A 所在的球形过水断面面积和水力坡度可表示为：

$$A=4\pi\rho^2$$

$$J=\frac{\mathrm{d}s}{\mathrm{d}\rho}$$

由达西定律可知，流向汇点的流量 Q' 为：

$$Q'=KAJ=-K\times4\pi\rho^2\times\frac{\mathrm{d}s}{\mathrm{d}\rho}$$

分离变量，积分得：

$$Ks=\frac{Q'}{4\pi\rho}+C \tag{9-81}$$

如果是半球，则球底的出水量为 $Q=\frac{1}{2}Q'$，将其代入式（9-81）中得：

$$Ks=\frac{Q}{2\pi\rho}+C \tag{9-82}$$

再将边界条件"$\rho=r_\mathrm{w}$ 时，$s=s_\mathrm{w}$；$\rho=R$ 时，$s=0$"代入，得：

$$Ks_\mathrm{w}=\frac{Q}{2\pi r_\mathrm{w}}-\frac{Q}{2\pi R} \tag{9-83}$$

通常情况下，$R\gg r_\mathrm{w}$，故认为 $1/R\to0$，忽略不计，则上式简化为：

$$Ks_\mathrm{w}=\frac{Q}{2\pi r_\mathrm{w}}$$

即：

$$Q=2\pi Kr_\mathrm{w}s_\mathrm{w} \tag{9-84}$$

9.2.7 利用稳定流抽水试验计算水文地质参数

渗透系数 K 及影响半径 R 是渗流计算中很重要的两个水文地质参数，也是裘布依公式中的重要参数。确定参数的方法很多，这里主要介绍利用稳定流抽水试验资料求参数的方法。

9.2.7.1 根据单孔稳定抽水试验资料求渗透系数

所谓单孔稳定抽水试验是指在一个已经打成的抽水井中抽水，取得井的出水量及其相应的降深值，根据这些数据来计算所需的参数。一般情况下，单孔抽水试验做三个落程的试验，即有三次稳定的出水量和三个稳定的降深值，设其分别为 Q_1、Q_2、Q_3，s_1、s_2、s_3。

首先根据上述资料绘制 Q-s_w 曲线，如果曲线符合式（9-34）和式（9-45），可直接求出参数 K：

承压水井
$$K = \frac{0.366Q}{Ms_w} \lg \frac{R}{r_w} \tag{9-85}$$

潜水井
$$K = \frac{0.733Q}{H_0^2 - h_w^2} \lg \frac{R}{r_w} \tag{9-86}$$

如果曲线不符合式（9-34）和式（9-45），说明有井损存在，此时降深是流量的高次方和多项式，但实际工作中常见的方次一般不超过二次，可用下式表示：
$$s_w = aQ \pm bQ^2 \tag{9-87}$$
或写成
$$s_w = s_w' + \Delta s \tag{9-88}$$

式中，s_w 为实际降深，m；s_w' 为理论降深，m；a、b 分别为层流系数和紊流系数；Δs 为井损，m。

如果曲线符合式（9-87），可对实际抽水资料进行修正，去掉井损，从而求出参数。

将式（9-87）两边同时除以 Q 得：
$$\frac{s_w}{Q} = a \pm bQ \tag{9-89}$$

此时，s_w/Q-Q 便成为直线关系。s_w/Q 称为单位降深。

对于有两次以上的抽水试验资料，可用解析法求出 a 和 b：
$$a = \frac{s_1 Q_2^2 - s_2 Q_1^2}{Q_1 Q_2^2 - Q_2 Q_1^2}, b = \frac{s_2/Q_2 - s_1/Q_1}{Q_2 - Q_1} \tag{9-90}$$

把 b 代入式（9-88）中求理论降深：
$$s_w' = s_w - bQ^2 \tag{9-91}$$

将取得的理论降深代入式（9-85）中可求出参数 K：

承压水井
$$K = \frac{0.366Q}{Ms_w'} \lg \frac{R}{r_w} \tag{9-92}$$

潜水井
$$K = \frac{0.733Q}{H_0^2 - h_w'^2} \lg \frac{R}{r_w} \tag{9-93}$$

【例 9-7】 北方某承压水井的多次降深抽水试验结果如表 9-3 所示，井径为 0.2m，含水层厚度为 2.6m，影响半径为 200m，试确定其渗透系数 K。

表 9-3　某承压水井的多次降深抽水试验

下降次数	出水量 $Q/(\mathrm{m}^3/\mathrm{d})$	抽水井水位降深/m
1	88	1.7
2	144	3.0
3	189	4.5
4	228	6.4

【解】　首先依据表 9-3 中资料在直角坐标系中绘制 Q-s_w 曲线（图 9-15）。

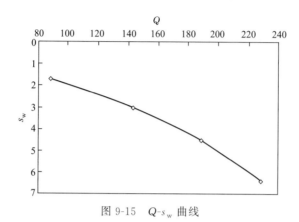

图 9-15　Q-s_w 曲线

该曲线是一条抛物线，说明有井损存在，下面我们用解析法求 K。

先用式（9-90）求系数 b。

$$b_1 = \frac{s_2/Q_2 - s_1/Q_1}{Q_2 - Q_1} = \frac{3.0/144 - 1.7/88}{144 - 88} = 2.70 \times 10^{-5}$$

$$b_2 = \frac{s_3/Q_3 - s_2/Q_2}{Q_3 - Q_2} = \frac{4.5/189 - 3.0/144}{189 - 144} = 6.61 \times 10^{-5}$$

$$b_3 = \frac{s_4/Q_4 - s_3/Q_3}{Q_4 - Q_3} = \frac{6.4/228 - 4.5/189}{228 - 189} = 10.92 \times 10^{-5}$$

取其平均值为：

$$b = \frac{b_1 + b_2 + b_3}{3} = 6.74 \times 10^{-5}$$

理论降深为：

$$s'_\mathrm{w1} = s_\mathrm{w1} - bQ_1^2 = 1.7 - 6.74 \times 10^{-5} \times 88^2 = 1.17(\mathrm{m})$$

$$s'_\mathrm{w2} = s_\mathrm{w2} - bQ_2^2 = 3.0 - 6.74 \times 10^{-5} \times 144^2 = 1.60(\mathrm{m})$$

$$s'_\mathrm{w3} = s_\mathrm{w3} - bQ_3^2 = 4.5 - 6.74 \times 10^{-5} \times 189^2 = 2.09(\mathrm{m})$$

$$s'_\mathrm{w4} = s_\mathrm{w4} - bQ_4^2 = 6.4 - 6.74 \times 10^{-5} \times 228^2 = 2.90(\mathrm{m})$$

再将 $s'_\mathrm{w1} \sim s'_\mathrm{w4}$ 分别代入式（9-85）中得：

$$K_1 = \frac{0.366Q}{Ms'_{w1}}\lg\frac{R}{r_w} = \frac{0.366\times88}{M\times1.17}\lg\frac{R}{r_w} = 27.5\times\frac{\lg\dfrac{R}{r_w}}{M}$$

同理可得：

$$K_2 = \frac{0.366Q}{Ms'_{w2}}\lg\frac{R}{r_w} = 32.9\times\frac{\lg\dfrac{R}{r_w}}{M}$$

$$K_3 = \frac{0.366Q}{Ms'_{w3}}\lg\frac{R}{r_w} = 33.1\times\frac{\lg\dfrac{R}{r_w}}{M}$$

$$K_4 = \frac{0.366Q}{Ms'_{w4}}\lg\frac{R}{r_w} = 28.8\times\frac{\lg\dfrac{R}{r_w}}{M}$$

取其平均值为：

$$K = \frac{K_1+K_2+K_3+K_4}{4} = 30.6\times\frac{\lg\dfrac{R}{r_w}}{M} = 30.6\times\frac{\lg\dfrac{200}{0.2}}{2.6} = 35.3(\text{m/d})$$

9.2.7.2 根据多孔稳定抽水试验资料求渗透系数

多孔抽水试验是指在一个孔抽水，在多个观测孔中观测水位动态，从试验中可以获得抽水井不同降深的稳定出水量及各观测孔中的稳定水位（或稳定降深值）。

用多孔抽水试验资料求渗透系数的方法有解析法和图解法两种。

下面我们用解析法来求渗透系数。

由式(9-36)、式(9-37)、式(9-46)、式(9-47) 可求得渗透系数 K。

承压水井：

$$K = \frac{0.366Q(\lg r - \lg r_w)}{M(s_w - s)} \qquad \text{（有一个观测孔）} \tag{9-94}$$

$$K = \frac{0.366Q(\lg r_2 - \lg r_1)}{M(s_1 - s_2)} \qquad \text{（有两个观测孔）} \tag{9-95}$$

潜水井：

$$K = \frac{0.733Q(\lg r - \lg r_w)}{(2H_0 - s_w - s)(s_w - s)} \qquad \text{（有一个观测孔）} \tag{9-96}$$

$$K = \frac{0.733Q(\lg r_2 - \lg r_1)}{(2H_0 - s_1 - s_2)(s_1 - s_2)} \qquad \text{（有两个观测孔）} \tag{9-97}$$

该法与单孔抽水试验资料求得的参数基本相同，因为该法在求解过程中可以不考虑井内紊流及附近的三维流影响，即井损等于零。所以，在求解渗透系数时，最好用观测孔资料，该法既方便又准确。

【例 9-8】 在北京南苑试验场中进行了三次大型抽水试验，试验场含水层厚度为 34m，部分试验资料见表 9-4，试确定渗透系数 K。

表 9-4　北京南苑抽水试验部分试验资料

下降次数	出水量 Q /(t/d)	抽水井降深/m	观测孔降深/m				
			1 号	2 号	3 号	4 号	5 号
		$r_w = 0.1$	$r = 1.04$	$r = 8.0$	$r = 32.0$	$r = 40.0$	$r = 48.0$
1	2780	0.675	0.438	0.216	0.140	0.128	0.112
2	4700	1.358	0.718	0.368	0.260	0.206	0.185
3	7465	2.640	1.240	0.613	0.368	0.317	0.289

由式(9-36)、式(9-37)、式(9-46) 和式(9-47) 求得参数 K，取其平均值为：

$$K = \frac{K_1 + K_2 + K_3}{3} = \frac{119.44 + 128.08 + 105.96}{3} = 117.82 (\text{m/d})$$

9.2.7.3　根据抽水试验资料确定影响半径

确定影响半径 R 的方法很多，但精度都不太高。实践证明，利用两个以上的观测孔的公式，计算结果尚比较可靠。下面给出几个理论公式。

（1）单孔

承压水井
$$\lg R = 2.73 \frac{KM(H - h_w)}{Q} + \lg r_w \tag{9-98}$$

潜水井
$$\lg R = 1.366 \frac{K(H^2 - h_w^2)}{Q} + \lg r_w \tag{9-99}$$

（2）一个观测孔

承压水井
$$\lg R = \frac{s_w \lg r - s \lg r_w}{s_w - s} \tag{9-100}$$

潜水井
$$\lg R = \frac{s_w(2H - s_w)\lg r - s(2H - s)\lg r_w}{(s_w - s)(2H - s_w - s)} \tag{9-101}$$

（3）两个观测孔

承压水井
$$\lg R = \frac{s_1 \lg r_2 - s_2 \lg r_1}{s_1 - s_2} \tag{9-102}$$

潜水井
$$\lg R = \frac{s_w(2H - s_1)\lg r_2 - s_2(2H - s_2)\lg r_1}{(s_1 - s_2)(2H - s_1 - s_2)} \tag{9-103a}$$

或
$$\lg R = \frac{\Delta h_1^2 \lg r_2 - \Delta h_2^2 \lg r_1}{h_2^2 - h_1^2} \tag{9-103b}$$

利用上述这些公式计算影响半径 R，同样有解析法和图解法两种。解析法是将观测资料数据代入上述某个公式中，即可求出影响半径 R；图解法是利用观测资料绘制 s-$\lg R$ 曲线，在曲线上当降深等于零时，所对应的半径值即为影响半径 R。

9.3 地下水流向井的非稳定流理论

9.3.1 非稳定流理论所解决的主要问题

9.2 部分介绍的地下水流向井的稳定流理论有一定的实用价值，但在应用上也有很大的局限性。最大的缺陷在于稳定流理论所描绘的仅仅是在一定条件下，地下水在有限时间段内的一种暂时平衡状态，这种平衡状态是不随时间变化的。但是，自然界中实际地下水的运动并不存在稳定流状态，而是随时间不断变化的。因而，稳定流理论的应用只能局限于某个特定条件下解释地下水运动状态，而不能说明从一个状态到另一个状态之间的整个发展过程。或者用数学语言来说就是裴布依公式最大的缺陷是没有考虑时间这个变量。而非稳定流理论就解决了这个难题，也就是说非稳定流理论同时考虑了时间变量。

9.3.2 基本概念

9.3.2.1 无限含水层

开采地下水时，来自含水层的顶板、底板或侧向边界的补给量，实际上总是存在的。但如果顶板、底板为相对隔水层，则其补给量对短时间抽水的井来说影响甚微，可以忽略不计。在不考虑顶板、底板的补给量时，若承压含水层侧向边界离井很远，边界对研究区的水头分布也没有明显影响，可以把它看作是无外界补给的无限含水层。

9.3.2.2 弹性储存

弹性储存（elastic storage）是指从承压含水层中抽取地下水，主要是由于水头降低，引起含水层弹性压缩、承压水弹性膨胀，从而释放部分地下水，当水头回升时，承压含水层又将储存所释放的地下水。

9.3.2.3 越流、越流补给和越流系统

若抽水含水层的顶板、底板为弱透水层，当从含水层中抽水时，由于水头降低，抽水含水层与相邻含水层之间形成水头差，相邻含水层便通过弱透水层与抽水含水层之间建立水力联系。这种水力联系称为越流（leakage）。两个含水层之间要产生越流，必须具备以下两个条件：一是弱透水层两侧的含水层间必须具备一定的水头差，即具有一定的水力坡度，而且必须大于弱透水层的水力坡度；二是弱透水层中地下水的渗流方向必须是单向的。

越流补给（leakage recharge）是指两个相邻的含水层间的夹层为弱透水层，当两含水层水位不同时，高水位含水层中的地下水可透过夹层补给低水位含水层，这种现象称为越流补给。越流补给水量的多少主要取决于两含水层间的地下水位差和夹层的透水性，与夹层所处空间位置的高低无关。

在有越流存在的井流中，我们把抽水含水层、弱透水层及发生越流补给的相邻含水层合称为越流系统（leakage system）。抽水含水层称为主含水层或越补含水层，相邻含水层称为补给层。

9.3.3 承压含水层中地下水流向井的非稳定流运动

在无限含水层中，不考虑补给量的影响，抽水井的出水量主要来自含水层的储存量，所

以含水层水位不断下降，漏斗不断扩大。为了简化理论分析，建立数学模型，对抽水井所在的含水层做如下假设：① 含水层透水性均质，各向同性，等厚，侧向无限延伸，产状水平；② 抽水前的天然压力水面为水平面，或者说天然状态下水力坡度为零；③ 完整井做定流量抽水，在抽水过程中流量保持恒定，不随时间和抽水过程中的水位变化而变化；④ 井径无限小，水流服从达西定律；⑤ 顶板、底板为隔水层，忽略垂直水量交换；⑥ 水头下降引起的地下水从储存量中的释放是瞬时完成的。

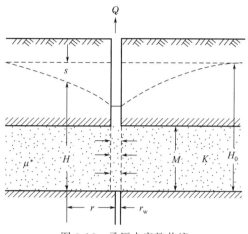

图 9-16　承压水完整井流

在上述假设条件下，抽水后将形成以井轴为对称轴的下降漏斗，并沿径向不断扩展。流向井的水流为径向流，在柱坐标中可看成是一维流，此时水位 $H = f(r, t)$ 或水位降 $s = g(r, t)$ 如图 9-16 所示。

根据上面的假设，单井定流量的承压水完整井非稳定流可归纳为如下的数学模型：

$$\begin{cases} \dfrac{\partial^2 s}{\partial r^2} + \dfrac{1}{r} \times \dfrac{\partial s}{\partial r} = \dfrac{\mu^*}{T} \times \dfrac{\partial s}{\partial t} & (t > 0, 0 < r < \infty) \\[2mm] s(r, 0) = 0 & (0 < r < \infty) \\[2mm] s(\infty, t) = 0, \dfrac{\partial s}{\partial r}\Big|_{r \to \infty} = 0 & (t > 0) \\[2mm] \lim\limits_{r \to 0} r \dfrac{\partial s}{\partial r} = -\dfrac{Q}{2\pi T} \end{cases}$$

解为：

$$s(r, t) = \frac{Q}{4\pi T} W(u) \tag{9-104}$$

式中，$s(r, t)$ 为水井以恒定流量 Q 抽水 t 时间后，计算点处的水位降落值；Q 为抽水井的流量；T 为导水系数；t 为抽水时间；r 为计算点到抽水井的距离；$W(u)$ 为井函数，为一级收敛级数，可从井函数数值表中查出；u 为井函数自变量，$u = \dfrac{r^2}{4\alpha t} = \dfrac{r^2 \mu^*}{4Tt}$；$\mu^*$ 为含水层的储水系数。

式(9-104) 即为无补给的承压水完整井在定流量抽水时的非稳定流计算公式，也称为泰斯（Theis）公式，其中井函数 $W(u)$ 有时也用指数积分 $E_i(u)$ 表示。

为了计算方便，井函数 $W(u)$ 不能表示成初等函数，通常将其展开成级数形式：

$$W(u) = -0.577216 - \ln u + \sum_{n=1}^{\infty} (-1)^n \frac{u^n}{n \cdot n!} \tag{9-105}$$

根据式(9-105) 可制成井函数数值简表，见二维码。

只要求出 u 值，从井函数数值简表中就可查出相应的 $W(u)$ 值；反之亦然。

井函数 $W(u)$

数值简表

当抽水时间较长，$u = \dfrac{r^2}{4\alpha t}$ 足够小时，式（9-105）中的总和项同前两项相比已相对很小，此时泰斯井函数可用式（9-105）的前两项近似表示为：

$$W(u) = -0.5772 - \ln \frac{r^2}{4\alpha t} = -\ln 1.781 - \ln \frac{r^2}{4\alpha t} = \ln \frac{2.25\alpha t}{r^2}$$

于是式（9-105）可简化为：

$$s = \frac{Q}{4\pi T} W(u) = \frac{Q}{4\pi T} \ln \frac{2.25 T t}{\mu^* r^2} = \frac{2.3 Q}{4\pi T} \lg \frac{2.25 T t}{\mu^* r^2} \tag{9-106}$$

此式称为雅柯布（Jacob）公式。该式简单，使用方便，当 $u \leqslant 0.01$ 时，用雅柯布公式计算的结果与 Theis 公式计算的结果相比，误差 $<5\%$。

【例 9-9】 直径为 0.4m 的一口承压完整井，以恒定出水量 56m³/h 抽水。该井所在地层的水文地质参数为：导水系数 $T = 275\text{m}^2/\text{d}$，释水系数 $\mu^* = 0.0055$。试用泰斯公式计算该井连续抽水 24h 和一年后在井壁和离井 100m、1000m 处的各点水位降落值。

【解】 先计算：$\dfrac{Q}{4\pi T} = \dfrac{56 \times 24}{4\pi \times 275} = 0.3889$

接下来计算井函数自变量 $u = \dfrac{r^2}{4\alpha t}$，其中 $\alpha = \dfrac{T}{\mu^*} = \dfrac{275}{0.0055} = 5 \times 10^4$（m²/d）

当 $t = 24\text{h} = 1\text{d}$ 时，$u = \dfrac{r^2}{4\alpha t} = \dfrac{r^2}{4 \times 5 \times 10^4 \times 1} = 5 \times 10^{-6} r^2$

当 $t = 1\text{a} = 365\text{d}$ 时，$u = \dfrac{r^2}{4\alpha t} = \dfrac{r^2}{4 \times 5 \times 10^4 \times 365} = 1.37 \times 10^{-8} r^2$

列表计算各点的水位降落值（表 9-5）。

表 9-5 各点水位降落计算

项目	数值					
t/d	1			365		
r/m	0.2（井壁处）	100	1000	0.2（井壁处）	100	1000
r^2	0.04	10^4	10^6	0.04	10^4	10^6
α/(m²/d)	5×10^4			5×10^4		
$u = r^2/(4\alpha t)$	2×10^{-7}	5×10^{-2}	5	5.5×10^{-10}	1.4×10^{-4}	1.4×10^{-2}
$W(u)$	14.8477	2.4678	0.001148	20.7349	9.2967	3.6915
$Q/(4\pi T)$	0.3889			0.3889		
s/m	5.774	0.960	0.0004	9.067	3.227	1.435

9.3.4 潜水含水层中地下水流向井的非稳定流运动

潜水和承压水不同的地方是潜水有可变的自由水面。所以在研究潜水含水层中地下水流向井的非稳定流运动时，除了已假定的一些定解条件外，潜水井流还受下列因素的影响：自由水面下降使抽水量来源不同，除来自降压的弹性释放量外，主要将由疏干饱和层的重力给水量来供给；自由水面下降引起不可忽视的垂向流速，在井附近区域尤其明显；自由水面下降使潜水流厚度变薄，导水系数不是定值，而是（r,t）的函数，等等。这些因素很复杂，在理论上不是全部都能解决的。

早在 1954 年，布尔顿就提出考虑垂向流速的理论；之后又在一维径向流基础上，用经验式建立了"延迟给水"的理论，这些理论都是考虑单一因素，但它的应用却为理论提供了感性和理性认识。1970 年，纽曼（Neuman）在分析已有理论的基础上提出了考虑潜水弹性释放和重力给水、垂向分速度和均质的各向异性等因素的潜水井流理论。根据水均衡原理建立有关潜水面移动的连续相方程，进而得潜水面边界条件的近似表达式。下面介绍纽曼模型及其解。

9.3.4.1 纽曼井流公式

在建立纽曼模型时，对抽水井所在的潜水含水层做了如下假设：①含水层透水性均质，各向异性，侧向无限延伸，隔水底板水平；②抽水前的天然自由水面为水平面；③对完整井做定流量抽水，井径无限小，水流服从达西定律；④抽水期间自由水面上没有入渗补给和蒸发排泄，潜水面降深同含水层厚度相比很小。

在上述假设条件下，从潜水井中抽水后，由于介质的压缩、水体的膨胀和自由面的重力给水，水从含水层中释放出来，我们可建立以下潜水井流的定解问题：

$$\frac{\mu_s}{K_r} \times \frac{\partial s}{\partial t} = \frac{\partial^2 s}{\partial r^2} + \frac{1}{r} \times \frac{\partial s}{\partial r} + \frac{\partial^2 s}{\partial z^2} \tag{9-107}$$

$$\left.\begin{array}{l}
s(r,z,t)\big|_{t=0} = 0 \\[2mm]
s(r,z,t)\big|_{t\to\infty} = 0 \\[2mm]
\dfrac{\partial}{\partial z}s(r,0,t) = 0 \\[2mm]
K_z \dfrac{\partial}{\partial z}s(r,H_0,t) = -\mu \dfrac{\partial}{\partial t}s(r,H_0,t) \\[2mm]
\lim_{r\to 0}\left(r\dfrac{\partial s}{\partial r}\right) = -\dfrac{Q}{2\pi T}(t>0,\ T=kh)
\end{array}\right\} \tag{9-108}$$

式中，K_r 为水平径向渗透系数，m/d；K_z 为垂向渗透系数；μ_s 为储水率；μ 为给水度；H_0 为潜水层初始厚度。

利用拉普拉斯（Lapbace）变换和汉克尔（Hankel）变换分别消去变量 t 和 r_1，化成常微分方程，再求解。最后得出潜水完整井非稳定流公式：

$$s(r,z,t) = \frac{Q}{4\pi T}\int_0^\infty 4yJ_0(y\beta^{1/2})\left[\omega_0(y) + \sum_{n=1}^\infty \omega_n(y)\right]\mathrm{d}y \tag{9-109}$$

式中：
$$\omega_0(y) = \frac{\{1-\exp[-t_s\beta(y^2-\gamma_0^2)]\}\cosh(\gamma_0 z_d)}{\{y^2+(1+\sigma)\gamma_0^2 - [(y^2-\gamma_0^2)^2/\sigma]\}\cosh(\gamma_0)} \tag{9-110}$$

$$\omega_n(y) = \frac{\{1-\exp[-t_s\beta(y^2+\gamma_n^2)]\}\cos(\gamma_n z_d)}{\{y^2-(1+\sigma)\gamma_n^2 - [(y^2-\gamma_n^2)^2/\sigma]\}\cos(\gamma_n)} \tag{9-111}$$

其中，γ_0 和 γ_n 分别为下列两个方程的根：

$$\sigma\gamma_0 sh(\gamma_0) - (y^2-\gamma_0^2)\cosh(\gamma_0) = 0 \ (\gamma_0^2 < y^2) \tag{9-112}$$

$$\sigma\gamma_n\sin(\gamma_n) + (y^2+\gamma_n^2)\cos(\gamma_n) = 0 \tag{9-113}$$

此处，$(2n-1)\dfrac{\pi}{2} < \gamma_n < n\pi\ (n\geqslant 1)$；$\sigma = \dfrac{\mu^*}{\mu}$；$z_d = \dfrac{z}{H_0}$；$t_s = \dfrac{Tt}{\mu^* r^2}$；$\beta = \dfrac{K_d}{h_d^2} = \dfrac{r^2 K_z}{H_0^2 K_r}$。

由式(9-109)可求得潜水含水层中某一点的降深。实际工作中，通常记录到的是某一范围内的平均降深，而不是某一点上的降深，故可用下式消去 z_d，即：

$$s_{z_1 z_2}(r, t) = \frac{1}{z_2 - z_1} \int_{z_1}^{z_2} s(r, z, t) \, dz$$

对于完整井来说，所观测到的降深是在整个含水层厚度上的平均值 $s(r, t)$，此时，上式的解仍可用式(9-109)表示，或用下式表示：

$$s = \frac{Q}{4\pi T} W(u_A, u_B, r, \sigma) \tag{9-114}$$

$$W(u_A, u_B, r, \sigma) = \int_0^\infty 4y J_0(y, r) \left[\omega_0(y) + \sum_{n=1}^\infty \omega_n(y) \right] dy \tag{9-115}$$

式(9-114)即为潜水完整井非稳定流的纽曼公式。

式(9-115)中的 $\omega_0(y)$ 和 $\omega_n(y)$ 分别按下式定义：

$$\omega_0(y) = \frac{\{1 - \exp[-t_s \beta(y^2 - \gamma_0^2)]\} \tanh(\gamma_0 z_d)}{\{y^2 + (1+\sigma)\gamma_0^2 - [(y^2 - \gamma_0^2)^2/\sigma]\} \gamma_0} \tag{9-116}$$

$$\omega_n(y) = \frac{\{1 - \exp[-t_s \beta(y^2 + \gamma_n^2)]\} \tan(\gamma_n)}{\{y^2 - (1+\sigma)\gamma_n^2 - [(y^2 - \gamma_n^2)^2/\sigma]\} \gamma_n} \tag{9-117}$$

式(9-114)中，$u_A = \dfrac{\mu^* r^2}{4Tt}$，适用于小的时间值；$u_B = \dfrac{\mu^* r^2}{4Tt}$，适用于大的时间值；$W(u_A, u_B, r, \sigma)$ 为纽曼井函数，通常 σ 很小，为了减少独立变量，$\sigma = 10^{-9}$ 时给出了可供计算的函数值。潜水完整井 A 组标准曲线 s_d 数值表见二维码。

9.3.4.2 纽曼井流公式的简单分析

在抽水早期，还未能发生重力排水，此时 $\mu = 0$，$\sigma \to \infty$（相当于承压含水层），则由式(9-109)可知：

潜水完整井 A 组标准曲线 s_d 数值表

$$\lim_{\sigma \to \infty} \sigma r_0 = \lim_{r_0} \frac{r_0}{\sinh(r_0)} (y^2 - r_0^2) \cosh(r_0) = y^2$$

由此式得：

$$\lim_{\sigma \to \infty} \omega_0(y) = \frac{1 - \exp(-t_s \beta y^2)}{2y_2} = 0$$

把这两个条件代入式(9-109)，同时置换 $\varepsilon = \beta^{\frac{1}{2}} y$ 时，式(9-109)便可简化为：

$$s = \frac{Q}{4\pi T} \int_0^\infty 2[1 - \exp(-t_s \eta^2)] J_0(\varepsilon) \frac{d\varepsilon}{\varepsilon}$$

利用已有的积分式得：

$$\int_0^\infty \exp(-\alpha y^2) J_0(y) \frac{dy}{y} = \frac{1}{2} \int_0^{\frac{1}{4a}} \exp(-y) \frac{dy}{y}$$

进一步得：

$$s(r, t) = \frac{Q}{4\pi T} \int_{u_A}^\infty e^{-\varepsilon} \frac{d\varepsilon}{\varepsilon} \tag{9-118}$$

此式即是关于 u_A 的泰斯曲线公式。

这说明：早期潜水层相当于承压含水层，主要由弹性释放量供给抽水量；因自由液面反应滞后，垂向流速不明显，井流仍保持水平的径向流。

在抽水中期，如取 $\mu^* = 0$，$\sigma = 0$，用 σu_B 代替 u_A，则式（9-109）又可简化为：

$$s = \frac{Q}{4\pi T}\int_0^\infty 2J_0(y\beta^{\frac{1}{2}})\left\{1 - \exp[-t_y\beta_y\tanh(y)]\frac{\cosh(yz_d)}{\cosh(y)}\right\}\frac{\mathrm{d}y}{y} \tag{9-119}$$

式中，$t_y = \dfrac{Tt}{\mu r^2}$。

该式已偏离了泰斯解。这说明到抽水中期的潜水层已由弹性释放逐渐转为重力给水；自由液面开始下降，使潜水层上部出现垂向流速，而且离井越近，反应越明显。

到抽水后期，抽水时间继续增长，$u_B \leqslant 0.05$ 时，取 $\tanh(y) \approx y$，则上式又趋近于泰斯解：

$$s = \frac{Q}{4\pi T}\int_0^\infty \frac{1}{\varepsilon}\mathrm{e}^{-\varepsilon}\mathrm{d}\varepsilon \tag{9-120}$$

这又说明：后期潜水层弹性释放已完全消失，自由液面下降，重力给水已占绝对优势；然而随着漏斗扩展，水力坡度变缓，垂直流速的影响已减弱，重新趋近于水平径向流。

9.3.5　利用非稳定流抽水试验计算水文地质参数

以下介绍利用完整井非稳定流抽水试验资料计算无越流承压含水层水文地质参数的方法。利用潜水完整井的非稳定流抽水资料计算水文地质参数亦是适用的，方法基本相同，只是采用潜水完整井的非稳定流运动公式。

在承压水含水层中进行完整井非稳定流抽水试验，主要是为了确定含水层的导水系数 T、储水系数 μ^* 和压力传导系数 a。计算这些参数的方法很多，常用的有配线法（亦称标准曲线对比法）、直线图解法、恢复水位法、直线斜率法等，下面介绍前两种方法。

9.3.5.1　配线法

配线法是通过实测（试验）曲线与理论曲线对比确定含水层水文地质参数的方法。按所用实测曲线的不同，可以分为以下三种。

① 降深-时间配线法。实测曲线采用 s-t 曲线，理论曲线采用 $W(u)$-$1/u$ 曲线。

② 降深-距离配线法。实测曲线采用 s-r^2 曲线，理论曲线采用 $W(u)$-$1/u$ 曲线。

③ 降深-时间距离配线法。实测曲线采用 s-r^2/t 曲线，理论曲线采用 $W(u)$-$1/u$ 曲线。

下面介绍降深-时间配线法原理。根据泰斯公式有：

$$s = \frac{Q}{4\pi T}W(u) \tag{9-121}$$

$$u = \frac{r^2}{4at} \tag{9-122}$$

即

$$t = \frac{r^2}{4a} \times \frac{1}{u} \tag{9-123}$$

对式（9-121）和式（9-123）两端取对数，有：

$$\begin{cases} \lg s = \lg W(u) + \lg \dfrac{Q}{4\pi T} \\[2mm] \lg t = \lg \dfrac{1}{u} + \lg \dfrac{r^2}{4a} \end{cases} \tag{9-124}$$

式中，Q、T、r、a 均为常数，因而 $\lg Q/(4\pi T)$ 和 $\lg r^2/(4a)$ 也为常数。

令 $x_1 = \lg t$，$y_1 = \lg s$，$x = \lg\dfrac{1}{u}$，$y = \lg W(u)$，$a = \lg\dfrac{r^2}{4a}$，$b = \lg\dfrac{Q}{4\pi T}$，则式（9-124）可变为：

$$\begin{cases} x_1 = x + a \\ y_1 = y + b \end{cases}$$

由解析几何知，曲线 $y = f(x)$ 和 $y_1 = f(x_1)$ 的形状是相同的，只是曲线 $y_1 = f(x_1)$ 相对于曲线 $y = f(x)$ 位移了 1 个坐标 (a,b)。同理，曲线 $\lg s = f(\lg t)$ 与曲线 $\lg W(u) = f(\lg 1/u)$ 形状完全相同，只是位移了 $[\lg r^2/(4a), \lg Q/(4\pi T)]$ 而已。因此，如果在双对数坐标纸上绘制 $W(u)$-$1/u$ 关系曲线（标准曲线），而在另一张模数相同的双对数纸上绘制 s-t 曲线，显然这两条曲线的形状也是相同的。只要将两曲线重合，任选一配合点，记下对应的坐标值，代入式（9-121）和式（9-123）中即可确定有关参数。

配线法计算步骤如下。

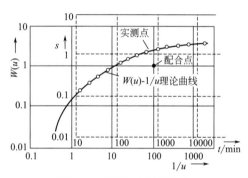

图 9-17　降深-时间配线法

① 根据井函数资料在双对数坐标纸上绘制 $W(u)$-$1/u$ 标准曲线。

② 在另一张与理论曲线模数相同的透明双对数纸上绘制实测的 s-t 曲线。

③ 进行配线。将实测曲线置于标准曲线上，在保持对应坐标轴彼此平行的条件下相对平移，使实测曲线上绝大部分的点落在理论曲线上，直至两曲线基本重合为止（图 9-17）。

④ 任取一配合点（在曲线上或曲线外均可），记录配合点在两张对数纸上的对应坐标值：$W(u)$、$1/u$、s、t。

⑤ 求水文地质参数（T、a、μ^*）：将以上数值代入式（9-125）中求解参数。

$$\begin{cases} T = \dfrac{Q}{4\pi s}[W(u)] \\[2mm] a = \dfrac{r^2}{4t} \times \dfrac{1}{u} \\[2mm] \mu^* = \dfrac{T}{a} \end{cases} \tag{9-125}$$

配线法的最大优点是可以充分利用抽水试验的全部观测资料，避免个别资料的偶然误差，提高计算的精度。由于抽水初期实际曲线常与标准曲线不符，因此，非稳定抽水试验时间不宜过短。在确定抽水延续时间和观测精度时，应考虑所得资料能绘出 s-t 或 s-t/r^2 曲线的弯曲部分，便于拟合；如果后期实测数据偏离标准曲线，则可能是由于含水层外围边界的影响或含水层岩性发生了变化等，这就需要把试验数据和具体的水文地质条件结合起来分析。

【例 9-10】 某供水井打在承压含水层中，从 6 月 8 日 13 点 30 分开始抽水至 6 月 9 日 9 点 15 分停泵，抽水资料如表 9-6 所示。已知，抽水流量 $Q = 60\text{m}^3/\text{h}$，观测井至抽水井的水平距离 $r = 140\text{m}$，试用配线法求含水层参数。

表 9-6　抽水试验实测资料

抽水累计时间/min	水位降深值/m	抽水累计时间/min	水位降深值/m	抽水累计时间/min	水位降深值/m	抽水累计时间/min	水位降深值/m
0	0	60	0.75	210	1.55	645	2.17
10	0.16	80	1.00	270	1.70	870	2.83
20	0.48	100	1.12	330	1.83	990	2.46
30	0.54	120	1.22	400	1.89	1185	2.54
40	0.65	150	1.36	450	1.98	停泵	

【解】　①首先从井函数表中选一批 u 与 $W(u)$ 的对应值，在双对数纸上绘制成 $W(u)$-$1/u$ 理论曲线样板（如图 9-18 所示的实线）。

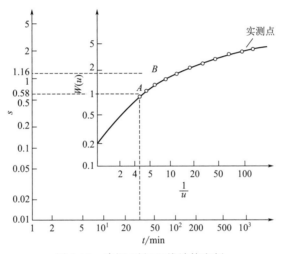

图 9-18　降深-时间配线计算实例

② 按表 9-6 的抽水资料在透明的与理论曲线同比例尺的双对数坐标纸上绘制 s-t 实测资料关系曲线（图 9-18 中小圆圈）。

③ 将 s-t 曲线套在已作好的理论曲线 $W(u)$-$1/u$ 上，在保持两个坐标轴（纵轴、横轴）平行的条件下，移动透明双对数坐标纸，取得最佳配合，如图 9-18 所示。

④ 取配合点 A，从配合点读出相应的坐标值分别为 $W(u)=1$，$1/u=4$，$s=0.58\text{m}$，$t=34\text{min}$。

⑤ 求参数（T、a、μ^*）。已知条件 $Q=60\text{m}^3/\text{h}$，$r=140\text{m}$，并将以上资料代入，则得：

$$T=\frac{Q}{4\pi s}W(u)=\frac{60\times24}{4\times3.14\times0.58}\times1=197.7(\text{m}^2/\text{d})$$

$$a=\frac{r^2}{4t}\times\frac{1}{u}=\frac{140^2\times1440}{4\times34}\times4=8.3\times10^5(\text{m}^2/\text{d})$$

$$\mu^*=\frac{T}{a}=\frac{197.7}{8.3\times10^5}=2.38\times10^{-4}$$

9.3.5.2　直线图解法

当抽水时间较长，可满足 $u \leqslant 0.01$ 时，水流情况就可用雅柯布公式来表示。利用该公式中 s 与 t 或 r 的对数值呈线性关系的特点，通过作图的方法来确定含水层的参数（T、a、μ^*）。按选取资料的不同，直线图解法分为降深-时间、降深-距离和降深-时间距离 3 种图解法。这里重点介绍利用一个观测井在不同时刻的水位降深资料确定参数的方法，即降深-时间直线图解法。

直线图解法计算原理如下。

如前所述，雅柯布公式为：

$$s = \frac{Q}{4\pi T}\ln\frac{2.25at}{r^2} = 0.183\frac{Q}{T}\lg\frac{2.25a}{r^2} + 0.183\frac{Q}{T}\lg t \tag{9-126}$$

由于 T、a、r、Q 在某一抽水过程中均为常数，因此 s-$\lg t$ 在半对数坐标中呈直线关系，故式(9-126)可变换为如下形式：

$$s = s_0 + m\lg t$$

直线的斜率 $m = 0.183QT$，由斜率 m 可解出 T 值：

$$T = 0.183Q/m \tag{9-127}$$

直线段的延长部分与横轴交于 t_0 点，即当 $s=0$ 时，$t=t_0$，将此条件代入式(9-126)中则可得：

$$s = \frac{0.183Q}{T}\lg\frac{2.25at_0}{r^2} = 0$$

$$\lg\frac{2.25at_0}{r^2} = 0$$

$$\frac{2.25at_0}{r^2} = 1$$

因此

$$a = 0.445\frac{r^2}{t_0} \tag{9-128}$$

直线图解法计算步骤如下。

① 根据观测井资料在半对数格纸上作 s-t 图线（t 取对数尺度）。

② 将 s-t 图线的直线部分延长，交纵坐标得 s_0，交横坐标得 t_0。

③ 求直线的斜率 m，由于 $\lg(10t/t)=1$，所以一个对数周期相应的降深 Δs 就是斜率 m，如图 9-19 所示。

④ 用式(9-127)计算 T 值，用式(9-128)计算 a 值，则 $\mu^* = T/a$。

直线图解法的优点是既可以避免配线法的随意性，又能充分利用抽水后期的所有资料。缺点是必须满足 $u \leqslant 0.01$ 或 $u \leqslant 0.05$ 的要求，即只有在 r 比较小，而 t 值比较大的情况下才能使用。否则抽水时间短，直线斜率小，截距值小，所得的 T 值偏大、μ^* 值偏小。

【**例 9-11**】某厂 14 号井在抽水过程中对距抽水井 43m 的 2 号观测井进行了观测，记录见表 9-7，试用直线图解法计算含水层的水文地质参数。

表 9-7　14 号井抽水试验资料

观测时间	14 号抽水井	2 号观测井	观测时间	14 号抽水井	2 号观测井
抽水累计时间 /min	抽水流量 /(m³/h)	降深 /m	抽水累计时间 /min	抽水流量 /(m³/h)	降深 /m
0	60	0	400	60	3.20
10	60	0.73	450	60	3.26
20	60	1.28	645	60	3.47
30	60	1.53	870	60	3.68
40	60	1.72	990	60	3.77
60	60	1.96	1185	停泵	3.85
80	60	2.14	1195		3.60
100	60	2.28	1210		3.45
120	60	2.39	1230		3.13
150	60	2.54	1270		2.75
210	60	2.77	1290		2.63
270	60	2.99	1320		2.51
330	60	3.10			

【解】　① 根据不同时间 t 和相应的 s 作 s-t 曲线，如图 9-19 所示中小圆圈。

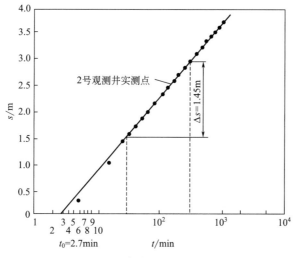

图 9-19　直线图解法分析图

② 将直线延长交横坐标得 $t_0 = 2.7\text{min}$。

③ 取 $t_1 = 30\text{min}$，$t_2 = 300\text{min}$，则斜率 $m(\Delta s) = 1.45\text{m}$。

④ 将 Q 及 m 代入式（9-127）中，得

$$T = 0.183\frac{Q}{m} = 0.183 \times \frac{60 \times 24}{1.45} = 182(\text{m}^2/\text{d})$$

将 r 及 t_0 代入式（9-128）中，得

$$a = 0.445\frac{r^2}{t_0} = 0.445 \times \frac{43^2 \times 1440}{2.7} = 4.38 \times 10^5(\text{m}^2/\text{d})$$

$$\mu^* = \frac{T}{a} = \frac{182}{4.38 \times 10^5} = 0.000415 = 4.15 \times 10^{-4}$$

9.4　地下水流向其他典型取水构筑物的出水量计算

9.4.1　大口井的出水量计算

大口井由其井直径较大而得名，其构造如图 9-20 所示。大口井是广泛用于开采浅层地下水的取水构筑物。一般井径大于 1.5m 即可视为大口井，常用大口井直径为 5～8m，最大不宜超过 10m。井深一般在 15m 以内。农村或小型给水系统也会采用直径小于 5m 的大口井，城市或大型给水系统也会采用直径大于 8m 的大口井。大口井具有构造简单、取材容易、施工方便、使用年限长、容积大（能兼起调节水量作用）等优点，在中小城镇、铁路、农村供水中应用较广。但大口井深度浅，对潜水水位变化适应性差，采用时必须注意地下水水位变化。

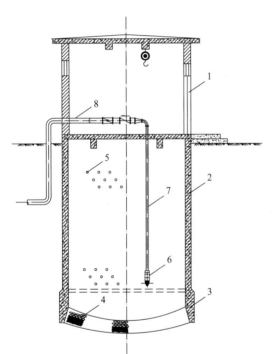

图 9-20　大口井的构造（与泵房合建）

1—泵房；2—井筒；3—刃脚；4—井底反滤层；
5—井壁透水孔；6—潜水泵；7—出水管；8—出水总管

大口井也有完整式和非完整式之分，完整大口井贯穿整个含水层，只有井壁进水，适用于颗粒粗、厚度薄（5～8m）、埋深浅的含水层，因为井壁进水孔容易堵塞，从而影响进水效果，故较少采用；在浅层含水层厚度较大（大于 10m）时，应建造不完整大口井，井身未贯穿整个含水层，因而壁和井底均可进水，进水范围大，集水效果好，调节能力强，是较为常用的井型。

大口井出水量计算有理论公式和经验公式等方法。经验公式与管井计算时相似。以下仅介绍应用理论公式计算大口井出水量的方法。

因大口井有井壁进水、井底进水或井壁、井底同时进水等方式，所以大口井出水量计算不仅随水文地质条件而异，还与其进水方式有关。

（1）从井壁进水的大口井可按完整井出水量计算公式进行计算。

（2）潜水含水层中井底进水的大口井（见图 9-21），当井底至含水层底板距离大于或等于井的半径（$T \geqslant r$）时，按巴布希金公式计算：

$$Q = \frac{2\pi K s_0 r}{\frac{\pi}{2} + \frac{r}{T}\left(1 + 1.185 \lg \frac{R}{4H}\right)} \tag{9-129}$$

式中，Q 为井的出水量，m^3/d；s_0 为出水量为 Q 时，井的水位降落值，m；K 为渗透系数，m/d；R 为影响半径，m；H 为含水层厚度，m；T 为含水层底板到井底的距离，m；

r 为井的半径，m。

承压含水层的大口井也可应用上式计算，将公式中的 T、H 均替换成承压含水层厚度即可。

当含水层很厚（$T \geqslant 8r$）时，可用福尔希海默公式计算：

$$Q = AKs_0 r \tag{9-130}$$

式中，A 为系数，当井底为平底时 $A=4$，当井底为球形时 $A=2\pi$。

其余符号含义与上式相同。

（3）井壁、井底同时进水的大口井可用出水量叠加方法进行计算。对于潜水含水层（图 9-22），井的出水量等于潜水含水层井壁进水的大口井的出水量和承压含水层中的井底进水的大口井出水量的总和：

$$Q = \pi K s_0 \left[\frac{2h - s_0}{2.3 \lg \dfrac{R}{r}} + \frac{2r}{\dfrac{\pi}{2} + \dfrac{r}{T}\left(1 + 1.185 \lg \dfrac{R}{4H}\right)} \right] \tag{9-131}$$

式中，符号如图 9-22 所示，其余同前。

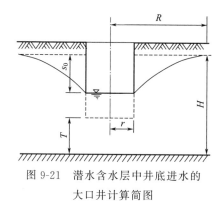

图 9-21　潜水含水层中井底进水的
大口井计算简图　　　　　

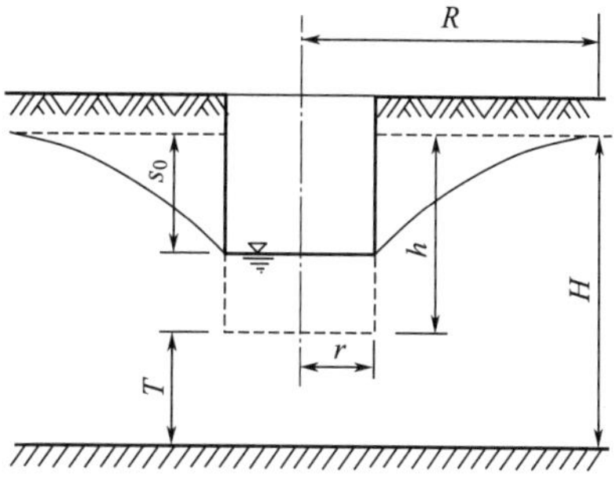

图 9-22　潜水含水层中井底井壁进水
大口井计算简图　　　　　

9.4.2　辐射井的出水量计算

辐射井是由大口径竖井和竖井内沿含水层水平方向布设的多根辐射管组成的，由于水平管呈辐射状分布，故称辐射井，其结构如图 9-23 所示。辐射井按集水井是否进水分为两种形式：一种是集水井井底与辐射管同时进水；另一种是井底封闭，仅由辐射管进水。前者适用于厚度较大（5～10m）的含水层，但集水井井底与辐射管的集水范围在高程上相近，互相干扰较大。后者适用于较薄（≤5m）的含水层，但由于集水井封底，辐射管施工和维修相对较为方便。

辐射井是一种适应性较强的取水构筑物。一般不能用大口井开采的、厚度较薄的含水层以及不能用渗渠开采的厚度薄、埋深大的含水层，可用辐射井开采。此外，辐射井对开发位于咸水上部的淡水透镜体，较其他取水构筑物更为适宜。辐射井与常规管井相比，有以下优点：出水量大，大范围控制地下水位，寿命长，运行费用低，维护方便。但辐射井的施工难度较高，施工质量和施工技术水平直接影响出水量的大小。

辐射井出水量计算比较复杂，因为影响辐射井出水量的除了水文地质条件外，尚有辐射管管径、长度、根数、布置方式等因素。现有的辐射井出水量计算公式较多，但都有一定的局限性，计算结果常与实际情况有不同程度的出入，只能在估算辐射井出水量时作参考。

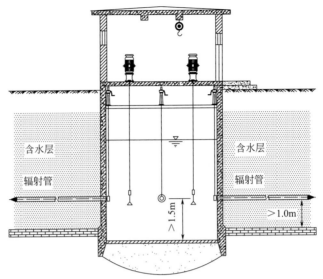

图 9-23　井底封闭单层辐射管的辐射井

9.4.2.1　承压含水层辐射井

承压含水层中辐射井的出水量可按下式计算：

$$Q = \frac{2.73 K M s_0}{\lg \dfrac{R}{r_a}}$$
(9-132)

$$r_a = 0.25^{1/n} L$$
(9-133)

式中，Q 为辐射井出水量，m^3/d；s_0 为集水井外壁水位降落值，m；K 为渗透系数，m/d；R 为影响半径，m；M 为承压含水层厚，m；r_a 为等效大口井半径，m；L 为辐射管长度，m；n 为辐射管数量，根。

此式实质上假设在同一含水层有一个半径为 r_a 的等效大口井，其出水量与计算的辐射井相等。这样，可以利用裘布依公式近似计算辐射井的出水量。这种假设的依据源于辐射井产生的人工渗流场具有统一的降落漏斗，与一般水井相似，计算时为了满足等效原则，应根据辐射管的进水条件，为理想大口井构造一个具有等效作用的引用半径 r_a。求 r_a 有多种经验公式，式(9-134)是其中之一。当辐射管长度有限且铺设较密时，r_a 也可用下式来计算：

$$r_a = \sqrt{\frac{A}{\pi}}$$
(9-134)

式中，A 为辐射管分布范围圈定的面积，m^2；其余符号含义同前。

9.4.2.2　潜水含水层辐射井

潜水含水层中辐射井的出水量计算简图如图 9-24 所示。

辐射井出水量可按下式计算：

$$Q = q n \alpha$$
(9-135)

$$\alpha = \frac{1.609}{n^{0.6864}}$$
(9-136)

$$q = \frac{1.36K(H^2 - h_0^2)}{\lg \dfrac{R}{0.75L}} \qquad (9\text{-}137)$$

式中，α 为辐射管间干扰系数，按式(9-136) 计算；q 为单根辐射管的出水量，m^3/d，按式(9-137) 计算；H 为含水层厚度，m；h_0 为井外壁动水位至含水层底板高，m；L 为辐射管长度，m；其余符号含义同式(9-132)、式(9-133)。

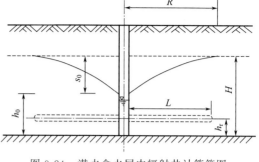

图 9-24　潜水含水层中辐射井计算简图

当 $h_r > h_0$ 时，q 由下式计算：

$$q = \frac{1.36K(H^2 - h_0^2)}{\lg \dfrac{R}{0.25L}} \qquad (9\text{-}138)$$

式中，h_r 为辐射管中心至含水层底板高，m；其余符号含义同前。

9.4.3　渗渠的出水量计算

渗渠即水平铺设在含水层中的集水管（渠）。渗渠可用于集取浅层地下水，也可铺设在河流、水库等地表水体之下或旁边，集取河床地下水或地表渗透水。由于集水管是水平铺设的，也称水平式地下水取水构筑物。

渗渠的埋深一般在 $4\sim7m$，很少超过 10m。因此，渗渠通常只适用于开采埋藏深度小于 2m、厚度小于 6m 的含水层。渗渠也有完整式（图 9-25）和非完整式（图 9-26）之分。

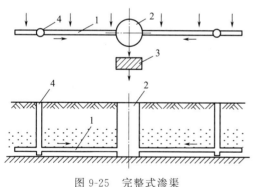

图 9-25　完整式渗渠

1—集水管；2—集水井；3—泵站；4—检查井

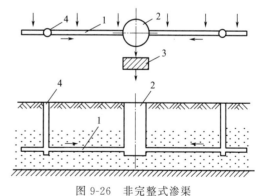

图 9-26　非完整式渗渠

1—集水管；2—集水井；3—泵站；4—检查井

我国东北、西北的一些山区及山前区的河流，其径流变化很大，枯水期甚至有断流情况，河床稳定性差，冬季水情严重，因此，地表水取水构筑物不能全年取水。但是此类河流河床多覆有颗粒较粗、厚度不大的冲积层，蕴藏有所谓河床地下水（河床潜流水）。渗渠正是开采此类地下水的最适宜的取水构筑物。它能适应上述特殊的水文情况，实现全年取水。自然，如果含水层厚度及埋深允许，也可采用大口井、辐射井以及管井开采河床潜流水。此类构筑物又称渗透式取水构筑物。

河床潜流水直接由河流渗入，基本上属于河流水，但这种在河床砂砾层中沿河流方向缓慢流动的潜流水又常受相接于河岸的地下水所补给，因此，这种经地层渗滤又与地下水混合的潜流水兼有地表水和地下水水质的特点，如浊度、色度、细菌数等均较河水低，而硬度、矿化度较河水高。所以采用渗渠集取河床潜流水作饮用水水源，还可能简化净化工艺，降低水处理费用。

影响渗渠出水量的因素很多，它不仅与水文地质条件、渗渠铺设方式有关，对于集取地表水的渗渠来说，还与地表水体的水文条件、水质状况有密切关系。因此，选用公式时，必须了解公式的适用条件和水源的自然状况。否则，计算结果常会与实际情况有很大差异。以下仅介绍几种常见的渗渠出水量计算公式。

9.4.3.1 铺设在潜水含水层中的渗渠

潜水含水层中完整式渗渠（图9-27）出水量计算公式为：

$$Q = \frac{KL(H^2 - h_0^2)}{R} \tag{9-139}$$

式中，Q 为渗渠出水量，m^3/d；K 为渗透系数，m/d；R 为影响半径（影响带宽），m；L 为渗渠长度，m；H 为含水层厚度，m；h_0 为渗渠内水位距含水层底板高度，m。

潜水含水层中非完整式渗渠（图9-28）出水量计算公式为：

$$Q = \frac{KL(H^2 - h_0^2)}{R} \times \left(\frac{t + 0.5r_0}{h_0}\right)^{\frac{1}{2}} \times \left(\frac{2h_0 - t}{h_0}\right)^{\frac{1}{4}} \tag{9-140}$$

式中，t 为渗渠水深，m；r_0 为渗渠半径，m；其余符号含义同式(9-139)。

式(9-140)适用于渠底和底板距离不大时。

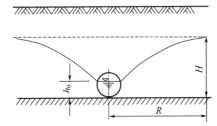

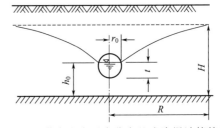

图9-27 潜水含水层中完整式渗渠计算简图　　　图9-28 潜水含水层中非完整式渗渠计算简图

9.4.3.2 平行于河流铺设在河滩下的渗渠

平行于河流铺设在河滩下同时集取岸边地下水和河床潜流水的完整式渗渠（图9-29）的出水量计算公式如下：

$$Q = \frac{KL}{2L_0}(H_1^2 - h_0^2) + \frac{KL}{2R}(H_2^2 - h_0^2) \tag{9-141}$$

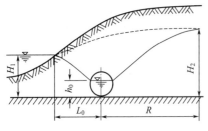

图9-29 河滩下完整式渗渠计算简图

式中，H_1 为河水位距底板的高度，m；H_2 为岸边地下水位距底板的高度，m；L_0 为渗渠中心至河流水边线的水平距离，m；其余符号含义同前。

9.4.3.3 铺设在河床下的渗渠

铺设在河床下集取河床潜流水的渗渠的出水量计算公式为：

$$Q=\alpha LK \frac{H_Y-H_0}{A} \tag{9-142}$$

对于非完整式渗渠（图 9-30），A 值可由下式求得：

$$A=0.37\lg\left[\tan\left(\frac{\pi}{8}\times\frac{4h-d}{T}\right)\cot\left(\frac{\pi}{8}\times\frac{d}{T}\right)\right] \tag{9-143}$$

对于完整式渗渠（图 9-31），A 值为：

$$A=0.73\lg\left[\cot\left(\frac{\pi}{8}\times\frac{d}{T}\right)\right] \tag{9-144}$$

式中，α 为淤塞系数，河水浊度低时采用 0.8，中等浑浊取 0.6，浊度很高时取 0.3，也可根据经验选取；H_Y 为河水位至渗渠顶的距离，m；H_0 为渗渠的剩余水头，m（当渗渠内为自由水面时，$H_0=0$，一般采用 $H_0=0.5\sim1.0\mathrm{m}$）；T 为含水层厚度，m；h 为床面至渠底高度，m；d 为渗渠直径或宽度，m；其余符号含义同前。

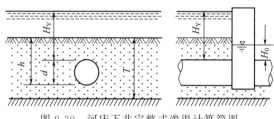

图 9-30　河床下非完整式渗渠计算简图　　　图 9-31　河床下完整式渗渠计算简图

9.5　水文地质对土木工程的影响

9.5.1　毛细水对土木工程的影响

毛细水（capillary water）主要存在于直径为 $0.002\sim0.5\mathrm{mm}$ 的孔隙中。大于 0.5mm 孔隙中，一般以毛细边角水形式存在；小于 0.002mm 孔隙中，一般被结合水充满，无毛细水存在的可能。毛细水对土木工程有如下影响。

（1）产生毛细压力，即：

$$p_c=2\omega\frac{\cos\theta}{d} \tag{9-145}$$

式中，p_c 为毛细压力，kPa；d 为毛细管直径，m；ω 为水的表面张力系数，当温度为 10℃时，$\omega=0.073\mathrm{N/m}$；θ 为水浸润毛细管壁的接触角度（当 $\theta=0$ 时，认为毛细管壁是完全浸润的；当 $\theta<90°$ 时，表示水能浸润表面；当 $\theta\geqslant90°$ 时，表示水不能润湿固体表面）。

对于砂性土特别是细砂、粉砂，毛细压力作用会使砂性土具有一定的黏聚力。

（2）毛细水对土中气体的分布与流通有一定的影响，常常是导致产生封闭气体的原因。封闭气体可以增加土的弹性，减小土的渗透性。

（3）当地下水位埋深较浅时，由于毛细水上升，可以助长地基土的冰冻现象，致使地下室潮湿甚至危害房屋基础，破坏公路路面，促使土的沼泽化及盐渍化，从而增强地下水对混凝土等建筑材料的腐蚀。砂性土和黏性土的毛细水最大上升高度见表 9-8。

表 9-8　土的毛细水最大上升高度（据西林-别克丘林，1958）

项目	土名				
	粗砂	中砂	细砂	粉砂	黏性土
最大上升高度 h_c/cm	2～5	12～35	35～70	70～150	>200～400

9.5.2　重力水对土木工程的影响

9.5.2.1　潜水位上升引起的岩土工程问题

潜水位上升可以引起很多岩土工程的问题，总结如下。

（1）潜水位上升后，毛细水作用可能导致土壤次生沼泽化、盐渍化，改变岩土体物理力学性质，增强岩土和地下水对建筑材料的腐蚀。在寒冷地区，毛细水冻结，体积增大，对岩土体造成冻胀破坏。

（2）潜水位上升，原来干燥的岩土被水饱和、软化，降低岩土抗剪强度，可能诱发边坡产生变形、滑移、崩塌失稳等不良地质现象。

（3）崩解性岩土、湿陷性黄土、盐渍岩土等遇水后，可能发生崩解、湿陷、软化，其岩土结构被破坏，强度降低，压缩性增大。而膨胀性岩土遇水后则发生膨胀性破坏。

（4）潜水位上升，可能使硐室淹没，还可能使建筑物基础上浮，危及安全。

9.5.2.2　地下水位下降引起的岩土工程问题

地下水位下降往往会引起地面沉降、海水入侵、地裂缝等一系列不良现象。

（1）地面沉降。地面沉降（land subsidence）是指在一定的地表面积内所发生的地面水平面降低的现象。地下水位下降诱发地面沉降的现象可以用有效应力原理加以解释。地下水位的下降减小了土中的孔隙水压力，从而增加了土壤颗粒间的有效应力，有效应力的增加会引起土的压缩。许多大城市过量抽取地下水致使区域地下水位下降从而引发地面沉降，就是这个原因。同样的道理，由于在许多土木工程中进行深基础施工时，往往需要人工降低地下水位，如果降水周期长、水位降深大、土层有足够的固结时间，则会导致降水影响范围内的土层发生固结沉降，轻者造成邻近的建筑物、道路、地下管线的不均匀沉降，重者导致建筑物开裂、道路破坏、管线错断等危害。人工降低地下水位导致土木工程的破坏还有另一方面的原因：如果抽水井滤网和反滤层的设计不合理或施工质量差，那么，抽水时会将土层中的粉粒、砂粒等细小土颗粒随同地下水一起带出地面，使降水井周围土层很快发生不均匀沉降，造成土木工程的破坏。另外，降水井抽水时，井内水位下降，井外含水层中的地下水不断流向滤管，经过一段时间后，在井周围形成漏斗状的弯曲水面——降落漏斗。由于降落漏斗范围内各点地下水下降的幅度不一致，因此会造成降水井周围土层不均匀沉降。

（2）海水入侵。海水入侵（sea water intrusion）是源于人为超量开采地下水造成水动力平衡的破坏。近海地区的潜水或承压含水层往往与海水相连，在天然状态下，陆地的地下淡水向海洋排泄，含水层保持较高的水头，淡水与海水保持某种动态平衡，因而陆地淡水含水层能阻止海水入侵。如果大量开发陆地地下淡水，引起大面积地下水位下降，可能导致海水向地下水含水层入侵，使灌溉地下水水质变咸，土壤盐渍化，灌溉机井报废，导致水田面积减少，旱田面积增加。

（3）地裂缝。地裂缝（ground fissure）是地表岩、土体在自然或人为因素作用下开裂，并在地面形成一定长度和宽度的裂缝的一种地质现象。按照成因分为 8 种类型，其中隐伏裂隙开启裂缝、松散土体潜蚀裂缝、黄土湿陷裂缝、地面沉陷裂缝等都与地下水有关。

近年来，在我国很多地区发现地裂缝，西安是地裂缝发育最严重的城市，据分析是地下水位大面积、大幅度下降而诱发的。过量开采承压水引发的地裂缝，其两侧地面不均匀沉降。

9.5.2.3　地下水的渗透破坏

地下水的渗透破坏主要有潜蚀、流砂和管涌三个方面。

（1）潜蚀。潜蚀（subsurface erosion）是水流沿土层的垂直节理、劈理、裂隙或洞穴进入地下，再向沟谷流出，形成地下流水通道所发生的机械侵蚀和溶蚀作用。

渗透水流在一定水力坡度（即地下水水力坡度大于岩土产生潜蚀破坏的临界水力坡度）条件下产生较大的动水压力冲刷，携走细小颗粒或溶蚀岩土体，使岩土体中孔隙不断增大，甚至形成洞穴，导致岩土体结构松动或破坏，以致产生地表裂隙、塌陷，影响工程的稳定。在黄土和岩溶地区的岩、土层中最容易发生潜蚀作用。

（2）流砂。流砂（drift sand）是指松散细小颗粒土被地下水饱和后，在动水压力即水头差的作用下产生的悬浮流动现象。流砂多发生在颗粒级配均匀的粉细砂中，有时在粉土中也会产生流砂。其表现形式是所有颗粒同时从一近似于管状的通道中被渗透水流冲走。流砂发展的结果是使基础发生滑移或不均匀沉降、基坑坍塌、基础悬浮等。流砂通常是由工程活动引起的。但是在有地下水出露的斜坡、岩边或有地下水溢出的地表面也会发生。流砂对岩土工程危害极大，所以在可能发生流砂的地区施工时，应尽量利用其上面的土层作为天然地基，尽量避免在水位下开挖施工。

（3）管涌。地基土在具有某种渗透速度的渗透水流作用下，其中细小颗粒被冲走，岩土的孔隙逐渐增大，慢慢形成一种能穿越地基的细管状渗流通路，从而掏空地基或坝体，使地基斜坡变形、失稳，此现象被称为管涌（piping）。管涌通常是由工程活动引起的，但是在有地下水出露的斜坡、岸边或有地下水溢出的地表也会发生。

在有可能发生管涌的地层中修建水坝、挡土墙及基坑排水工程时，为防止管涌发生，设计时必须控制地下水溢出带的水力坡度，使其小于产生管涌的临界水力坡度。

9.5.2.4　地下水的浮托作用

当建筑物基础底面位于地下水位以下时，地下水对基础底面产生净水压力，即产生浮托力（buoyancy force）。如果基础位于粉土、砂土、碎石土和节理裂隙不发育的岩石地基上，可按地下水位 100% 计算浮托力；如果基础位于节理裂隙不发育的岩石地基上，可按地下水位 50% 计算浮力；如果基础位于黏性土地基上，其浮托力较难确切地确定，应结合地区的经验考虑。

地下水不仅对建筑物基础产生浮托力，同样对其水位以下的岩体、土体产生浮托力。所以在确定地基承载力设计值时，无论是基础底面以下土的天然重度还是基础底面以上土的加权平均重度，地下水位以下一律取有效重度。

9.5.2.5　承压水对基坑的作用

当深基坑下部有承压含水层存在时，开挖基坑会减小含水层上覆隔水层的厚度，在隔水层厚度减小到一定程度时，承压水的水头压力能顶裂或冲毁基坑底板，造成突涌现象。基坑突涌将会破坏地基强度，并给施工带来很大困难。所以，在进行基坑施工时，必须分析承压水头是否会冲毁基坑底部的黏性土层。在工程实践中，通常用压力平衡概念进行验算，即：

$$\gamma M = \gamma_w H \tag{9-146}$$

式中，γ、γ_w 分别为黏性土的重度和地下水的重度，kN/m^3；H 为相对于含水层顶板的承压水头值，m；M 为基坑开挖后基坑底部黏土层的厚度，m。

所以基坑底部黏土层的厚度必须满足：

$$M > \gamma_w H / \gamma$$

当 $M \leqslant \gamma_w H / \gamma$ 时，必须采用人工方法抽汲承压层中的地下水，局部降低承压水头，使其下降，直到满足 $\gamma M = \gamma_w H$，方可避免产生基坑突涌现象。

9.5.2.6　地下水对混凝土的腐蚀影响

地下工程、桥梁基础等都不可避免地长期与地下水接触，地下水中含的多种化学成分可以与建筑物的混凝土部分发生化学反应，在混凝土内形成新的化合物。这些物质形成或体积膨胀时可以使混凝土开裂破坏，或溶解混凝土中某些组成部分使其结构破坏、强度降低，最终使混凝土因受到侵蚀而破坏。

地下水中起侵蚀作用的主要化学成分是游离的 CO_2 和 SO_4^{2-}，此外，其还与水的 pH 值、HCO_3^- 含量及 Mg^{2+} 含量有关。

（1）地下水对混凝土的侵蚀类型。硅酸盐水泥遇水硬化，并且形成氢氧化钙 $[Ca(OH)_2]$、水化硅酸钙（$CaOSiO_3 \cdot 12H_2O$）、水化铝酸钙（$CaOAl_2O_3 \cdot 6H_2O$）等，这些物质组合会受到地下水中某些成分的腐蚀。根据地下水对建筑结构材料侵蚀性的性质，将侵蚀类型分为三种：结晶性侵蚀、分解性侵蚀和结晶分解复合性侵蚀。

① 结晶性侵蚀。结晶性侵蚀是水中硫酸盐类与混凝土中的固态游离石灰质或水泥结石作用，产生结晶。结晶体形成时，体积增大，产生膨胀压力，导致混凝土破坏，如 SO_4^{2-} 生成 $CaSO_4 \cdot 2H_2O$ 时体积增大 1 倍，生成 $MgSO_4 \cdot 7H_2O$ 时体积增大 430%。

② 分解性侵蚀。分解性侵蚀是水中 H^+ 与侵蚀性 CO_2 超过一定限度时，使混凝土表面的碳化层以及混凝土中固态游离石灰质溶解于水，使混凝土毛细孔中的碱度降低，导致水泥结石按下式分解：

$$2CaCO_3 + 2H^+ \longrightarrow Ca(HCO_3)_2 + Ca^{2+} \longrightarrow 2HCO_3^- + 2Ca^{2+} \tag{9-147}$$

$$CaCO_3 + CO_2 + H_2O \longrightarrow Ca(HCO_3)_2 \longrightarrow 2HCO_3^- + Ca^{2+} \tag{9-148}$$

由上述反应可知，当地下水中 CO_2 含量超过平衡所需的数量时，混凝土中的 $CaCO_3$ 就被溶解而受腐蚀。将超过平衡浓度的 CO_2 称为侵蚀性 CO_2。地下水中侵蚀性 CO_2 愈多，对混凝土的腐蚀愈强。地下水流量、流速都很大时，CO_2 易补充，平衡难建立，因而腐蚀加快。

③ 结晶分解复合性侵蚀。结晶分解复合性侵蚀是指某些弱碱硫酸盐阳离子与混凝土作用所发生的侵蚀，如 $MgSO_4$、$(NH_4)_2SO_4$ 等与混凝土的作用，既有结晶性侵蚀，又有分解性侵蚀。$CaCO_3$ 与镁盐作用的生成物中，除 $Mg(OH)_2$ 不易溶解外，$CaCl_2$ 则易溶于水，生成物并随之流失。硬石膏一方面与混凝土中的水化铝酸钙反应生成水合硫铝酸钙（水泥杆菌）；另一方面，硬石膏遇水生成二水石膏，二水石膏在结晶时，体积膨胀，破坏混凝土的结构。

（2）地下水对混凝土侵蚀性的评价标准。根据各种侵蚀所引起的破坏作用，规定结晶性

侵蚀的评价指标为 SO_4^{2-} 的含量；分解性侵蚀的评价指标是侵蚀性 CO_2、HCO_3^- 和 pH 值；而将 Mg^+、NH_4^+、Cl^-、SO_4^{2-} 的含量作为结晶分解复合性侵蚀的评价标准。同时，在评价环境水（与混凝土接触的水，包括地下水和地表水）对混凝土的侵蚀性时必须结合建筑场地所属的环境类别，如表 9-9 所示。

表 9-9　混凝土侵蚀的场地环境类型

环境类型	场地环境地质条件
I	高寒区、干旱区直接临水；高寒区、干旱区含水量 $w\geqslant10\%$ 的强透水土层或含水量 $w\geqslant20\%$ 的弱透水土层
II	湿润区直接临水；湿润区含水量 $w\geqslant20\%$ 的强透水土层或 $w\geqslant30\%$ 的弱透水土层
III	高寒区、干旱区含水量 $w<20\%$ 的弱透水土层或含水量 $w<10\%$ 的强透水土层；湿润区含水量 $w\leqslant30\%$ 的弱透水土层或含水量 $w<20\%$ 的强透水土层

注：1. 高寒区是指海拔高度等于或大于 3000m 的地区；干旱区是指海拔高度小于 3000m 的地区，干燥度指数等于或大于 1.5 的地区；湿润区是指干燥度指数小于 1.5 的地区。

2. 强透水层是指碎石土、砾砂、中砂和细砂；弱透水层是指粉砂、粉土和黏性土。

3. 含水量 $w<3\%$ 的土层，可视为干燥土层，不具有腐蚀环境条件。

4. 当有地区经验时，环境类型可根据地区经验划分；当同一场地出现两种环境类型时，应根据具体情况选定。

地下水对建筑材料腐蚀性的评价标准如表 9-10 和表 9-11 所示。结晶、分解和结晶分解复合性等三类腐蚀中，只要有一类具有腐蚀时则按该类腐蚀等级作为评价结论。若有两类或三类均具有腐蚀时，以具有较高腐蚀等级者作为综合评价结论。

表 9-10　按环境类型水和土对混凝土结构的腐蚀性评价

腐蚀等级	腐蚀介质	环境类型		
		I	II	III
弱	硫酸盐（SO_4^{2-}）含量/(mg/L)	250～500	500～1500	1500～3000
中		500～1500	1500～3000	3000～6000
强		＞1500	＞3000	＞6000
弱	镁盐（Mg^{2+}）含量/(mg/L)	1000～2000	2000～3000	3000～4000
中		2000～3000	3000～4000	4000～5000
强		＞3000	＞4000	＞5000
弱	铵盐（NH_4^+）含量/(mg/L)	100～500	500～800	800～1000
中		500～800	800～1000	1000～1500
强		＞800	＞1000	＞1500
弱	苛性碱（OH^-）含量/(mg/L)	35000～43000	43000～57000	57000～70000
中		43000～57000	57000～70000	70000～100000
强		＞57000	＞70000	＞100000
弱	总矿化度/(mg/L)	10000～20000	20000～50000	50000～60000
中		20000～50000	50000～60000	60000～70000
强		＞50000	＞60000	＞70000

注：1. 表中数值使用于有干湿交替作用的情况；无干湿交替作用时，表中数值应乘以 1.3 的系数。

2. 表中数值使用于不冻区（段）的情况；对冻区（段），表中数值应乘以 0.8 的系数；对微冻区（段），应乘以 0.9 的系数。

3. 表中数值使用于水的腐蚀性评价，对土的评价，应乘以 1.5 的系数，单位以 mg/kg 表示。

4. 表中苛性碱（OH^-）含量（mg/L）应为 NaOH 和 KOH 中的 OH^- 含量（mg/L）。

表 9-11　按地层渗透性水和土对混凝土的腐蚀性评价

腐蚀等级	pH 值		侵蚀性 CO_2/(mg/L)		HCO_3^-/(mmol/L)	
	A	B	A	B	A	B
弱	5.0～6.5	4.0～5.0	15～30	30～60	1.0～0.5	—
中	4.0～5.0	3.5～4.0	30～60	60～100	<0.5	—
强	<4.0	<3.5	>60	—	—	—

注：1. 表中 A 指直接临水或强透水层中的地下水；B 指弱透水层中的地下水。

2. HCO_3^- 含量是指水的矿化度低于 0.1g/L 的软水，该类水质 HCO_3^- 的腐蚀性。

3. 土的腐蚀性评价只考虑 pH 值指标；评价其腐蚀性时，A 是指含水量 $w \geqslant 20\%$ 的强透水土层，B 是指含水量 $w \geqslant 30\%$ 的弱透水土层。

9.5.2.7　地下水对钢筋混凝土结构的腐蚀影响

地下水对钢筋混凝土结构中钢筋的腐蚀性评价和对钢结构腐蚀性的评价标准见表 9-12 和表 9-13。

表 9-12　水对钢筋混凝土结构中钢筋的腐蚀性评价标准

腐蚀等级	水中的 Cl^- 含量/(mg/L)		土中的 Cl^- 含量/(mg/kg)	
	长期浸水	干湿交替	$w<20\%$ 的土层	$w \geqslant 20\%$ 的土层
弱腐蚀	>5000	100～500	400～750	250～500
中等腐蚀	—	500～5000	750～7500	500～5000
强腐蚀		>5000	>7500	>5000

注：当水或土中同时存在氯化物和硫酸盐时，表中的 Cl^- 含量是指氯化物中的 Cl^- 与硫酸盐折算后的 Cl^- 之和，即 Cl^- 含量等于 $Cl^- + SO_4^{2-} \times 0.25$，单位分别为 mg/L 和 mg/kg。

表 9-13　水对钢结构的腐蚀性评价标准

腐蚀等级	pH 值；$(Cl^- + SO_4^{2-})$ 含量/(mg/L)
弱腐蚀	pH=3～11；$(Cl^- + SO_4^{2-}) < 500$
中等腐蚀	pH=3～11；$(Cl^- + SO_4^{2-}) \geqslant 500$
强腐蚀	pH=3～11；$(Cl^- + SO_4^{2-})$ 为任何浓度

水质腐蚀指标中，金属结构物受环境水腐蚀时，只要有一项已具腐蚀，则将该相应的腐蚀等级作为评价结论；若有两项或两项以上具有同一腐蚀等级，在评价结论中应提高一个腐蚀等级；若有两项或两项以上均具腐蚀时，以具有较高腐蚀等级者的腐蚀等级作为评价结论的腐蚀等级。必要时，应取金属建筑材料在场地环境及相应条件下进行专门腐蚀试验，以腐蚀率和局部腐蚀程度做出环境水腐蚀性评价结论。

 任务解决

1. 分析整理岩溶灰岩含水层的抽水资料。

2. 绘制流量与水位的各种关系曲线（直线型、抛物线形、幂函数曲线形、对数曲线形），并判别其所属类型。

3. 确定参数，预测竖井的涌水量。

知识拓展

为了预防和消除地下水对矿井建设和采矿生产造成的危害，应采取哪些措施防治矿井水？

对于矿井水的防治，可以从两方面考虑：一是防水；二是治水。防水就是防止矿井水大量涌水，减少渗入矿井的水源。如可以先查明矿井周围水体、含水层情况等，修建防水墙或防水闸门进行隔离。治水就是疏干地下水或降压等，如可以采用各种取水构筑物揭露含水层和富水带进行地下水的疏排。

思考与练习题

1. 什么是渗流？为什么要通过渗流来研究真实的地下水流？

2. 实际流速和渗流流速之间是什么关系？

3. 地下水的渗流运动按运动要素在空间的表现形式可分为哪些类别？

4. 水力坡度的表达式 $J = \dfrac{H_1 - H_2}{L}$ 与 $J = -\dfrac{\mathrm{d}H}{\mathrm{d}s}$ 有何区别？

5. 达西定律的适用条件是什么？

6. 取水构筑物有哪几种类型？

7. 裘布依公式是在什么条件下推导出来的？

8. 稳定井流流量的经验计算公式有哪几种？如何选择？

9. 根据井径出水量计算公式，井径的大小对出水量影响如何？实际情况又如何？为什么？

10. 什么是井损？为什么会产生井损？

11. 什么是渗出面？分析其存在的必然性。

12. 用裘布依公式计算流量时应采用井壁水位 h_s 还是井内水位 h_w？为什么？

13. 什么是干扰井？有干扰井时井的出水量如何变化？

14. 按过滤器在含水层中的进水部分不同，非完整井可以分为哪几种？

15. 非稳定流理论解决的主要问题是什么？

16. 什么是越流？产生的条件有哪些？

17. 承压水完整井稳定流和非稳定流的渗流速度是什么关系？

18. 在有越流补给时地下水流向井的非稳定运动中，降深随时间如何变化？

19. 在实验室中，利用达西试验装置测定土样的渗透系数。圆筒直径为 $d = 20\mathrm{cm}$，两测压管的间距为 $L = 40\mathrm{cm}$，测得渗流量为 $Q = 100\mathrm{mL/min}$，两测压管水头差为 20cm。试求土样的渗透系数。

20. 一承压完整井，抽水达到恒定时的水位降深 $s_w = 5\mathrm{m}$，含水层厚度 $M = 15.9\mathrm{m}$，渗透系数 $K = 8\mathrm{m/d}$，井中水深 $h_w = 19.8\mathrm{m}$，影响半径 $R = 100\mathrm{m}$，井径 $r_w = 12.7\mathrm{m}$，试求其抽水量。

21. 某承压含水层中有一口直径为 0.20m 的抽水井，在距抽水井 527m 远处设有一个观测孔。含水层厚度为 52.50m，渗透系数为 11.12m/d。试求井内水位降深为 6.61m，观测孔水位降深为 0.78m 时的抽水井流量。

22. 在厚度为 27.50m 的承压含水层中有一口抽水井和两个观测孔。已知渗透系数为 50m/d，抽水时，距抽水井 40m 处观测孔的水位降深为 0.32m，90m 处观测孔的水位降深为 0.1m。试求抽水井的流量。

23. 在厚度为 12.5m 的潜水含水层中有一口抽水井和一个观测孔，两者之间相距 50m，已知抽水井半径为 0.06m。渗透系数为 25.3m/d，抽水时，井内水位降深为 2.50m，观测孔处水位降深为 0.24m。试求抽水井的流量。

24. 在某潜水含水层中有一口抽水井和二个观测孔，含水层厚 44m，渗透系数为 0.25m/h，两观测孔距抽水井的距离为 $r_1 = 50m$，$r_2 = 100m$，抽水时相应水位降深为 $s_1 = 6m$，$s_2 = 3m$。试求抽水井的流量。

25. 在单井中进行三次抽水试验，试验数据如下：$s_{w1} = 1.8m$，$Q_1 = 40L/s$；$s_{w2} = 3.2m$，$Q_2 = 60L/s$；$s_{w3} = 4.7m$，$Q_3 = 75L/s$。

试根据抽水试验结果，按经验公式计算水位降落值为 6.5m 时井的出水量。

26. 在某承压含水层中进行了三次不同降深的稳定流抽水试验。已知含水层厚 16.50m，影响半径为 1000m，当流量为 511.5m³/d 时，距抽水井 50m 处观测孔的水位降深为 0.67m。试根据下表确定抽水井的井损值。

降深次数	$Q/(m^3/d)$	$s_{t,w}/m$	$\frac{s_{t,w}}{Q}s_{t,w}/Q/(d/m^2)$
1	320.54	1.08	3.37×10^{-3}
2	421.63	1.55	3.68×10^{-3}
3	511.50	1.90	3.71×10^{-3}

27. 相距 400m 的两口承压水井，井径、流量、降深及影响半径均相同。数据如下：井径为 0.3m，影响半径为 700m，含水层厚度为 10m。试计算两口井同时抽水时，水位降深为 4m 时的总出水量。

28. 在某河漫滩阶地的冲积砂层中打了一口抽水井和一个观测孔。已知初始潜水位为 14.69m，抽水试验时的水位观测资料列于下表，试计算含水层的渗透系数。

类别	至抽水井中心距离/m	第一次降深		第二次降深		第三次降深	
		水位/m	流量/(m³/d)	水位/m	流量/(m³/d)	水位/m	流量/(m³/d)
抽水井	0.15	13.32	302.40	12.90	456.80	12.39	506.00
观测孔	12.00	13.77	—	13.57	—	13.16	—

29. 某承压含水层中的两个观测孔距抽水井分别为 30m 和 90m。抽水稳定时，测得两孔的水位降深分别为 0.14m 和 0.08m。试确定抽水井的影响半径。

30. 某承压含水层中的两个观测孔距抽水井分别为 30m 和 90m。抽水稳定时，测得两孔的水位降深分别为 0.14m 和 0.08m。试确定抽水井的影响半径。

31. 在承压含水层中进行非稳定流抽水试验，抽水井在平面上是无限的，抽水持续了 9h，流量为 69m³/h，观测孔距抽水井 197m，观测孔水位降深资料如下表所示，试确定含

水层的储水系数 μ^* 和导水系数 T。

观测孔水位降深资料

抽水开始后的累计时间 t		水位降深 s	抽水开始后的累计时间 t		水位降深 s
min	h	/m	min	h	/m
1	0.02	0.05	180	3.0	0.735
4	0.07	0.054	210	3.5	0.755
6	0.1	0.10	240	4.0	0.76
10	0.17	0.175	270	4.5	0.76
15	0.25	0.26	300	5.0	0.763
20	0.33	0.33	330	5.5	0.77
25	0.42	0.383	360	6.0	0.772
30	0.5	0.425	390	6.5	0.785
60	1.0	0.575	420	7.0	0.79
75	0.25	0.62	450	7.5	0.792
90	1.5	0.64	480	9.0	0.794
120	2.0	0.685	510	9.5	0.795
150	2.5	0.725	540	9.0	0.796

附　录

附录1　海森概率格纸的横坐标分格表

$P/\%$	由中值(50%)起的水平距离	$P/\%$	由中值(50%)起的水平距离
0.01	3.720	7	1.476
0.02	3.540	8	1.405
0.03	3.432	9	1.341
0.04	3.353	10	1.282
0.05	3.290	11	1.227
0.06	3.239	12	1.175
0.07	3.195	13	1.126
0.08	3.156	14	1.080
0.09	3.122	15	1.036
0.10	3.090	16	0.994
0.15	2.967	17	0.954
0.2	2.878	18	0.915
0.3	2.748	19	0.878
0.4	2.652	20	0.842
0.5	2.576	22	0.774
0.6	2.512	24	0.706
0.7	2.457	26	0.643
0.8	2.409	28	0.583
0.9	2.366	30	0.524
1.0	2.326	32	0.468
1.2	2.257	34	0.412
1.4	2.197	36	0.358
1.6	2.144	38	0.305
1.8	2.097	40	0.253
2	2.053	42	0.202
3	1.881	44	0.151
4	1.751	46	0.100
5	1.645	48	0.050
6	1.555	50	0.000

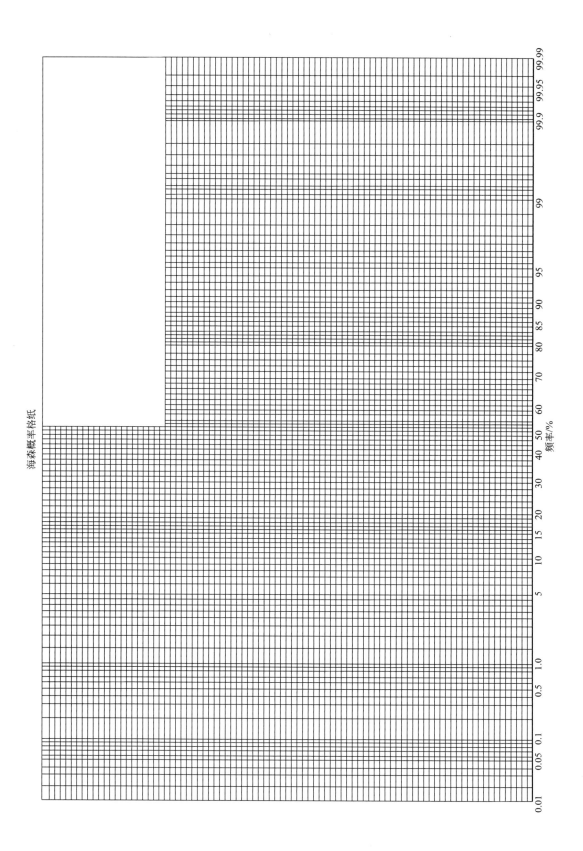

海森概率格纸

频率/%

附录 2 皮尔逊Ⅲ型曲线离均系数 Φ_P 值表

C_s	P/%													
	0.01	0.1	1	3	5	10	25	50	75	90	95	97	99	99.9
0.00	3.72	3.09	2.33	1.88	1.65	1.28	0.67	−0.00	−0.67	−1.28	−1.65	−1.88	−2.33	−3.09
0.05	3.73	3.16	2.36	1.90	1.65	1.28	0.66	−0.01	−0.68	−1.28	−1.63	−1.86	−2.29	−3.02
0.10	3.94	3.23	2.40	1.92	1.67	1.29	0.66	−0.02	−0.68	−1.27	−1.62	−1.84	−2.25	−2.95
0.15	4.05	3.31	2.44	1.94	1.68	1.30	0.66	−0.02	−0.68	−1.26	−1.60	−1.82	−2.22	−2.88
0.20	4.16	3.38	2.47	1.96	1.70	1.30	0.65	−0.03	−0.69	−1.26	−1.59	−1.79	−2.18	−2.81
0.25	4.27	3.45	2.50	1.98	1.71	1.30	0.64	−0.04	−0.70	−1.25	−1.56	−1.77	−2.14	−2.74
0.30	4.38	3.52	2.54	2.00	1.72	1.31	0.64	−0.05	−0.70	−1.25	−1.56	−1.75	−2.10	−2.67
0.35	4.50	3.59	2.58	2.02	1.73	1.32	0.64	−0.06	−0.70	−1.24	−1.53	−1.72	−2.06	−2.60
0.40	4.61	3.66	2.62	2.04	1.75	1.32	0.63	−0.07	−0.71	−1.23	−1.52	−1.71	−2.03	−2.53
0.45	4.72	3.74	2.64	2.06	1.76	1.32	0.62	−0.08	−0.71	−1.2	−1.51	−1.68	−2.00	−2.47
0.50	4.83	3.81	2.69	2.08	1.77	1.32	0.62	−0.08	−0.71	−1.22	−1.49	−1.66	−1.96	−2.40
0.55	4.94	3.88	2.72	2.10	1.79	1.33	0.62	−0.09	−0.72	−1.21	−1.47	−1.64	−1.92	−2.33
0.60	5.05	3.96	2.76	2.12	1.80	1.33	0.61	−0.10	−0.72	−1.20	−1.46	−1.61	−1.88	−2.27
0.65	5.16	4.03	2.79	2.14	1.81	1.33	0.60	−0.11	−0.72	−1.19	−1.44	−1.59	−1.84	−2.20
0.70	5.28	4.10	2.82	2.15	1.82	1.33	0.59	−0.12	−0.72	−1.18	−1.42	−1.57	−1.81	−2.14
0.75	5.39	4.17	2.86	2.17	1.83	1.34	0.58	−0.12	−0.72	−1.18	−1.41	−1.54	−1.77	−2.08
0.80	5.50	4.24	2.89	2.19	1.84	1.34	0.58	−0.13	−0.73	−1.17	−1.39	−1.52	−1.73	−2.02
0.85	5.62	4.31	2.92	2.20	1.85	1.34	0.58	−0.14	−0.73	−1.16	−1.37	−1.49	−1.70	−1.96
0.90	5.73	4.39	2.96	2.22	1.86	1.34	0.57	−0.15	−0.73	−1.15	−1.35	−1.47	−1.66	−1.90
0.95	5.84	4.46	2.99	2.24	1.87	1.34	0.56	−0.16	−0.73	−1.14	−1.34	−1.45	−1.62	−1.84
1.00	5.96	4.53	3.02	2.25	1.88	1.34	0.55	−0.16	−0.73	−1.13	−1.32	−1.42	−1.59	−1.79
1.05	6.07	4.60	3.06	2.27	1.89	1.34	0.54	−0.17	−0.74	−1.12	−1.30	−1.40	−1.55	−1.73
1.10	6.19	4.67	3.09	2.28	1.89	1.34	0.54	−0.18	−0.74	−1.11	−1.28	−1.37	−1.52	−1.68
1.15	6.30	4.74	3.12	2.30	1.90	1.34	0.53	−0.19	−0.74	−1.10	−1.26	−1.35	−1.48	−1.63
1.20	6.41	4.82	3.15	2.31	1.91	1.34	0.52	−0.20	−0.74	−1.09	−1.25	−1.33	−1.45	−1.58
1.25	6.53	4.89	3.18	2.33	1.92	1.34	0.52	−0.20	−0.74	−1.08	1.22	−1.30	−1.42	−1.53
1.30	6.64	4.96	3.21	2.34	1.93	1.34	0.51	−0.21	−0.74	−1.06	−1.21	−1.28	−1.38	−1.48
1.35	6.75	5.03	3.24	2.36	1.93	1.34	0.50	−0.22	−0.74	−1.05	−1.19	−1.26	−1.35	−1.44
1.40	6.87	5.10	3.27	2.37	1.94	1.34	0.49	−0.23	−0.73	−1.04	1.17	−1.23	−1.32	−1.39
1.45	6.98	5.16	3.30	2.38	1.95	1.34	0.48	−0.23	−0.73	−1.03	−1.15	−1.21	1.29	−1.35
1.50	7.09	5.23	3.33	2.40	1.95	1.33	0.47	−0.24	−0.73	−1.02	−1.13	−1.19	−1.26	−1.31
1.55	7.21	5.30	3.36	2.41	1.96	1.33	0.46	−0.25	−0.73	−1.01	−1.11	−1.16	−1.23	−1.28
1.60	7.32	5.37	3.39	2.42	1.96	1.33	0.46	−0.25	−0.73	−0.99	−1.09	−1.14	−1.20	−1.24
1.65	7.43	5.44	3.42	2.43	1.97	1.33	0.45	−0.26	−0.72	−0.98	−1.08	−1.12	−1.17	−1.20

C_s	$P/\%$													
	0.01	0.1	1	3	5	10	25	50	75	90	95	97	99	99.9
1.70	7.54	5.51	3.44	2.44	1.97	1.32	0.44	−0.27	−0.72	−0.97	−1.06	−1.10	−1.14	−1.17
1.75	7.66	5.58	3.47	2.46	1.98	1.32	0.43	−0.28	−0.72	−0.96	−1.04	−1.07	−1.11	−1.14
1.80	7.77	5.64	3.50	2.47	1.98	1.32	0.42	−0.28	−0.72	−0.95	−1.02	−1.05	−1.09	−1.11
1.85	7.88	5.71	3.53	2.48	1.99	1.31	0.41	−0.29	−0.72	−0.93	−1.00	−1.03	−1.06	−1.08
1.90	7.99	5.78	3.55	2.49	1.99	1.31	0.40	−0.29	−0.72	−0.92	−0.98	−1.01	−1.04	−1.05
1.95	8.10	5.84	3.58	2.50	1.99	1.31	0.40	−0.30	−0.72	−0.91	−0.97	−0.99	−1.01	−1.02
2.00	8.21	5.91	3.61	2.51	2.00	1.30	0.39	−0.31	−0.71	−0.90	−0.95	−0.97	−0.99	−1.00
2.05	8.32	5.97	3.63	2.52	2.00	1.30	0.38	−0.32	−0.71	−0.89	−0.94	−0.95	−0.96	−0.97
2.10	8.43	6.04	3.66	2.53	2.01	1.29	0.37	−0.32	−0.70	−0.88	−0.93	−0.93	−0.94	−0.95
2.15	8.54	6.10	3.68	2.54	2.01	1.28	0.36	−0.32	−0.70	−0.86	−0.92	−0.92	−0.92	−0.93
2.20	8.64	6.16	3.71	2.55	2.01	1.28	0.35	−0.33	−0.69	−0.85	−0.90	−0.90	−0.90	−0.91
2.25	8.75	6.23	3.72	2.56	2.01	1.27	0.34	−0.34	−0.68	−0.83	−0.88	−0.88	−0.89	−0.89
2.30	8.86	6.30	3.75	2.56	2.01	1.27	0.33	−0.34	−0.68	−0.82	−0.86	−0.86	−0.87	−0.87
2.35	8.97	6.36	3.78	2.56	2.01	1.26	0.32	−0.34	−0.67	−0.81	−0.84	−0.84	−0.85	−0.85
2.40	9.07	6.42	3.80	2.57	2.01	1.25	0.31	−0.35	−0.66	−0.79	−0.82	−0.82	−0.83	−0.83
2.45	9.18	6.48	3.81	2.58	2.01	1.25	0.30	−0.36	−0.66	−0.78	−0.80	−0.80	−0.82	−0.82
2.50	9.28	6.55	3.85	2.58	2.01	1.24	0.29	−0.36	−0.65	−0.77	−0.79	−0.79	−0.80	−0.80
2.55	9.39	6.60	3.85	2.58	2.01	1.23	0.28	−0.36	−0.65	−0.75	−0.78	−0.78	−0.78	−0.78
2.60	9.50	6.67	3.87	2.59	2.01	1.23	0.27	−0.37	−0.64	−0.74	−0.76	−0.76	−0.77	−0.77
2.65	9.60	6.73	3.89	2.59	2.02	1.22	0.26	−0.37	−0.64	−0.73	−0.75	−0.75	−0.75	−0.75
2.70	9.70	6.79	3.91	2.60	2.02	1.21	0.25	−0.38	−0.63	−0.72	−0.73	−0.73	−0.74	−0.74
2.75	9.82	6.85	3.93	2.61	2.02	1.21	0.24	−0.38	−0.63	−0.71	−0.72	−0.72	−0.72	−0.73
2.80	9.93	6.92	3.95	2.61	2.02	1.20	0.23	−0.38	−0.62	−0.70	−0.71	−0.71	−0.71	−0.71
2.85	10.02	6.97	3.97	2.62	2.02	1.20	0.22	−0.39	−0.62	−0.69	−0.70	−0.70	−0.70	−0.70
2.90	10.11	7.03	3.99	2.62	2.02	1.19	0.21	−0.39	−0.61	−0.67	−0.68	−0.68	−0.69	−0.69
2.95	10.23	7.09	4.00	2.62	2.02	1.18	0.20	−0.40	−0.61	−0.66	−0.67	−0.67	−0.68	−0.68
3.00	10.34	7.15	4.02	2.63	2.02	1.18	0.19	−0.40	−0.60	−0.65	−0.66	−0.66	−0.67	−0.67
3.10	10.56	7.26	4.08	2.64	2.00	1.16	0.17	−0.40	−0.60	−0.64	−0.64	−0.65	−0.65	−0.65
3.20	10.77	7.38	4.12	2.65	1.99	1.14	0.15	−0.40	−0.58	−0.62	−0.61	−0.61	−0.61	−0.61
3.30	10.97	7.49	4.15	2.65	1.99	1.12	0.14	−0.40	−0.58	−0.60	−0.61	−0.61	−0.61	−0.61
3.40	11.17	7.60	4.18	2.65	1.98	1.11	0.12	−0.41	−0.57	−0.59	−0.59	−0.59	−0.59	−0.59
3.50	11.37	7.72	4.22	2.65	1.97	1.09	0.10	−0.41	−0.55	−0.57	−0.57	−0.57	−0.57	−0.57
3.60	11.57	7.83	4.25	2.66	1.96	1.08	0.09	−0.41	−0.54	−0.56	−0.57	−0.57	−0.57	−0.57
3.70	11.77	7.94	4.28	2.66	1.95	1.06	0.07	−0.42	−0.53	−0.54	−0.54	−0.54	−0.54	−0.54
3.80	11.97	8.05	4.31	2.66	1.94	1.04	0.06	−0.42	−0.52	−0.53	−0.53	−0.53	−0.53	−0.53
3.90	12.16	8.15	4.24	2.66	1.93	1.02	0.04	−0.41	−0.51	−0.51	−0.51	−0.51	−0.51	−0.51

续表

C_S	P/%													
	0.01	0.1	1	3	5	10	25	50	75	90	95	97	99	99.9
4.00	12.36	8.25	4.37	2.66	1.92	1.00	0.02	−0.41	−0.50	−0.50	−0.50	−0.50	−0.50	−0.50
4.10	12.55	8.35	4.39	2.66	1.91	0.98	0.00	−0.41	−0.48	−0.49	−0.49	−0.49	−0.49	−0.49
4.20	12.74	8.45	4.41	2.65	1.90	0.96	−0.02	−0.41	−0.47	−0.48	−0.48	−0.48	−0.48	−0.48
4.30	12.93	8.55	4.44	2.65	1.88	0.94	−0.03	−0.41	−0.46	−0.47	−0.47	−0.47	−0.47	−0.48
4.40	13.12	8.65	4.46	2.65	1.87	0.92	−0.04	−0.40	−0.45	−0.46	−0.46	−0.46	−0.46	−0.46
4.50	13.30	8.75	4.48	2.64	1.85	0.90	−0.05	−0.40	−0.44	−0.44	−0.44	−0.44	−0.44	−0.44
4.60	13.49	8.85	4.50	2.63	1.84	0.88	−0.06	−0.40	−0.44	−0.44	−0.44	−0.44	−0.44	−0.44
4.70	13.67	8.95	4.52	2.62	1.82	0.86	−0.07	−0.39	−0.43	−0.43	−0.43	−0.43	−0.43	−0.43
4.80	13.85	9.04	4.54	2.61	1.80	0.84	−0.08	−0.39	−0.42	−0.42	−0.42	−0.42	−0.42	−0.42
4.90	14.04	9.18	4.55	2.60	1.78	0.82	−0.10	−0.38	−0.41	−0.41	−0.41	−0.41	−0.41	−0.41
5.00	14.22	9.22	4.57	2.60	1.77	0.80	−0.11	−0.38	−0.40	−0.40	−0.40	−0.40	−0.40	−0.40
5.10	14.40	9.31	4.58	2.59	1.75	0.78	−0.12	−0.37	−0.39	−0.39	−0.39	−0.39	0.39	−0.39
5.20	14.57	9.40	4.59	2.58	1.73	0.76	−0.13	−0.37	−0.39	−0.39	−0.39	−0.39	−0.39	−0.39
5.30	14.75	9.49	4.60	2.57	1.72	0.74	−0.14	−0.36	−0.38	−0.38	−0.38	−0.38	−0.38	−0.38
5.40	14.92	9.57	4.62	2.56	1.70	0.72	−0.14	−0.36	−0.37	−0.37	−0.37	−0.37	−0.37	−0.37
5.50	15.10	9.66	4.63	2.55	1.68	0.70	−0.15	−0.35	−0.36	−0.36	−0.36	−0.36	−0.36	−0.36
5.60	15.27	9.74	4.64	2.53	1.66	0.67	−0.16	−0.35	−0.36	−0.36	−0.36	−0.36	−0.36	−0.36
5.70	15.45	9.82	4.65	2.52	1.65	0.65	−0.17	−0.34	−0.35	−0.35	−0.35	−0.35	−0.35	−0.35
5.80	15.62	9.91	4.68	2.51	1.63	0.63	−0.18	−0.34	−0.35	0.35	−0.35	−0.35	−0.35	−0.35
5.90	15.78	9.99	4.68	2.49	1.61	0.61	−0.18	−0.33	−0.34	0.34	−0.34	−0.34	−0.34	−0.34
6.00	15.94	10.07	4.68	2.48	1.59	0.59	−0.19	−0.33	−0.33	0.33,	−0.33	−0.33	−0.33	−0.33
6.10	16.11	10.15	4.69	2.46	1.57	0.57	−0.19	−0.33	−0.33	−0.33	−0.33	−0.33	−0.33	−0.33
6.20	16.28	10.22	4.70	2.45	1.55	0.55	−0.20	−0.32	−0.32	0.32	−0.32	−0.32	−0.32	−0.32
6.30	16.45	10.30	4.70	2.43	1.53	0.53	−0.20	−0.32	−0.32	0.32	−0.32	−0.32	−0.32	−0.32
6.40	16.61	10.38	4.71	2.41	1.51	0.51	−0.21	−0.31	−0.31	0.31	−0.31	−0.31	−0.31	−0.31

附录 3　皮尔逊Ⅲ型曲线三点法 S 与 C_S 的关系

（一）$P = 1\% \sim 50\% \sim 99\%$

S	0	1	2	3	4	5	6	7	8	9
0.0	0.000	0.026	0.051	0.077	0.103	0.128	0.154	0.180	0.206	0.232
0.1	0.258	0.284	0.310	0.336	0.362	0.387	0.413	0.439	0.465	0.491
0.2	0.517	0.544	0.570	0.596	0.622	0.648	0.674	0.700	0.726	0.753
0.3	0.780	0.807	0.833	0.860	0.887	0.913	0.940	0.967	0.994	1.021

S	0	1	2	3	4	5	6	7	8	9
0.4	1.048	1.075	1.103	1.131	1.159	1.187	1.216	1.244	1.273	1.302
0.5	1.331	1.360	1.389	1.419	1.449	1.479	1.510	1.541	1.572	1.604
0.6	1.636	1.668	1.702	1.735	1.770	1.805	1.841	1.877	1.914	1.951
0.7	1.989	2.029	2.069	2.110	2.153	2.198	2.243	2.289	2.338	2.388
0.8	2.440	2.495	2.551	2.611	2.673	2.739	2.809	2.882	2.958	3.042
0.9	3.132	3.227	3.334	3.449	3.583	3.740	3.913	4.136	4.432	4.883

（二）$P = 3\% \sim 50\% \sim 97\%$

S	0	1	2	3	4	5	6	7	8	9
0.0	0.000	0.032	0.064	0.095	0.127	0.159	0.191	0.223	0.255	0.287
0.1	0.319	0.351	0.383	0.414	0.446	0.478	0.510	0.541	0.573	0.605
0.2	0.637	0.668	0.699	0.731	0.763	0.794	0.826	0.858	0.889	0.921
0.3	0.952	0.983	1.015	1.046	1.077	1.109	1.141	1.174	1.206	1.238
0.4	1.270	1.301	1.333	1.366	1.398	1.430	1.461	1.493	1.526	1.560
0.5	1.593	1.626	1.658	1.691	1.725	1.770	1.794	1.829	1.863	1.898
0.6	1.933	1.969	2.005	2.041	2.078	2.116	2.154	2.193	2.233	2.274
0.7	2.315	2.357	2.400	2.444	2.490	2.535	2.580	2.630	2.683	2.736
0.8	2.789	2.844	2.901	2.959	3.023	3.093	3.160	3.233	3.312	3.393
0.9	3.482	3.579	3.688	3.805	3.930	4.081	4.258	4.470	4.764	5.228

（三）$P = 5\% \sim 50\% \sim 95\%$

S	0	1	2	3	4	5	6	7	8	9
0.0	0.000	0.036	0.073	0.109	0.146	0.182	0.218	0.254	0.291	0.327
0.1	0.364	0.400	0.437	0.473	0.509	0.545	0.581	0.617	0.651	0.687
0.2	0.723	0.760	0.796	0.831	0.866	0.901	0.936	0.972	1.007	1.042
0.3	1.076	1.111	1.146	1.182	1.217	1.252	1.287	1.322	1.356	1.390
0.4	1.425	1.460	1.494	1.529	1.563	1.597	1.632	1.667	1.702	1.737
0.5	1.773	1.809	1.844	1.879	1.915	1.950	1.986	2.022	2.058	2.095
0.6	2.133	2.171	2.209	2.247	2.285	2.324	2.367	2.408	2.448	2.487
0.7	2.529	2.572	2.615	2.662	2.710	2.757	2.805	2.855	2.906	2.955
0.8	3.009	3.069	3.127	3.184	3.248	3.317	3.385	3.457	3.536	3.621
0.9	3.714	3.809	3.909	4.023	4.153	4.306	4.474	4.695	4.974	5.402

（四）$P=10\%\sim50\%\sim90\%$

S	0	1	2	3	4	5	6	7	8	9
0.0	0.000	0.046	0.092	0.139	0.187	0.234	0.281	0.327	0.373	0.419
0.1	0.456	0.511	0.557	0.602	0.647	0.692	0.737	0.784	0.829	0.872
0.2	0.916	0.961	1.005	1.048	1.089	1.131	1.175	1.218	1.261	1.303
0.3	1.345	1.385	1.426	1.467	1.508	1.548	1.588	1.628	1.668	1.708
0.4	1.748	1.788	1.827	1.866	1.905	1.943	1.981	2.019	2.056	2.094
0.5	2.133	2.173	2.212	2.250	2.288	2.327	2.367	2.407	2.447	2.487
0.6	2.526	2.563	2.603	2.645	2.689	2.731	2.773	2.816	2.858	2.901
0.7	2.944	2.989	3.033	3.086	3.133	3.177	3.226	3.279	3.331	3.384
0.8	3.438	3.491	3.552	3.617	3.685	3.752	3.821	3.890	3.966	4.051
0.9	4.140	4.235	4.344	4.452	4.587	4.734	4.891	5.131	5.374	5.791

（五）$P=2\%\sim20\%\sim70\%$

S	0	1	2	3	4	5	6	7	8	9
0.0	0.291	0.342	0.394	0.446	0.497	0.552	0.607	0.662	0.717	0.774
0.1	0.831	0.887	0.944	1.001	1.060	1.119	1.181	1.241	1.299	1.359
0.2	1.420	1.483	1.543	1.601	1.663	1.724	1.784	1.846	1.907	1.966
0.3	2.029	2.089	2.150	2.211	2.273	2.334	2.394	2.454	2.514	2.576
0.4	2.635	2.694	2.754	2.814	2.874	2.934	2.994	3.056	3.118	3.179
0.5	3.239	3.299	3.360	3.421	3.485	3.548	3.610	3.675	3.739	3.803
0.6	3.868	3.934	4.000	4.069	4.137	4.207	4.279	4.349	4.419	4.494
0.7	4.572	4.649	4.727	4.808	4.891	4.975	5.059	5.148	6.379	5.335
0.8	5.434	5.538	5.646	5.751	5.868	5.982	6.103	6.236	8.947	6.531
0.9	6.693	6.861	7.051	7.241	7.476	7.746	8.063	8.414	5.374	9.757

（六）$P=2\%\sim30\%\sim80\%$

S	0	1	2	3	4	5	6	7	8	9
0.0	−0.230	−0.191	−0.150	−0.110	−0.069	−0.028	0.014	0.056	0.099	0.142
0.1	0.185	0.229	0.273	0.318	0.363	0.408	0.455	0.501	0.547	0.593
0.2	0.640	0.687	0.736	0.785	0.834	0.882	0.932	0.983	1.033	1.083
0.3	1.133	1.182	1.233	1.285	1.336	1.386	1.437	1.489	1.540	1.591
0.4	1.643	1.695	1.748	1.802	1.852	1.903	1.957	2.010	2.061	2.113
0.5	2.167	2.220	2.272	2.325	2.379	2.433	2.486	2.540	2.594	2.649
0.6	2.703	2.758	2.814	2.872	2.930	2.988	3.046	3.105	3.166	3.227
0.7	3.288	3.351	3.414	3.477	3.544	3.613	3.681	3.751	3.824	3.902
0.8	3.982	4.062	4.144	4.230	4.322	4.415	4.517	4.618	4.728	4.849
0.9	4.978	5.108	5.261	5.419	5.599	5.821	6.048	6.345	6.747	7.376

附录 4　皮尔逊 Ⅲ 型曲线模比系数 K_P 值表

$$C_S = 2C_V$$

C_V \ P/%	0.01	0.1	0.2	0.33	0.5	1	2	5	10	20	50	75	80	90	95	99	P/% \ C_S
0.05	1.20	1.16	1.15	1.14	1.13	1.12	1.11	1.08	1.06	1.04	1.00	0.97	0.96	0.94	0.92	0.89	0.10
0.10	1.42	1.34	1.31	1.29	1.27	1.25	1.21	1.17	1.13	1.08	1.00	0.93	0.90	0.87	0.84	0.78	0.20
0.15	1.67	1.54	1.48	1.46	1.43	1.38	1.33	1.26	1.20	1.12	0.99	0.90	0.86	0.81	0.77	0.69	0.30
0.18	1.82	1.65	1.59	1.56	1.53	1.46	1.40	1.31	1.23	1.14	0.99	0.88	0.83	0.77	0.73	0.63	0.36
0.20	1.92	1.73	1.67	1.63	1.59	1.52	1.45	1.35	1.25	1.16	0.99	0.86	0.81	0.75	0.70	0.59	0.40
0.22	2.04	1.82	1.75	1.70	1.66	1.58	1.50	1.39	1.29	1.18	0.98	0.84	0.79	0.73	0.67	0.56	0.44
0.24	2.16	1.91	1.83	1.77	1.73	1.64	1.55	1.43	1.32	1.19	0.98	0.83	0.80	0.71	0.64	0.53	0.48
0.25	2.22	1.96	1.87	1.81	1.77	1.67	1.58	1.45	1.33	1.20	0.98	0.82	0.76	0.70	0.63	0.52	0.50
0.26	2.28	2.01	1.91	1.85	1.80	1.70	1.60	1.46	1.34	1.21	0.98	0.82	0.76	0.69	0.62	0.50	0.52
0.28	2.40	2.10	2.00	1.93	1.87	1.76	1.66	1.50	1.37	1.22	0.97	0.79	0.73	0.66	0.59	0.47	0.56
0.30	2.52	2.19	2.08	2.01	1.94	1.83	1.71	1.54	1.40	1.24	0.97	0.78	0.71	0.64	0.56	0.44	0.60
0.35	2.86	2.44	2.31	2.22	2.13	2.00	1.84	1.64	1.47	1.28	0.96	0.75	0.67	0.59	0.51	0.37	0.70
0.40	3.20	2.70	2.54	2.42	2.32	2.15	1.98	1.74	1.54	1.31	0.95	0.71	0.62	0.53	0.45	0.30	0.80
0.45	3.59	2.98	2.80	2.65	2.53	2.33	2.13	1.84	1.60	1.35	0.93	0.67	0.58	0.48	0.40	0.26	0.90
0.50	3.98	3.27	3.05	2.88	2.74	2.51	2.27	1.94	1.67	1.38	0.92	0.64	0.54	0.44	0.34	0.21	1.00
0.55	4.42	3.58	3.32	3.12	2.97	2.70	2.42	2.04	1.74	1.41	0.90	0.59	0.50	0.40	0.30	0.16	1.10
0.60	4.85	3.89	3.59	3.37	3.20	2.89	2.57	2.15	1.80	1.44	0.89	0.56	0.46	0.35	0.26	0.13	1.20
0.65	5.33	4.22	3.89	3.64	3.44	3.09	2.74	2.25	1.87	1.47	0.87	0.52	0.42	0.31	0.22	0.10	1.30
0.70	5.81	4.56	4.19	3.91	3.68	3.29	2.90	2.36	1.94	1.50	0.85	0.49	0.38	0.27	0.18	0.08	1.40
0.75	6.33	4.93	4.52	4.19	3.93	3.50	3.06	2.46	2.00	1.52	0.82	0.45	0.35	0.24	0.15	0.06	1.50
0.80	6.85	5.30	4.84	4.47	4.19	3.71	3.22	2.57	2.06	1.54	0.80	0.42	0.32	0.21	0.12	0.04	1.60
0.90	7.98	6.08	5.51	5.07	4.74	4.15	3.56	2.78	2.19	1.58	0.75	0.35	0.25	0.15	0.08	0.02	1.80

$$C_S = 3C_V$$

C_V \ P/%	0.01	0.1	0.2	0.33	0.5	1	2	5	10	20	50	75	80	90	95	99	P/% \ C_S
0.20	2.02	1.79	1.72	1.67	1.63	1.55	1.47	1.33	1.27	1.16	0.98	0.86	0.81	0.76	0.71	0.62	0.60
0.25	2.35	2.05	1.95	1.88	1.82	1.72	1.61	1.46	1.34	1.20	0.97	0.82	0.77	0.71	0.65	0.56	0.75
0.30	2.72	2.32	2.19	2.10	2.02	1.89	1.75	1.56	1.40	1.23	0.96	0.78	0.72	0.66	0.60	0.50	0.90
0.35	3.12	2.61	2.46	2.33	2.24	2.07	1.90	1.66	1.47	1.26	0.94	0.74	0.68	0.61	0.55	0.46	1.05
0.40	3.56	2.92	2.73	2.58	2.46	2.26	2.05	1.76	1.54	1.29	0.92	0.70	0.64	0.57	0.50	0.42	1.20
0.42	3.75	3.06	2.85	2.69	2.56	2.34	2.11	1.81	1.56	1.31	0.91	0.69	0.62	0.55	0.49	0.41	1.26
0.44	3.94	3.19	2.97	2.80	2.66	2.42	2.17	1.85	1.59	1.32	0.91	0.67	0.61	0.54	0.47	0.40	1.32
0.45	4.04	3.26	3.03	2.85	2.70	2.46	2.21	1.87	1.60	1.32	0.80	0.67	0.60	0.53	0.47	0.39	1.35

$C_S = 3C_V$

C_V \ $P/\%$	0.01	0.1	0.2	0.33	0.5	1	2	5	10	20	50	75	80	90	95	99	$P/\%$ \ C_S
0.46	4.14	3.33	3.09	2.90	2.75	2.50	2.24	1.89	1.61	1.33	0.90	0.66	0.59	0.52	0.46	0.39	1.38
0.48	4.34	3.47	3.21	3.01	2.85	2.58	2.31	1.93	1.65	1.34	0.89	0.65	0.58	0.51	0.45	0.38	1.44
0.50	4.56	3.62	3.34	3.12	2.93	2.67	2.37	1.98	1.67	1.35	0.88	0.64	0.57	0.49	0.44	0.37	1.50
0.52	4.76	3.76	3.46	3.24	3.06	2.75	2.44	2.02	1.69	1.35	0.87	0.62	0.55	0.48	0.42	0.36	1.56
0.54	4.98	3.91	3.60	3.36	3.16	2.84	2.51	2.06	1.72	1.36	0.86	0.61	0.54	0.47	0.41	0.36	1.62
0.55	5.09	3.99	3.66	3.42	3.21	2.88	2.54	2.08	1.73	1.36	0.86	0.60	0.53	0.46	0.41	0.36	1.65
0.56	5.20	4.07	3.73	3.48	3.27	2.93	2.57	2.10	1.74	1.37	0.85	0.59	0.53	0.46	0.40	0.35	1.68
0.58	5.43	4.23	3.86	3.59	3.33	3.01	2.64	2.14	1.77	1.38	0.84	0.58	0.52	0.45	0.40	0.35	1.74
0.60	5.66	4.38	4.01	3.71	3.49	3.10	2.71	2.19	1.79	1.38	0.83	0.57	0.51	0.44	0.39	0.35	1.80
0.65	6.26	4.81	4.36	4.03	3.77	3.33	2.88	2.29	1.85	1.40	0.80	0.53	0.47	0.41	0.37	0.34	1.95
0.70	6.90	5.23	4.73	4.35	4.06	3.56	3.05	2.40	1.90	1.41	0.78	0.50	0.45	0.39	0.36	0.34	2.10
0.75	7.57	5.68	5.12	4.59	4.36	3.80	3.24	2.50	1.95	1.42	0.76	0.48	0.43	0.38	0.35	0.34	2.25
0.80	8.26	6.14	5.50	5.04	4.65	4.05	3.42	2.61	2.01	1.43	0.72	0.46	0.41	0.36	0.34	0.34	2.40

$C_S = 3.5C_V$

C_V \ $P/\%$	0.01	0.1	0.2	0.33	0.5	1	2	5	10	20	50	75	80	90	95	99	$P/\%$ \ C_S
0.20	2.06	1.82	1.74	1.69	1.64	1.56	1.48	1.36	1.27	1.16	0.98	0.86	0.81	0.76	0.72	0.64	0.70
0.25	2.42	2.09	1.99	1.91	1.85	1.74	1.62	1.46	1.34	1.19	0.96	0.82	0.77	0.71	0.66	0.58	0.88
0.30	2.82	2.38	2.24	2.14	2.06	1.92	1.77	1.57	1.40	1.22	0.95	0.78	0.73	0.67	0.61	0.53	1.05
0.35	3.26	2.70	2.52	2.39	2.29	2.11	1.92	1.67	1.47	1.26	0.93	0.74	0.68	0.62	0.57	0.50	1.23
0.40	3.75	3.04	2.82	2.66	2.58	2.31	2.08	1.78	1.53	1.28	0.91	0.71	0.65	0.58	0.53	0.47	1.40
0.42	3.95	3.18	2.95	2.77	2.63	2.39	2.15	1.82	1.56	1.29	0.90	0.69	0.63	0.57	0.52	0.46	1.47
0.44	4.16	3.33	3.08	2.88	2.73	2.48	2.21	1.86	1.59	1.30	0.89	0.68	0.62	0.56	0.51	0.46	1.54
0.45	4.27	3.40	3.14	2.94	2.79	2.52	2.25	1.88	1.60	1.31	0.89	0.67	0.61	0.55	0.50	0.45	1.58
0.46	4.37	3.48	3.21	3.00	2.84	2.56	2.28	1.90	1.61	1.31	0.88	0.66	0.60	0.54	0.50	0.45	1.61
0.48	4.60	3.63	3.35	3.12	2.94	2.65	2.35	1.95	1.64	1.32	0.87	0.65	0.59	0.53	0.49	0.45	1.68
0.49	4.71	3.71	3.42	3.18	3.00	2.70	2.39	1.97	1.65	1.32	0.87	0.65	0.59	0.53	0.49	0.45	1.72
0.50	4.82	3.78	3.48	3.24	3.06	2.74	2.42	1.99	1.66	1.32	0.86	0.64	0.58	0.52	0.48	0.44	1.75
0.52	5.06	3.95	3.62	3.36	3.16	2.83	2.48	2.03	1.69	1.33	0.85	0.63	0.57	0.51	0.47	0.44	1.82
0.54	5.30	4.11	3.76	3.48	3.28	2.91	2.55	2.07	1.71	1.34	0.84	0.61	0.56	0.50	0.47	0.44	1.89
0.55	5.41	4.20	3.83	3.55	3.34	2.96	2.58	2.10	1.72	1.34	0.84	0.60	0.55	0.50	0.46	0.44	1.93
0.56	5.55	4.28	3.91	3.61	3.39	3.01	2.62	2.12	1.73	1.35	0.83	0.60	0.55	0.49	0.46	0.43	1.96
0.58	5.80	4.45	4.05	3.74	3.51	3.10	2.69	2.16	1.75	1.35	0.82	0.58	0.53	0.48	0.46	0.43	2.03
0.60	6.06	4.62	4.20	3.87	3.62	3.20	2.76	2.20	1.77	1.35	0.81	0.57	0.53	0.48	0.45	0.43	2.10
0.65	6.73	5.08	4.58	4.22	3.92	3.44	2.94	2.30	1.83	1.36	0.78	0.55	0.51	0.46	0.44	0.43	2.28

$C_S = 3.5C_V$

$P/\%$ / C_V	0.01	0.1	0.2	0.33	0.5	1	2	5	10	20	50	75	80	90	95	99	$P/\%$ / C_S
0.70	7.43	5.54	4.98	4.56	4.23	3.68	3.12	2.41	1.83	1.37	0.75	0.53	0.49	0.45	0.44	0.43	2.45
0.75	8.16	6.02	5.38	4.92	4.55	3.92	3.30	2.51	1.92	1.37	0.72	0.50	0.47	0.44	0.43	0.43	2.63
0.80	8.91	6.53	5.81	5.29	4.87	4.18	3.49	2.61	1.97	1.37	0.70	0.49	0.47	0.44	0.43	0.43	2.80

$C_S = 4C_V$

$P/\%$ / C_V	0.01	0.1	0.2	0.33	0.5	1	2	5	10	20	50	75	80	90	95	99	$P/\%$ / C_S
0.20	2.10	1.85	1.77	1.71	1.66	1.58	1.49	1.37	1.27	1.16	0.97	0.85	0.81	0.77	0.72	0.65	0.80
0.25	2.49	2.13	2.02	1.94	1.87	1.76	1.64	1.47	1.34	1.19	0.96	0.82	0.77	0.72	0.67	0.60	1.00
0.30	2.92	2.44	2.30	2.18	2.10	1.94	1.79	1.57	1.40	1.22	0.94	0.78	0.73	0.68	0.63	0.56	1.20
0.35	3.40	2.78	2.60	2.45	2.34	2.14	1.95	1.68	1.47	1.25	0.92	0.74	0.69	0.64	0.59	0.54	1.40
0.40	3.92	3.15	2.92	2.74	2.60	2.36	2.11	1.78	1.53	1.27	0.90	0.71	0.66	0.60	0.56	0.52	1.60
0.42	4.15	3.30	3.05	2.86	2.70	2.44	2.18	1.83	1.56	1.28	0.89	0.70	0.65	0.59	0.55	0.52	1.68
0.44	4.38	3.46	3.19	2.98	2.81	2.53	2.25	1.87	1.58	1.29	0.88	0.68	0.63	0.58	0.55	0.51	1.76
0.45	4.49	3.54	3.25	3.03	2.87	2.58	2.28	1.89	1.59	1.29	0.87	0.68	0.63	0.58	0.54	0.51	1.80
0.46	4.62	3.62	3.32	3.10	2.92	2.62	2.32	1.91	1.61	1.29	0.87	0.67	0.62	0.57	0.54	0.51	1.84
0.48	4.86	3.79	3.47	3.22	3.04	2.71	2.39	1.96	1.63	1.30	0.86	0.66	0.61	0.56	0.53	0.51	1.92
0.50	5.10	3.96	3.61	3.35	3.15	2.80	2.45	2.00	1.65	1.31	0.84	0.64	0.60	0.55	0.53	0.50	2.00
0.52	5.36	4.12	3.76	3.48	3.27	2.90	2.52	2.04	1.67	1.31	0.83	0.63	0.59	0.55	0.52	0.50	2.08
0.54	5.62	4.30	3.91	3.61	3.38	2.99	2.59	2.08	1.69	1.31	0.82	0.62	0.58	0.54	0.52	0.50	2.16
0.55	5.76	4.39	3.99	3.68	3.44	3.03	2.63	2.10	1.70	1.31	0.82	0.62	0.58	0.54	0.52	0.50	2.20
0.56	5.90	4.48	4.06	3.75	3.50	3.09	2.66	2.12	1.71	1.31	0.81	0.61	0.57	0.53	0.51	0.50	2.24
0.58	6.18	4.67	4.22	3.89	3.62	3.19	2.74	2.16	1.74	1.32	0.80	0.60	0.57	0.53	0.51	0.50	2.32
0.60	6.45	4.85	4.38	4.03	3.75	3.29	2.81	2.21	1.76	1.32	0.79	0.59	0.56	0.52	0.51	0.50	2.40
0.65	7.18	5.34	4.78	4.38	4.07	3.53	2.99	2.31	1.80	1.32	0.76	0.57	0.54	0.51	0.50	0.50	2.60
0.70	7.95	5.84	5.21	4.75	4.39	3.78	3.18	2.41	1.85	1.32	0.73	0.55	0.53	0.51	0.50	0.50	2.80
0.75	8.76	6.36	5.65	5.13	4.72	4.03	3.36	2.50	1.88	1.32	0.71	0.54	0.53	0.51	0.50	0.50	3.00
0.80	9.62	6.90	6.11	5.53	5.06	4.30	3.55	2.60	1.91	1.30	0.68	0.53	0.52	0.50	0.50	0.50	3.20

参 考 文 献

[1] UNESCO. World Water Balance and Water Resourcesof the Earth [M]. Paris：The UNESCO Press，1978.

[2] 叶守泽. 水文水利计算 [M]. 北京：中国水利水电出版社，1994.

[3] 叶镇国. 土木工程水文学 [M]. 北京：人民交通出版社，2000.

[4] 叶镇国. 土木工程水文学原理及习题解法指南 [M]. 北京：人民交通出版社，2002.

[5] 杨维，张戈，张平. 水文学与水文地质学 [M]. 北京：机械工业出版社，2011.

[6] 李宣瑾，李奕杰，王建柱，等. 《联合国世界水发展报告 2022》关注地下水保护和管理问题 [J]. 世界环境，2023（2）：44-46.

[7] 陆垂裕，何鑫，唐克旺. 全球地下水问题及应对策略探讨 [J]. 水利发展研究，2022，22（3）：3-6.

[8] 张人权，梁杏，靳孟贵，等. 当代水文地质学发展趋势与对策 [J]. 水文地质工程，2005（1）：51-56.

[9] 张发旺，陈立，王滨，等. 矿区水文地质研究进展及中长期发展方向 [J]. 地质学报，2016，90（9）：2464-2475.

[10] 范世香，刁艳芳，刘冀. 水文学原理 [M]. 北京：中国水利水电出版社，2014.

[11] 李广贺. 水资源利用与保护 [M]. 2 版. 北京：中国建筑工业出版社，2010.

[12] 黄廷林，马学尼. 水文学 [M]. 4 版. 北京：中国建筑工业出版社，2006.

[13] 任树梅. 工程水文学与水利计算基础 [M]. 北京：中国农业大学出版社，2008.

[14] 詹道江，叶守泽. 工程水文学 [M]. 北京：中国水利水电出版社，2000.

[15] David R Maidment. 水文学手册 Handbook of hydrology [M]. 张建云，译. 北京：科学出版社，2002.

[16] 陶涛，信昆仑. 水文学 [M]. 北京：同济大学出版社，2008.

[17] 王晓华. 水文学 [M]. 北京：中国农业大学出版社，2006.

[18] 高建峰. 工程水文与水资源评价管理 [M]. 北京：北京大学出版社，2006.

[19] 方子云. 中国水利百科全书. 环境水利分册 [M]. 北京：中国水利水电出版社，2004.

[20] 周丰，郭怀成，黄凯，等. 基于多元统计方法的河流水质空间分析 [J]. 水科学进展，2007.

[21] 雷志栋，杨诗秀，谢森传. 土壤水动力学 [M]. 北京：清华大学出版社，2009.

[22] 陈静生，汪晋三. 地学基础 [M]. 北京：高等教育出版社，2001.

[23] 蔡运龙，刘本培. 地球科学概论 [M]. 北京：高等教育出版社，2000.

[24] 李树达. 动力地质学原理 [M]. 2 版. 北京：地质出版社，1994.

[25] 马建良，王春寿. 普通地质学 [M]. 北京：石油工业出版社，2009.

[26] 杨伦，刘少峰，王家生. 普通地质学简明教程 [M]. 北京：中国地质大学出版社，1998.

[27] 姚文光，郭令智. 普通地质学 [M]. 北京：人民教育出版社，1962.

[28] 舒良树. 普通地质学 [M]. 3 版. 北京：地质出版社，2010.

[29] 朱志澄，等. 构造地质学 [M]. 3 版. 北京：中国地质大学出版社，2023.

[30] 陈世悦. 矿物岩石学 [M]. 北京：中国石油大学出版社，2002.

[31] 戈定夷，等. 矿物学简明教程 [M]. 北京：地质出版社，2006.

[32] 肖渊甫，郑荣才，邓江红，等. 岩石学简明教程 [M]. 4 版. 北京：地质出版社，2017.

[33] 房佩贤，卫钟鼎，廖资生. 专门水文地质学 [M]. 北京：地质出版社，1996.

[34] 王大纯，张人权，史毅虹. 水文地质学基础 [M]. 北京：地质出版社，2002.

[35] 中华人民共和国国家标准. 水文地质术语（GB/T 14157—93）[S]. 1993.

[36] 肖长来，梁秀娟，王彪. 水文地质学 [M]. 北京：清华大学出版社，2010.

[37] 潘宏雨，马锁柱，刘连成. 水文地质学基础 [M]. 北京：地质出版社，2008.

[38] 刘春华，李其光，宋中华，等. 水文地质与电测找水技术 [M]. 郑州：黄河水利出版社，2008.

[39] 左建，温庆博，等. 工程地质及水文地质学 [M]. 北京：中国水利水电出版社，2009.

[40] 臧秀平. 工程地质 [M]. 北京：高等教育出版社，2004.

[41] 赵树德. 土木工程地质 [M]. 北京：科学出版社，2009.

[42] 苑莲菊. 工程渗流力学及应用 [M]. 北京：中国建材工业出版社，2001.